MATHEMATIQUES

cours et exercices résolus

1

DEUG A

SOMMAIRE DE LA COLLECTION

Tome 1

Notion d'ensemble. Opérations sur les ensembles.
Applications. Relations d'ordre et d'équivalence. Analyse combinatoire.
Structures algébriques.
Construction de $\mathbb{R}$. Eléments de topologie.
Suites numériques et applications.
Arithmétique.
Nombres complexes.
Polynômes. Fractions rationnelles.
Fonctions d'une variable réelle. Limites. Continuité.
Dérivée et différentielle.
Fonctions trigonométriques réciproques.
Primitives. Fonctions exponentielles et logarithmiques.
Fonctions hyperboliques directes et inverses.
Formule de Taylor. Développements limités. Applications.
Intégration d'une fonction d'une variable.

Tome 2

Calcul des primitives et des intégrales définies.
Rappels et compléments de calcul vectoriel et de géométrie analytique.
Fonctions vectorielles d'une variable réelle. Courbes planes paramétrées.
Courbes planes en coordonnées polaires.
Applications du calcul intégral.
Equations différentielles.
Espaces vectoriels. Applications linéaires. Matrices.
Déterminants. Systèmes d'équations linéaires.
Valeurs propres. Diagonalisation d'un endomorphisme.
Enoncés des problèmes 1re année.

Tome 3

Fonctions de plusieurs variables réelles.
Intégrales généralisées.
Intégrales multiples.
Intégrales curvilignes. Intégrales de surface. Formules intégrales d'analyse vectorielle.
Séries numériques.
Suites et séries de fonctions.
Séries entières et développements en séries.
Fonctions élémentaires de la variable complexe.
Séries de Fourier.

Tome 4

Fonction d'une variable réelle définie par une intégrale.
Fonctions d'une variable complexe.
Intégration dans le champ complexe.
Réduction d'un endomorphisme.
Formes quadratiques. Espaces euclidiens. Isométries.
Forces hermitiennes. Matrices hermitiennes.
Courbure et torsion.
Enveloppes
Problèmes résolus 1re année.
Problèmes résolus 2e année.

ELIE AZOULAY *JEAN AVIGNANT*

MATHEMATIQUES

cours et exercices résolus

1

DEUG A

Quatrième tirage

McGRAW-HILL

Paris – Auckland – Bogota – Caracas – Hambourg – Jakarta – Lisbonne – Londres – Madrid – Mexico – Milan – Montréal – New Delhi – New York – Panama – San Juan – São Paulo – Singapour – Sydney – Tokyo – Toronto.

1991

Maquette de couverture : Françoise Rojare

ISBN : 2-7042-1224-4

McGraw-Hill — 28 Rue Beaunier — 75014 Paris

AVANT-PROPOS

La présente série est destinée aux étudiants du premier cycle universitaire, DEUG A. Les quatre volumes qui la constituent recouvrent en effet le programme généralement traité durant ces deux années, à un degré d'approfondissement couramment rencontré. Bien évidemment, d'une université à l'autre, des spécificités apparaissent tenant aux sujets abordés, au temps qui leur est dévolu, à leur répartition entre première et deuxième année (*). Ces programmes étant en grande partie communs à différents premiers cycles d'études supérieures, nous pensons qu'ils peuvent également servir aux étudiants des cycles techniques se destinant aux études d'ingénieurs et à ceux de certaines classes préparatoires.

Dans sa démarche didactique, l'étudiant assimile le cours magistral grâce aux rappels effectués à l'occasion des travaux dirigés et surtout grâce aux exercices. C'est ainsi que, petit à petit, se fixe définitivement la terminologie, que s'acquièrent les concepts nouveaux, que se mémorisent les résultats.

Pour aider l'étudiant dans son travail personnel, nous avons choisi de situer cette série à mi-chemin entre les manuels complets, généralement exhaustifs, et les livres d'exercices. Le cours, bien que relativement complet, ne constitue en fait que la moitié de l'ensemble. Il nous a d'abord semblé judicieux de rappeler à la fin de chaque chapitre, sous la forme d'un résumé, les définitions principales, les théorèmes et les formules essentielles. Ensuite une part importante est accordée aux très nombreux exercices — plusieurs centaines dans chacun des tomes, celui-ci n'en comptant pas moins de 240 — et dont la résolution par l'étudiant constitue une bonne vérification de ses connaissances. La plupart des exercices proposés sont complètement traités. Allant de la simple application du cours à l'exercice plus élaboré (signalé dans ce cas par un astérisque lorsqu'il présente des difficultés) nous avons, ce faisant, abordé de nombreux thèmes comme cela est traditionnel à ce niveau de la formation. En particulier, nous n'avons pas craint de multiplier les exercices chaque fois qu'un sujet important ou délicat nous a paru, au travers de notre expérience pédagogique, le justifier.

(*) Les programmes faisant l'objet de la première année du DEUG A sont traités dans les tomes 1 et 2, ceux de la deuxième année dans les tomes 3 et 4.

Nous ne saurions trop insister sur l'intérêt qu'il y a à chercher patiemment la solution de ces exercices sans céder à la facilité qui consiste à recourir trop hâtivement au corrigé proposé. Cette raison nous a conduits à séparer énoncés et corrigés après chaque chapitre. Suivent enfin un certain nombre d'exercices faisant l'objet d'indications et proposés avec les réponses ou résultats correspondants. C'est encore l'occasion pour le lecteur de s'exercer, d'approfondir les applications du cours et d'évaluer ses connaissances et sa capacité à les mobiliser à l'occasion d'une épreuve d'examen. Plusieurs problèmes de synthèse, souvent tirés d'épreuves récentes, lui sont proposés à cette fin, dans le tome 2 pour le DEUG A 1re année, dans le tome 4 pour le DEUG A 2e année, les corrigés de ces problèmes se trouvant rassemblés dans le dernier tome.

Jean AVIGNANT
Elie AZOULAY

TABLE DES MATIÈRES

1. Notion d'ensemble. Opérations sur les ensembles **1**
1. Ensemble 1
2. Appartenance 1
3. Détermination d'un ensemble 1
4. Egalité de deux ensembles 2
5. Inclusion 2
6. Visualisation des ensembles. Diagrammes 3
7. Opérations sur les ensembles 4
8. Propriétés des opérations sur les ensembles 6
9. Lois de De Morgan et généralisation 6
10. Différence de deux ensembles 7
11. Notion de recouvrement et de partition 7
12. Ensembles usuels en mathématiques 8
13. Produit d'ensembles 8
14. Relation. Graphe d'une relation 9

Résumé du chapitre 1 10
Exercices 11

2. Applications. Relations d'ordre et d'équivalence. Analyse combinatoire **19**
1. Lois de composition 19
2. Notion d'application 20
3. Notion de relation binaire 23
4. Relation d'équivalence 24
5. Equivalence compatible avec une loi de composition 26
6. Homomorphismes 26
7. Relation d'ordre 26
8. Ordre total. Ordre induit 27
9. Majorant. Minorant 27
10. Puissance d'un ensemble 28
11. Ensemble dénombrable 28
12. Dénombrement des différentes applications d'un ensemble E dans un ensemble F 29
13. Applications ; binôme de Newton 31

Résumé du chapitre 2 35
Exercices 38

3. Structures algébriques **45**
1. Groupe 45
2. Sous-groupe 47
3. Groupe ordonné 47
4. Anneau 49
5. Corps 49
Résumé du chapitre 3 50
Exercices 51

4. Construction de $\mathbb{R}$. Eléments de topologie **59**
A. Construction de $\mathbb{R}$ 59
1. Axiomes des nombres réels 59
2. Axiome de Cantor 60
3. Unicité de $\mathbb{R}$ 60
4. Conséquences des axiomes 60
B. Topologie de $\mathbb{R}$ 62
1. Voisinage d'un point 62
2. Ensemble ouvert 62
3. Topologie de $\mathbb{R}$ 63
4. Voisinage de $A \subset \mathbb{R}$ 64
5. Intérieur de A 64
6. Adhérence 64
7. Point d'accumulation 64
8. Point isolé 64
9. Notion d'espace séparé 65
10. Base de voisinages de x 65
11. Théorème de Bolzano-Weirstrass 65
12. La droite numérique achevée $\overline{\mathbb{R}}$ 66
C. Rudiments de topologie des espaces métriques 66
1. L'espace $\mathbb{R}^n$ 66
2. Structure d'espace vectoriel de $\mathbb{R}^n$ 66
3. Produit scalaire, norme et distance 67
4. Généralisation de la notion de distance et de norme. Espace métrique, espace normé 68
Résumé du chapitre 4 70
Exercices 72

5. Suites numériques et applications **77**
1. Rappels 77
2. Point d'accumulation 78
3. Suite de Cauchy 80
4. Suites adjacentes 81
5. Suites définies par une relation de récurrence 81
6. Application lipschitzienne 85
7. Application à la résolution de l'équation $f(x) = 0$ 85
Résumé du chapitre 5 93
Exercices 97

6. Arithmétique **113**
1. Introduction 113
2. Divisibilité, congruences, division euclidienne. Anneau $\mathbb{Z}/m\,\mathbb{Z}$ . . . 113
3. Nombres premiers 115
4. Idéal sur $\mathbb{Z}$. PGCD. Théorème de Bezout. 117
5. Théorèmes fondamentaux sur la divisibilité 119
6. PPCM 120
7. Décomposition en facteurs premiers 121
8. Systèmes de numération. Système binaire. 122
9. Notions sur les équations diophantiennes. 123
10. Développement décimal périodique d'un rationnel 126
Résumé du chapitre 6 128
Exercices 129

7. Nombres complexes **143**
1. Définition 143
2. Opérations sur les nombres complexes. 144
3. Nombres réels. Nombres imaginaires purs. Notation algébrique et trigonométrique des nombres complexes 147
4. Formule de Moivre 150
5. Racines $n^{\text{ièmes}}$ d'un nombre complexe 151
6. Résolution de l'équation du second degré 152
7. Transformations géométriques simples. 153
8. e^z pour z complexe. Formules d'Euler 156
Résumé du chapitre 7 157
Exercices 158

8. Polynômes. Fractions rationnelles. **181**
1. Définition 181
2. Addition des polynômes. 182
3. Multiplication des polynômes 182
4. Multiplication par un scalaire. 183
5. Polynôme dérivé 183
6. Formules de MacLaurin et de Taylor 184
7. Division des polynômes suivant les puissances décroissantes ou division euclidienne 186
8. Recherche du quotient et du reste 187
9. Division suivant les puissances croissantes 188
10. PGCD de polynômes. 190
11. Division par $x - a$ 193
12. Polynômes et équations sur le corps $\mathbb{C}$ des nombres complexes . . 194
13. Théorème de D'Alembert 194
14. Résolution des équations algébriques. 195
15. Transformée d'une équation par un polynôme 197
16. Factorisation d'un polynôme 197
17. Relations entre coefficients et racines. 199
18. Fractions rationnelles. 199
Résumé du chapitre 8 204
Exercices 207

9. Fonctions d'une variable réelle. Limites. Continuité **243**
1. Intervalles, voisinage 243
2. Fonction 243
3. Graphe 244
4. Limites 244
5. Relations entre limites de suites et limites de fonctions 245
6. Propriétés des limites 245
7. Continuité 246
8. Propriétés des fonctions continues 247
9. Continuité uniforme. Fonction lipschitzienne 248
10. Fonction paire, fonction impaire, fonction périodique 249
11. Fonction croissante, décroissante, monotone, constante. Théorème des valeurs intermédiaires 249
12. Fonction inverse ou réciproque 250
13. Fonctions équivalentes 250

Résumé du chapitre 9 251
Exercices 252

10. Dérivée et différentielle **259**
1. Rappels 259
2. Relation liant les dérivées de deux fonctions réciproques 260
3. Fonctions dérivées successives. Formule de Leibniz 262
4. Fonction convexe 263
5. Plan d'étude d'une fonction 264

Exercices 264

11. Fonctions trigonométriques réciproques **269**
1. Introduction 269
2. Fonction Arc sin x 269
3. Fonction Arc cos x 271
4. Fonction Arc tg x 272
5. Fonction Arc cotg x 273

Résumé du chapitre 11 274
Exercices 275

12. Primitives. Fonctions exponentielles et logarithmiques **289**
1. Primitives 289
2. Fonctions exponentielles 290
3. Les logarithmes népériens 292
4. Fonction puissance 293

Exercices 294

13. Fonctions hyperboliques directes et inverses **307**
1. Fonctions hyperboliques directes 307
2. Etude des fonctions hyperboliques 308

3. Relations entre les fonctions hyperboliques 312
4. Formules de multiplication ou de division par 2 313
5. Expressions des fonctions hyperboliques de a en fonction de th $a/2 = t$ 314
6. Fonctions hyperboliques inverses ou réciproques 315
Résumé du chapitre 13 320
Exercices 321

14. Formule de Taylor. Développements limités. Applications **331**
1. Théorème de Rolle 331
2. Théorème des accroissements finis 332
3. Applications aux variations de fonctions 334
4. Formule de Taylor 335
5. Formule de MacLaurin 336
6. Notions sur les développements limités 337
7. Applications à la recherche des limites 344
8. Applications à l'étude des courbes $y = f(x)$ 346
9. Marche à suivre pour l'étude d'une fonction $x \to f(x)$ et construction de son graphe 350
Résumé du chapitre 14 351
Exercices 354

15. Intégration d'une fonction d'une variable **381**
1. Intégrale de Riemann 381
2. Valeur moyenne d'une fonction sur un intervalle $[a, b]$ 384
3. Propriétés générales de l'intégrale définie 386
4. Théorème de la moyenne 388
5. Inégalité de Schwarz 388
6. Intégrale fonction de sa borne supérieure. Primitive 389
Résumé du chapitre 15 390
Exercices 391

Brèves notices sur les principaux mathématiciens **401**

Index **403**

CHAPITRE 1

NOTION D'ENSEMBLE. OPÉRATIONS SUR LES ENSEMBLES

1. ENSEMBLE

Des objets ou éléments présentant une ou plusieurs propriétés communes constituent une collection ou un **ensemble.**

Ces propriétés sont suffisantes pour affirmer qu'un objet appartient ou n'appartient pas à l'ensemble.

Exemples.

Ensemble des nombres entiers.
Ensemble des vecteurs de l'espace à trois dimensions.

2. APPARTENANCE

Si e est l'un des éléments constituant l'ensemble E, on dit que e **appartient à** E et on note

$$e \in E$$

si l'élément e' n'appartient pas à l'ensemble E on écrit $e' \notin E$.

En matière de notation on réserve les lettres majuscules pour désigner les ensembles, et les lettres minuscules pour les éléments.

3. DÉTERMINATION D'UN ENSEMBLE

Un ensemble est déterminé si, étant donné un élément quelconque, on peut savoir s'il appartient ou non à cet ensemble.

Dans les cas usuels un ensemble est déterminé

— soit par l'énumération de tous ses éléments, on dit alors que l'ensemble est défini **« en extension »,**

— soit par une propriété caractéristique de ses éléments, il s'agit alors d'une définition **« en compréhension ».**

Par exemple si on désigne par $\mathbb{N}$ l'ensemble des entiers naturels on aura

$$\mathbb{N} = \{0, 1, 2, 3, \ldots, n, \ldots\}$$

L'ensemble des nombres pairs se notera

$$P = \{x / x = 2n, \forall n \in \mathbb{N}\} \text{ *}$$

qui se lit P est l'ensemble des nombres x tels que x égale $2n$, pour tout n appartenant à $\mathbb{N}$.

4. ÉGALITÉ DE DEUX ENSEMBLES

Deux ensembles sont égaux (ou identiques) si tout élément de l'un est élément de l'autre.

Ainsi les deux ensembles

$$A = \{x, 1, 0, \square\}$$

et

$$B = \{\square, 1, x, 0\}$$

sont égaux et on écrit $A = B$.

5. INCLUSION

On dit que l'ensemble A est **inclus** dans l'ensemble B, ce qui se note

$$A \subset B$$

lorsque tout élément de A appartient à B. On dit que A est inclus dans B ou est un sous-ensemble de B, ou encore une partie de B.

Ainsi, si on désigne par $\mathbb{R}$ l'ensemble des nombres réels quelconques, nous aurons

$$\mathbb{N} \subset \mathbb{R}$$

Les inclusions $A \subset B$ et $B \subset C$ entraînent $A \subset C$, on dit que la relation d'inclusion est transitive.

Ainsi, si on désigne par $\mathbb{Z}$ l'ensemble des entiers relatifs (..., − 2, − 1, 0, 1, 2,...) et par $\mathbb{Q}$ celui des nombres rationnels $\frac{a}{b}$ avec $b \neq 0$ $a \in \mathbb{Z}$ et $b \in \mathbb{Z}$ nous aurons

$$\mathbb{N} \subset \mathbb{Z} \subset \mathbb{Q} \subset \mathbb{R}$$

---

* On exprime par « | » ou par « : » la condition ou propriété caractéristique permettant d'identifier l'ensemble P.

Ensemble vide

L'ensemble **vide** est l'ensemble ne contenant aucun élément. On le note $\varnothing$.

$\varnothing$ est inclus dans tout ensemble. Cette remarque, somme toute triviale, est fréquemment utilisée dans de nombreux raisonnements.

6. VISUALISATION DES ENSEMBLES. DIAGRAMMES

Par commodité et pour rendre plus assimilables certaines notions on utilise différents diagrammes pour représenter les ensembles. Les plus communément utilisés sont obtenus en délimitant par une courbe fermée une zone dans l'espace euclidien de la feuille de papier.

Remarquons que chaque fois que nous définissons un ensemble nous le définissons en fait comme un sous-ensemble d'un autre ensemble. Lorsque nous disons soit l'ensemble A composé des lettres a, b, c nous le définissons comme un sous-ensemble de l'ensemble E des lettres de l'alphabet

$$\{a, b, c, \ldots, y, z\}$$

pris comme référence.

C'est pourquoi toute visualisation d'un ensemble commence par celle de son ensemble référentiel. Celui-ci est généralement représenté par l'ensemble des points, ou croix ou tout autre symbole représentant ses éléments, disposés à l'intérieur d'un rectangle.

Exemples.

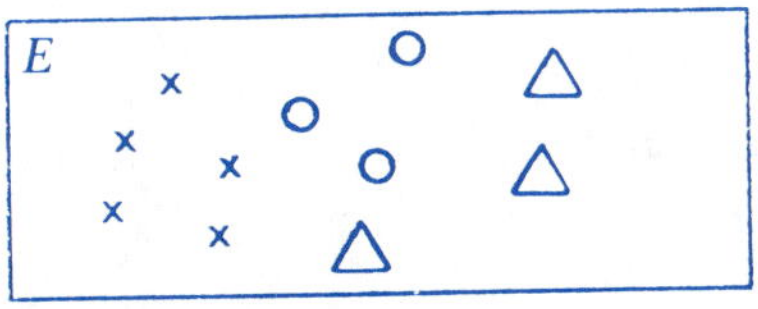

Figure 1.

Tout sous-ensemble de ce référentiel sera délimité par une courbe fermée englobant l'ensemble de ses éléments, les éléments extérieurs à cette courbe appartenant à son complémentaire par rapport au référentiel utilisé.

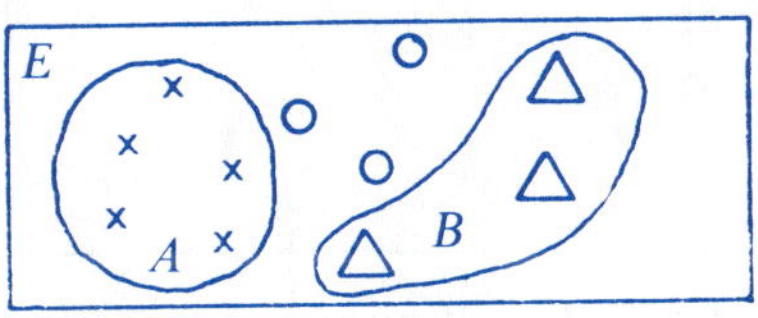

Figure 2.

La figure 3 met en évidence le complémentaire de A par rapport à E.

Figure 3.

L'ensemble des parties de E se note $\mathscr{P}(E)$ et $\forall E$, $\varnothing \in \mathscr{P}(E)$ et $E \in \mathscr{P}(E)$.

7. OPÉRATIONS SUR LES ENSEMBLES

1. Réunion

La réunion des deux ensembles A et B est l'ensemble C des éléments qui appartiennent à A ou à B.

On écrit $C = A \cup B$
(qui se lit C égale A union B).

L'équivalence suivante traduit la définition

$$\boxed{x \in C = A \cup B \Leftrightarrow x \in A \quad \text{ou} \quad x \in B}$$

Ceci reste vrai si $x \in A$ et $x \in B$.

2. Intersection

L'intersection de deux ensembles A et B est l'ensemble C des éléments qui appartiennent à A et à B.

On écrit alors $C = A \cap B$
(qui se lit C égale A inter B).

On a de même

$$\boxed{x \in C = A \cap B \Leftrightarrow x \in A \quad \text{et} \quad x \in B}$$

Les schémas ci-dessous visualisent ces deux opérations.

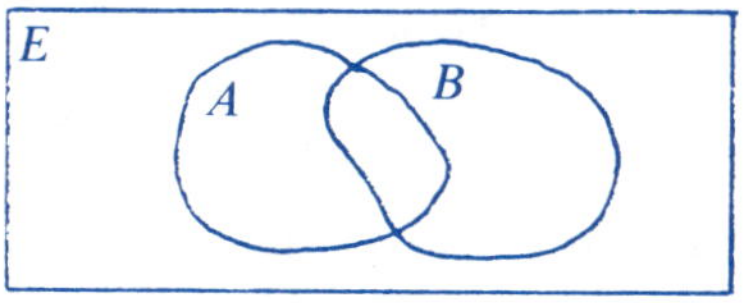

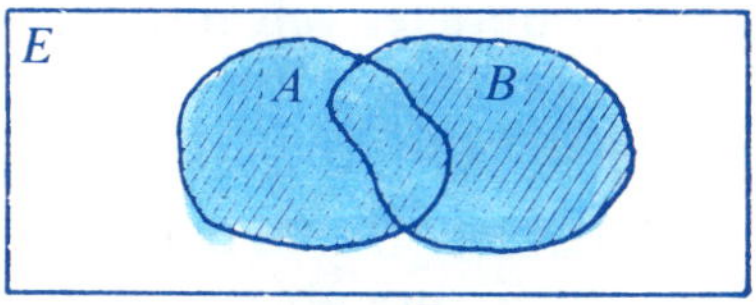

$A \cup B$

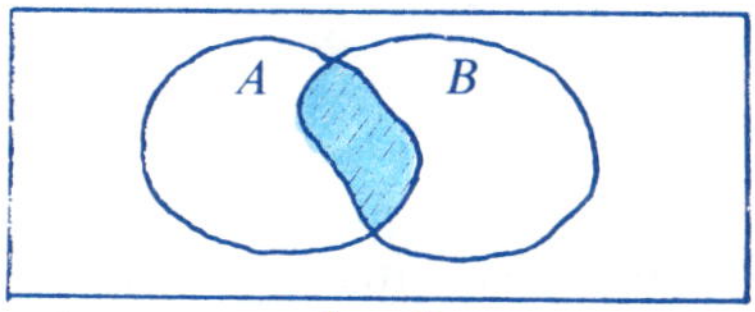

$A \cap B$

Figure 4.

Si A et B n'ont pas d'élément commun on dit qu'ils sont **disjoints,** alors $A \cap B = \varnothing$. Ainsi l'ensemble des nombres naturels pairs et l'ensemble des nombres naturels impairs ont une intersection vide.

3. Complémentation

Deux sous-ensembles A et B de l'ensemble E sont dits complémentaires si leur réunion est l'ensemble E et leur intersection l'ensemble vide :

$$A \cup B = E$$
$$A \cap B = \varnothing$$

on note alors $$B = \complement_E^A$$

ou encore $$B = A^c$$

ou enfin $$B = \overline{A}$$

ces deux dernières notations sont d'ailleurs à éviter si l'ensemble E par rapport auquel on prend le complément n'est pas évident.

La zone hachurée ci-dessous donne $\overline{A}$.

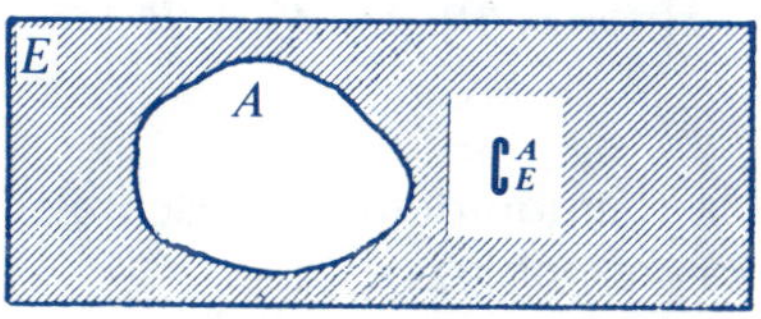

Figure 5.

8. PROPRIÉTÉS DES OPÉRATIONS SUR LES ENSEMBLES

Les propriétés suivantes se démontrent très aisément.

1. Commutativité

L'intersection et la réunion sont des opérations commutatives. Quels que soient les ensembles A et B

$$A \cap B = B \cap A$$

et

$$A \cup B = B \cup A$$

2. Associativité

L'intersection et la réunion sont associatives quels que soient les ensembles A, B et C :

$$(A \cap B) \cap C = A \cap (B \cap C)$$
$$(A \cup B) \cup C = A \cup (B \cup C)$$

3. Distributivité

L'intersection et la réunion sont distributives l'une par rapport à l'autre

$$A \cap (B \cup C) = (A \cap B) \cup (A \cap C)$$
$$A \cup (B \cap C) = (A \cup B) \cap (A \cup C)$$

4. Idempotence

$$A \cup A = A$$
$$A \cap A = A$$

9. LOIS DE DE MORGAN (*) ET GÉNÉRALISATION

Lois de De Morgan

Quels que soient les sous-ensembles A et B de E

$$\boxed{(A \cup B)^c = A^c \cap B^c}$$

et

$$\boxed{(A \cap B)^c = A^c \cup B^c}$$

le complémentaire de la réunion de deux ensembles est l'intersection des complémentaires de ces ensembles.

* La démonstration fait l'objet de l'exercice 3.

Le complémentaire de l'intersection de deux ensembles est la réunion des complémentaires de ces ensembles.

On dit qu'il existe une dualité entre les opérations de réunion et d'intersection.

Généralisation

Soient $I \subset \mathbb{N}$ un ensemble et $(A_i)_{i \in I}$ une famille de parties de E.

On définit de même la réunion

$$A = \bigcup_{i \in I} A_i \qquad \text{par } [x \in \bigcup_{i \in I} A_i] \Leftrightarrow \exists\, i \in I : x \in A_i$$

et l'intersection

$$B = \bigcap_{i \in I} A_i \qquad \text{par } [x \in \bigcap_{i \in I} A_i] \Leftrightarrow \forall\, i \in I : \; x \in A_i$$

les lois de De Morgan ci-dessus s'étendent à une famille de parties de E sous la forme

$$(\bigcup_i A_i)^c = \bigcap_i A_i^c$$

$$(\bigcap_i A_i)^c = \bigcup_i A_i^c$$

10. DIFFÉRENCE DE DEUX ENSEMBLES

On appelle différence des ensembles A et B, l'ensemble

$$A - B = A \cap B^c$$

et différence symétrique de A et B l'ensemble noté $A \,\Delta\, B$ tel que

$$A \,\Delta\, B = (A \cap B^c) \cup (A^c \cap B)$$

$A \,\Delta\, B$ est l'ensemble des éléments qui appartiennent à un et un seul des ensembles A et B.

11. NOTION DE RECOUVREMENT ET DE PARTITION

Si on désigne par I un ensemble d'indices et une correspondance $f(i) = x_i \in E$ alors $\{x_i\}$, ensemble des x_i, est une partie de E indexée par I. On désigne par $\mathscr{P}(E)$ l'ensemble des parties de E.

On appelle recouvrement de E la réunion $\cup X_i = E$ c'est-à-dire $\forall x \in E \;\; \exists X_i$ tel que $x_i \in X_i$

Si de plus $\begin{cases} \forall\, i \in I & X_i \neq \varnothing \\ X_i \cap X_j = \varnothing & \text{si } i \neq j \end{cases}$

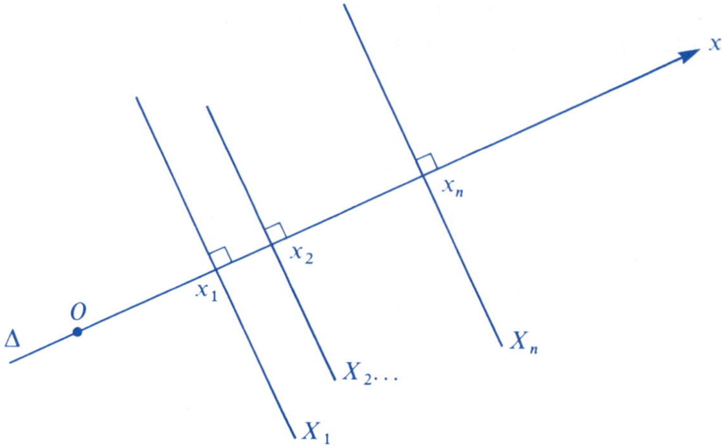

Figure 6.

on dit que les X_i forment une partition de E.

Ainsi dans le cas $E = R^2$

les perpendiculaires à Ox aux points d'abscisses x_1, x_2, ..., x_n..., $\forall\ x_i \in \mathbb{R}$ forment une partition de E.

12. ENSEMBLES USUELS EN MATHÉMATIQUES

On désigne généralement les ensembles les plus usuels par une lettre en gras ou à double barre :

N ou $\mathbb{N}$ l'ensemble des entiers naturels
N* ou $\mathbb{N}^*$ l'ensemble des entiers positifs
Z ou $\mathbb{Z}$ l'ensemble des entiers relatifs (positifs, négatifs ou nuls)
Z* ou $\mathbb{Z}^*$ l'ensemble des entiers $\neq 0$
Q ou $\mathbb{Q}$ l'ensemble des nombres rationnels $\left(\frac{p}{q}, p \in \mathbb{Z}, q \in \mathbb{Z}^*\right)$
R ou $\mathbb{R}$ l'ensemble des réels
R⁺ ou $\mathbb{R}^+$ l'ensemble des réels positifs
R* ou $\mathbb{R}^*$ l'ensemble des réels autres que 0
C ou $\mathbb{C}$ l'ensemble des nombres complexes

13. PRODUIT D'ENSEMBLES

Soit deux ensembles A et B et deux éléments a et b avec $a \in A$ et $b \in B$.

L'ensemble des couples (a, b) pris dans cet ordre est appelé ensemble produit cartésien des ensembles A et B.

On le note $A \times B$

— Il faut d'abord remarquer que la précision de l'ordre a puis b n'est pas superflue. Tout couple appartenant à $A \times B$ est constitué d'un élément appartenant à A puis d'un élément appartenant à B. (b, a) n'est pas en général élément de $A \times B$ (ce n'est le cas que si a et $b \in A \cap B$).

— De plus si A et B sont des ensembles finis et si on désigne par

card A le nombre des éléments de A

et card B le nombre des éléments de B

on aura card ($A \times B$) = card $A \times$ card B. En effet le nombre des couples du type (a, b) avec $a \in A$ et $b \in B$ est obtenu en faisant correspondre à tout élément $a \in A$ tous les éléments de B, soit (card B) éléments. Ceci devant être répété autant de fois qu'il y a d'éléments dans A, le nombre des éléments de $A \times B$ est bien card $A \times$ card B.

Deux ensembles ayant même cardinal sont dits « équipotents ». Cette notion sera généralisée au cas des ensembles non finis.

— Le produit cartésien $A^2 = A \times A$ est l'ensemble des couples (a_1, a_2) avec $a_1 \in A$ et $a_2 \in A$ et d'une façon générale

$$A^n = A \times A \times \ldots \times A$$

est l'ensemble des familles à n éléments

$$(a_1, a_2, \ldots, a_n)$$

où $a_1 \in A, a_2 \in A, \ldots, a_n \in A$.

De même, on vérifie aisément que

$$\text{card}\,(A \cup B) = \text{card}\,(A) + \text{card}\,(B) - \text{card}\,(A \cap B)$$

$$\text{card}\,(A^n) = [\text{card}\,(A)]^n \qquad n \in \mathbb{N}^*$$

$$\text{card}\,(\mathcal{P}(E)) = 2^{\text{card}(E)}$$

14. RELATION. GRAPHE D'UNE RELATION

Soit une propriété caractéristique des éléments d'un sous-ensemble G de $A \times B$: elle définit une **relation** R entre a et b, a décrivant A et b décrivant B.

G s'appelle le graphe de la relation R.

Exemple.

L'ensemble des nombres réels **R** peut être représenté géométriquement par une droite et l'ensemble des couples de nombres réels, c'est-à-dire les éléments de l'ensemble $\mathbf{R}^2$ peut être représenté par un plan : chaque point du plan est caractérisé par son ordonnée et son abscisse dans un repère formé par deux droites orthogonales.

Dans ce repère la droite d'équation $y = 3\,x$, par exemple, est un sous-ensemble de $\mathbf{R}^2$: cette droite est le graphe de la relation R, $y = 3\,x$.

Résumé du chapitre 1

- **Appartenance.**

$$a \in A$$

- **Inclusion.**

$$A \subset B \Rightarrow \forall\, \alpha \in A, \quad \alpha \in B$$

- **Réunion d'ensembles.**

$$x \in A \cup B \Rightarrow x \in A \quad \text{ou} \quad \text{(et)} \quad x \in B$$

- **Intersection d'ensembles.**

$$x \in A \cap B \Rightarrow x \in A \quad \text{et} \quad x \in B$$

- **Complémentation.**

$$x \in E,\ x \notin A \Rightarrow x \in \complement_E^A \qquad \text{ou} \qquad x \in \overline{A} \qquad \text{ou } x \in A^c$$

- **Propriétés des opérations de réunion et d'intersection.**

— Elles sont commutatives.

$$A \cap B = B \cap A \quad \text{et} \quad A \cup B = B \cup A$$

— Elles sont associatives.

$$A \cup (B \cup C) = (A \cup B) \cup C \quad \text{et} \quad A \cap (B \cap C) = (A \cap B) \cap C$$

— Chacune des lois est distributive par rapport à l'autre.

$$A \cap (B \cup C) = (A \cap B) \cup (A \cap C)$$
$$A \cup (B \cap C) = (A \cup B) \cap (A \cup C)$$

- **Différence de A et B.**

$$A - B = A \cap B^c$$

- **Différence symétrique de A et B**

$$A \,\Delta\, B = (A \cap B^c) \cup (A^c \cap B)$$

- **Lois de De Morgan.**

$$(A \cup B)^c = A^c \cap B^c$$
$$(A \cap B)^c = A^c \cup B^c$$

- **Recouvrement de E.**

$\{X_i\}_{i \in I}$ constituent un recouvrement de E si

$$\cup X_i = E$$

- **Partition de E.**

$\{X_i\}_{i \in I}$ constituent une partition de E si

$$\cup X_i = E$$
$$X_i \cap X_j = \varnothing \quad \forall_i, \forall_j \quad i \neq j$$

- **Produit cartésien d'ensembles.**

$$A \times B = \{(a, b) \quad \text{avec} \quad a \in A \quad \text{et} \quad b \in B\}$$

EXERCICES

ÉNONCÉS

■ **1.** Soit A, B, C trois sous-ensembles de E. Montrer que si

$$A \cup C \subset A \cup B \text{ et } A \cap C \subset A \cap B,$$

l'ensemble C est inclus dans B.

■ **2.** Montrer que si F et G sont des sous-ensembles de E :

a) $F \subset G \Leftrightarrow F \cup G = G \Leftrightarrow F^c \cup G = E$.
b) En déduire que $F \subset G \Leftrightarrow F \cap G = F \Leftrightarrow F \cap G^c = \varnothing$.

■ **3.** Soit A et B, deux sous-ensembles de E. Démontrer les lois de De Morgan :

a) $A^c \cup B^c = (A \cap B)^c$.
b) $A^c \cap B^c = (A \cup B)^c$.

■ **4. Nombre de parties d'un ensemble fini.**

Il est souvent nécessaire de pouvoir dénombrer tous les sous-ensembles que l'on peut former avec les éléments d'un ensemble fini E. Dans ce dénombrement il ne faut pas oublier l'ensemble vide $\varnothing$ ainsi que l'ensemble E qui est une partie de lui-même, celle contenant tous les éléments.

Dénombrer les parties d'un ensemble contenant n éléments. Une méthode simple est donnée dans le chapitre « Analyse combinatoire ». Cependant la méthode graphique dite méthode de l'arbre est souvent utilisée pour obtenir le résultat ; essayer de la retrouver pour $n = 2$, puis la généraliser.

■ **5.** Soit l'ensemble E possédant n éléments. Quel est le nombre d'éléments de E^p, p entier ? Quel est le nombre de parties de E^p ?

■ **6.** On appelle fonction caractéristique de A, partie de l'ensemble E, une application f de E dans l'ensemble à deux éléments $\{0, 1\}$, telle que

$$f(x) = 0 \quad \text{si} \quad x \notin A$$
$$f(x) = 1 \quad \text{si} \quad x \in A$$

Soit A et B deux parties de E et leurs fonctions caractéristiques f et g. Quels sont les ensembles A_1, A_2, A_3 dont les fonctions caractéristiques sont :

a) $1 - f$;

b) fg;

c) $f + g - fg$.

■ **7.** Soit un ensemble E et deux parties A et B de E.

a) Démontrer que $A \,\Delta\, B = \complement_A (A \cap B) \cup \complement_B (A \cap B)$.

b) Démontrer que quelles que soient les parties A, B, C de E

$$(A \,\Delta\, B) \,\Delta\, C = A \,\Delta\, (B \,\Delta\, C)$$

c) Démontrer qu'il existe une partie unique X de E telle que

i) pour toute partie A de E : $A \,\Delta\, X = X \,\Delta\, A = A$,

ii) il existe une partie unique A' de E telle que

$$A \,\Delta\, A' = A' \,\Delta\, A = X.$$

■ **8.** Soit $\mathscr{P}(E)$ l'ensemble des parties de E, on désigne par φ une application $\mathscr{P}(E) \to E$. On considère l'ensemble A défini par

$$A = \{ x \in E \,/\, \forall\, y \in \mathscr{P}(E),\, x \in y \Rightarrow x \neq \varphi(y)\}$$

Montrer que $\varphi(A) \notin A$

En déduire que φ n'est pas injective.

Que peut-on en déduire pour cardinal de $\mathscr{P}(E)$?

SOLUTIONS

■ **1.** Soit $x \in C$. Donc $x \in A \cup C$.
$A \cup C \subset A \cup B \Rightarrow x \in A \cup B$ c'est-à-dire x appartient à A ou B :
Si $x \in A$, $x \in A \cap C$ et d'après la relation $A \cap C \subset A \cap B$, $x \in B$.
Donc $x \in B$, pour tout x de C. D'où $C \subset B$.

■ **2.** *a*) $F \subset G$ entraîne que tout x appartenant à F appartient à G. $x \in F \cup G$ veut dire x appartient à F ou G, donc à G : $F \cup G = G$.

Si $x \in F^c$ et $F \subset G$, x appartient, soit à G, soit à G^c : donc $G^c \subset F^c$ et comme $G^c \cup G = E$, *a fortiori* $F^c \cup G = E$.

Réciproquement $F^c \cup G = E \Rightarrow G^c \subset F^c \Rightarrow F \subset G$.

b) $F \subset G \Rightarrow$ tout x appartenant à F appartient à G, donc à $F \cap G$. Donc $F = F \cap G$ et réciproquement si $F = F \cap G$, tout x appartenant à $F \cap G$ appartient à F, donc $F \subset G$. Tout x appartenant à F appartient à G, donc est hors de G^c : $F \cap G^c$ est donc l'ensemble vide. Réciproquement si $F \cap G^c = \varnothing$ tout x de F est hors de G^c donc dans G et $F \subset G$.

■ **3.** *a*) Soit x tel que $x \in A^c \cup B^c$: cela signifie que x appartient à A^c ou B^c.

Si $x \in A^c$, $\quad x \notin A \Rightarrow x \notin A \cap B \Rightarrow x \in (A \cap B)^c$
Si $x \in B^c$, $\quad x \notin B \Rightarrow x \notin A \cap B \Rightarrow x \in (A \cap B)^c$

Ceci est vrai pour tout x de $A^c \cup B^c$, donc on en déduit

$$A^c \cup B^c \subset (A \cap B)^c.$$

Soit x tel que $x \in (A \cap B)^c$: x n'est pas un élément commun à A et B.

Si $x \in A$, $\quad x \notin B \Rightarrow x \in B^c \Rightarrow x \in A^c \cup B^c$.
Si $x \in B$, $\quad x \notin A \Rightarrow x \in A^c \Rightarrow x \in A^c \cup B^c$.
Si $x \notin A$ et $x \notin B \Rightarrow x \in A^c$ $\quad$ et $\quad x \in B^c \Rightarrow x \in A^c \cup B^c$.

Ceci est vrai pour tout x de $(A \cap B)^c$. On en déduit que

$$(A \cap B)^c \subset A^c \cup B^c$$

On a démontré plus haut que $A^c \cup B^c \subset (A \cap B)^c$. La seule possibilité est

$$(A \cap B)^c = A^c \cup B^c$$

b) Ayant démontré *a*) rigoureusement, nous nous contentons du schéma intuitif d'Euler :

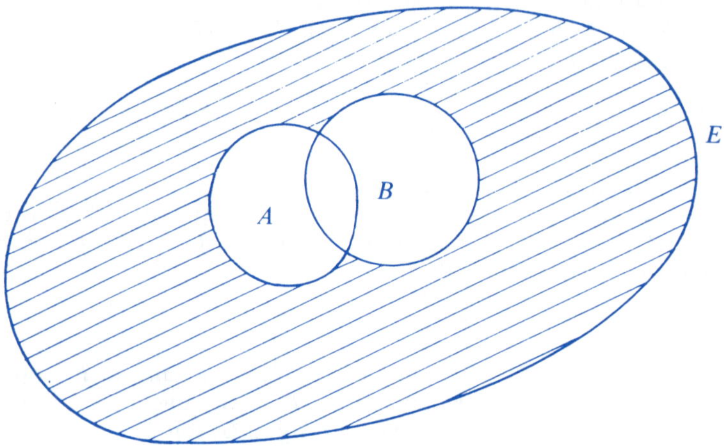

La partie hachurée représente $A^c \cap B^c$. On vérifie alors que

$$A^c \cap B^c = (A \cup B)^c$$

■ **4.** On divise le plan (ici la feuille de papier) en niveaux, de haut en bas, que l'on numérote. Chaque niveau représente un ensemble et le numéro de ce niveau est le nombre d'éléments de l'ensemble.

Chaque niveau (représenté par une droite horizontale) comporte un certain nombre de points, chaque point représentant une partie de l'ensemble. Donc si l'on sait construire ces points, on connaîtra le nombre de parties de l'ensemble.

Il est facile de construire le niveau 0 et le niveau 1 :

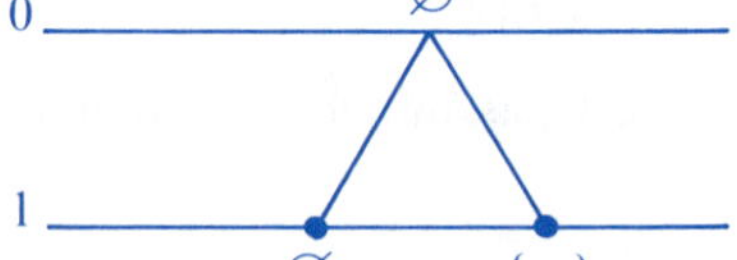

: une partie, $\varnothing$ lui-même

: deux parties, $\varnothing$ et $\{a\}$.

Le problème est alors le suivant : connaissant le nombre de parties d'un ensemble E_p à p éléments, quel est le nombre de parties de l'ensemble E_{p+1} à $p + 1$ éléments, tel que E_p soit inclus dans E_{p+1} ?

E_p est inclus dans E_{p+1} : ceci signifie qu'on obtient E_{p+1} en ajoutant un élément α à E_p. Il s'offre alors une alternative : une partie de E_{p+1} contient α ou ne contient pas α. Les parties de E_{p+1} ne contenant pas α sont les parties de E_p; d'autre part, les parties de E_{p+1} contenant α sont aussi celles de E_p auxquelles on ajoute l'élément α. Une partie de E_p fournit donc deux parties de E_{p+1} ce que l'on traduit par le schéma :

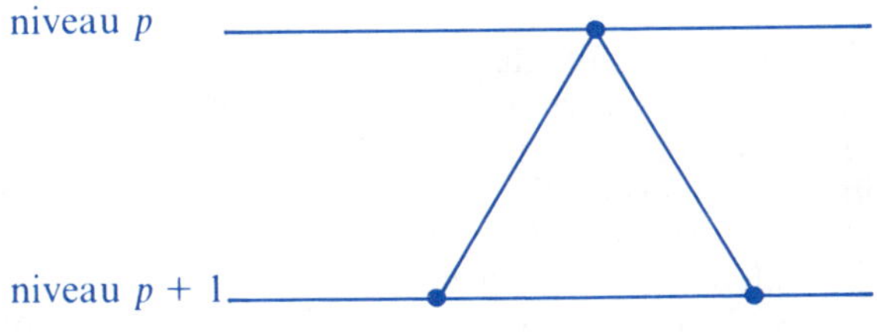

A partir du niveau 0, on peut donc construire l'arbre suivant :

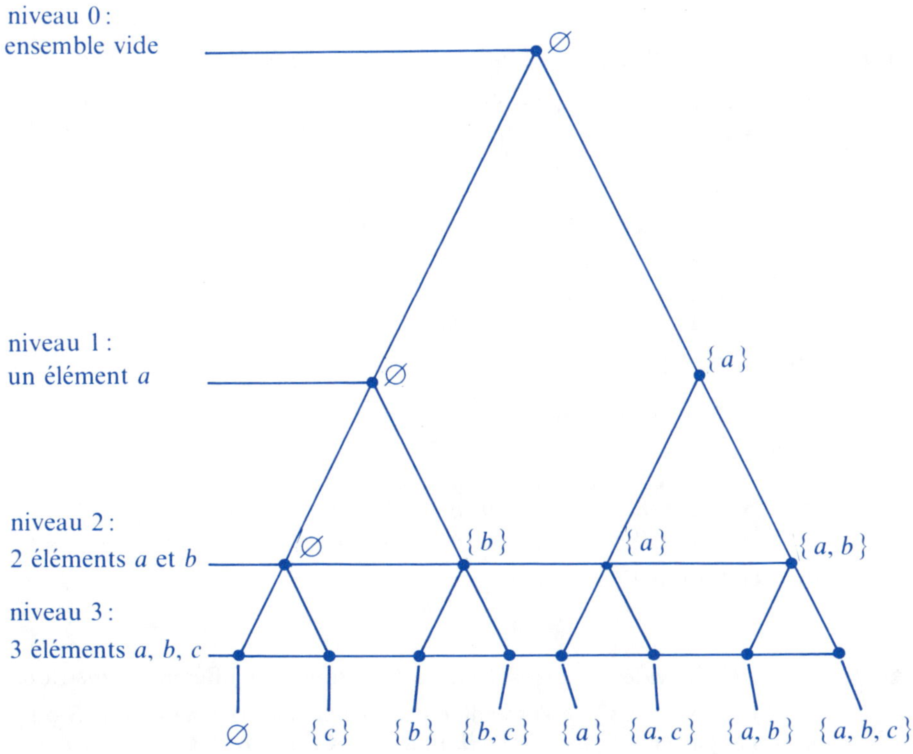

Le niveau 0 possède une partie soit 2^0, le niveau 1 possède deux parties soit 2^1; le niveau 2 possède quatre parties soit 2^2 et le niveau 3 possède huit parties soit 2^3. Le nombre de parties d'un ensemble E_p est donc 2^p pour $p = 0, 1, 2, 3$. La méthode de l'arbre montre que ce résultat est vrai pour tout p.

■ **5.** E^p désigne le produit cartésien $\underbrace{E \times E \times \ldots \times E}_{p \text{ fois}}$.

Le nombre d'éléments de E^p est n^p.

Raisonnons par récurrence : soit le produit $E_1 \times E_2$; à chaque élément a de E_1 on peut faire correspondre tous les éléments de E_2 un par un. On forme ainsi n éléments de $E_1 \times E_2$. Or $E_1 \equiv E_2 \equiv E$, c'est-à-dire que E_1 renferme n éléments. $E_1 \times E_2 = E^2$ renferme donc n^2 éléments. Supposons que E^{p-1} renferme n^{p-1} éléments; cherchons le nombre d'éléments de $E^p = E^{p-1} \times E$. A chaque élément de E, on peut faire correspondre n^{p-1} éléments de E^{p-1} et former n^{p-1} éléments de E^p. Il y a n éléments dans E, donc $n^{p-1} \times n = n^p$ éléments dans E^p.

Le nombre de parties de E^p est alors 2^{np} (voir exercice 4).

■ **6.** *a*) Soit A_1 l'ensemble dont la fonction caractéristique est $1 - f$.

Si $x \in A$, $\quad 1 - f(x) = 0 \Rightarrow x \notin A_1$
Si $x \notin A$, $\quad 1 - f(x) = 1 \Rightarrow x \in A_1$

donc $A_1 = A^c$.

b) Soit A_2 l'ensemble dont la fonction caractéristique est fg.

Si $x \in A$ et $x \notin B$ $\quad fg = 0$
Si $x \notin A$ et $x \in B$ $\quad fg = 0$
Si $x \in A$ et $x \in B$ $\quad fg = 1$

donc $A_2 = A \cap B$.

c) Soit A_3 l'ensemble dont la fonction caractéristique est $f + g - fg$.

Si $x \in A$ et $x \notin B$ $\quad f + g - fg = 1$
Si $x \notin A$ et $x \in B$ $\quad f + g - fg = 1$
Si $x \in A \cap B$ $\quad f + g - fg = 1$
Si $x \notin A \cup B$ $\quad f + g - fg = 0$

donc $A_3 = A \cup B$.

■ **7.** *a*) C'est évident; cela résulte de la définition de la différence symétrique.

b) $(A \Delta B) \Delta C$ est l'ensemble des éléments appartenant à A, B ou C mais n'appartenant pas à $A \cap B$, ni à $A \cap C$, ni à $B \cap C$.

De même $A \Delta (B \Delta C)$ est l'ensemble des éléments appartenant à A, B ou C mais n'appartenânt pas à $B \cap C$, $A \cap C$ ou $A \cap B$.

Il y a bien identité.

Le diagramme d'Euler donne d'ailleurs un aperçu du résultat.

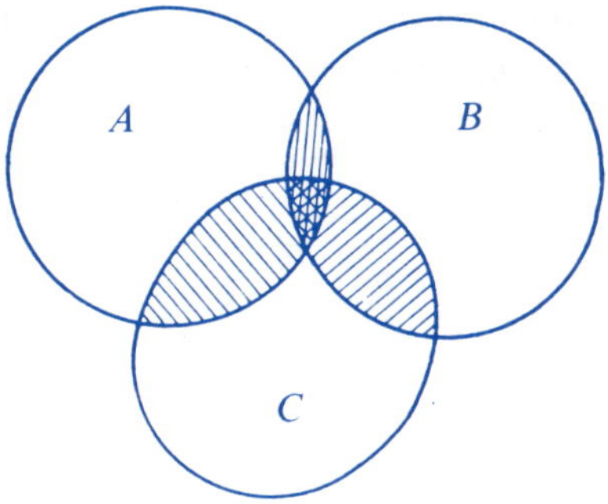

Les parties en blanc sont $A \Delta B \Delta C$.

c) i) $A \Delta X = X \Delta A = A \Leftrightarrow \complement_A (A \cap X) \cup \complement_X (A \cap X) = A$

et $\Rightarrow \complement_X (A \cap X) \subset A$.

Or, d'après la définition du complémentaire d'un ensemble par rapport à un autre ensemble, il vient

$$X = \complement_X (A \cap X) \cup (A \cap X) \quad \text{et} \quad \complement_X (A \cap X) \cap (A \cap X) = \varnothing$$

Or $(A \cap X) \subset A$ et $\complement_X (A \cap X) \subset A$

On en déduit donc $\complement_X (A \cap X) \cup (A \cap X) \subset A$

c'est-à-dire $X \subset A$

D'où $A \cap X = X$ et $\complement_X (A \cap X) = \varnothing$

L'hypothèse s'écrit alors

$$\complement_A (X) \cup \varnothing = \complement_A (X) = A$$

ce qui implique

$$X = \varnothing$$

ii) $\complement_A (A \cap A') \cup \complement_{A'} (A \cap A') = \varnothing \Rightarrow \begin{cases} \complement_A (A \cap A') = \varnothing \\ \complement_{A'} (A \cap A') = \varnothing \end{cases}$

$$\left.\begin{array}{l} \complement_A (A \cap A') = \varnothing \Rightarrow A \cap A' = A \\ \complement_{A'} (A \cap A') = \varnothing \Rightarrow A \cap A' = A' \end{array}\right\} \Rightarrow A' = A.$$

■ **8.** Soit $a = \varphi(A)$; si $a \in A$ on tire de la définition de A que $a \neq \varphi(A)$ donc $a = \varphi(A)$ implique $a \notin A$.

$\exists\, y \in \mathscr{P}(E)$ tel que $a \in y \Rightarrow a = \varphi(y)$

$a \in y$ et $a \notin A \Rightarrow y \neq A$ et φ ne peut donc être injective puisque $a = \varphi(A) = \varphi(y)$

On en déduit que card $\mathscr{P}(E)$ est nécessairement supérieur strictement à card E : il ne peut donc exister d'application de $\mathscr{P}(E)$ dans E qui soit injective.

CHAPITRE 2

APPLICATIONS. RELATIONS D'ORDRE ET D'ÉQUIVALENCE. ANALYSE COMBINATOIRE

1. LOIS DE COMPOSITION

Loi de composition interne

Un ensemble E est muni d'une loi de composition interne notée T ou $*$, si, à certains couples (a, b) d'éléments appartenant à E, correspond un élément bien déterminé c de E :

$$c = aTb$$

Exemple.

Si E est l'ensemble des nombres réels, l'addition est une loi de composition interne partout définie : $\forall\, a$, $\forall\, b$, c est défini. La division est également une loi interne définie lorsque le diviseur n'est pas nul.

$A \subset E$ est stable pour T ; ou est fermé pour T si

$$(\forall\, x)\ (\forall\, y) \in A \qquad xTy \in A$$

Extension à l'ensemble des parties de E : si A, $B \in \mathscr{P}(E)$, on appelle ATB l'ensemble des éléments xTy où $x \in A$ et $y \in B$.

Loi de composition externe

Considérons deux ensembles E et Λ.

Supposons qu'à tout élément $a \in E$ et qu'à tout élément $\lambda \in \Lambda$ on associe un élément $b \in E$. On dit que l'on a défini une loi de composition externe.

A titre d'exemple supposons que E soit l'ensemble des vecteurs libres de l'espace à trois dimensions et Λ l'ensemble des nombres réels; à tout vecteur $\vec{V} \in E$ on fait correspondre le vecteur $\lambda\,\vec{V}$, $(\lambda \in \Lambda)$ appelé produit du vecteur $\vec{V}$ par le nombre λ.

$\lambda\,\vec{V}$ est un vecteur $\in E$: la multiplication par un scalaire est une loi de composition externe définie dans E.

2. NOTION D'APPLICATION

On appelle **application** d'un ensemble E dans un ensemble F une loi de correspondance f permettant d'associer à tout $x \in E$ un élément (et un seul) $y \in F$.

E est **l'ensemble de départ,** F l'**ensemble d'arrivée.** L'élément y associé à x est l'**image de** x **par** f, et on note

$$x \xrightarrow{f} y$$

ou

$$y = f(x)$$

On dit encore que y est fonction de x. E est le champ de définition de f, qui prend ses valeurs dans F. On note $f(E)$ le sous-ensemble F_1 de F constitué de toutes les images $f(x)$ pour $x \in E$, $f(E)$ est l'image de E par f.

Exemples d'applications.

— La projection des points d'une droite D sur un plan P est une application de D dans P.

— $\mathbb{N}$ étant l'ensemble des nombres entiers, l'application

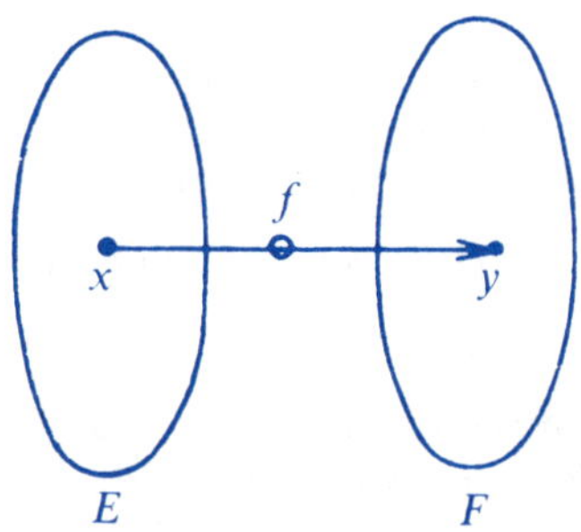

Figure 1.

$$x \xrightarrow{f} y = 2x + 1 \quad \forall x \in \mathbb{N}$$

est une application de $\mathbb{N}$ dans $\mathbb{N}$.

Surjection

L'image $f(E)$ de E par f est en général une partie de F. Si tout élément de F est l'image par f d'au moins un élément de E, on dit que

f est une application de E **sur** F ou encore que f est une application **surjective,** on a alors

$$f(E) = F$$

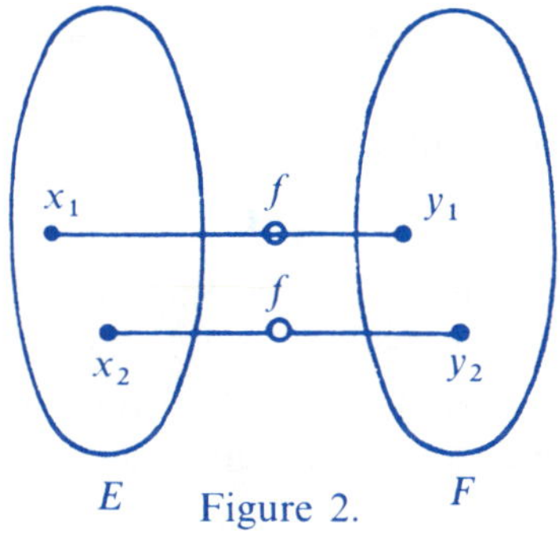

Figure 2.

Injection

Lorsqu'à deux éléments distincts de E correspondent par f deux éléments distincts de F, f réalise une **injection** de E dans F. On dit encore que f est une **application injective.**

On a alors

$$\forall\, x_1, x_2 \in E \quad x_1 \neq x_2 \Rightarrow f(x_1) \neq f(x_2)$$

ou ce qui revient au même

$$\forall\, x_1, x_2 \in E \quad f(x_1) = f(x_2) \Rightarrow x_1 = x_2$$

Bijection

f est une application **bijective** si elle surjective et injective. f réalise dans ce cas une correspondance **biunivoque** entre E et F : tout élément de F est l'image d'un élément de E et d'un seul.

Dans ce dernier cas, il existe une application inverse f^{-1} de F sur E, puisqu'à tout $y \in F$ on sait associer un élément x bien déterminé de E.

f^{-1} est l'application inverse ou réciproque de f

$$x \xrightarrow{\;f\;} y \quad \Leftrightarrow \quad y \xrightarrow{\;f^{-1}\;} x$$

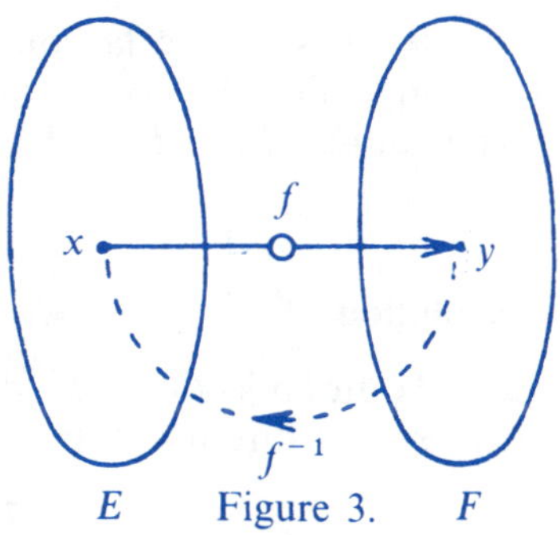

Figure 3.

$$\forall x \in E \quad x \xrightarrow{f} f(x) \xrightarrow{f^{-1}} x = f^{-1}(f(x))$$

$$\forall y \in f(E) \quad y \xrightarrow{f^{-1}} f^{-1}(y) \xrightarrow{f} y = f(f^{-1}(y))$$

f^{-1} est une bijection de F sur E.

Remarque

Si f est une injection de E dans F, elle est une bijection de E sur $f(E)$ et admet une application réciproque f^{-1} qui n'est définie que sur $f(E)$.

Ainsi l'application $f(x) = a + x$ où $x \in \mathbb{Z}$ est une bijection, on peut vérifier aisément qu'elle est bien surjective et injective. Son inverse est

$$f^{-1}(y) = y - a$$

Composition d'applications

Soit trois ensembles E, F, G et deux applications f et g de E dans F et de F dans G. A $x \in E$ correspond dans F un seul y tel que $y = f(x)$. A $y \in F$ correspond dans G un seul z tel que $z = g(y)$.

On définit l'application composée de E dans G par le symbole $g \circ f$ qui à $x \in E$ fait correspondre $z \in G$.

Ainsi si $f(x) = x^2$ et $g(x) = x - 5$ et $E = F = G = \mathbb{Z}$

$$(g \circ f)(x) = x^2 - 5$$

La composée de deux surjections est une surjection. En effet

$$f(E) = F \quad \text{et} \quad g(F) = G$$

entraînent que $(g \circ f)(E) = G$

La composée de deux injections est une injection

$$g[f(x_1)] = g[f(x_2)] \Rightarrow f(x_1) = f(x_2) \Rightarrow x_1 = x_2$$

et $g \circ f$ est injective.

Il s'ensuit que la composée de deux bijections est une bijection, et en particulier la composition de l'application $f : E \to F$ et de sa réciproque $f^{-1} : F \to E$ est l'application identique I sur E

$$f^{-1} \circ f = I$$

Involution

Toute bijection f d'un ensemble E sur lui-même, égale à son inverse, est dite involutive

$$\forall x \in E \quad f(x) = f^{-1}(x)$$

Si f est une bijection involutive de E sur lui-même

$$\forall x \in E \quad f[f(x)] = x$$

On dit également que le carré d'une bijection involutive est la transformation identique (ou identité : $\forall x \in E, f(x) = x$).

D'une façon générale, toute bijection de E sur lui-même s'appelle permutation de E.

Propriétés des applications

Si $A, B \in \mathscr{P}(E)$ alors $A \subset B \Rightarrow f(A) \subset f(B)$

En effet, si $y \in f(A)$ alors il existe x tel que $y = f(x)$; mais $x \in A \Rightarrow x \in B$ donc $y = f(x) \in f(B)$

On peut démontrer de même que si $A, B \in \mathscr{P}(E)$

alors $$f(A \cup B) = f(A) \cup f(B)$$

et $$f(A \cap B) \subset f(A) \cap f(B)$$

l'égalité n'ayant lieu que si f est injective.

3. NOTION DE RELATION BINAIRE

Soit x un élément d'un ensemble E et y un élément d'un ensemble F. Une relation R entre x et y est un lien verbal caractérisant la correspondance entre x et y. Lorsque le couple (x, y) vérifie la relation R on note

$$\boxed{xRy}$$

x est en relation avec y. R définit d'une manière unique un sous-ensemble R^* de $E \times F$: $R^* = \{(a, b)/aRb\}$.

Si x et y appartiennent au même ensemble E, la relation R est appelée relation binaire dans E. C'est une partie du produit $E \times E$.

Exemples.

Supposons que E et F soient l'ensemble des entiers naturels, x **divise** y est une relation binaire. Elle est vraie pour le couple (2, 8) mais ne l'est pas pour le couple (3, 8).

L'égalité, l'appartenance sont d'autres relations.

Propriétés des relations binaires dans un ensemble

Soit R une relation binaire dans un ensemble E et x, y, z des éléments de E.

- *Réflexivité*

R est réflexive si $$xRx \qquad \forall x \in E$$

- *Transitivité*

R est transitive si

$$\left.\begin{matrix} xRy \\ yRz \end{matrix}\right\} \Rightarrow xRz$$

- *Symétrie*

R est symétrique si

$$xRy \Rightarrow yRx$$

Pour comprendre ces trois notions, il suffit de prendre quelques exemples simples.

L'**égalité** est une relation binaire dans l'ensemble des entiers naturels : on note $x = y$ pour indiquer que le couple (x, y) vérifie la relation binaire d'égalité.

Il est évident que l'égalité est une relation binaire réflexive, transitive et symétrique.

En effet $x = x$ (réflexivité)

$$\left.\begin{matrix} x = y \\ y = z \end{matrix}\right\} \quad x = z \text{ (transitivité)}$$

$$x = y \Rightarrow y = x \text{ (symétrie)}$$

— Si R est la **divisibilité** dans l'ensemble des entiers naturels $\mathbb{N}$, R est réflexive puisque tout entier est divisible par lui-même. R est également transitive : si x divise y et si y divise z, x divise z. Par contre, R n'est pas symétrique : si x divise y, y ne divise pas x.

— Enfin, sur l'ensemble des droites de l'espace « D est **orthogonale** à D' » est une relation binaire symétrique, elle n'est cependant ni réflexive, ni transitive.

4. RELATION D'ÉQUIVALENCE

Définition

Une relation définie dans un ensemble E est une relation d'équivalence si elle est :

- réflexive,
- symétrique,
- transitive.

x et y étant deux éléments se correspondant par une relation d'équivalence R, on note

$$x \sim y \ (R)$$

x est équivalent à y modulo R

Ainsi, la similitude des triangles est une relation d'équivalence. Tout triangle (T) est semblable à lui-même.

Si (T_1) est semblable à (T_2), (T_2) est semblable à (T_1).

Si (T_1) est semblable à (T_2) et (T_2) à (T_3) alors (T_1) est semblable à (T_3). Par contre la relation d'inclusion $\subset$ n'est pas une relation d'équivalence, car elle n'est pas symétrique.

Classe d'équivalence

L'ensemble des éléments y équivalents à un élément donné x constituent une classe d'équivalence de x qu'on note $C(x)$.

$$\underline{\text{Si} \quad x \sim y\,(R) \quad \text{alors} \quad C(x) = C(y).}$$

Si $a \in C(x)$ alors $x \sim a(R)$ donc $a \sim y\,(R)$ et $a \in C(y)$ et $C(x) \subset C(y)$ et par symétrie on obtiendrait de même $C(y) \subset C(x)$ d'où

$$C(x) = C(y)$$

De même

$$\underline{\text{si} \quad C(x) = C(y) \quad \text{alors} \quad x \sim y\,(R)}$$

Si

$$a \in C(x) = C(y)$$

on a $a \sim x\,(R)$ donc $x \sim a\,(R)$ et $a \sim y\,(R)$ d'où

$$x \sim y\,(R)$$

L'ensemble des classes d'équivalence constitue une **partition** de E.

En effet si $x \in E$ $C(x) \neq \varnothing$ puisque R est réflexive et $x \in C(x)$.

Il est par ailleurs évident que $\bigcup C(x) = E$.

Enfin $C(x) \neq C(y) \Rightarrow C(x) \cap C(y) = \varnothing$ en effet, si

$$a \in C(x) \cap C(y) \quad \text{alors} \quad a \sim x\,(R) \quad \text{et} \quad a \sim y\,(R)$$

ce qui entraîne $x \sim y\,(R)$ et donc $C(x) = C(y)$ ce qui est contraire à l'hypothèse.

On peut aussi montrer que réciproquement toute partition de E définit sur E une relation d'équivalence R.

Ensemble quotient

L'ensemble des classes d'équivalence modulo R se nomme ensemble quotient de E par R et se note E/R.

L'application qui à tout $x \in E$ fait correspondre sa classe d'équivalence $C(x)$ est appelée **application canonique** modulo R.

5. ÉQUIVALENCE COMPATIBLE AVEC UNE LOI DE COMPOSITION

Soit $(E, R, *)$ la structure composée d'un ensemble E, d'une relation d'équivalence R sur E et d'une loi interne $*$. R sera dite *compatible* avec $*$ si

$$\left.\begin{array}{l} xRx_1 \\ yRy_1 \end{array}\right\} \Rightarrow (x * y)\ R\ (x_1 * y_1)$$

6. HOMOMORPHISMES

Considérons deux ensembles E et F respectivement munis de lois internes $*$ et $*'$. Soit f une application de E dans F.

f sera un homomorphisme de $(E, *)$ dans $(F, *')$ si

$$(\forall\, x, y \in E) \qquad f(x * y) = f(x) *' f(y)$$

ce qui peut se traduire par le fait que f « respecte les structures » sur E et F.

D'autres appellations sont utilisées dans les cas suivants :

— Si $E = F$ (application de E *dans* E), c'est un *endomorphisme*.
— Si f est une bijection de E *sur* F, c'est un *isomorphisme*.
— Si $E = F$ et si f est une bijection, c'est un *automorphisme* de E.

7. RELATION D'ORDRE

Relation d'ordre (au sens large)

On appelle relation d'ordre au sens large sur un ensemble E, une relation binaire R qui possède les propriétés suivantes :

- réflexivité : xRx,
- transitivité : xRy et $yRz \Rightarrow xRz$,
- antisymétrie : xRy est incompatible avec yRx, si $x \neq y$

ou, en d'autres termes $\left.\begin{array}{l} xRy \\ yRx \end{array}\right\} \Rightarrow x = y$

On appelle ensemble ordonné le couple (E, R).

Deux éléments x et y de E sont dits comparables si on a xRy ou yRx.

La relation d'**inégalité** $(x \leqslant y)$ est l'exemple le plus simple de relation d'ordre au sens large. La relation d'inclusion $\subset$ en est une autre. C'est pourquoi pour noter une quelconque relation d'ordre on continue d'utiliser les symboles $\leqslant$ ou $\subset$.

$\mathbb{N}$ étant l'ensemble des entiers naturels, la relation « x divise y », x et $y \in \mathbb{N}$, est également une relation d'ordre.

Relation d'ordre (au sens strict)

- elle n'est pas réflexive,
- elle est transitive,
- elle est antisymétrique.

La relation d'inégalité stricte $x < y$ en est l'exemple le plus immédiat.

8. ORDRE TOTAL. ORDRE INDUIT

Ordre total. Ordre partiel

Dans un ensemble E, une relation R est d'ordre **total** si quels que soient les deux éléments x et y de E au moins une des deux relations xRy et yRx est vraie, sinon R est une relation d'ordre partiel.

Ainsi sur $\mathbb{N}$ l'inégalité est une relation d'ordre total, alors que la divisibilité est une relation d'ordre partiel.

E est dit totalement ordonné par R ou partiellement ordonné suivant que R est une relation d'ordre total ou d'ordre partiel.

Ordre induit

Si $E' \subset E$, la relation d'ordre R définie dans E permet de définir une relation R' d'ordre dans E' : le couple (x, y) d'éléments de E' satisfait à R' si et seulement si ce couple satisfait à R.

On dit que R' est la relation d'ordre induit par R dans le sous-ensemble E'. Toute partie d'un ensemble totalement ordonné est totalement ordonné par l'ordre induit.

9. MAJORANT. MINORANT

Soit A une partie d'un ensemble ordonné E. Tout élément M de E tel que pour tout x de A on ait $x \leqslant M$ s'appelle **majorant** de A. On dit également que A est majorée ou bornée supérieurement par M.

De façon similaire si $m \in E$ est tel que $\forall\, x \in A \;\; m \leqslant x$, m est un **minorant.** A est alors dite minorée ou bornée inférieurement par m.

A est bornée si elle est majorée et minorée.

A contient au plus un de ses propres majorants : s'il en existait deux M_1 et M_2 on aurait alors $M_1 \leqslant M_2$ et $M_2 \leqslant M_1$ d'où $M_1 = M_2$. Lorsque A contient un tel majorant unique on le nomme le **plus grand élément** de

A. La transposition à l'existence (éventuelle) d'un **plus petit élément** de A est immédiate.

Si $A \neq \varnothing$, le plus petit des majorants, s'il existe, s'appelle **borne supérieure** de A. De même le plus grand des minorants, s'il existe, est la **borne inférieure.**

10. PUISSANCE D'UN ENSEMBLE

Définition 1

On dit que deux ensembles A et B ont même puissance s'il existe une correspondance biunivoque entre A et B. Une telle relation est une relation d'équivalence (réflexive, symétrique et transitive). On écrit alors

$$\text{card}\ (A) = \text{card}\ (B)$$

et on dit que A et B sont équipotents.

Définition 2

On dit qu'un ensemble A a une puissance inférieure ou égale à celle d'un ensemble B si A a même puissance qu'une partie B_1 de B et on note

$$\text{card}\ (A) \leqslant \text{card}\ (B)$$

L'ensemble $\mathbb{N}$ et le principe de la récurrence

L'ensemble $\mathbb{N} = \{0, 1, 2, \dots n \dots\}$ possède les propriétés suivantes :

- il est totalement ordonné,
- il possède un élément initial 0,
- tout élément n possède un élément n^+, son successeur immédiat.

Tout ensemble de nombres naturels, qui contient 0 et qui contient n^+, dès qu'il contient n, est identique à $\mathbb{N}$. Cette dernière propriété est appelée **« axiome d'induction »** ; c'est sur cette propriété que repose le raisonnement par récurrence :

— la propriété P est vraie pour le nombre 0,

— elle est vraie pour n^+ dès qu'elle est vraie pour n.

11. ENSEMBLE DÉNOMBRABLE

On appelle ensemble dénombrable un ensemble de même cardinal qu'une partie de l'ensemble $\mathbb{N}$ des entiers positifs ou nuls. Par exemple $\mathbb{Q}$ et $\mathbb{Z}$ sont dénombrables. Il en est de même de l'ensemble des entiers pairs ou des entiers impairs.

On dit qu'ils sont de cardinal $\aleph_0$ (aleph zéro).

On justifie aisément le théorème suivant :

« La réunion d'une famille d'ensembles finis ou dénombrables dont l'ensemble des indices est fini ou dénombrable est un ensemble fini ou dénombrable ».

Remarque

La relation card $(A) \leqslant$ card (B) est une relation évidemment réflexive et transitive.

L'antisymétrie découle d'un théorème de Bernstein (que nous admettrons) : « Si chacun des deux ensembles A et B a même puissance qu'une partie de l'autre, ils ont même puissance ».

L'ensemble $\mathscr{P}(E)$ des parties d'un ensemble quelconque E a une puissance strictement supérieure à celle de E. La démonstration de cette propriété fait l'objet de l'exercice 4.

Puissance du continu

Enfin, on dit qu'un ensemble a la puissance du continu s'il est équipotent à l'ensemble $[0, 1]$, ensemble des réels x tels que $0 \leqslant x \leqslant 1$. $\mathbb{R}$ par exemple à la puissance du continu.

12. DÉNOMBREMENT DES DIFFÉRENTES APPLICATIONS D'UN ENSEMBLE *E* DANS UN ENSEMBLE *F*

Supposons que les ensembles E et F sont finis et contiennent respectivement p et n éléments

$$E = \{x_1, x_2, \ldots, x_p\}$$
$$F = \{y_1, y_2, \ldots, y_n\}$$

Nombre d'injections de *E* dans *F*. Arrangements

On a vu précédemment que

$$x_1, x_2 \in E \quad \text{et} \quad x_1 \neq x_2 \Rightarrow f_i(x_1) \neq f_i(x_2)$$

pour toute injection f_i si n est au moins égal à p.

Les images $y_1, y_2, \ldots, y_p$ de $x_1, x_2, \ldots, x_p$ par f_i sont un arrangement sans répétition des n éléments de F pris p à p. Le nombre de tels arrangements est désigné par A_n^p. Deux arrangements diffèrent soit par la nature de leurs éléments, soit par l'ordre dans lequel sont rangés ces éléments. Le tiercé dans l'ordre donne un exemple d'arrangement.

Si $p = 1$, $A_n^1 = n$. En effet E se réduit à $\{x_1\}$. Le nombre d'injections de E dans F est le nombre de correspondances qui, à $x_1 \in E$, conduisent à un des éléments de F, en nombre n.

Si $p > 1$, A_n^{p-1} mesure le nombre d'injections de l'ensemble

$$E' = \{x_1, x_2, \ldots, x_{p-1}\}$$

dans F. Chacune des injections précédentes peut être prolongée par une injection de E dans F faisant correspondre à x_p l'une des $n - (p - 1)$ images restantes. Le nombre de telles injections de x_p a été calculé précédemment et vaut $\mathrm{A}_{n-p+1}^1 = n - p + 1$.

D'où la relation

$$\begin{aligned} A_n^p &= (n - p + 1)\, A_n^{p-1} \\ &= (n - p + 1)(n - p + 2)\, A_n^{p-2} \\ &\ldots\ldots\ldots\ldots\ldots\ldots\ldots\ldots \\ &= (n - p + 1)(n - p + 2) \ldots (n - 1)n \end{aligned}$$

Dans le cas particulier où $p = n$, l'application est de plus surjective et donc bijective. A_n^n mesure le nombre de correspondances biunivoques entre E et F :

$$A_n^n = 1 \,.\, 2 \,.\, \ldots \,.\, (n - 1) \,.\, n = n!$$

Si $E = F$, $n\,!$ mesure le nombre de permutations de E dans lui-même. En convenant que $0! = 1$, l'expression de A_n^p peut être donnée par

$$\boxed{A_n^p = \frac{n!}{(n - p)!}}$$

Nombre d'injections de *E* dans un sous-ensemble à *p* éléments de *F*. Combinaisons

On appelle combinaison à p éléments de F toute partie P de F contenant p éléments. De cette définition découle que deux combinaisons sont distinctes si elles ne sont pas constituées des mêmes éléments. Le tiercé dans le désordre fournit un exemple de combinaison.

Relation entre les arrangements de n objets pris p à p et les combinaisons de n objets pris p à p

Soit E un ensemble fini à n éléments.

Soit A le sous-ensemble de $\mathbb{N}$ à p éléments : $A = \{1, 2, \ldots, p\}$.

Soit $\mathscr{A}$ un arrangement de A dans E, qui à A fait correspondre un sous-ensemble ordonné à p éléments de E. Lorsqu'on change l'ordre de ces p éléments, on obtient les différents arrangements du même sous-ensemble de E, c'est-à-dire de la même combinaison de p éléments de E : pour une combinaison donnée à p éléments, le nombre d'arrangements possibles de ces p éléments est le nombre de manières d'en changer l'ordre, c'est-à-dire le nombre de permutations, $p!$

Appelant A_n^p le nombre total d'arrangements de n objets pris p à p et C_n^p le nombre de combinaisons de n objets pris p à p, on en déduit la relation importante :

$$\boxed{A_n^p = p!\, C_n^p}$$

Nombre de combinaisons de n éléments pris p à p

De la formule ci-dessus on déduit

$$C_n^p = \frac{A_n^p}{p!}$$

Le nombre A_n^p est, d'après le paragraphe précédent

$$A_n^p = \frac{n!}{(n-p)!}$$

On en déduit donc

$$\boxed{C_n^p = \frac{n!}{p!\,(n-p)!}}$$

Remarques

— C_n^p se note aussi $\binom{n}{p}$

— La formule $C_n^p = \dfrac{n!}{p!\,(n-p)!}$ montre que $C_n^p = C_n^{n-p}$.

13. APPLICATIONS : BINÔME DE NEWTON

Formule du binôme

Soit a et b deux éléments de $\mathbb{R}$ et n un entier positif. Nous désirons développer en une somme le produit $(a+b)^n$

$$(a+b)^n = \underbrace{\underset{1}{(a+b)}\underset{2}{(a+b)}\ldots\underset{n}{(a+b)}}_{n \text{ facteurs}}$$

$$= \underbrace{a(a+b)\ldots(a+b)}_{(n-1)\text{ facteurs}} + \underbrace{b(a+b)\ldots(a+b)}_{(n-1)}$$

On continue la décomposition de proche en proche et l'on regroupe :

- termes en a^n : on prend a dans chaque facteur, d'une seule manière;
- termes en $a^{n-1}b$: on prend a dans $(n - 1)$ facteurs et b dans le dernier facteur. Il y a n manières de choisir b, donc n termes $a^{n-1}b$;
- terme général $a^{n-p}b^p$: on prend a dans $n - p$ facteurs et b dans les p autres facteurs. On choisit p facteurs contenant b parmi n : c'est une combinaison, en effet l'ordre n'importe pas puisque le produit de nombres réels est commutatif. Il y a C_n^p combinaisons de p facteurs parmi n, donc C_n^p termes $a^{n-p}b^p$.

On continue le dénombrement des termes jusqu'au $n^{\text{ième}}$ terme qui est b^n muni du coefficient $C_n^n = 1$.

Le développement du binôme $(a + b)^n$ s'écrit alors

$$(a+b)^n = C_n^0 a^n + C_n^1 a^{n-1} b + \ldots + C_n^p a^{n-p} b^p + \ldots + C_n^n b^n$$

en remarquant que

$$C_n^0 = C_n^n = 1$$

La formule du binôme est

$$\boxed{\begin{aligned}(a+b)^n &= C_n^0 a^n + C_n^1 a^{n-1} b + \ldots + C_n^p a^{n-p} b^p + \ldots + C_n^n b^n \\ &= \sum_{p=0}^{n} C_n^p a^{n-p} b^p\end{aligned}}$$

Remarque.

On retrouve souvent cette formule avec $a = 1$.

$$(1+b)^n = \sum_{p=0}^{n} C_n^p b^p$$

Propriétés des coefficients C_n^p

1) $C_n^p = C_n^{n-p}$ par application de la formule

$$C_n^p = \frac{n!}{(n-p)!\,p!}$$

2) $C_n^p = C_{n-1}^p + C_{n-1}^{p-1}$

C_n^p est le nombre de parties à p éléments d'un ensemble B à n éléments. Soit α un élément de B. Le nombre de parties à p éléments de B est égal à la somme du nombre de parties à p éléments contenant α et du nombre de parties à p éléments ne contenant pas α.

a) Le nombre de parties à p éléments ne contenant pas α est le nombre de parties à p éléments du sous-ensemble de B à $n - 1$ éléments ne contenant pas α, c'est-à-dire C_{n-1}^p.

b) Le nombre de parties à p éléments contenant α est égal au nombre de parties obtenues en supprimant α, c'est-à-dire en formant des combinaisons à $p - 1$ éléments pris dans le sous-ensemble de B à $n - 1$ éléments ne contenant pas α. Ce nombre est alors C_{n-1}^{p-1}.

D'où le résultat

$$\boxed{C_n^p = C_{n-1}^{p-1} + C_{n-1}^p}$$

Remarque.

Le calcul d'après la valeur trouvée pour C_n^p redonne ce résultat directement :

$$C_n^p = \frac{n!}{p!\,(n-p)!} \qquad C_{n-1}^{p-1} = \frac{(n-1)!}{(p-1)!\,(n-p)!} \qquad C_{n-1}^p = \frac{(n-1)!}{p!(n-p-1)!}$$

$$\begin{aligned} C_{n-1}^{p-1} + C_{n-1}^p &= \frac{(n-1)!}{(p-1)!\,(n-p)!} + \frac{(n-1)!}{p!\,(n-p-1)!} \\ &= (n-1)!\left[\frac{p}{p!(n-p)!} + \frac{n-p}{p!\,(n-p)!}\right] \\ &= (n-1)!\,\frac{n}{p!\,(n-p)!} = \frac{n!}{p!(n-p)!} = C_n^p \end{aligned}$$

Le triangle de Pascal

Le triangle de Pascal sert à calculer les coefficients du développement du binôme en utilisant la relation précédente

$$C_n^p = C_{n-1}^p + C_{n-1}^{p-1}$$

qui permet de passer de la puissance $n - 1$ à la puissance n :

1						$(a+b)^0$
1	1					$(a+b)^1$
1	2	1				$(a+b)^2$
1	3	3	1			$(a+b)^3$
1	4	6	4	1		$(a+b)^4$
1	5	10	10	5	1	$(a+b)^5$

. . . .

L'application directe de la formule donne la règle suivante : le coefficient de la ligne n et de la colonne p s'obtient en ajoutant le coefficient de la ligne $n - 1$ et de la colonne p au coefficient de la ligne $n - 1$ et de la colonne $p - 1$. Par exemple, le coefficient 6, cinquième ligne troisième colonne, est la somme de 3, quatrième ligne troisième colonne, et de 3, quatrième ligne deuxième colonne. Un emplacement vide peut être considéré comme occupé par 0.

Nombre de parties d'un ensemble E fini contenant n éléments

Nous avons déjà calculé le nombre de parties d'un ensemble fini par la méthode de l'arbre (voir chap. 1, exercice 4). Voici une démonstration plus simple, application directe de la formule du binôme.

Les parties de l'ensemble E sont

— les parties contenant 0 élément : il y a $C_n^0 = 1$ manière de prendre 0 élément parmi n. On obtient l'ensemble vide $\varnothing$;

— les parties contenant un élément : il y a C_n^1 manières de prendre un élément parmi n, donc C_n^1 parties à un élément;

. . . .

— les parties contenant p éléments : il y a C_n^p manières de prendre p éléments parmi n, donc C_n^p parties à p éléments;

. . . .

— les parties contenant n éléments : il y a $C_n^n = 1$ manière de prendre n éléments parmi n. On obtient l'ensemble E.

Le nombre total de parties est donc

$$C_n^0 + C_n^1 + C_n^2 + \dots + C_n^p + \dots + C_n^n$$

On remarque que cette somme est le développement du binôme

$$(a + b)^n \quad \text{avec} \quad a = b = 1.$$

La valeur de la somme est donc $(1 + 1)^n = 2^n$.

La distribution multinomiale

Une interprétation possible de la formule des combinaisons est la suivante : on dispose de n objets, que l'on désire ranger dans deux cases en mettant n_1 objets dans la première et $n_2 = n - n_1$ objets dans la seconde.

Combien de façons y a-t-il de les ranger ainsi ?

La réponse est évidemment

$$C_n^{n_1} = \frac{n!}{n_1!\,(n - n_1)!} = \frac{n!}{n_1!\,n_2!}$$

Cette distribution s'appelle distribution binomiale.

On peut généraliser à une distribution multinomiale, c'est-à-dire chercher le nombre N de façons de distribuer n objets dans k cases en mettant n_1 objets dans la première case, n_2 dans la seconde et ainsi de suite. On obtient

$$\boxed{N = \frac{n!}{n_1!\, n_2! \ldots n_k!}}$$

On trouvera une démonstration de cette formule dans l'exercice n° 9.

Résumé du chapitre 2

- **Lois de composition**

Loi de composition interne sur E.

$$a, b \in E \quad (a, b) \xrightarrow{L} c \in E$$

ou encore au couple (a, b) d'éléments de E la loi L fait correspondre un élément c de E.

Loi de composition externe.

$$a \in E \quad \text{et} \quad \lambda \in \Lambda \quad (a, \lambda) \xrightarrow{L} b \in E$$

- **Applications de E dans F**

Loi qui fait correspondre à tout x de E, un y et un seul de F; x est la variable, y est l'image de x par l'application.

Application injective.

A tout élément y de F, on peut faire correspondre *au plus* un élément x de E

$$x \neq x' \Rightarrow f(x) \neq f(x')$$

Application surjective.

A tout élément y de F on peut faire correspondre *au moins* un élément x de E

$$f(E) = F$$

Application bijective.

Elle est surjective et injective.

- **Relation binaire sur E**

Propriétés possibles d'une relation binaire :

— réflexivité $xRx \quad \forall x \in E$
— symétrie $xRy \Rightarrow yRx$
— transitivité xRy et $yRz \Rightarrow xRz$.

- **Relation d'équivalence sur E**

Elle est réflexive, symétrique et transitive.

Classe d'équivalence.

L'ensemble des éléments équivalents à x constituent la classe d'équivalence $C(x)$ de x

Si $x \sim y \quad C(x) = C(y)$

Les classes d'équivalence sont disjointes et constituent une partition de E.

Ensemble quotient E/R

C'est l'ensemble des classes d'équivalence pour la relation d'équivalence R.

Si sur l'ensemble E est définie une loi interne notée $*$ et une relation d'équivalence notée R, on dira que R est compatible avec $*$ si

$$\left.\begin{array}{l} xRx_1 \\ yRy_1 \end{array}\right\} \Rightarrow (x * y)\ R\ (x_1 * y_1)$$

- **Relation d'ordre**

C'est une relation binaire

réflexive

$$\forall x \quad xRx$$

antisymétrique

$$xRy \text{ et } yRx \Rightarrow x = y$$

transitive

$$xRy \text{ et } yRz \Rightarrow xRz$$

La relation d'ordre se note souvent $\leqslant$ ou $\subset$.

- **Ordre total, ordre partiel**

Si R est une relation d'ordre sur E, le couple (E, R) est appelé ensemble ordonné.

Deux éléments de R sont dits « comparables » si

$$aRb \text{ ou } bRa$$

R est une relation d'ordre total si $\forall (a, b) \in E^2$; a et b sont comparables (ordre partiel sinon).

- **Majorant**

M est un majorant de $A \subset E$, si $\forall x \in A, x \leqslant M$ (le minorant m serait tel que $\forall x \in A, x \geqslant m$). A est bornée si elle est majorée et minorée.

- **Puissance d'un ensemble**

Les ensembles A et B ont même puissance s'il existe une correspondance biunivoque entre A et B, alors card (A) = card (B).

- **Ensemble dénombrable**

Ensemble qui a même cardinal qu'une partie de $\mathbb{N}$.

- **Puissance du continu**

A a la puissance du continu s'il est équipotent à l'ensemble des réels x tels que $0 \leqslant x \leqslant 1$.

- **Analyse combinatoire**

Arrangements.

Le nombre $\mathrm{A}_n^p = \dfrac{n!}{(n-p)!}$ appelé arrangement de n objets pris p à p mesure le nombre d'applications injectives d'un ensemble à p éléments dans un ensemble à n éléments.

Permutations

Si $n = p$, $A_n^n = n!$ est le nombre de permutations de n objets.

Combinaisons.

$$C_n^p = \frac{A_n^p}{p!} = \frac{n!}{(n-p)!\,p!}$$

est le nombre de combinaisons de n objets pris p à p.

$$C_n^p = C_n^{n-p}$$
$$C_n^p = C_{n-1}^{p-1} + C_{n-1}^p$$

- **Développement du binôme de Newton**

$$(a+b)^n = C_n^0\, a^n + C_n^1\, a^{n-1}\, b + \ldots + C_n^p\, a^{n-p}\, b^p + \ldots + C_n^n b^n$$

$$= \sum_{p=0}^{n} C_n^p\, a^{n-p}\, b^p$$

EXERCICES

ÉNONCÉS

■ **1.** Soit X et Y deux ensembles possédant respectivement n et p éléments. Déterminer le nombre $a(n, p)$ d'applications de X dans Y.

■ **2.** On examinera si les relations binaires suivantes sont réflexives, symétriques ou transitives :

a) La relation d'orthogonalité pour les droites d'un plan.

b) La relation d'orthogonalité pour les cercles d'un plan.

c) La relation $a^2 + a = b^2 + b$ *pour les entiers relatifs*.

■ **3.** On définit sur $\mathbb{R}^2$ la relation ρ

$$(x, y)\, \rho\, (x', y') \Leftrightarrow x + y = x' + y'$$

1) Montrer que ρ est une relation d'équivalence.

2) Trouver la classe d'équivalence du couple (0, 0).

3) Soit f l'application de $\mathbb{R}^2$ dans $\mathbb{R}$ définie par

$$f : \quad (x, y) \to x + y$$

Montrer que deux éléments de $\mathbb{R}^2$ équivalents modulo ρ ont même image par f et que deux éléments non équivalents ont des images distinctes.

4) En déduire qu'entre l'ensemble quotient $\mathbb{R}^2/\rho$ et $\mathbb{R}$ il existe une bijection g que l'on précisera.

---

*■ **4.** Démontrer que l'ensemble des parties de E, $\mathscr{P}(E)$ a une puissance strictement supérieure à celle de E.

■ **5.** Calculer le minimum du produit $p!\, q!$ sachant que $p + q = n$, n donné.

■ **6.** Démontrer la formule

$$1 \times 1! + 2 \times 2! + \ldots + n \times n! = (n + 1)! - 1$$

■ **7.** Démontrer la formule

$$1 - C_n^1 + C_n^2 - C_n^3 + \ldots + (-1)^p C_n^p = (-1)^p C_{n-1}^p$$

■ **8.** Calculer les sommes

$$s_1 = \sum_{i=0}^{n} C_n^i$$

$$s_2 = \sum_{i=0}^{n} (-1)^i C_n^i$$

$$s_3 = \sum_{0 \leqslant i \leqslant \frac{n}{2}} C_n^{2i}$$

■ **9.** *a*) On dispose de k cases et de n objets. On désire disposer les objets dans les cases de la manière suivante :

n_1 objets dans la première case
n_2 objets dans la deuxième case
. . . .
n_k objets dans la $k^{\text{ième}}$ case

avec $\sum_{i=1}^{k} n_i = n$

Quel est le nombre de dispositions possibles ?

b) On désire disposer 8 objets dans 3 cases, le nombre d'objets par case étant indiqué par les schémas :

i)	1	3	4
ii)	3	2	3
iii)	0	6	2

Quel est le nombre de telles dispositions dans chaque cas ?

■ **10.** On développe par la formule du binôme

$$(37 + 19)^{31} = \sum_{p=0}^{31} C_{31}^p \, 37^{31-p} \, 19^p$$

Quel est le plus grand terme de ce développement ?

SOLUTIONS

■ **1.** Une application de X dans Y fait correspondre à un élément particulier x_0 de X un élément quelconque de Y, soit un des p éléments de Y.

Il existe donc p possibilités de correspondance pour x_0. A chacune d'entre elles on peut faire correspondre les différentes applications de $X - \{x_0\}$ dans Y d'où

$$a(n, p) = p \cdot a(n-1, p)$$

et ainsi de suite

$$a(n, p) = p^{n-1} a(1, p)$$

Or $$a(1, p) = p$$

D'où

$$a(n, p) = p^n$$

■ **2.** *a*) Soit D et D' deux droites d'un plan.

$D \perp D'$ signifie que D est orthogonale à D'.

$D \perp D$ n'est pas vérifié : une droite n'est pas perpendiculaire à elle-même. $\perp$ n'est pas réflexive.

$D \perp D' \Rightarrow D' \perp D$: D orthogonale à D' entraîne D' orthogonale à D. $\perp$ est symétrique.

$D \perp D'$ et $D' \perp D''$ entraîne que D et D'' sont parallèles et non perpendiculaires. $\perp$ n'est pas transitive.

b) Soit deux cercles C et C', de rayons différents de zéro.

$C \perp C'$ signifie que C et C' se coupent et qu'aux points d'intersection les tangentes sont perpendiculaires.

$C \perp C$ n'est pas vérifié. $\perp$ n'est pas réflexive.

$C \perp C' \Rightarrow C' \perp C$: $\perp$ est symétrique.

$C \perp C'$ et $C' \perp C''$ n'entraîne pas $C \perp C''$ (faire une figure pour s'en rendre compte). $\perp$ n'est pas transitive.

c) La relation $a \rho b : a^2 + a = b^2 + b$ est

— réflexive $a \rho a : a^2 + a = a^2 + a$,

— symétrique $a \rho b \Rightarrow b \rho a$:

$$a^2 + a = b^2 + b \Rightarrow b^2 + b = a^2 + a$$

— transitive

$$\left.\begin{array}{l} a^2 + a = b^2 + b \\ \hline b^2 + b = c^2 + c \end{array}\right\} \Rightarrow a^2 + a = c^2 + c$$

■ **3.** 1) ρ est réflexive, symétrique et transitive. C'est bien une relation d'équivalence.

2) La classe d'équivalence du couple $(0, 0)$ est constituée par l'ensemble des couples $(x, y) \in \mathbb{R}^2$ vérifiant $x + y = 0$: c'est l'ensemble des points situés sur la deuxième bissectrice du plan xOy.

3) Si $u, v \in \mathbb{R}^2$ et $u \rho v \Leftrightarrow f(u) = f(v)$.

4) g est l'application qui à une classe fait correspondre la somme des composants d'un représentant quelconque de cette classe.

g est injective d'après 3)

Par ailleurs $\forall \alpha \in \mathbb{R}$ on peut considérer que α est l'image de

$$\left(\frac{\alpha}{2}, \frac{\alpha}{2}\right) \in \mathbb{R}^2$$

donc g est surjective, et g est enfin bijective.

---

*■ **4.** On a card $E \leqslant$ card $(\mathscr{P}(E))$ puisque $\mathscr{P}(E)$ comprend l'ensemble des parties de E réduites à un seul élément lesquelles sont en correspondance biunivoque avec E.

Il reste à prouver que card $E =$ card $(\mathscr{P}(E))$ n'est pas possible, ou en d'autres termes qu'il n'existe aucune correspondance biunivoque entre E et $\mathscr{P}(E)$.

Désignons par f une application quelconque de E dans $\mathscr{P}(E)$ et par A l'ensemble des $x \in E$ tels que $x \notin f(x)$.

On ne peut trouver aucun élément $a \in E$ tel que $A = f(a)$. Pour un tel élément en effet on a ou bien $a \in f(a)$ qui entraîne $a \notin A$, ce qui est contradictoire, ou bien $a \notin f(a)$ et qui entraîne $a \in A$, ce qui est contradictoire.

Il n'existe donc aucune surjection de E sur $\mathscr{P}(E)$ et à fortiori il ne peut y avoir d'application biunivoque entre E et $\mathscr{P}(E)$ donc

$$\text{card } (E) < \text{card } (\mathscr{P}(E))$$

Dans le cas d'un ensemble fini E de n éléments card $(E) = n$ et card $(\mathscr{P}(E)) = 2^n > n \;\; \forall n > 0$.

■ **5.** Rechercher le minimum de $p\,!\,q\,!$ équivaut à chercher le minimum de $p\,!\,(n-p)\,!$ ou encore le maximum de

$$C_n^p = \frac{n\,!}{p\,!\,(n-p)\,!}$$

En observant le triangle de Pascal, il semble que le maximum de C_n^p soit obtenu pour $C_n^{n/2}$ si n est pair, ou $C_n^{(n+1)/2}$ si n est impair.

On a effectivement

$$\frac{C_n^p}{C_n^{p-1}} = \frac{n-p+1}{p} = \frac{n+1}{p} - 1$$

qui reste $\geqslant 1$ pour $n + 1 \geqslant 2p$, $\quad p \leqslant \dfrac{n+1}{2}$.

On obtient bien le minimum demandé

$$\text{pour} \quad p = q = \frac{n}{2}, \quad \text{si } n \text{ pair,}$$

$$\text{pour} \quad p = \frac{n+1}{2} \quad \text{et} \quad q = \frac{n-1}{2}, \quad \text{si } n \text{ impair.}$$

■ **6.** Nous allons démontrer cette formule par récurrence :

$$1 \times 1! = (1+1)! - 1 = 1$$

$$1 \times 1! + 2 \times 2! = (2+1)! - 1 = 5$$

$$\dots\dots\dots$$

Supposons que cette formule soit vraie à l'ordre $n - 1$, montrons qu'elle est vraie à l'ordre n :

$$1 \times 1! + 2 \times 2! + \dots + (n-1) \times (n-1)! = n! - 1$$

par hypothèse.

$$1 \times 1! + 2 \times 2! + \dots + (n-1)(n-1)! + n \times n!$$
$$= n! - 1 + n \times n! = n!(n+1) - 1 = (n+1)! - 1$$

d'où le résultat.

■ **7.** On remplace chaque terme de la somme par la quantité

$$C_n^p = C_{n-1}^p + C_{n-1}^{p-1},$$

formule démontrée dans le cours :

$$1 - C_{n-1}^0 - C_{n-1}^1 + C_{n-1}^1 + C_{n-1}^2 - \dots + (-1)^{p-1} C_{n-1}^{p-2}$$
$$+ (-1)^{p-1} C_{n-1}^{p-1} + (-1)^p C_{n-1}^{p-1} + (-1)^p C_{n-1}^p$$

Les termes s'éliminent deux à deux à l'exception de

$$(-1)^p C_{n-1}^p, \quad \text{puisque} \quad C_{n-1}^0 = 1$$

D'où le résultat.

■ **8.** On trouve

$$s_1 = 2^n$$
$$s_2 = 0$$
$$s_3 = 2^{n-1}$$

■ **9.** *a*) On dispose n_1 objets dans la 1re case: il y a $C_n^{n_1}$ dispositions possibles. Ayant choisi une disposition, on prend n_2 objets parmi ceux qui restent et on les place dans la case 2. Il y a $C_{n-n_1}^{n_2}$ dispositions possibles dans la case 2 pour une disposition dans la case 1, soit pour les $C_n^{n_1}$ dispositions de 1, $C_n^{n_1} C_{n-n_1}^{n_2}$ dispositions pour 1 et 2. On continue ainsi jusqu'à la dernière case. Le nombre de dispositions est donc au total:

$$C_n^{n_1}\, C_{n-n_1}^{n_2}\, C_{n-n_1-n_2}^{n_3} \cdots C_{n-n_1-n_2-\ldots-n_{k-1}}^{n_k}$$

$$= \frac{n!}{n_1!(n-n_1)!} \times \frac{(n-n_1)!}{n_2!(n-n_1-n_2)!} \times \ldots \times \frac{(n-n_1-n_2\cdots-n_{k-1})!}{n_k!\left(n-\sum_{i=1}^{k} n_i\right)!}.$$

$$= \frac{n!}{n_1!\,n_2!\ldots n_k!}$$

b) L'application de la formule ci-dessus conduit à

i) $\dfrac{8!}{1!\,3!\,4!} = 280$

ii) $\dfrac{8!}{3!\,2!\,3!} = 560$

iii) $\dfrac{8!}{0!\,6!\,2!} = 28$

■ **10.** Soit $u_p = C_{31}^{p}\, 37^{31-p}\, 19^p$. Il est visible que $u_0 < u_1 < u_2 \cdots$ Cherchons pour quelles valeurs de p on a $u_p > u_{p-1}$, c'est-à-dire $\dfrac{u_p}{u_{p-1}} > 1$.

$$\frac{u_p}{u_{p-1}} = \frac{31!}{p!(31-p)!}\,\frac{(p-1)!(32-p)!}{31!}\,\frac{19}{37} = \frac{19(32-p)}{37\,p}$$

$$\frac{u_p}{u_{p-1}} > 1 \Leftrightarrow 608 > 56\,p, \quad p \leqslant 10.$$

$$\frac{u_p}{u_{p+1}} > 1 \Leftrightarrow p \geqslant 10.$$

Le terme maximal est donc

$$u_{10} = C_{31}^{10}\, 37^{21}\, 19^{10}$$

CHAPITRE 3

STRUCTURES ALGÉBRIQUES

Les notions qui suivent présentent de l'intérêt tant sur le plan terminologique que structurel avant d'aborder l'étude des espaces vectoriels.

1. GROUPE

Définition

Une loi T confère à un ensemble E la structure de groupe si elle possède simultanément les quatre propriétés suivantes : elle est interne; elle est associative; elle définit un élément neutre de E; chaque élément de E possède un symétrique par rapport à T.

T est interne

Soit deux éléments x et y de E, composés par la loi T : $xTy = z$. Nous avons vu que T est interne, si z est aussi un élément de E, quels que soient x et y.

$\mathbb{N}$ étant l'ensemble des entiers positifs, la multiplication, notée $\times$, est une loi interne sur $\mathbb{N}$ et nous avons vu qu'il en était de même de l'addition.

T est associative

x, y, z étant des éléments de E, composés par la loi T, on dit que T est associative si cette loi de composition vérifie la relation suivante

$$(xTy)\,Tz = xT(yTz)$$

T définit un élément neutre

On dit que e est élément neutre de E pour la loi T, si, quel que soit x élément de E, $xTe = eTx = x$.

Exemple.

1 est élément neutre de $\mathbb{N}$ pour la loi $\times$ (multiplication),
0 est élément neutre de $\mathbb{N}$ pour la loi $+$ (addition).

x est symétrisable

Cela signifie que tout élément x de E possède un symétrique x' pour la loi T, défini par $xTx' = x'Tx = e$, élément neutre pour T, de E.

Dans $\mathbb{Z}$, ensemble des entiers relatifs, tout élément x est symétrisable pour la loi addition notée +

$$x + (-x) = 0 \qquad -x = x'$$

Les éléments de $\mathbb{N}$ ne sont pas symétrisables pour la loi + ni pour la loi ×

Remarque.

Si la loi T est commutative, on dit que le groupe est **abélien.**

Exemples de structure de groupe

La composition des translations est associative et commutative. L'élément neutre est la transformation identique, c'est-à-dire la translation de vecteur nul. La translation de vecteur $\overrightarrow{U}$ admet pour symétrique la translation de vecteur $-\overrightarrow{U}$. Par conséquent l'ensemble des translations de l'espace est un groupe pour la composition des translations.

Si on considère l'ensemble des inversions ayant même pôle, la composition des inversions n'est pas une loi de composition interne et donc ne confère pas à l'ensemble des inversions une structure de groupe.

Propriétés des groupes

Des définitions précédentes découlent les propriétés suivantes (que l'on pourra s'exercer à retrouver) :

- L'élément neutre est unique.
- Le symétrique d'un élément est unique.
- $(xTy)' = y'Tx'$
- $(x')' = x$
- La règle de simplification est valable, c'est-à-dire que :

$$aTx = aTy \Rightarrow x = y$$

car $a'T(aTx) = (a'Ta)Tx = eTx = x$, ce qui établit la régularité à gauche (la régularité à droite s'établit d'une façon identique).

Sur le plan des notations, le composé de n éléments égaux à x : $xTxTx \ldots Tx$ (n fois) se note additivement $n \cdot x$ ou multiplicativement x^n.

Si n est un entier négatif $n \cdot x$ (resp. x^n) désignera le composé de $(-n)$ éléments égaux au symétrique de x (noté $-x$, loi additive et x^{-1}, loi multiplicative).

2. SOUS-GROUPE

Un sous-ensemble F non vide d'un groupe E est un sous-groupe s'il est lui-même un groupe pour la restriction de T.

En particulier E lui-même et $\{ e \}$ constitué du seul élément neutre de E sont des sous-groupes de E.

Propriétés des sous-groupes

• Pour qu'un sous-ensemble F d'un groupe E en soit un sous-groupe il faut et il suffit que

$$\forall\, a \in F, \quad \forall\, b \in F \quad aTb' \in F$$

Pour simplifier l'écriture adoptons la notation multiplicative, soit $aTb = ab$, et démontrons la propriété ci-dessus. La condition nécessaire est évidente. Montrons qu'elle est suffisante

$$\forall\, a \in F, aa' \in F \quad \text{c'est-à-dire} \quad e \in F$$

$$\forall\, a \in F, ea' \in F \quad \text{c'est-à-dire} \quad a' \in F$$

$$\forall\, (a, b) \in F \times F : b' \in F \Rightarrow a\,(b') \in F \quad \text{c'est-à-dire} \quad ab \in F$$

On a donc successivement vérifié que F vérifie les axiomes définissant un groupe.

• Toute intersection de sous-groupes est un sous-groupe. Si $A \subset E$, le sous-groupe engendré par A est par définition l'intersection de tous les sous-groupes de E contenant A.

En particulier si $x \in E$, groupe multiplicatif fini, l'ensemble $\{ x^{\lambda}, \lambda \in \mathbb{Z} \}$ est un sous-groupe commutatif de E ; c'est le sous-groupe engendré par x.

Le plus petit entier positif h tel que $x^h = e$ est l'ordre de l'élément x.

Tout groupe engendré par un seul élément est dit cyclique.

3. GROUPE ORDONNÉ

Définition

Un groupe est ordonné si la loi de groupe T est compatible avec une relation d'ordre total définie sur le groupe.

En d'autres termes si une relation d'ordre total $\leqslant$ est définie sur E, alors

$$a \leqslant b \text{ et } c \leqslant d \Rightarrow aTc \leqslant bTd$$

soit avec la notation multiplicative

$$\left.\begin{array}{l} a \leqslant b \\ c \leqslant d \end{array}\right\} \Rightarrow ac \leqslant bd$$

Propriétés des groupes ordonnés

Dans un groupe ordonné E ayant e pour élément neutre, on peut définir deux sous-ensembles :

E^+ constitué de tous les éléments a vérifiant $e \leqslant a$

E^- constitué de tous les éléments a vérifiant $a \leqslant e$

Il s'en suit les propriétés suivantes.

• Le seul élément commun à E^+ et E^- est e. En effet

$$a \in E^+ \cap E^- \Rightarrow a \leqslant e \quad \text{et} \quad e \leqslant a, \quad \text{d'où} \quad a = e$$

• Les symétriques des éléments de E^+ appartiennent à E^- et réciproquement.

En effet E étant un groupe ordonné

$$a \in E^+ \Leftrightarrow e \leqslant a \Leftrightarrow a'e \leqslant a'a$$

d'où

$$a' \leqslant e \quad \text{soit} \quad a' \in E^-$$

• Le composé de deux éléments de E^+ (resp. de E^-) est un élément de E^+ (resp. de E^-). En effet

$$\left.\begin{array}{l} a \in E^+ \Leftrightarrow e \leqslant a \Rightarrow b \leqslant ab \\ b \in E^+ \Leftrightarrow e \leqslant b \end{array}\right\} \Rightarrow e \leqslant ab$$

d'où $ab \in E^+$.

La démonstration serait identique pour a et b appartenant à E^-.

• Si $ab \in E^+$ il en est de même de ba.

En effet

$$ab \in E^+ \Leftrightarrow e \leqslant ab \Rightarrow a'e \leqslant a'ab$$

soit

$$a' \leqslant b \Rightarrow a'a \leqslant ba \Rightarrow e \leqslant ba$$

et par conséquent $ba \in E^+$.

Exemples

L'ensemble des entiers relatifs a une structure de groupe ordonné. L'élément neutre pour l'addition est 0. La somme de deux entiers positifs ou nuls est positive ou nulle.

De même, l'ensemble des rationnels positifs est un groupe ordonné. L'élément neutre pour la multiplication est 1. Le produit de deux rationnels supérieurs à 1 est un rationnel supérieur à 1.

4. ANNEAU

Un ensemble E possède la structure d'anneau s'il est muni de deux lois internes, notées T et L, possédant simultanément les propriétés suivantes :

- T confère à E la structure de groupe abélien.

T est associative, commutative, définit un élément neutre de E et tout élément de E possède un symétrique pour la loi T.

- L est associative et distributive par rapport à T.

On dit que L est **distributive** par rapport à T si, quels que soient x, y, z, éléments de E, L et T vérifient la relation

$$(xTy)\,Lz = (xLz)\,T(yLz) \quad (*)$$

Exemple

Soit **Z** muni des lois addition et multiplication ; ces lois notées $+$ et $\times$, confèrent à **Z** la structure d'anneau commutatif (loi $\times$ commutative) :

$+$ et $\times$ sont internes : le produit ou la somme de nombres entiers est un nombre entier.

$+$ et $\times$ sont associatives : quels que soient a, b, c appartenant à **Z** les relations suivantes sont vérifiées :

$$(a + b) + c = a + (b + c)$$
$$(a \times b) \times c = a \times (b \times c)$$

$+$ et $\times$ sont commutatives :

$$a \times b = b \times a$$
$$a + b = b + a$$

L'élément neutre de **Z** pour la loi $+$ est 0.
L'élément neutre de **Z** pour la loi $\times$ est 1.
Tout élément a de **Z** admet un symétrique pour la loi $+$: c'est son opposé $-a$.
La loi $+$ confère donc à **Z** la structure de groupe abélien.
La multiplication est distributive par rapport à l'addition.

Un autre exemple que nous rencontrerons ultérieurement est celui des matrices carrées réelles d'ordre n donné.

5. CORPS

On appelle corps un anneau K tel que la deuxième loi confère une structure de groupe à l'ensemble $K - \{e\}$, où e est l'élément neutre de

(*) Si en outre L possède un élément neutre, l'anneau est unitaire.

la première loi. Cela signifie que, pour la deuxième loi de l'anneau, il existe un élément neutre et chaque élément est symétrisable sauf e.

Exemple

L'ensemble des nombres réels **R** a une structure de corps pour l'addition et la multiplication.

L'addition est interne, associative, commutative, définit l'élément neutre 0. Chaque élément possède un symétrique qui est son opposé. L'addition confère donc à **R** la structure de groupe abélien.

La multiplication est interne, associative et distributive par rapport à l'addition. Cela suffit pour doter **R** d'une structure d'anneau. De plus la multiplication possède un élément neutre 1, et chaque élément, sauf 0, est symétrisable. Le symétrique de a est son inverse $\frac{1}{a}$.

On peut donc munir **R** de la structure de corps.

Remarque.

Si la deuxième loi L est commutative, on dit que le corps est commutatif : ainsi **R** est un corps commutatif.

Résumé du chapitre 3

STRUCTURES ALGÉBRIQUES

- **Groupe**

E a une structure de groupe relativement à T si cette loi est interne et possède les propriétés :

(A) associativité
(N) existence d'un élément neutre
(S) existence d'un symétrique.

- **Groupe abélien**

T est, de plus, commutative.

— le neutre e et le symétrique x' de x sont uniques
— $(xTy)' = y'Tx'$
— $xTy = xTz \Rightarrow y = z \quad \forall\, x, y, z$
— $(x')' = x$

• Sous-groupe

Si $F \subset G$ et $F \neq \varnothing$, F est un sous-groupe s'il est lui-même un groupe pour la restriction de T.

— Toute intersection de sous-groupes est un sous-groupe.

— Une condition nécessaire et suffisante pour que F soit un sous-groupe de G est que

$$\forall\, x, y \in H,\ xTy' \in H$$

• Anneau

A a une structure d'anneau s'il est muni d'une loi T lui conférant la structure de groupe abélien, et d'une loi L associative et distributive par rapport à T.

• Corps

K est un corps si la loi L confère une structure de groupe à l'ensemble $K - \{e\}$ où e est l'élément neutre de T.

EXERCICES

ÉNONCÉS

■ **1.** N étant l'ensemble des entiers naturels, on considère la loi de composition interne $*$ sur **N** définie par

$$a * b = a^2 + b^2$$

Cette loi est-elle :

1) commutative ?

2) associative ?

3) munie d'un élément neutre ?

■ **2.** On munit un ensemble de la structure d'anneau non commutatif en prenant la loi addition, comme première loi interne, et comme seconde loi interne la loi $*$ définie par

$$x * y = xy - yx$$

a) Démontrer que la loi $*$ est distributive par rapport à l'addition.

b) Démontrer que $x * y = - y * x$.

c) Démontrer que

$$x * (y * z) + y * (z * x) + z * (x * y) = 0$$

$$x * (y * z) - (x * y) * z = (z * x) * y$$

■ **3.** Soit les couples de nombres rationnels a et b pris dans cet ordre. Montrer que si on munit l'ensemble de ces couples des lois $+$ et $\times$ on lui confère la structure de corps.

Si α et α' sont deux couples avec $\alpha = (a, b)$ et $\alpha' = (a', b')$,
$+$ est défini par : $\alpha + \alpha' = (a + a', b + b')$
$\times$ est défini par : $\alpha\alpha' = (aa' + 2\,bb', ab' + a'b)$

■ **4.** Soit quatre fonctions f_i : $i = 1, 2, 3, 4$ définies par

$$x \to f_1(x) = x$$
$$x \to f_2(x) = 1/x$$
$$x \to f_3(x) = -x$$
$$x \to f_4(x) = -1/x$$

Montrer que ces fonctions forment un groupe pour la loi $*$ définie par

$$f_i * f_j = f_i\,(f_j)$$

■ **5.** Soit A un anneau tel que $\forall x \in A$ on ait la relation $x^2 = x$
Montrer que pour tout x dans A on a $x + x = 0$ et que A est commutatif.

■ **6.** On définit sur l'ensemble A des couples d'entiers algébriques les lois $+$ et $\times$ par :

$$(a, b) + (a', b') = (a + a', b + b')$$
$$(a, b) \times (a', b') = (aa' + bb', ab' + ba')$$

l'égalité $(a, b) = (a', b')$ impliquant $a = a'$ et $b = b'$.

1) Montrer que A est un anneau commutatif unitaire.
2) Déterminer les éléments de A qui ont un inverse.
3) Dans quel cas a-t-on

$$(a, b) \times (x, y) = (a, b) \times (u, v) \Rightarrow (x, y) = (u, v)$$

---

*■ **7.** On définit sur **R** la loi de composition interne $*$:

$$x * y = x + y - xy$$

R est-il un groupe pour $*$? Calculer $x^{(n)} = x * x * \cdots * x$.

---

*■ **8.** *a*) Soit G un groupe (loi $*$; neutre e ; symétrique x^{-1}) et f un homomorphisme de $(G, *)$ dans $(G_1, *')$. Montrer que l'image de G : ($f(G) \subset G_1$) est un groupe pour $*'$.

b) Sur G on définit la relation $x\ R\ y$ si $f(x) = f(y)$. Montrer que R est une relation d'équivalence compatible avec la loi de G. En déduire que G/R, ensemble quotient, est un groupe, pour la loi quotient (que l'on notera encore $*$; la classe de x sera notée $\bar{x}$).

EXERCICES SUPPLÉMENTAIRES

■ **9.** Montrer que l'ensemble des rationnels de la forme $\dfrac{1 + 2p}{1 + 2q}$ où $p, q \in Z$ est un sous-groupe multiplicatif de $(\mathbf{Q}, .)$.

■ **10.** L'ensemble $\mathbf{Q}^+$ des rationnels strictement positifs est-il un groupe pour la loi

$$a * b = \frac{a}{b} \text{ ?}$$

■ **11.** Montrer que si dans un groupe $(G, *)$ (où e est l'élément neutre) :

$$\forall x \in G \quad x * x = e$$

alors G est commutatif.

■ **12.** Montrer que si dans un groupe les éléments a et b commutent, alors a^p et b^q commutent.

■ **13.** Soit $(G, *)$, un groupe non commutatif sur lequel on définit la relation R

$$xRy \quad \text{si} \quad \exists\, s \in G : y = s * x * s'.$$

Montrer que c'est une relation d'équivalence sur G. Quelle est la classe du neutre e ?

■ **14.** Montrer qu'un groupe G est abélien si et seulement si l'application $x \to x'$ est un automorphisme de G.

SOLUTIONS

■ **1.** 1) $b * a = b^2 + a^2 = a * b$ la loi est bien commutative.

2) $a, b, c \in \mathbf{N}$

$$(a * b) * c = (a^2 + b^2)^2 + c^2$$
$$a * (b * c) = a^2 + (b^2 + c^2)^2$$

Les deux quantités ci-dessus ne sont généralement pas égales (par exemple, pour $b = c = 0$ et $a = 2$). La loi n'est pas associative.

3) Si e est un élément neutre

$$a * e = e * a = a$$

c'est-à-dire
$$a^2 + e^2 = e^2 + a^2 = a$$

Or l'égalité ci-dessus $a^2 + e^2 = a$ n'est pas possible pour $a = 2$, par exemple, la valeur de e correspondante est $\sqrt{2} \notin \mathbf{N}$. Donc pas d'élément neutre.

■ **2.** *a*) $x * (y + z) = x(y + z) - (y + z)x$
$= xy - yx + xz - zx$
$= x * y + x * z$. De même
$(x + y) * z = x * z + y * z$

b) $x * y = xy - yx = -(yx - xy) = -(y * x)$

c) $x * (y * z) + y * (z * x) + z * (x * y)$
$= x(yz - zy) - (yz - zy)x + y(zx - xz) - (zx - xz)y$
$+ z(xy - yx) - (xy - yx)z$
$= xyz - xzy - yzx + zyx + yzx - yxz - zxy + xzy$
$+ zxy - zyx - xyz + yxz = 0$

$x * (y * z) - (x * y) * z$
$= x(yz - zy) - (yz - zy)x - (xy - yx)z$
$+ z(xy - yx) = xyz - xzy - yzx + zyx - xyz$
$+ yxz + zxy - zyx$
$= yxz - yzx + zxy - xzy = (zx - xz)y - y(zx - xz)$
$= (z * x) * y$

■ **3.** $+$ et $\times$ sont des lois internes.

En effet $a + a'$, $b + b'$, $aa' + 2\,bb'$, $ab' + a'b$ sont des nombres rationnels puisque les rationnels forment un corps $\mathbf{Q}$. Les propriétés de $\mathbf{Q}$ entraînent les propriétés suivantes :

$+$ est associative : $(\alpha + \alpha') + \alpha'' = ((a + a') + a'', (b + b') + b'')$
$= (a + a' + a'', b + b' + b'')$

$$= ((a + (a' + a''), b + (b' + b''))$$
$$= \alpha + (\alpha' + \alpha'')$$

$+$ admet un élément neutre $e = (0, 0)$.

Chaque élément $\alpha = (a, a')$ a un symétrique $\alpha' = (-a, -a')$.

$\times$ est associative :

$$\begin{aligned}(\alpha\alpha')(\alpha'') &= (aa' + 2bb', ab' + a'b)(a'', b'')\\ &= ((aa' + 2bb')a'' + 2(ab' + a'b)b'',\\ &\quad (aa' + 2bb')b'' + a''(ab' + a'b))\\ &= (a(a'a'' + 2b'b'') + 2b(a'b'' + b'a''),\\ &\quad a(a'b'' + b'a'') + b(a'a'' + 2b'b''))\\ &= \alpha(\alpha'\alpha'').\end{aligned}$$

$\times$ est commutative : $\alpha\alpha' = (aa' + 2bb', ab' + a'b)$
$$= (a'a + 2b'b, a'b + ab') = \alpha'\alpha.$$

$\times$ possède un élément neutre $\alpha = (1, 0)$.

Chaque élément α possède un symétrique α' :

$$\alpha\alpha' = (aa' + 2bb', ab' + a'b) = (1, 0)$$

$$\begin{cases} aa' + 2bb' = 1\\ ab' + a'b = 0\end{cases}$$

on multiplie la première ligne par b

$$aa'b + 2b^2b' = b$$

D'après la deuxième équation $a'b = -ab'$, d'où

$$-a^2b' + 2b^2b' = b \quad \text{et} \quad b' = \frac{b}{2b^2 - a^2}$$

et
$$a' = \left(1 - \frac{2b^2}{2b^2 - a^2}\right)\frac{1}{a} = -\frac{a}{2b^2 - a^2}$$

Le symétrique de (a, b) est

$$\left(-\frac{a}{2b^2 - a^2}, \frac{b}{2b^2 - a^2}\right)$$

a et b sont rationnels, donc $a \neq \sqrt{2}\,b$ et $a \neq -\sqrt{2}\,b$.

■ **4.** La loi $*$ est interne :

$x \to (f_1 * f_2)(x) = 1/x = f_2(x)$ $\quad x \to (f_2 * f_1)(x) = 1/x = f_2(x)$

$x \to (f_1 * f_3)(x) = -x = f_3(x)$ $\quad x \to (f_2 * f_3)(x) = -1/x = f_4(x)$

$x \to (f_1 * f_4)(x) = -1/x = f_4(x)$ $\quad x \to (f_2 * f_4)(x) = -x = f_3(x)$

$$x \to (f_1 * f_1)(x) = x = f_1(x) \qquad x \to (f_2 * f_2)(x) = x = f_1(x)$$
$$x \to (f_3 * f_1)(x) = -x = f_3(x) \qquad x \to (f_4 * f_1)(x) = -1/x = f_4(x)$$
$$x \to (f_3 * f_2)(x) = -1/x = f_4(x) \qquad x \to (f_4 * f_2)(x) = -x = f_3(x)$$
$$x \to (f_3 * f_4)(x) = 1/x = f_2(x) \qquad x \to (f_4 * f_3)(x) = 1/x = f_2(x)$$
$$x \to (f_3 * f_3)(x) = x = f_1(x) \qquad x \to (f_4 * f_4)(x) = x = f_1(x)$$

Le tableau ainsi écrit montre en outre que :

la loi est associative (ce que l'on vérifie aisément);
la loi est commutative;
l'élément neutre est f_1;
chaque fonction est son propre symétrique.

■ **5.** On a

$$(x + x) = (x + x)^2 = x^2 + x^2 + x^2 + x^2$$
$$= x + x + x + x$$

d'où on tire $x + x = 0$ soit $x = -x$.

Soit $x, y \in A$

$$(x + y) = (x + y)^2$$
$$= x^2 + xy + yx + y^2$$
$$= x + xy + yx + y$$

égalité qui se réduit à

$$xy + yx = 0$$

et puisque $x = -x$

$$xy = yx$$

A est bien commutatif.

■ **6.** 1) A est un groupe abélien pour l'addition, son élément neutre étant $(0, 0)$.

La multiplication est distributive pour l'addition du fait de la linéarité, et est commutative.

L'élément unité est le couple $(1, 0)$.

La multiplication est associative. Posons

$$(\alpha, \beta) = [(a, b)(a', b')] \times (a'', b'')$$

$$\alpha = (aa' + bb')a'' + (ab' + ba')b'' = aa'a'' + bb'a'' + ab'b'' + ba'b''$$
$$\beta = (ab' + ba')a'' + (aa' + bb')b'' = bb'b'' + ab'a'' + ba'a'' + aa'b''$$

α et β sont des fonctions symétriques de (a, a', a'') et (b, b', b''), d'où

$$[(a, b)(a', b')] \times (a'', b'') = (a, b) \times [(a', b')(a'', b'')]$$

2) Si (a, b) admet un inverse (x, y), on aura

$$(a, b) \times (x, y) = (ax + by, ay + bx) = (1, 0)$$

soit
$$\begin{cases} ax + by = 1 \\ ay + bx = 0 \end{cases} \tag{1}$$

ou
$$\frac{x}{a} = -\frac{y}{b} = k$$

avec $k(a^2 - b^2) = 1$

Si $a = \pm b$ le système (1) ne peut avoir de solution.

Si $a \neq \pm b$ on obtient alors $x = \dfrac{a}{a^2 - b^2}$, $y = \dfrac{-b}{a^2 - b^2}$ qui n'est acceptable que si $(x, y) \in A$ c'est-à-dire x et y entiers; il en est alors de même pour $x + y = \dfrac{1}{a + b}$ et $x - y = \dfrac{1}{a - b}$.

Alors $a + b = \pm 1$ et $a - b = \pm 1$ qui est bien suffisante puisque alors $a^2 - b^2 = \pm 1$ et $(x, y) \in A$.

Les seuls couples possibles sont donc $(0, 1)$, $(0, -1)$, $(1, 0)$, $(-1, 0)$ chacun d'eux étant son propre inverse.

3) L'égalité $(a, b) \times (x, y) = (a, b) \times (u, v)$ s'écrit encore
$$(a, b) \times (x - u, y - v) = 0$$

Il s'agit donc de voir dans quel cas $(a, b) \times (r, s) = 0$ entraîne $r = s = 0$

soit
$$\begin{cases} ar + bs = 0 \\ br + as = 0 \end{cases} \tag{2}$$

Si $a^2 - b^2 \neq 0$ le système (2) n'a de solution que pour $r = s = 0$.
Si $a^2 - b^2 = 0$ le système (2) admet une infinité de solution.
Donc la simplification n'est possible que pour $a = \pm b$.

---

*■ **7.** La loi est associative et commutative. Le neutre e est défini par

$$x + e - ex = x \qquad \forall x \in \mathbf{R} \quad \Rightarrow e = 0,$$

et l'on a bien

$$x * 0 = 0 * x = x.$$

La recherche du symétrique x' conduit à :

$$x + x' - xx' = 0 \quad \text{soit} \quad x + (1 - x)x' = 0$$

et l'on voit que tout élément possédera un inverse $\left(x' = \dfrac{x}{x - 1}\right)$, sauf $x = 1$. $\mathbf{R}$ n'est donc pas un groupe pour $*$.

On peut se demander si $\widehat{\mathbf{R}} = R - \{1\}$ est un groupe. Il en sera alors ainsi si $*$ est interne sur $\widehat{\mathbf{R}}$, c'est-à-dire si

$$x \neq 1 \quad \text{et} \quad y \neq 1 \Rightarrow x + y - xy \neq 1.$$

Or $x + y - xy = 1 \Rightarrow (1 - x)(1 - y) = 0$. Donc $\widehat{\mathbf{R}}$ est bien un groupe, d'ailleurs commutatif.

Calcul de $x^{(n)}$.

On a $$x * y = (1 - x)(y - 1) + 1 \qquad (1)$$

et $$x^{(2)} = x * x = (1 - x)(x - 1) + 1 = 1 - (1 - x)^2$$

$$x^{(3)} = x^{(2)} * x = (1 - x^{(2)})(x - 1) + 1 = (1 - x)^2 (x - 1) + 1 = 1 - (1 - x)^3$$

et, par récurrence, en appliquant la formule (1)

$$x^{(n)} = 1 - (1 - x)^n.$$

---

*■ **8.** *a*) On montre que $f(G)$ est un groupe pour $*'$. Le neutre est $\hat{e} = f(e)$. Le symétrique de y est $f(x^{-1})$, où x est l'un des éléments tels que $f(x) = y$. En effet

$$y *' f(x^{-1}) = f(x) *' f(x^{-1}) = f(x * x^{-1}) = f(e) = \hat{e}.$$

b) $\bar{x} = \{ y ; y \in G \mid xRy \}$. Dire que R est compatible avec $*$ c'est dire que

$$[\, xRy \ ; \ x_1 R y_1 \,] \Rightarrow (x * x_1) \, R \, (y * y_1).$$

En effet $f(x) = f(y)$ et $f(x_1) = f(y_1)$ et

$$f(x * x_1) = f(x) *' f(x_1) = f(y) *' f(y_1) = f(y * y_1).$$

R étant compatible avec $*$.

EXERCICES SUPPLÉMENTAIRES

■ **10.** Non (loi non associative, par exemple).

■ **11.** $$x = x' \quad \forall x \text{ et } x * y = x' * y' = (y * x)' = y * x.$$

■ **13.** La classe du neutre est réduite à $\{ e \}$.

■ **14.** Si l'application est un automorphisme

$$(x * y)' = x' * y'.$$

Par ailleurs $(x * y)' = y' * x'$ ce qui permet de conclure.

CHAPITRE 4

CONSTRUCTION DE $\mathbb{R}$ ÉLÉMENTS DE TOPOLOGIE

A. CONSTRUCTION DE $\mathbb{R}$

1. Axiomes des nombres réels

a) $\mathbb{R}$ est un ensemble appelé droite numérique dont les éléments sont appelés nombres réels ou points.

b) Structure algébrique.

Sur $\mathbb{R}$ on peut définir deux lois de composition :

l'addition notée $+$
la multiplication notée $\times$ ou $.$

$\mathbb{R}$ est un groupe abélien pour l'addition dont l'élément neutre est noté 0 (zéro).

$\mathbb{R} - \{0\}$ est un groupe abélien pour la multiplication dont l'élément neutre est noté 1 (unité).

$\mathbb{R}$ a une structure de corps commutatif.

c) Structure d'ordre.

Sur $\mathbb{R}$ est définie une structure d'ordre total notée $\leqslant$ compatible avec sa structure de corps, ce qui signifie que :

1) $x \geqslant y$ équivaut à $x + a \geqslant y + a \quad \forall a \in \mathbb{R}$,
2) $x \geqslant y$ équivaut à $ax \geqslant ay$ si $a > 0$
et à $ax \leqslant ay$ si $a < 0$

$\mathbb{R}$, considéré comme groupe abélien ordonné vérifie l'axiome d'Archimède, c'est-à-dire :

Quels que soient a et $b \in \mathbb{R}$ tels que $a > 0$ il existe un entier $n \in \mathbb{N}$ tel que $na > b$.

Remarques

— Le produit $a_n = n \,.\, a$ d'un élément a de $\mathbb{R}$ par un élément n de $\mathbb{N}$ se définit par récurrence par les conditions

$$a_0 = 0 \qquad a_{n+1} = a_n + a$$

— $\mathbb{R}$ étant un corps totalement ordonné, l'axiome précédent équivaut à :

$$\forall x \in \mathbb{R}, \exists n \in \mathbb{Z} \quad \text{tel que} \quad n \leqslant x < n + 1$$

Des axiomes précédents on peut tirer les conséquences suivantes :

— Entre deux nombres réels a et b, il y en a toujours un troisième. En effet, si $a < b$ le nombre $c = \dfrac{a+b}{2}$ vérifie $a < c < b$.

— Si, $\forall \varepsilon > 0$ x vérifie $x \leqslant \varepsilon$, alors on a $x \leqslant 0$.

En effet raisonnons par l'absurde : si $x > 0$ prenons $\varepsilon = \dfrac{x}{2}$; on aurait $x \leqslant \dfrac{x}{2}$ soit $\dfrac{x}{2} \leqslant 0$, donc $x \leqslant 0$ d'où contradiction.

2. Axiome de Cantor

Soit x_n une suite croissante et x'_n une suite décroissante de nombres réels tels que l'on ait $x_n \leqslant x'_n$ $\forall n \in \mathbb{N}$. Alors il existe au moins un nombre c tel que $x_n \leqslant c \leqslant x'_n$.

Remarquons que c est unique si $x'_n - x_n$ tend vers zéro lorsque n tend vers l'infini.

3. Unicité de $\mathbb{R}$

L'ensemble $\mathbb{R}$ n'est pas le seul vérifiant les axiomes *a*), *b*), *c*), il en est de même de Q, de $\mathbb{Z}$, et plus généralement de tout sous-corps de $\mathbb{R}$.

Par contre on démontre, et nous l'admettrons ici, que tout ensemble E vérifiant les axiomes *b*), *c*) et l'axiome de Cantor est isomorphe à $\mathbb{R}$, ce qui signifie qu'il existe une bijection f de E sur $\mathbb{R}$ telle que, quels que soient x et $y \in E$, on ait :

$$f(x+y) = f(x) + f(y)$$
$$x \geqslant y \Rightarrow f(x) \geqslant f(y)$$

Aussi, différents procédés de construction de $\mathbb{R}$ à partir de $\mathbb{N}$ peuvent être identifiés ainsi que d'autres systèmes caractérisant $\mathbb{R}$ qui sont bien entendu équivalents entre eux.

4. Conséquences des axiomes

a) *Théorème des intervalles emboités*

Soit $I_n = [a_n, b_n]$ une suite d'intervalles fermés de $\mathbb{R}$ dont la longueur tend vers zéro et telle que $I_{n+1} \subset I_n$, $\forall n \in \mathbb{N}$. **Alors il existe un point x et un seul commun à tous les intervalles I_n.**

En effet, les suites a_n et b_n vérifient les hypothèses de l'axiome de Cantor et $b_n - a_n$ tend vers zéro, donc x existe et est unique d'après la remarque suivant l'énoncé de l'axiome de Cantor.

b) *Théorème des coupures*

Soit (A, B) une partition de $\mathbb{R}$, A et B étant différents de $\varnothing$ et tels que $a \in A$ et $b \in B \Rightarrow a < b$. Alors il existe un nombre réel unique c tel que $x \in A$ entraîne $x \leqslant c$ et que $y \in B$ entraîne $y \geqslant c$. **On dira que c est défini par la coupure (A, B).**

En effet : tout d'abord la relation $a \in A$ et $x \leqslant a$ implique $x \in A$ (démonstration immédiate par l'absurde) et de même $b \in B$ et $y \geqslant b$ entraîne $y \in B$.

Si $\mathscr{E}$ désigne l'ensemble des intervalles fermés $[a, b]$ de $\mathbb{R}$, où $a \in A$ et $b \in B$, $\mathscr{E}$ est non vide.

Si $[a, b] \in \mathscr{E}$ et $m = \dfrac{a+b}{2}$, un seul des intervalles $[a, m]$ et $[m, b]$ appartient à $\mathscr{E}$, ce sera le premier si $m \in B$, le second si $m \in A$.

Partant d'un intervalle $I_0 = [a_0, b_0] \in \mathscr{E}$, on peut construire par récurrence une suite d'intervalles emboités $I_n = [a_n, b_n]$ appartenant à $\mathscr{E}$, I_{n+1} étant celui des intervalles moitié de I_n appartenant à $\mathscr{E}$. La longueur de I_n est $b_n - a_n = \dfrac{b_0 - a_0}{2^n}$ tend vers 0, lorsque n augmente indéfiniment.

La suite I_n satisfait aux conditions du théorème précédent. Désignons par c le point commun à tous les intervalles I_n. Pour tout $\varepsilon > 0$, I_n sera contenu dans $[c - \varepsilon, c + \varepsilon]$ dès que $\dfrac{b_0 - a_0}{2^n} < \varepsilon$. Alors $c - \varepsilon < a_n$ et $c + \varepsilon > b_n$, d'où $c - \varepsilon \in A$ et $c + \varepsilon \in B$. La relation $x \in A$ entraîne $x \leqslant c + \varepsilon$ et de même $y \in B$ entraîne $y \geqslant c - \varepsilon$.

Pour n assez grand il en résulte que

$$x \in A \Rightarrow x \leqslant c \quad \text{et} \quad y \in B \Rightarrow y \geqslant c$$

Plus précisément si $c \in A$,

A est l'ensemble des $x \in \mathbb{R}$ satisfaisant $x \leqslant c$

et B l'ensemble des $y \in \mathbb{R}$ satisfaisant à $y > c$.

Si au contraire $c \in B$ alors

$$A = \{ x/x < c \} \quad \text{et} \quad B = \{ y/y \geqslant c \}$$

c) *Majorant, minorant des parties non vides de* $\mathbb{R}$

Théorème : toute partie de $\mathbb{R}$ non vide et majorée (respectivement minorée) admet une borne supérieure (respectivement inférieure).

Soit E une partie non vide de $\mathbb{R}$, telle que l'ensemble B de ses majorants soit non vide, soit

$$A = \mathbb{R} - B = \complement_{\mathbb{R}} (\mathbb{R} \cap B)$$

E étant non vide A est non vide, car si $x \in E$, A contient tout nombre a satisfaisant à $a < x$. De plus si $a \in A$, il existe au moins un élément $x \in E$ tel que $x > a$, sinon a serait alors un majorant de E.

Enfin $\forall\, b \in B$ on a $b \geqslant x > a$, d'où $a < b$: les ensembles A et B constituent une partition de $\mathbb{R}$ vérifiant les conditions du théorème des coupures.

Montrons que le nombre c défini par la coupure (A, B) est la borne supérieure de E.

1) c est un majorant, sinon il existerait $x \in E$ vérifiant $x > c$. Or si on choisit y tel que $x > y > c$, la relation $y > c$ entraînerait $y \in B$, donc $y \geqslant x$ d'où contradiction avec l'hypothèse $x > y$.

2) c est bien la borne supérieure (c'est-à-dire le plus petit des majorants), car si b est un majorant $b \in B$ et $b \geqslant c$.

En inversant les relations d'ordre, on obtient les résultats concernant la borne inférieure.

La borne supérieure de E est le plus souvent désignée par sup E, la borne inférieure par inf E.

Remarques

a) Pour que M soit la borne supérieure (resp. inférieure) il faut et il suffit que les deux conditions suivantes soient vérifiées :

— la relation $x \in E$ entraîne $x \leqslant M$ (respectivement $x \geqslant m$),

— $\forall\, \varepsilon > 0$, $\exists\, x \in E$ tel que $x > M - \varepsilon$ (respectivement $x < m + \varepsilon$).

La première relation exprime que M est un majorant (resp. m un minorant), la deuxième relation, que $M - \varepsilon$ n'est pas un majorant (resp. $m + \varepsilon$ n'est pas un minorant).

b) Tout intervalle fermé est borné ; un intervalle ouvert ne l'est pas nécessairement.

B. TOPOLOGIE DE $\mathbb{R}$

1. Voisinage d'un point

Définition 1

On dit que $\mathscr{V}$, partie de $\mathbb{R}$, est un voisinage du point a, si $\mathscr{V}$ contient un intervalle ouvert $]b, c[$ contenant a, ce qui implique $b < a < c$.

2. Ensemble ouvert

Définition 2

On dit qu'une partie $\mathscr{O}$ de $\mathbb{R}$ est un ensemble ouvert, si $\mathscr{O}$ est un voisinage de chacun de ses points.

En d'autres termes

$$\forall\, a \in \mathcal{O},\ \exists\, h > 0 \quad \text{tel que} \quad]a - h, a + h[\ \subset \mathcal{O}.$$

Définition 3

On dit qu'une partie F de ℝ est fermée si son complémentaire dans ℝ, $\mathbb{R} - F$ est ouvert.

Ainsi ℝ et ∅ sont des ensembles à la fois ouverts et fermés. Tout intervalle ouvert, borné ou non, est un ensemble ouvert ; plus généralement la réunion d'une famille quelconque d'intervalles ouverts, deux à deux sans point commun, est un ensemble ouvert.

Il résulte des deux premières définitions ci-dessus que tout ensemble ouvert $\mathcal{O}$ est une réunion d'intervalles ouverts. En passant aux complémentaires on voit que tout intervalle fermé est un ensemble fermé.

3. Topologie de ℝ

L'ensemble $\mathcal{O}$ des sous-ensembles O ouverts de ℝ ($\mathcal{O} \subset \mathscr{P}(\mathbb{R})$) vérifie les propriétés suivantes :

O 1) $\mathbb{R} \in \mathcal{O}$ et $\varnothing \in \mathcal{O}$,

O 2) toute réunion de sous-ensembles ouverts est un sous-ensemble ouvert,

O 3) toute intersection d'une famille **finie** de sous-ensembles ouverts est un sous-ensemble ouvert.

De même l'ensemble $\mathscr{F}$ des sous-ensembles F fermés de ℝ vérifie les propriétés :

F 1) $\mathbb{R} \in \mathscr{F}$ et $\varnothing \in \mathscr{F}$,

F 2) toute intersection de sous-ensembles fermés est un sous-ensemble fermé,

F 3) toute réunion d'une famille **finie** de sous-ensembles fermés est un fermé.

On pourra, à titre d'exercice, vérifier ces différentes propriétés. On remarquera que la réunion d'une famille infinie d'ensembles fermés n'est pas nécessairement un fermé ; ainsi tout ensemble de ℝ est une réunion de points dont chacun constitue un ensemble fermé. Par ailleurs un ensemble peut n'être ni ouvert ni fermé. C'est ainsi le cas d'un intervalle semi-ouvert dans ℝ.

D'une façon générale lorsqu'une famille de parties $\mathcal{O}$ d'un ensemble X vérifie les propriétés *O*1), *O*2), *O*3), on dit que $\mathcal{O}$ est une topologie sur X et que $(X, \mathcal{O})$ est un espace topologique. Ici, $(\mathbb{R}, \mathcal{O})$ est donc un espace topologique où $\mathcal{O}$ est la **topologie naturelle** de ℝ.

Les définitions et propriétés qui suivent sont liées à la structure d'espace topologique.

4. Voisinage de $A \subset \mathbb{R}$

V est un voisinage de $A \subset \mathbb{R}$, si V contient un ensemble ouvert contenant A :

$$\exists\, \Omega \in \mathcal{O} \qquad \text{et} \qquad A \subset \Omega \subset \mathcal{V}$$

si $A = \{ x \}$ on est ramené à la définition déjà rencontrée du voisinage V de x. L'ensemble des voisinages de x est noté $\mathcal{V}(x)$.

5. Intérieur de A

Si $A \subset \mathbb{R}$ et $x \in \mathbb{R}$, on dit que x est un point intérieur à A, si A est voisinage de x. L'ensemble des points x intérieurs à A est appelé l'intérieur de A et se note $\mathring{A}$.

6. Adhérence

Dans les mêmes conditions que ci-dessus $A \subset \mathbb{R}$ et $x \in \mathbb{R}$, x est adhérent à A si tout voisinage de x rencontre A.

L'ensemble des points adhérents à A, appelé l'adhérence de A se note $\overline{A}$.

7. Point d'accumulation

Soit $x \in \overline{A}$. On dit que x est un point d'accumulation de A si tout voisinage de x rencontre $A - \{ x \}$, ou en d'autres termes, tout voisinage de x rencontre A en d'autres points qu'en x.

8. Point isolé

Les points adhérents à A qui ne sont pas des points d'accumulation sont dits isolés dans A :

$$x \text{ isolé dans } A \Leftrightarrow \exists\; V \in \mathcal{V}(x),\; V \cap A = \{ x \}$$

Des définitions précédentes découlent les propriétés :

- $A = \mathring{A} \Leftrightarrow A$ est voisinage de chacun de ses points $\Leftrightarrow A$ est ouvert.
- $A = \overline{A} \Leftrightarrow$ tout point adhérent à A est dans $A \Leftrightarrow A$ est fermé.
- $\mathring{A}$ (resp. $\overline{A}$) est le plus grand (resp. petit) ouvert (resp. fermé) contenu dans (resp. contenant) A.
- Si $V \in \mathcal{V}(x)$ et $V' \supset V \Rightarrow V' \in \mathcal{V}(x)$.
- Si $V \in \mathcal{V}(x)$ et $W \in \mathcal{V}(x) \Rightarrow V \cap W \in \mathcal{V}(x)$.
- x est un point d'accumulation de $A \Leftrightarrow$ il existe une suite (x_n), $n \in \mathbb{N}$ $x_n \in A$ qui converge vers x.

On reprendra cette notion à l'occasion de l'étude des suites convergentes.

9. Notion d'espace séparé

Soit x et y deux réels, $x \neq y$; alors x et y admettent des voisinages disjoints, ou en d'autres termes

$$\exists\, V \in \mathscr{V}(x),\ \exists\, W \in \mathscr{V}(y) \qquad V \cap W = \varnothing$$

et cette propriété s'énonce en disant que l'espace $(\mathbb{R}, \mathscr{O})$ est **séparé.**

10. Base de voisinages de x

Pour que $V \in \mathscr{V}(x)$ il faut et il suffit qu'il existe $\varepsilon > 0$ tel que $]x - \varepsilon, x + \varepsilon[\subset V$. On appelle base de voisinages de x dans $(\mathbb{R}, \mathscr{O})$ la famille des parties de $\mathbb{R}$

$$(\,]x - \varepsilon, x + \varepsilon[\,) \qquad \text{avec} \qquad \varepsilon > 0$$

11. Théorème de Bolzano-Weirstrass

Toute partie infinie et bornée de $\mathbb{R}$ admet au moins un point d'accumulation.

La démonstration va faire usage de la méthode dite de **dichotomie** déjà utilisée pour le théorème des coupures. Soit $E \subset \mathbb{R}$. Si E est borné, il est majoré et minoré. Il existe un intervalle fermé I contenant E. Si E est infini, l'un au moins des deux intervalles moitiés de I contient une infinité de points de E, puisque la réunion de deux ensembles finis est un ensemble fini.

Répétons cette opération de dichotomie afin de construire par récurrence une suite d'intervalles fermés I_n

$I_0 = I$
I_1 est l'un des intervalles moitié de I_0 contenant une infinité de points de E
$\vdots \qquad \vdots$
I_n est l'un des intervalles moitié de I_{n-1}
(I_{n-1} contenant une infinité de points de E)

La longueur l_n de I_n est $\dfrac{l}{2^n}$ où l désigne celle de I. La suite I_n d'intervalles fermés vérifie les conditions du théorème des intervalles emboités : les intervalles I_n ont en commun un point a ; $\forall\, \varepsilon > 0$, on peut choisir n pour que $l_n < \varepsilon$ ou, ce qui est équivalent I_n est contenu dans $]a - \varepsilon, a + \varepsilon[$, intervalle qui comme I_n contient une infinité de points de E : a est donc un point d'accumulation.

Remarques

— La démonstration ci-dessus ne prouve en rien que ce point d'accumulation a soit unique ; il suffit de constater en effet que la détermination de I_n à partir de I_{n-1} n'est pas nécessairement unique, chacune des moitiés de I_{n-1} pouvant contenir une infinité de points de E.

— L'hypothèse que l'ensemble est borné est bien évidemment fondamentale : $\mathbb{N}$ par exemple n'admet aucun point d'accumulation.

12. La droite numérique achevée $\overline{\mathbb{R}}$

Soit $\overline{R}$ l'ensemble constitué par la réunion de $\mathbb{R}$ et de deux êtres mathématiques notés $+\infty$ et $-\infty$, ou points à l'infini.

Moyennant les deux conditions :

$a)$ $-\infty < +\infty$
$b)$ $\forall x \in \mathbb{R} \qquad -\infty < x < +\infty$

nous étendons à $\overline{\mathbb{R}}$ la structure d'ordre de $\mathbb{R}$. L'ensemble $\overline{\mathbb{R}}$, muni de cette structure d'ordre s'appelle droite numérique achevée ; $\overline{\mathbb{R}}$ est totalement ordonné.

Par ailleurs nous avons montré que toute partie non vide de $\mathbb{R}$ admet une borne supérieure (éventuellement égale à $+\infty$) et une borne inférieure (éventuellement égale à $-\infty$).

Moyennant la définition des voisinages des points à l'infini, on peut étendre à $\overline{\mathbb{R}}$ la topologie définie sur $\mathbb{R}$:

On dit qu'une partie A de $\overline{\mathbb{R}}$ est un voisinage de $+\infty$ (resp. $-\infty$) s'il existe un nombre a tel que $x \in \overline{\mathbb{R}}$ et $x > a$ (resp. $x < a$) entraînent $x \in A$.

C. RUDIMENTS DE TOPOLOGIE DES ESPACES MÉTRIQUES

1. L'espace $\mathbb{R}^n$

Par définition, pour tout n entier $\geqslant 1$, $\mathbb{R}^n$ est le produit de n ensembles égaux à $\mathbb{R}$. On appelle point (ou vecteur) de $\mathbb{R}^n$, la suite de n nombres réels $(x_1, x_2, ..., x_n)$, notée $\vec{x}$ ou x.

x_k est la $k^{\text{ième}}$ coordonnée du point (ou la $k^{\text{ième}}$ composante du vecteur) de $\mathbb{R}^n$.

L'application $\vec{x} \to x_k$ est la projection sur le $k^{\text{ième}}$ axe de coordonnées.

Ainsi se trouvent généralisées des notions habituelles pour $\mathbb{R}^3$.

2. Structure d'espace vectoriel de $\mathbb{R}^n$

En appelant vecteur somme des vecteurs $\vec{x}$ et $\vec{y}$ de $\mathbb{R}^n$ le vecteur de composantes $x_i + y_i$ $(i = 1, 2, ..., n)$ et produit $\lambda\vec{x}$ du vecteur x par le réel λ le vecteur de composantes λx_i, on munit $\mathbb{R}^n$ d'une structure d'espace vectoriel sur le corps des réels $\mathbb{R}$, (*cf.* tome 2).

Application linéaire

Une application A de $\mathbb{R}^n$ dans $\mathbb{R}^p$ est linéaire si elle vérifie

$$A(\vec{x} + \vec{y}) = A(\vec{x}) + A(\vec{y})$$
$$A(\lambda\vec{x}) = \lambda\, A(\vec{x})$$

$\forall\ \vec{x}, \vec{y} \in \mathbb{R}^n$ et $\lambda \in \mathbb{R}$.

Les conditions ci-dessus expriment que A est un homomorphisme d'espaces vectoriels (*cf.* tome 2).

On sait (*cf.* tome 2) que la base canonique de $\mathbb{R}^n$ est constituée par les vecteurs $\vec{e_i}$ ($i = 1, 2, ..., n$), de composantes $\delta_{i1}, \delta_{i2}, ..., \delta_{in}$ où δ_{ik} est le symbole de Kronëcker

$$\delta_{ik} = 0 \quad \text{si} \quad i \neq k \quad \text{et} \quad \delta_{ik} = 1 \text{ si } i = k$$

$$A(\vec{x}) = A\left(\sum_{i=1}^{n} x_i \vec{e_i}\right) = \sum_{i=1}^{n} x_i\, A(\vec{e_i})$$

Les composantes de $\vec{y} = A(\vec{x})$ dans $\mathbb{R}^p$ sont données par

$$y_k = \sum_{i=1}^{n} a_{ki}\, x_i \qquad (k = 1, 2, ..., p)$$

$A(\vec{e_i}) = \sum_{k=1}^{p} a_{ki} \vec{f_k}$, où $(\vec{f_1}, ..., \vec{f_p})$ est la base canonique de $\mathbb{R}^p$.

Les endomorphismes de $\mathbb{R}^n$ sont les applications linéaires de $\mathbb{R}^n$ dans lui-même.

Les automorphismes de $\mathbb{R}^n$ sont les applications linéaires bijectives de $\mathbb{R}^n$ sur lui-même.

3. Produit scalaire, norme et distance

Par définition le produit scalaire noté $\vec{x} \,.\, \vec{y}$ de $\vec{x} = (x_i)$ par $\vec{y} = (y_i)$ est le nombre réel

$$\vec{x} \,.\, \vec{y} = \sum_{i=1}^{n} x_i\, y_i$$

La norme euclidienne (ou module) d'un vecteur $x = (x_i)$ est le nombre positif

$$\| \vec{x} \| = \sqrt{\vec{x} \,.\, \vec{x}} = \left[\sum_{i=1}^{n} x_i^2\right]^{1/2} \tag{1}$$

$$\forall\, \lambda \in \mathbb{R} \text{ on a} \qquad \| \lambda\, \vec{x} \| = | \lambda | \,.\, \| \vec{x} \|$$

L'application $(\vec{x}, \vec{y}) \to \vec{x} \cdot \vec{y}$ étant une application bilinéaire de $\mathbb{R}^n \times \mathbb{R}^n$ dans $\mathbb{R}$, symétrique, il s'en suit :

$$\| \vec{x} + t\vec{y} \|^2 = \| \vec{x} \|^2 + 2\, t\vec{x} \cdot \vec{y} + t^2 \| \vec{y} \|^2 \qquad (2)$$

et $\| \vec{x} + t\vec{y} \|^2 \geqslant 0$ implique que le trinôme en t du second membre ait un discriminant $\leqslant 0$ d'où

$$\boxed{|\vec{x} \cdot \vec{y}| \leqslant \| \vec{x} \| \cdot \| \vec{y} \|} \qquad (3)$$

dite inégalité de Schwarz (l'égalité n'étant obtenue que si l'un des vecteurs est nul ou s'il existe un nombre t tel que $x + ty = 0$, ce qui traduit que x et y sont « colinéaires »).

Pour $t = 1$, (2) et (3) conduisent à :

$$\| \vec{x} + \vec{y} \|^2 \leqslant \| \vec{x} \|^2 + 2\, \vec{x} \cdot \vec{y} + \| \vec{y} \|^2 \leqslant [\| \vec{x} \| + \| \vec{y} \|]^2$$

soit

$$\| \vec{x} + \vec{y} \| \leqslant \| \vec{x} \| + \| \vec{y} \| \qquad (4)$$

l'égalité n'étant obtenue que si $\vec{x}$ et $\vec{y}$ sont colinéaires.

On appelle **distance** euclidienne des points x et $y \in \mathbb{R}^n$ le nombre

$$d(x, y) = \| y - x \| = \left| \sum_{i=1}^{n} (y_i - x_i)^2 \right|^{1/2}$$

L'application de $\mathbb{R}^n$ dans $\mathbb{R}^+$ définie par $(x, y) \to d(x, y)$ vérifie les trois conditions :

D 1) $d(x, y) = 0 \Leftrightarrow x = y$
D 2) $d(x, y) = d(y, x)$
D 3) $d(x, z) \leqslant d(x, y) + d(y, z)$

Les deux premières conditions sont évidentes, et la troisième découle de (4), et s'appelle l'inégalité triangulaire. On remarquera que l'égalité n'est vérifiée, que si les points x, y et z sont alignés.

4. Généralisation de la notion de distance et de norme Espace métrique, espace normé

Espace métrique

D'une façon générale on définit sur un ensemble quelconque E non vide, une application d de E^2 dans $\mathbb{R}$ qui vérifie les axiomes suivants :

D 1) $d(x, y) = 0 \Leftrightarrow x = y$ (axiome de séparation)
D 2) $d(x, y) = d(y, x)$ (axiome de symétrie)

D 3) $d(x, z) \leqslant d(x, y) + d(y, z)$ (inégalité triangulaire) $\forall\, x, y, z \in E$.

L'application *d* continue de s'appeler **distance**, ou **métrique** définie sur *E*.

Ainsi si $E = R$, $d(x, y) = |x - y|$ est une métrique de $\mathbb{R}$.

De même $d(x, y) = 1$ si $x \neq y$ et $d(x, x) = 0$ est une métrique vérifiant *D* 1, *D* 2, *D* 3.

Enfin, si *d* est une métrique, $d' = \dfrac{d}{1 + d}$ en est une autre, en effet

D 1) $d'(x, y) = 0 \Rightarrow d(x, y) = 0 \Rightarrow x = y$

D 2) $d'(x, y) = d'(y, x)$

D 3) Cette condition est également vérifiée, il suffit de remarquer que si *a*, *b*, *c* sont positifs

$$a \leqslant b + c, \frac{a}{1 + a} \leqslant \frac{b + c}{1 + b + c} \leqslant \frac{b}{1 + b} + \frac{c}{1 + c}$$

Ainsi sur *E* plusieurs métriques distinctes peuvent être définies. Le couple (E, d) s'appelle espace métrique. Les éléments de *E* s'appellent points de l'espace métrique *E* et *d* est leur distance.

Remarque

L'axiome *D* 3) ou inégalité triangulaire par analogie de la distance ordinaire dans $\mathbb{R}^2$ implique

$$d(x, y) \geqslant |d(x, z) - d(y, z)|$$

qui généralise une propriété triangulaire classique.

Sous-espace métrique

Si *A* est une partie non vide de *E*, la restriction à A^2 de la métrique *d* sur *E* définit une métrique sur *A* : *A* est lui-même un espace métrique, sous-espace métrique de *E*.

Le **diamètre** de *A* est la borne supérieure (dans $\overline{\mathbb{R}}$) des distances de deux points quelconques de *A*. Si *A* est réduit à un seul point ce diamètre est nul. Si *A* contient au moins deux points son diamètre est positif.

A est dit être **borné** (pour la métrique *d* envisagée) si son diamètre est fini. La définition précédente est équivalente à la suivante : le sous-espace métrique *A* est borné s'il existe un point x_0 de *E* tel que l'ensemble des distances de x_0 aux différents points de *A* soit une partie bornée de $\mathbb{R}^+$.

En effet

$$\forall\, x, y \in A, \qquad d(x, y) \leqslant d(x, x_0) + d(x_0, y)$$

et $d(x, y)$ est fini du seul fait que $d(x_0, x)$ et $d(x_0, y)$ sont bornés.

Réciproquement, si le diamètre de A est fini et vaut D, pour tout point fixe $x_1 \in A$ et $\forall\, x \in A$

$$d(x_0, x) \leqslant d(x_0, x_1) + d(x_1, x) \leqslant d(x_0, x_1) + D$$

Généralisation de la notion de norme

Si E est un espace vectoriel sur $\mathbb{R}$, une norme sur E est une application qui à $x \in E$ fait correspondre $N(x) \in \mathbb{R}^+$ satisfaisant aux trois conditions :

$N\,1)$ $N(x) = 0 \Leftrightarrow x = 0$
$N\,2)$ $N(\lambda x) = |\lambda| \,.\, N(x) \qquad \forall\, x \in E$ et $\lambda \in \mathbb{R}$
$N\,3)$ $N(x + y) \leqslant N(x) + N(y) \qquad \forall\, (x, y) \in E^2$

Le couple (E, N) est un espace normé. Sur E différentes normes peuvent être définies. Ainsi si $E = \mathbb{R}^n$, outre la norme euclidienne $\| x \|$ qui vérifie $N\,1)$, $N\,2)$ et $N\,3)$, on peut vérifier qu'il en est de même des normes souvent utilisées :

$$N_1(x) = \sup_{1 \leqslant i \leqslant n} |x_i| \qquad \text{ou} \qquad N_2(x) = \sum_{i=1}^{n} |x_i|$$

Résumé du chapitre 4

LA DROITE RÉELLE $\mathbb{R}$

Théorèmes fondamentaux

• **Théorème des intervalles emboités**

Si $I_n = [a_n, b_n]$ est une suite d'intervalles fermés de $\mathbb{R}$ tels que $I_{n+1} \subset I_n$ et $(b_n - a_n) \to 0$ alors il existe un point x unique commun à tous les I_n.

• **Théorème des coupures**

Si (A, B), A et $B \neq \varnothing$, constitue une partition de $\mathbb{R}$ et tels que $a \in A$ et $b \in B \Rightarrow a < b$, ils définissent par coupure c :

$$\text{si } x \in A \Rightarrow x \leqslant c \qquad \text{et} \qquad y \in B \Rightarrow y \geqslant c$$

• Toute partie de $\mathbb{R}$ non vide et majorée (resp. minorée) admet une borne supérieure (resp. inférieure).

TOPOLOGIE DE $\mathbb{R}$

$A \subset R$ est ouvert si

$$(\forall\, x \in A)\ \exists\, h > 0 : \,]x - h, x + h[\, \subset A$$

A est fermé si $\mathbb{R} - A$ est ouvert.

L'ensemble $\mathcal{O}$ des sous-ensembles ouverts de $\mathbb{R}$ ($\mathcal{O} \in \mathcal{P}(R)$) vérifie les propriétés suivantes :

O 1) $\mathbb{R}$ et $\varnothing \in \mathcal{O}$

O 2) toute réunion de sous-ensembles ouverts est un sous-ensemble ouvert

O 3) toute intersection d'une famille **finie** de sous-ensembles ouverts est un sous-ensemble ouvert.

De même l'ensemble $\mathcal{F}$ des sous-ensembles fermés de $\mathbb{R}$ vérifie les propriétés :

F 1) $\mathbb{R}$ et $\varnothing \in \mathcal{F}$

F 2) toute intersection de fermés est un fermé

F 3) toute réunion d'une famille **finie** de fermés est un fermé.

Lorsqu'une famille de parties $\mathcal{O}$ d'un ensemble X vérifie les propriétés O 1), O 2), O 3) où on substitue X à $\mathbb{R}$ on dit que $\mathcal{O}$ est une topologie sur X et que $(X, \mathcal{O})$ est un espace topologique.

- **Intérieur d'un ensemble**

V et $A \in \mathcal{P}(R)$, V est un **voisinage** de A si V contient un ouvert contenant A.

x est un **point intérieur** à A si A est un voisinage de x.

Si $A \subset R$ et si tout voisinage de x rencontre A, x est **adhérent** à A et l'ensemble des points adhérents à A est appelé l'adhérence de A et est noté $\overline{A}$.

Si $x \in \overline{A}$, x est un **point d'accumulation** de A si tout voisinage de x rencontre $A - \{x\}$.

- **Théorème de Bolzano-Weirstrass**

Toute partie infinie et bornée de $\mathbb{R}$ admet un point d'accumulation.

- **Distance. Espace métrique**

$(x, y) \in E$ l'application d de E^2 dans R vérifiant

$$d(x, y) = 0 \Leftrightarrow x = y \text{ (axiome de séparation)}$$
$$d(x, y) = d(y, x) \text{ (axiome de symétrie)}$$
$$d(x, y) \leqslant d(x, z) + d(z, x) \text{ (inégalité triangulaire)}$$

est appelée **distance.**

(E, d) est un espace métrique.

• **Norme. Espace normé**

Si E est un espace vectoriel sur $\mathbb{R}$ ou $\mathbb{C}$, une norme N sur E est l'application $x \to N(x) \in \mathbb{R}_+$ satisfaisant à

$$N(x) = 0 \Rightarrow x = 0$$
$$N(\lambda x) = |\lambda| \, . \, N(x) \quad \forall \lambda \in \mathbb{R}$$
$$N(x + y) \leqslant N(x) + N(y)$$

Le couple (E, N) est appelé espace normé.

EXERCICES

ÉNONCÉS

■ **1.** Montrer que dans $\mathbb{R}$,

$$\forall x \in \mathbb{R}, \qquad \{x\} \in \mathscr{F}$$

i.e. tout ensemble réduit à un point est fermé.

---

*■ **2.** 1) Montrer qu'un ensemble de nombres réels fermé et majoré (resp. minoré) contient sa borne supérieure (resp. inférieure).

2) Montrer que, pour $A \subset \mathbb{R}$, si sup A (resp. inf A) existe, alors :

$$\sup A = \sup \overline{A} \quad \text{et} \quad \sup A \in \overline{A}$$
$$(\text{resp. } \inf A = \inf \overline{A} \quad \text{et} \quad \inf A \in \overline{A}).$$

où $\overline{A}$ désigne l'adhérence de A.

■ **3.** Soit $A \subset \mathbb{R}$, $B \subset \mathbb{R}$. On définit :

$$A + B = \{x \in \mathbb{R} \mid \exists\, a \in A, \exists\, b \in B, x = a + b\}$$

(ensemble des réels « de la forme » $a + b$ où a et b appartiennent à A et B respectivement)

$$AB = \{x \in \mathbb{R} \mid \exists\, a \in A, \exists\, b \in B, x = ab\}.$$

1) On suppose A et B majorés. Montrer que

$$\sup (A + B) = \sup A + \sup B.$$

2) On suppose A et B majorés et $A \subset \mathbb{R}^+$, $B \subset \mathbb{R}^+$ montrer que

$$\sup (AB) = \sup A \, . \sup B.$$

■ **4.** Soit (E_1, N_1) et (E_2, N_2) deux espaces normés. Soit $E = E_1 \times E_2$. Montrer que, sur E, $N(x_1, x_2) = \sqrt{N_1^2(x_1) + N_2^2(x_2)}$ définit une norme.

SOLUTIONS

■ **1.** Montrons que $C_{(x)}$ est ouvert. Pour cela, remarquons que, si

$$y \in C_{(x)}$$

alors, en posant $h = \left|\frac{x-y}{2}\right|$, on a

$$h \neq 0 \qquad \text{et} \qquad x \notin]y-h, y+h[$$

donc

$$]y-h, y+h[\subset C_{(x)}$$

et $C_{(x)}$ est ouvert par définition.

---

*■ **2.** 1) Soit $A \subset \mathbb{R}$ un ensemble fermé et majoré, et soit

$$b = \sup A.$$

Alors, $\forall h > 0$,

$$]b-h, b] \cap A \neq \varnothing$$

et ceci implique que

$$\forall h > 0, \qquad]b-h, b+h[\cap A \neq \varnothing$$

d'où (cf. cours,)

$$b \in \overline{A} = A$$

puisque A est fermé

On a une démonstration analogue pour la borne inférieure d'un ensemble fermé et minoré.

2) Soit $b = \sup A$, et soit $x > b$.

Posons $h = \frac{x-b}{2}$, alors

$$]x-h, x+h[\cap A = \varnothing$$

sinon, on pourrait trouver $y \in A$ tel que

$$y > x - h > b$$

ce qui contredit $b = \sup A$.

On en déduit que (cf. cours)

$$x \notin \overline{A}.$$

D'où b est un majorant de $\overline{A}$, et l'on a

$$b \geqslant \sup \overline{A}.$$

D'autre part,

$$A \subset \overline{A} \Rightarrow b = \sup A \leqslant \sup \overline{A}$$

et par suite

$$\sup A = \sup \overline{A}.$$

Comme $\overline{A}$ est fermé, on a, d'après 1) :

$$\sup \overline{A} \in \overline{A}$$

d'où

$$\sup A \in \overline{A}.$$

On a une démonstration analogue pour inf A.

■ **3.** 1) Sup A + sup B est un majorant de $A + B$ puisque si $x \in A + B$, x est de la forme $x = a + b$, avec $a \leqslant \sup A$, $b \leqslant \sup B$, d'où

$$x \leqslant \sup A + \sup B.$$

De plus

$\forall \varepsilon > 0, \quad \exists a \in A \quad (\text{resp. } b \in B),$

$$\sup A < a + \frac{\varepsilon}{2}\left(\text{resp. } \sup B < b + \frac{\varepsilon}{2}\right).$$

D'où, avec a et b ainsi déterminés

$$\sup A + \sup B < a + b + \varepsilon.$$

Donc :

$$\forall \varepsilon > 0, \exists x \in A + B \quad (x = a + b), \sup A + \sup \mathrm{B} < x + \varepsilon$$

et sup A + sup B est bien la borne supérieure de $A + B$.

2) On voit aisément que sup A . sup B est un majorant de AB en considérant les inégalités

$$\forall a \in A, \quad \forall b \in B, \sup A \geqslant a, \quad \sup B \geqslant b$$

d'où on déduit

$$\sup A \,.\, \sup B \geqslant ab.$$

Ce qui est licite car A et B sont des ensembles des nombres positifs. Si $\varepsilon' > 0$ est donné, on pourra écrire (cf. 1)

$$\exists a, \exists b, \qquad \sup A < a + \varepsilon', \qquad \sup B < b + \varepsilon'$$

d'où sup A . sup $B < ab + \varepsilon$, avec

$$\varepsilon = \varepsilon'(a + b) + \varepsilon'^2 < \varepsilon'(\sup A + \sup B) + \varepsilon'^2$$

qui est arbitrairement petit, donc sup A . sup B est le plus petit majorant de AB, c'est-à-dire sa borne supérieure sup (AB).

■ **4.** Soit $x = (x_1, x_2)$, $y = (y_1, y_2)$, nous devons démontrer que

$$N(x) = 0 \Rightarrow x = 0\,;$$
$$N(\lambda x) = |\lambda|\, N(x),\ \forall \lambda \in \mathbb{R}\,;$$
$$N(x + y) \leqslant N(x) + N(y).$$

a) $N(x) = 0 \Leftrightarrow \sqrt{N_1^2(x_1) + N_2^2(x_2)}$
$$= 0 \Leftrightarrow N_1(x_1) = N_2(x_2) = 0 \Leftrightarrow x_1 = x_2 = 0,$$

donc $x = (0, 0) = 0$

b) $$N(\lambda x) = \sqrt{N_1^2(\lambda x_1) + N_2^2(\lambda x_2)} = \sqrt{\lambda^2 N_1^2(x_1) + \lambda^2 N_2^2(x_2)}$$
$$= |\lambda| \sqrt{N_1^2(x_1) + N_2^2(x_2)} = |\lambda|\, N(x).$$

c) Comparons $N(x + y) = \sqrt{N_1^2(x_1 + y_1) + N_2^2(x_2 + y_2)} = a$

et $N(x) + N(y) = \sqrt{N_1^2(x_1) + N_2^2(x_2)} + \sqrt{N_1^2(y_1) + N_2^2(y_2)} = b.$

Comme $a \geqslant 0$ et $b \geqslant 0$, $b - a$ a le signe de $b^2 - a^2$, où

$$\begin{aligned} b^2 - a^2 = {} & N_1^2(x_1) + N_2^2(x_2) + N_1^2(y_1) + N_2^2(y_2) \\ & + 2\sqrt{(N_1^2(x_1) + N_2^2(x_2))(N_1^2(y_1) + N_2^2(y_2))} \\ & - N_1^2(x_1 + y_1) - N_2^2(x_2 + y_2) \\ \geqslant {} & N_1^2(x_1) + N_2^2(x_2) + N_1^2(y_1) + N_2^2(y_2) \\ & + 2\sqrt{(N_1^2(x_1) + N_2^2(x_2))(N_1^2(y_1) + N_2^2(y_2))} \\ & - N_1^2(x_1) - N_1^2(y_1) - 2\,N_1(x_1)\,N_1(y_1) \\ & - N_2^2(x_2) - N_2^2(y_2) - 2\,N_2(x_2)\,N_2(y_2). \end{aligned}$$

ceci du fait que N_1 et N_2 sont des normes, donc que

$N_1(x_1 + y_1) \leqslant N_1(x_1) + N_1(y_1)$ et $N_2(x_2 + y_2) \leqslant N_2(x_2) + N_2(y_2)$

Si pour alléger l'écriture nous posons

$$N_1(x_1) = \alpha,\ N_2(x_2) = \alpha'$$
$$N_2(y_1) = \beta, \qquad N_2(y_2) = \beta',$$

étudions le signe de $\sqrt{(\alpha^2 + \beta^2)(\alpha'^2 + \beta'^2)} - (\alpha\alpha' + \beta\beta')$, qui est celui de

$$\begin{aligned} & (\alpha^2 + \beta^2)(\alpha'^2 + \beta'^2) - (\alpha\alpha + \beta\beta')^2 \\ & = \alpha^2\alpha'^2 + \beta^2\alpha'^2 + \alpha^2\beta'^2 + \beta^2\beta'^2 - \alpha^2\alpha'^2 - \beta^2\beta'^2 - 2\,\alpha\alpha'\beta\beta' \\ & = (\beta\alpha' - \alpha\beta')^2, \qquad \text{donc positif.} \end{aligned}$$

On a donc $b - a \geqslant 0$, $a \leqslant b$, et N vérifie l'inégalité triangulaire, ce qui achève de démontrer que N est une norme sur E.

CHAPITRE 5

SUITES NUMÉRIQUES ET APPLICATIONS

1. RAPPELS

Une suite est une application de $\mathbb{N}$ dans $\mathbb{R}$ (ou dans $\mathbb{C}$, ou dans $\mathbb{Q}$).

On désigne les éléments d'une suite par une lettre affectée d'un indice, U_n

$$U_0 = f(0);\ U_1 = f(1);\ \dots;\ U_n = f(n)$$

U_n est appelé terme général de la suite; il est souvent défini par la fonction $f(n)$, par exemple :

$$U_n = 1 + \frac{2}{n+1};\quad U_n = (-1)^n \sin\frac{2\,n\pi}{3};\quad U_n = n^2 + 1.$$

$$U_n = a + nr, \text{ suite arithmétique de raison } r$$

$$\sum_{k=1}^{n} U_k = \frac{n}{2}(U_1 + U_n)$$

a) Croissance, décroissance

Une suite est croissante si, $\forall n\ U_{n+1} > U_n$ tel est le cas par exemple pour la suite $U_n = 1 - \dfrac{2}{n+1}\cdot$

Une suite est décroissante si, $\forall n\ U_{n+1} < U_n$ c'est le cas pour $U_n = \sin\dfrac{\pi}{3\,n}$, où $n \in \mathbb{N}^*$.

Une suite croissante ou décroissante est dite monotone.

b) Suites majorées, minorées, bornées

Une suite est majorée lorsque tous ses termes sont inférieurs à un nombre fixe M.

Elle est minorée lorsque tous ses termes sont supérieurs à un nombre fixe m.

Le plus petit majorant est la borne supérieure de la suite.

Le plus grand minorant est la borne inférieure de la suite.

Exemple.

Posons $U_n = 1 - \frac{1}{n^2}$.

U_n est majorée par le nombre 3 mais 1 est le plus petit majorant de U_n.

1 est la borne supérieure de U_n.

c) Limite d'une suite

Cette notion de limite est fondamentale. On dit qu'une suite admet une limite finie ℓ, et on écrit $\lim\limits_{n \to \infty} U_n = \ell$ si quel que soit le nombre positif ε choisi aussi petit que l'on désire il existe une valeur $N \in \mathbb{N}$ telle que :

$$n > N \Rightarrow | U_n - \ell | < \varepsilon$$

Une suite qui admet une limite est dite convergente. Dans le cas contraire, elle est divergente.

Exemple

La suite géométrique ($U_n = aq^n$, a et q réels) converge vers 0 si $| q | < 1$, diverge si $| q | > 1$ et $a \neq 0$, ainsi que si $q = -1$ et $a \neq 0$; elle est constante (ou « stationnaire ») si $q = 1$.

Rappelons en outre que

$$S_n = \sum_{k=0}^{n-1} q^k = \frac{1 - q^n}{1 - q}, \text{ si } q \neq 1,$$

donc la suite (S_n) converge si et seulement si $| q | < 1$, sa limite étant $\frac{1}{1 - q}$ où q est la raison de la suite.

2. POINT D'ACCUMULATION

Avec les définitions données précédemment dans l'étude de la topologie de $\mathbb{R}$, la définition de la limite d'une suite ci-dessus peut être remplacée par celle qui suit et qui lui est équivalente.

Pour que U_n converge vers ℓ il faut et il suffit qu'à chaque voisinage V de ℓ on puisse associer un nombre N tel que

$$n > N \Rightarrow U_n \in V$$

On en conclut que chaque voisinage V de ℓ contient une infinité de valeurs de U_n : ℓ est un **point d'accumulation** (*cf.* § B 7, Chap. 4).

a) Valeur d'adhérence

La suite U_n admet λ comme valeur d'adhérence si chaque voisinage de λ contient une infinité (non nécessairement distincts) de points de la suite U_n.

Il est évident que la définition ci-dessus de la limite ℓ d'une suite (qui est unique lorsqu'elle existe*) implique que ℓ est aussi une valeur d'adhérence.

Par contre une suite qui ne converge pas, peut avoir une ou plusieurs valeurs d'adhérence. Ainsi $U_n = (-1)^n$ en admet deux qui sont $+1$ et -1.

De même, si a est irrationnel tous les points de $[-1, +1]$ sont valeurs d'adhérence de $U_n = \cos na\pi$

b) Convergence de toute suite monotone dans $\overline{\mathbb{R}}$

Moyennant la définition des voisinages de l'infini dans $\overline{\mathbb{R}}$ et la condition nécessaire et suffisante de convergence des suites donnée au paragraphe c), toute suite de nombres réels admet au moins une valeur d'adhérence dans $\overline{\mathbb{R}}$. Une suite croissante et non majorée tend vers $+\infty$, et admet $+\infty$ pour valeur d'adhérence. Une suite décroissante et non minorée tend vers $-\infty$, et admet $-\infty$ comme valeur d'adhérence. On dit alors, par extension de la notion de limite, que U_n tend vers $+\infty$ (ou vers $-\infty$).

c) Plus grande et plus petite limite d'une suite

Définition

Soit U_n une suite infinie de réels. La plus grande (resp. plus petite) limite de cette suite est la borne supérieure (resp. inférieure) de l'ensemble de ses valeurs d'adhérence dans $\overline{\mathbb{R}}$.Ainsi :

$$\lim_{n\to\infty} \sup (-1)^n = 1$$

$$\lim_{n\to\infty} \inf (-1)^n = -1$$

La limite supérieure de la suite x_n est égale à $+\infty$ (resp. $-\infty$) si la suite x_n est non majorée (resp. non minorée).

Si la suite est convergente et admet ℓ pour limite alors

$$\lim_{n\to\infty} \sup x_n = \lim_{n\to\infty} \inf x_n = \ell$$

---

* En effet si $\forall \varepsilon > 0 \ \exists N$ tel que $n > N \Rightarrow |U_n - \ell| < \varepsilon$ et $|U_n - \ell'| < \varepsilon$, on a $|\ell - \ell'| < 2\varepsilon, \forall \varepsilon$, donc $\ell = \ell'$.

3. SUITE DE CAUCHY

On dit qu'une suite U_n est une **suite de Cauchy** si $\forall \varepsilon > 0$, $\exists$ N tel que

$$p > q > N \Longrightarrow |U_p - U_q| \leqslant \varepsilon$$

Cette même condition traduisant que la distance de deux termes quelconques est inférieure à ε se note encore :

pour $q > 0$ $\forall \varepsilon > 0$ $\exists$ N tel que $n > N \Longrightarrow |U_{n+q} - U_n| \leqslant \varepsilon$

Toute suite convergente est une suite de Cauchy.

Si la suite U_n converge vers ℓ

$$\forall \varepsilon > 0 \exists\ N(\varepsilon) \text{ tel que } n > N \Longrightarrow |U_n - \ell| \leqslant \frac{\varepsilon}{2}$$

donc pour $p > q > N$

$$\begin{aligned} |U_p - U_q| &= |U_p - \ell + \ell - U_q| \\ &\leqslant |U_p - \ell| + |\ell - U_q| \leqslant \varepsilon \end{aligned}$$

La réciproque de cette propriété est en général inexacte ; ainsi une suite de Cauchy de nombres rationnels ne converge pas dans $\mathbb{Q}$, alors que dans $\mathbb{R}$ et $\mathbb{C}$ toute suite de Cauchy est convergente. Cette propriété se traduit par l'expression « $\mathbb{R}$ et $\mathbb{C}$ sont des corps complets ».

Sans en connaître explicitement la limite et simplement en s'assurant qu'elle est de Cauchy, on pourra montrer qu'une suite de réels ou de complexes converge.

THÉORÈME FONDAMENTAL SUR LES SUITES NUMÉRIQUES

Une suite croissante et majorée admet nécessairement une limite. Il en est de même d'une suite décroissante et minorée.

Démontrons cette proposition pour une suite U_n croissante et majorée.

L'ensemble E des réels U_n est majoré et admet une borne supérieure M. $\forall\ \varepsilon > 0$ il existe donc un élément de E, soit U_p tel que

$$U_p > M - \varepsilon$$

La suite étant croissante $n \geqslant p$ entraîne

$$U_n \geqslant U_p > M - \varepsilon$$

et M étant un majorant $U_n < M$; d'où

$$0 \leqslant M - U_n \leqslant \varepsilon$$

ce qui prouve que U_n converge vers M.

Dans le cas d'une suite U_n décroissante et minorée, la démonstration sera identique si on inverse les relations d'ordre.

4. SUITES ADJACENTES

Considérons deux suites U_n et V_n vérifiant les conditions suivantes :
U_n est suite croissante,
V_n est suite décroissante,
$\forall n, U_n < V_n$,
et la suite de terme général $V_n - U_n$ tend vers 0.

Deux telles suites U_n et V_n sont dites **adjacentes** et admettent même limite.

En effet : la suite U_n est bornée supérieurement car $\forall n, U_n < V_n$ donc $U_n < V_1$ puisque la suite V_n est décroissante. U_n est donc croissante et majorée. Elle admet une limite U. De même on peut déduire que $V_n > U_1$, que la suite V_n décroissante et minorée admet une limite V; puisque $\lim(V_n - U_n)$ a pour valeur 0 lorsque n tend vers l'infini :

$$U = V$$

5. SUITES DÉFINIES PAR UNE RELATION DE RÉCURRENCE

De telles suites se présentent sous la forme : $\boldsymbol{U_n = f(U_{n-1})}$ pour U_0 donné, et l'étude de la suite est facilitée par l'étude et la construction de $y = f(x)$. Nous supposons f continue et dérivable.

La limite, si elle existe, est alors solution de l'équation $x = f(x)$.

(Γ) étant le graphe de $x \longrightarrow f(x)$, portons sur (Γ) le point P_0 d'abscisse U_0. L'ordonnée de P_0 est $f(U_0)$, soit U_1 (fig. 1 et 2). La parallèle à l'axe des x passant par P_0 coupe la droite $y = x$ en Q_0 d'abscisse et d'ordonnée U_1 et définit ainsi le point P_1 de (Γ) d'abscisse U_1. A partir de P_1, on obtient Q_2 d'abscisse U_2 et P_2 sur (Γ) et ainsi de suite. La suite $P_0, P_1, P_2, \ldots, P_n$ converge vers le point P, intersection de (Γ) avec la bissectrice des axes Ox, Oy point d'abscisse ℓ, limite cherchée.

Cette première approche intuitive peut être précisée par l'étude de la différence $U_n - \ell$

$$U_n - \ell = f(U_{n-1}) - f(\ell)$$

égalité qui peut être écrite grâce à la formule des accroissements finis (chap. 14)

$$U_n - \ell = f'(c_{n-1}) \, . \, (U_{n-1} - \ell)$$

avec $c_{n-1} \in]U_{n-1}, U_n[$.

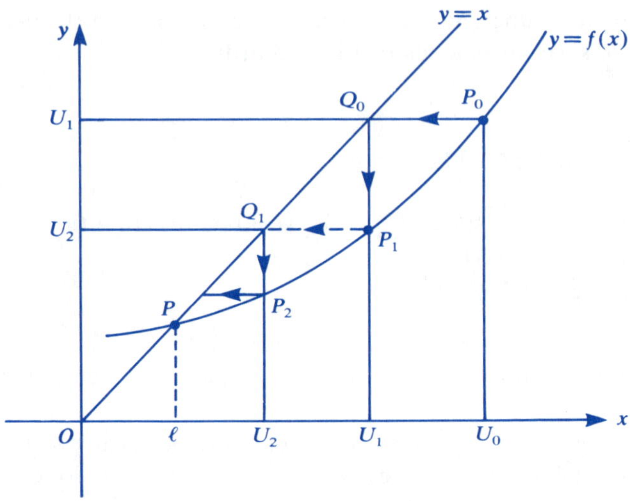

Figure 1. Suite décroissante convergeant vers ℓ.

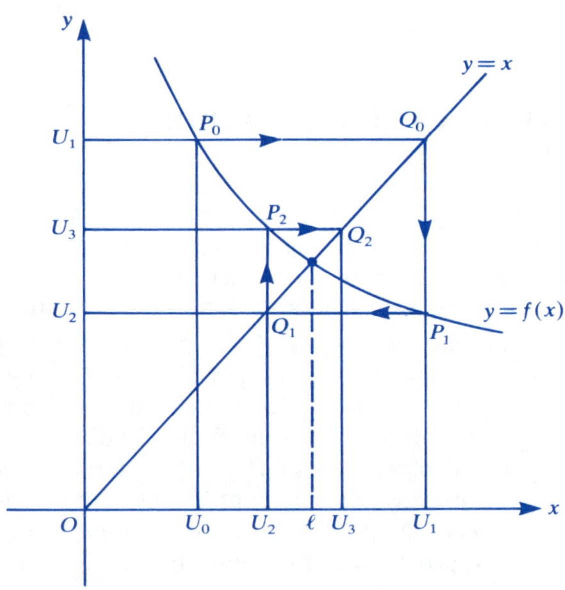

Figure 2. Suite alternée convergeant vers ℓ.

On peut remarquer que l'existence d'une limite ℓ implique $|f'(x)|<1$, en effet si $f'(x)>1$ alors $|U_n-\ell|>|U_{n-1}-\ell|$ et U_n ne peut tendre vers ℓ.

Si $|f'(x)|\leqslant k<1$ pour $x\in[a,\ b]$

$$|U_n-\ell|<k\,|U_{n-1}-\ell|$$

et de proche en proche $U_{n-1}, U_{n-2}, \ldots, U_1 \in [a, b]$

$$|U_n - \ell| \leqslant k^{n-1} |U_1 - \ell|$$

la suite est alors convergente vers $\ell = f(\ell)$ puisque $\lim\limits_{n \to \infty} k^{n-1} = 0$

Suites récurrentes linéaires

On appelle ainsi les suites dans lesquelles le terme général U_n est une fonction linéaire des p termes précédents, avec $n \geqslant p$, le premier terme étant noté U_0. On suppose donnés les p premiers termes.

Pour $p = 1$, la relation de récurrence s'écrit

$$U_n = a\, U_{n-1}$$

nous avons affaire à une suite géométrique, de raison a, déjà étudiée.

Nous nous bornerons au cas où $p = 2$, alors

$$U_n = a\, U_{n-1} + b\, U_{n-2}, \quad n \geqslant 2,$$

où a et b sont des réels donnés non nuls. La suite (U_n) dépend alors des deux paramètres U_0 et U_1.

Nous allons tout d'abord établir que l'ensemble E de ces suites, pour a et b donnés, est un espace vectoriel ; en effet si (V_n) et (W_n) sont deux suites de E, et si

$$U_n = \lambda\, V_n + \mu\, W_n$$

on a

$$U_n = \lambda\, (a\, V_{n-1} + b\, V_{n-2}) + \mu\, (a\, W_{n-1} + b\, W_{n-2})$$

donc

$$U_n = a\, (\lambda\, V_{n-1} + \mu\, W_{n-1}) + b\, (\lambda\, V_{n-2} + \mu\, W_{n-2}) = a\, U_{n-1} + b\, U_{n-2}$$

donc (U_n) est une suite de E. En outre, si on se donne V_0, V_1, W_0, W_1 (donc les suites (V_n) et (W_n)), ainsi que U_0 et U_1 (donc la suite (U_n)), il est possible de déterminer un couple (λ, μ) unique tel que

$$U_0 = \lambda\, V_0 + \mu\, W_0, \; U_1 = \lambda\, V_1 + \mu\, W_1,$$

pourvu que (V_0, W_0) et (V_1, W_1) soient indépendants. E est donc un espace de dimension 2, dont une base est constituée par deux suites (V_n) et (W_n) indépendantes, c'est-à-dire telles que $\dfrac{W_n}{V_n}$ ne soit pas une constante.

Par analogie avec le cas où $p = 1$, nous allons chercher s'il existe des suites géométriques (r^n), éléments de E. Il faut

$$r^n = ar^{n-1} + br^{n-2}$$

soit en éliminant $r = 0$ (soit $U_n = 0$, qui est élément de E)

$$r^2 - ar - b = 0 \qquad (1)$$

Cette équation dite « caractéristique » des suites récurrentes $U_n = a\,U_{n-1} + b\,U_{n-2}$, nous conduit à distinguer trois cas :

a) L'équation (1) a deux racines réelles et distinctes r_1 et r_2 : comme $\dfrac{r_2^n}{r_1^n}$ n'est pas constant, la suite (U_n) la plus générale est

$$U_n = \lambda\, r_1^n + \mu\, r_2^n$$

où λ et μ sont des constantes, calculables si on se donne U_0, U_1, V_0, V_1.

Par exemple la suite de Fibonacci (que nous retrouverons dans l'exercice 13, chapitre 6) $U_n = U_{n-1} + U_{n-2}$, $U_0 = 0$, $U_1 = 1$, conduit à

$$r^2 - r - 1 = 0, \quad r = \frac{1 \pm \sqrt{5}}{2}\,;$$

λ et μ sont solutions du système

$$\lambda + \mu = 0, \quad \lambda\,\frac{1 + \sqrt{5}}{2} + \mu\,\frac{1 - \sqrt{5}}{2} = 1,$$

d'où $\lambda = \dfrac{1}{\sqrt{5}}$, $\mu = -\dfrac{1}{\sqrt{5}}$, et

$$U_n = \frac{1}{\sqrt{5}}\left[\left(\frac{1 + \sqrt{5}}{2}\right)^n - \left(\frac{1 - \sqrt{5}}{2}\right)^n\right],$$

suite croissante divergente à termes entiers.

D'une façon générale la suite (U_n) converge vers 0 si $|r_1| < 1$ et $|r_2| < 1$, quels que soient λ et μ et diverge si $|r_1| > 1$, $|r_2| > 1$, quels que soient λ et μ non nuls, et peut converger ou diverger suivant λ et μ dans les autres cas.

b) L'équation (1) a deux racines distinctes, complexes conjuguées, $\rho\, e^{\pm i\theta}$. La solution générale est encore $U_n = c_1 r_1^n + c_2 r_2^n$, qu'un calcul simple permet de ramener à

$$U_n = \rho^n(\lambda \sin n\theta + \mu \cos n\theta)$$

La suite ne converge pour toutes valeurs de λ et μ que si $\rho < 1$. Remarquons aussi que si $\rho = 1$ et si $\dfrac{\theta}{\pi}$ est rationnel, la suite est périodique.

c) L'équation (1) a une racine double réelle $\rho = \frac{a}{2}$, avec $a^2 + 4b = 0$. Les seules suites géométriques de E sont celles de la forme ρ^n. Cherchons une solution plus générale sous la forme $U_n = \rho^n z_n$: on devra avoir

$$\rho^n z_n = a \rho^{n-1} z_{n-1} + b \rho^{n-2} z_{n-2}, \quad \rho^2 z_n = a \rho z_{n-1} + b z_{n-2}$$

$a = 2\rho$ et $b = -\frac{a^2}{4} = -\rho^2$, donc

$$z_n = 2 z_{n-1} - z_{n-2},$$

$$z_n - z_{n-1} = z_{n-1} - z_{n-2} = \cdots = z_1 - z_0 = \lambda, \text{ constante},$$

d'où

$$z_n = \lambda n + z_0 = \lambda n + \mu$$

enfin

$$U_n = \rho^n (\lambda n + \mu)$$

Ici encore (U_n) ne converge, quels que soient λ et μ, que si $\rho < 1$.

6. APPLICATION LIPSCHITZIENNE

D'une façon générale, l'application $x \longrightarrow f(x)$ est une **application lipschitzienne** sur $\mathbb{D} \subset \mathbb{R}$ de module $k > 0$ si

$$\forall x, y \in \mathbb{D} \quad |f(x) - f(y)| \leqslant k|x - y|$$

On peut vérifier aisément que si f est dérivable sur $\mathbb{D}$ une condition nécessaire et suffisante pour que f soit k-lipschitzienne sur $\mathbb{D}$ est que $|f'(x)| \leqslant k$ pour $x \in \mathbb{D}$.

f admet un **point fixe** invariant vérifiant $\ell = f(\ell)$ si f est lipschitzienne pour $k < 1$.

ℓ est la limite de $U_n = f(U_{n-1})$ lorsque n tend vers l'infini, avec $U_0 \in \mathbb{D}$. On dit encore que f est **contractante**.

7. APPLICATION A LA RÉSOLUTION DE L'ÉQUATION $f(x) = 0$

Séparation des racines

On dit qu'on a séparé les racines d'une équation lorsqu'on a déterminé pour chacune d'entre elles un intervalle la contenant seule. La résolution d'une équation $f(x) = 0$ peut être effectuée par les procédés graphiques; nous nous intéresserons ici aux méthodes d'approximations dont l'objet est d'obtenir une suite de valeurs approchées de la racine x_0 cherchée et convergeant vers x_0.

Il est ainsi possible d'approcher la racine x_0 avec l'approximation voulue, ou celle que permettent les tables ou les calculatrices.

a) Méthode par dichotomie

Supposons que la racine x_0 est localisée dans l'intervalle $[a, b]$ n'en contenant pas d'autre avec $f(a) \cdot f(b) \leqslant 0$.

On peut découper $[a, b]$ plus finement en prenant comme point intermédiaire le milieu du segment a, b d'abscisse $m_1 = \frac{a+b}{2}$.

Si $f(m_1) \cdot f(a) \leqslant 0$, la racine x_0 est située entre a et m_1 on prend alors $b_1 = m_1$ et $a_1 = a$.

Si $f(m_1) \cdot f(a) > 0$, la racine x_0 est située entre b et m_1 on prend alors $a_1 = m_1$ et $b_1 = b$.

x_0 se trouve alors localisé dans un segment réduit de moitié et de longueur $\frac{|b-a|}{2}$.

Recommençons l'opération grâce à $m_2 = \frac{a_1 + b_1}{2}$ et définissons ainsi la suite :

$$m_1 = \frac{a+b}{2},\ m_2 = \frac{a_1+b_1}{2},\ m_3 = \frac{a_2+b_2}{2}, \ldots,\ m_n = \frac{a_{n-1}+b_{n-1}}{2}, \ldots$$

La racine x_0 se trouve successivement encadrée par des segments de longueur décroissante $|b-a|$, $\frac{|b-a|}{2}$, ..., $\frac{|b-a|}{2^n}$, ... jusqu'à l'obtention de la précision souhaitée.

Cette méthode simple a l'avantage de ne rien supposer quant aux dérivées de $f(x)$ et aboutit rapidement quand les valeurs prises par $f(x)$ se calculent aisément.

b) Méthode d'interpolation

Supposons que la racine x_0 de $f(x) = 0$ soit la seule racine de cette équation qui appartienne à l'intervalle $[a, b]$ et que $f'(x)$ et $f''(x)$ restent positifs pour $x \in [a, b]$.

L'arc $\widehat{AB}$ représentant $y = f(x)$ coupe l'axe des x en x_0 (fig. 3) alors que la corde AB le coupe en a_1 et nous avons comme première approximation $a < a_1 < x_0 < b$ puisque $f''(x) > 0$ entraîne que la concavité de $f(x)$ est tournée vers les y positifs.

A_1 étant le point d'abscisse a_1 sur $y = f(x)$, nous avons une nouvelle approximation de x_0, par a_2 intersection de A_1B et de l'axe des x, et ainsi de suite.

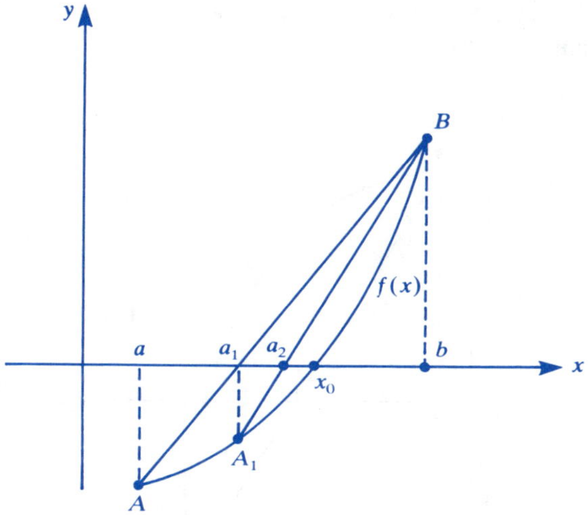

Figure 3.

La suite des valeurs a_1, a_2, ..., a_n est une suite croissante : $a < a_1 < a_2 < ... < a_n < x_0 < b$ et cette suite admet une limite (puisque bornée par b) qui ne peut être que x_0.

Remarque.

Nous avons supposé $f'(x)$ et $f''(x) > 0$ pour $x \in [a, b]$.

Les autres cas de figure qu'on peut rencontrer où $f'(x) > 0$ $f''(x) < 0$ pour $x \in [a, b]$ ou bien $f'(x) < 0$ et $f''(x) > 0$ pour $x \in [a, b]$ sont illustrés par les figures 4 et 5 et conduisent également à des suites cette fois décroissantes ayant x_0 pour limite.

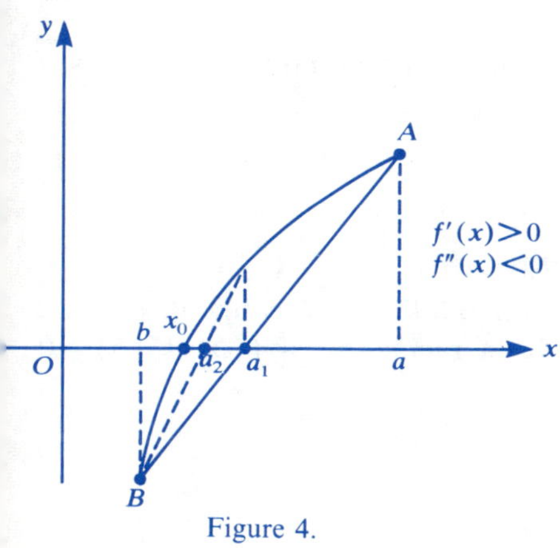

Figure 4.

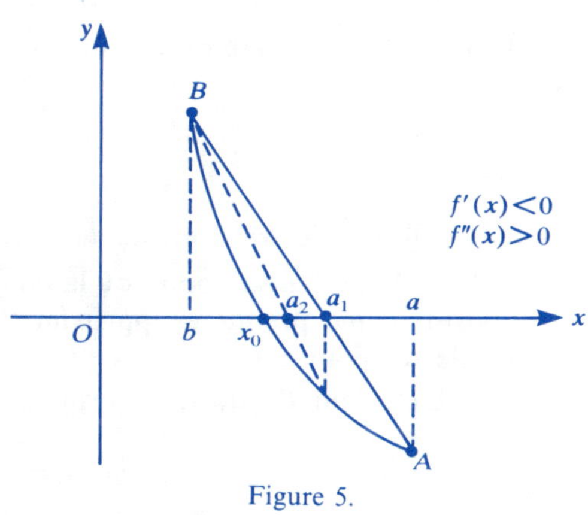

Figure 5.

Enfin $f'(x)<0$ et $f''(x)<0$ conduisent à une suite croissante admettant x_0 pour limite (fig. 6).

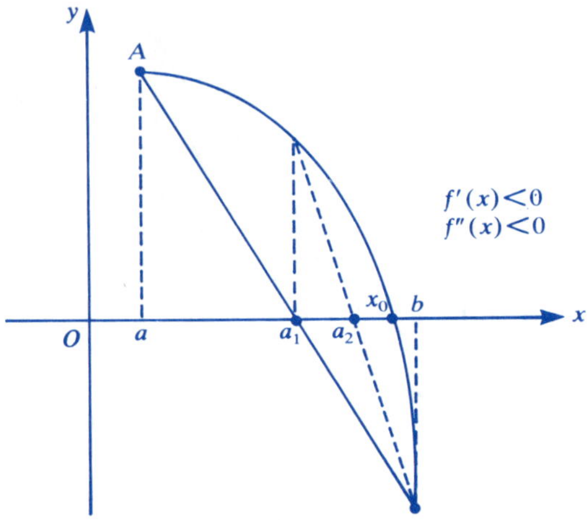

Figure 6.

Cette méthode de calcul appelée « méthode des parties proportionnelles » ou « de la corde » conduit dans le cas de la figure 3 à

$$a_1 = a - f(a)\,\frac{b-a}{f(b)-f(a)}$$

et d'une façon générale à

$$\boxed{a_n = a_{n-1} - f(a_{n-1})\,\frac{b-a_{n-1}}{f(b)-f(a_{n-1})}}$$

formules encore valables pour les autres cas en permutant a et b s'il y a lieu.

c) Méthode de Newton ou de la tangente

L'abscisse a_1 du point où la tangente en B à l'arc $\widehat{AB}$ coupe l'axe des x constitue une première approximation de la racine x_0, si $f(b)\cdot f''(b)>0$ (règle de Fourier).

La valeur de a_1 se détermine aisément et vaut

$$a_1 = b - \frac{f(b)}{f'(b)}$$

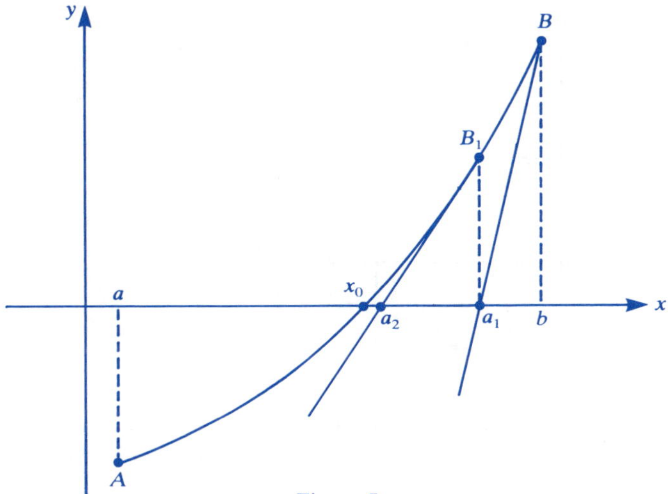

Figure 7.

La nouvelle tangente en B_1 d'abscisse a_1 coupe Ox en a_2, ainsi de suite et conduit à

$$a_n = a_{n-1} - \frac{f(a_{n-1})}{f'(a_{n-1})}$$

La suite a_n converge vers x_0 d'un seul côté comme précédemment mais donne une approximation de sens opposé à celui de la méthode de la corde. C'est pourquoi on emploie concurremment les deux méthodes pour mieux encadrer la racine.

d) Méthode d'itération

Elle s'emploie lorsque $f(x)=0$ se transforme en $x=\varphi(x)$ ou plus généralement en $h(x)=g(x)$. Graphiquement cela correspond aux cas de figures suivants.

Dans le cas le plus courant et le plus simple où $x=\varphi(x)$ (on peut d'ailleurs toujours prendre $\varphi(x)=f(x)+x$), on part d'un point m_1 quelconque $\in [a, b]$.

Construisons la suite

$$\begin{aligned} m_2 &= \varphi(m_1) \\ m_3 &= \varphi(m_2) \\ &\;\vdots \\ m_n &= \varphi(m_{n-1}) \end{aligned}$$

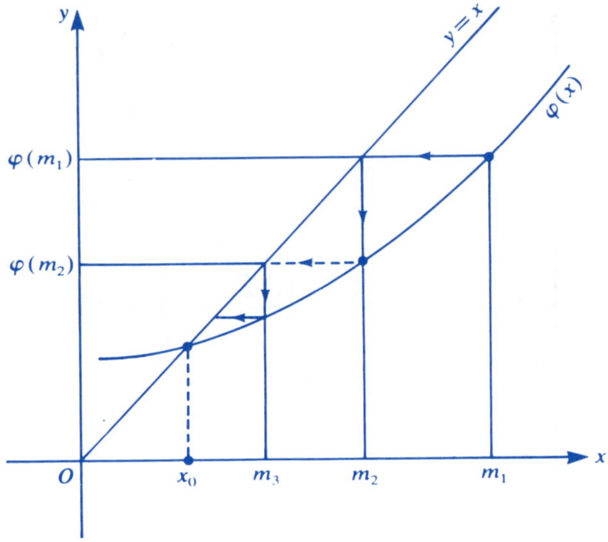

Figure 8.

et si la suite ainsi obtenue $m_1, m_2, \cdots, m_n$ converge, elle a pour limite x_0 qui vérifie $x_0 = \varphi(x_0)$ donc $f(x_0) = 0$.

Condition suffisante de convergence :

Posons $U_n = m_n - m_{n-1}$

$= \varphi(m_{n-1}) - \varphi(m_{n-2})$; φ dérivable

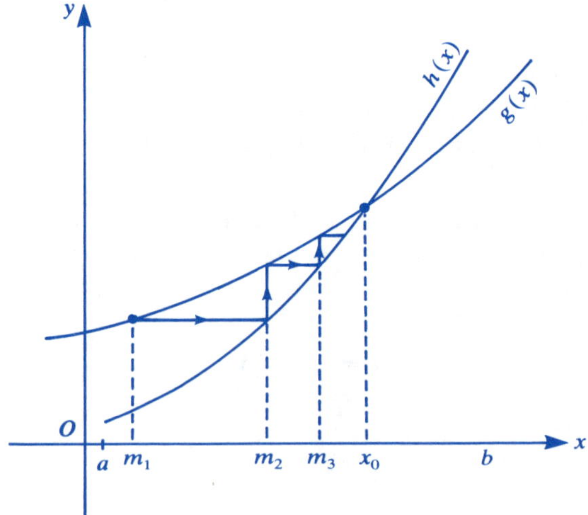

Figure 9.

On en tire $m_n = m_1 + U_1 + U_2 + \dots + U_n$

Le théorème des accroissements finis permet d'écrire

$$U_n = \varphi(m_{n-1}) - \varphi(m_{n-2})$$
$$= (m_{n-1} - m_{n-2})\ \varphi'(\xi)$$

avec $\xi \in]m_{n-1}, m_{n-2}[$ soit encore $|U_n| = |U_{n-1}| \cdot |\varphi'(\xi)|$.

Supposons que $\forall x \in [a, b]$, $\exists\, k < 1$ tel que

$$\varphi'(\xi) < k \leqslant 1$$

alors

$$|U_n| \leqslant k\,|U_{n-1}| \leqslant k^2\,|U_{n-2}| \leqslant \cdots \leqslant k^{n-1}\,U_1,$$

et

$$|m_n - m_p| \leqslant U_{p+1} + \cdots + U_n \leqslant U_1\,(k^p + k^{p+1} + \cdots + k^{n-1})$$
$$= U_1 \,.\, \frac{k^p\,(1 - k^{n-p})}{1 - k} < \frac{U_1}{1 - k}\,.\,k^p$$

Comme $0 \leqslant k < 1$, $k^p \to 0$, $p \to \infty$, $m_n - m_p \to 0$, la suite est de Cauchy, donc convergente.

e) Accélération de la convergence

A la $n^{\text{ième}}$ itération, on a

$$|x_0 - m_n| < k^n |x_0 - m_1|$$

par conséquent, l'estimation de x_0 par m_n sera d'autant meilleure que k sera plus petit.

Or $\quad x = \varphi(x) \Leftrightarrow x + \lambda x = \varphi(x) + \lambda x$

$$\Leftrightarrow x = \varphi_1(x) \quad \text{avec} \quad \varphi_1(x) = \frac{\varphi(x) + \lambda x}{1 + \lambda}$$

et

$$\varphi_1'(x) = \frac{\varphi'(x) + \lambda}{1 + \lambda}$$

On peut donc minorer à chaque itération $\varphi_1'(\xi)$ en choisissant pour λ la valeur $\lambda = -\varphi'(m_{n-1})$

soit

$$k = -\frac{\varphi(m_{n-1}) - \varphi(m_{n-2})}{m_{n-1} - m_{n-2}}$$

Remarquons encore que la méthode de Newton s'identifie à la méthode d'itération, en prenant $\varphi(x) = x - \dfrac{f(x)}{f'(x)}$, *si* $f'(x) \neq 0$ sur $[a, b]$.

On a bien alors

$$f(x) = 0 \Leftrightarrow x = \varphi(x)$$

en outre

$$\varphi'(x) = \frac{f(x)f''(x)}{[f'(x)]^2} \quad \text{et} \quad \varphi'(x_0) = 0,$$

on est donc assuré de l'existence d'un intervalle $[\alpha, \beta]$ contenant x_0 et sur lequel $|\varphi'(x)| \leqslant k < 1$, k pouvant être pris d'autant plus petit que $[\alpha, \beta]$ est lui-même plus petit ; on se trouve ainsi dans les conditions de la convergence la plus rapide.

Exemple.

Soit à trouver la plus grande des racines de l'équation $f(x) = 2x - 4 - \ln x = 0$ à 10^{-3} près.

Écrivons l'équation sous la forme $x = 2 + \dfrac{\ln x}{2} = \varphi(x)$.

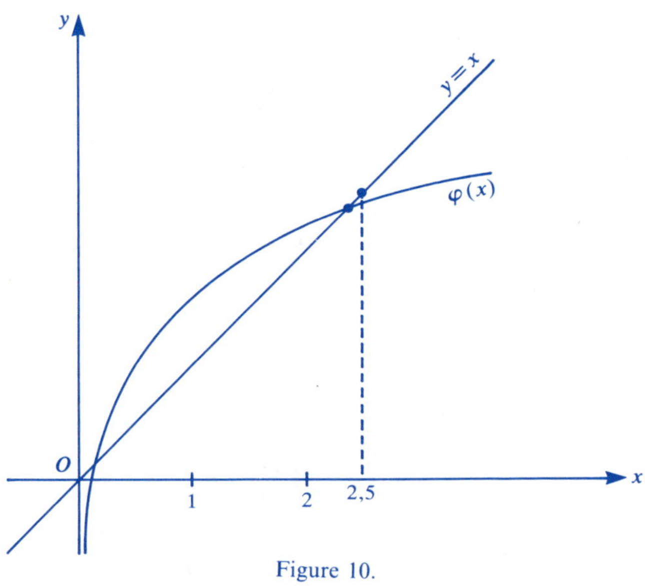

Figure 10.

Une représentation rapide de $\varphi(x)$ montre qu'une première intersection de $\varphi(x)$ avec $y = x$ est proche de l'origine

$$f(e^{-4}) = 2e^{-4} - 4 + 4 > 0$$
$$f(e^{-3}) = 2e^{-3} - 4 + 3 < 0$$

et la première racine est encadrée par $e^{-3} = 0{,}049$ et $e^{-4} = 0{,}018$.

La seconde racine est voisine de 2,5 comme l'indique la figure 10.

La méthode d'itération précédente nous conduit donc à prendre $m_1 = 2{,}5$

$$m_2 = \varphi(m_1) = 2 + \frac{\ln 2{,}5}{2} \simeq 2{,}458$$

$$m_3 = \varphi(m_2) = 2 + \frac{\ln 2{,}458}{2} \simeq 2{,}450$$

$$m_4 = \varphi(m_3) = 2 + \frac{\ln 2{,}450}{2} \simeq 2{,}448$$

$$m_5 = \varphi(m_4) = 2 + \frac{\ln 2{,}448}{2} \simeq 2{,}448$$

L'écart $m_5 - m_4 = 0$ conduit à retenir $n = 5$ soit $x_0 = 2{,}448$.

Pour vérifier que la dernière décimale convient, on peut calculer φ (2,447)

$$\varphi(2{,}447) = 2 + \frac{\ln 2{,}447}{2} \simeq 2{,}4474 > 2{,}447$$

On a donc bien $x_0 = 2{,}448$ à 10^{-3} près.

Résumé du chapitre 5

- **Définitions.**

Une suite est une application de $\mathbb{N}$ dans $\mathbb{R}$

$$U_n = f(n) \quad n \in \mathbb{N}$$

Une suite est croissante si $U_{n+1} > U_n \quad \forall n$
Une suite est décroissante si $U_{n+1} < U_n \quad \forall n$
Une suite est bornée supérieurement s'il existe un nombre M tel que

$$U_n < M \quad \forall n$$

Une suite est bornée inférieurement s'il existe un nombre m tel que

$$U_n > m \quad \forall n$$

- **Limite d'une suite.**

Étant donné $\varepsilon > 0$, on dit que U_n admet une limite ℓ s'il existe un entier N_0 tel que

$$n > N_0 \Rightarrow | U_n - \ell | < \varepsilon$$

- **Suites de Cauchy.**

U_n est une suite de Cauchy si

$$\forall \varepsilon > 0 \ \exists N \ \text{tel que} \ p > q > N \Longrightarrow |U_p - U_q| \leqslant \varepsilon$$

ou encore

$$\forall \varepsilon > 0 \ \text{et} \ q > 0 \ \exists N \ \text{tel que} \ n > N \Longrightarrow |U_{n+q} - U_n| \leqslant \varepsilon$$

Toute suite convergente est de Cauchy.

- **Théorème fondamental.**

Une suite croissante bornée supérieurement admet une limite.
Une suite décroissante bornée inférieurement admet une limite.

- **Suites adjacentes.**

Si les suites U_n et V_n vérifient les conditions : U_n croissante et V_n décroissante, $U_n < V_n$.
$V_n - U_n$ tend vers 0.
U_n et V_n sont des suites adjacentes et admettent même limite.

- **Suites récurrentes.**

Elles sont définies par une relation du type $U_n = f(U_{n-1})$ pour U_0 donné.

La limite lorsqu'elle existe est solution de l'équation $x = f(x)$.

Dans le cas particulier des suites de type $U_n = a\,U_{n-1} + b\,U_{n-2}$ on recherche des solutions du type $U_n = r^n$.

- **Résolution de $f(x) = 0$.**

La séparation des racines consiste à trouver les intervalles $[a_k, b_k]$ dans lesquels on ne trouve que la racine x_k de $f(x) = 0$.

Méthode par dichotomie :

Partant de l'intervalle $[a, b]$ contenant la racine x_0, m étant $\dfrac{a+b}{2}$, on lui substitue celui des intervalles $[a, m]$ ou $[m, b]$ qui contient x_0 et ainsi de suite.

Méthode d'interpolation (ou de la corde) :
La corde AB coupe Ox en a_1.
La corde CB coupe Ox en a_2...

La suite a_1, a_2, ..., a_n converge vers x_0.

$$a_n = a_{n-1} - f(a_{n-1}) \frac{b - a_{n-1}}{f(b) - f(a_{n-1})}$$

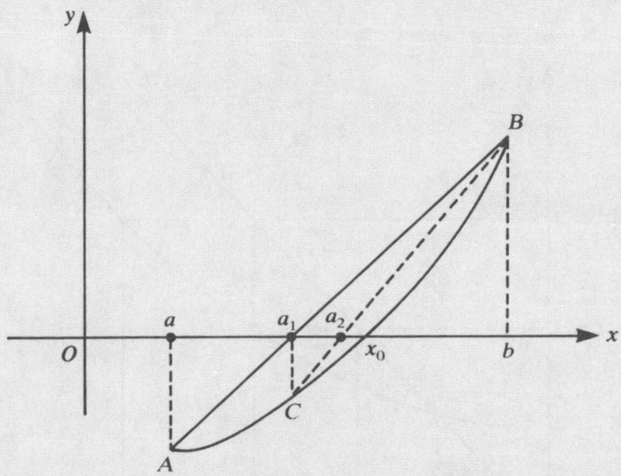

Figure 11.

Méthode de Newton (ou de la tangente) :
La tangente en B coupe Ox en a_1.
La tangente en C d'abscisse a_1 coupe Ox en a_2, etc.
La suite a_1, a_2, ..., a_n converge vers x_0

$$a_n = a_{n-1} - \frac{f(a_{n-1})}{f'(a_{n-1})}$$

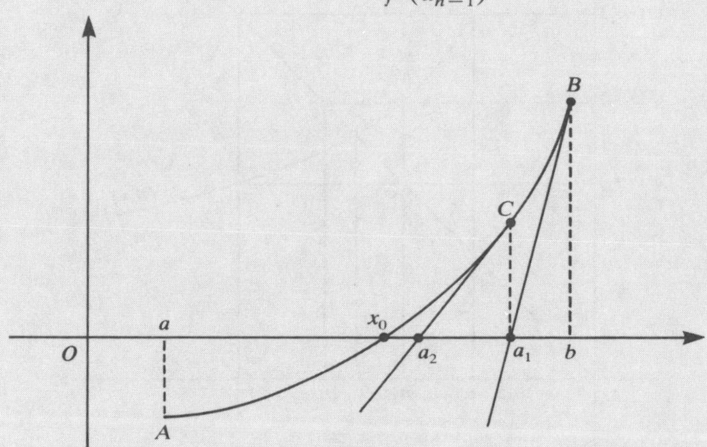

Figure 12.

Méthode d'itération :

Utile si $f(x) = 0$ se met aisément sous la forme $x = \varphi(x)$ et on étudie la suite $m_1 \in [a, b]$, $m_2 = \varphi(m_1)$, $m_3 = \varphi(m_2)$,..., $m_n = \varphi(m_{n-1})$.

Si $0 < \varphi'(x) < 1$ la suite est monotone et $|x_0 - m_n| < k^n |x_0 - m_1|$ si $\varphi'(x) < k < 1$.

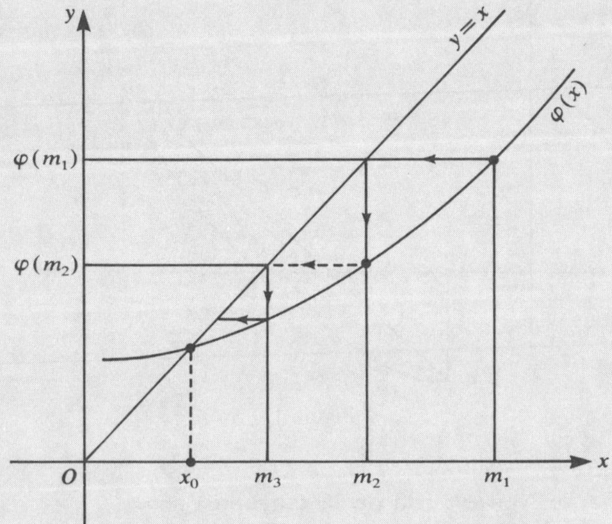

Figure 13.

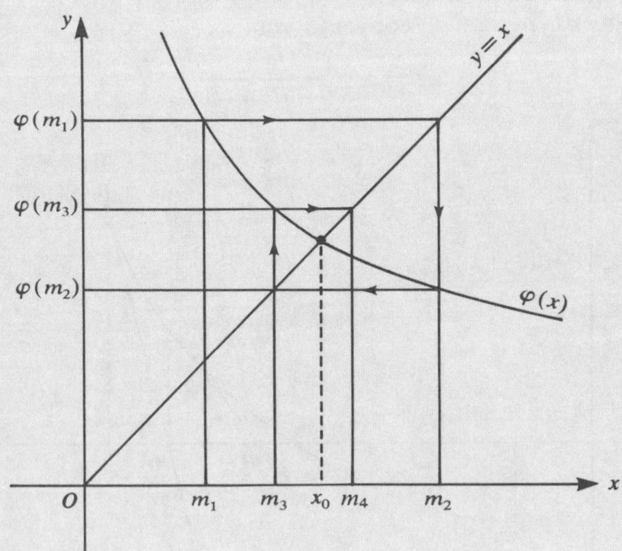

Figure 14.

EXERCICES

ÉNONCÉS

■ **1.** Convergence de la suite $U_n = (-1)^n \cdot \dfrac{n+1}{n}$

■ **2.** Montrer que les suites définies pour $n \geqslant 1$ par :

1) $U_n = \dfrac{n+1}{n}$, 2) $U_n = \dfrac{n}{n+1}$, 3) $U_n = \dfrac{1}{n^2+1}$, 4) $U_n = \dfrac{n}{n^2+1}$

admettent toutes des limites que l'on calculera.

■ **3.** Calculer la limite des suites, lorsqu'elles convergent, définies par :

1) $U_n = n - \sqrt{n^2 - n}$;

2) $U_n = \sqrt{n(n+a)} - n$;

3) $U_n = n + \sqrt[3]{1-n^3}$;

4) $U_n = \dfrac{n}{2} \sin \dfrac{n\pi}{2}$;

5) $U_n = \dfrac{\sin^2 n - \cos^3 n}{n}$.

■ **4.** On considère la suite $U_n = U_{n-1} + \dfrac{1}{U_{n-1}}$ avec $U_0 = 1$.

1) Montrer que U_n n'a pas de limite finie.

2) Montrer que $\lim\limits_{n \to \infty} U_n = +\infty$.

■ **5.** On considère la suite $u_n = \dfrac{a_n}{b_n}$ où $a_n = 2\,a_{n-1} + 3\,b_{n-1}$

$b_n = a_{n-1} + 2\,b_{n-1}$ avec $a_0 > 0$ $b_0 > 0$.

Montrer que $a_n > 0$, $b_n > 0$.

Calculer u_{n+1} en fonction de u_n.

Calculer $u_{n+1} - u_n$ et montrer que la suite donnée est monotone. (On sera amené à une discussion, suivant le signe de $\sqrt{3} - u_0$). En déduire que la suite u_n a une limite, indépendante de a_0 et b_0.

■ **6.** On considère la suite $U_n = \dfrac{2}{U_{n-1}} + 1$ avec $U_0 = 1$.

Calculer la valeur de la limite si elle existe et étudier la convergence.

■ **7.** U_n est définie par $U_n = \ln(1 + U_{n-1})$ avec $U_0 > 0$.

Chercher la limite de U_n.

---

*■ **8.** U_n et b_n étant deux suites de nombres réels tels que

a) $\lim\limits_{n \to \infty} U_n = \ell$

b) $b_n \geqslant 0$ et $\lim\limits_{n \to \infty} \dfrac{1}{b_1 + b_2 + \cdots + b_n} = 0$

1) Montrer que $\lim \dfrac{\sum_1^n U_k b_k}{\sum_1^n b_k} = \ell$

2) En déduire $\lim\limits_{n \to \infty} \dfrac{1 + \sqrt{2} + \sqrt[3]{3} + \cdots + \sqrt[n]{n}}{n}$

3) En déduire que si $\lim\limits_{n \to \infty} (V_{n+1} - V_n) = \ell$, alors $\lim\limits_{n \to \infty} \dfrac{V_n}{n} = \ell$.

■ **9.** Étant donné les nombres a et b vérifiant $0 < a < b$, on considère les 2 suites :

$$U_n = \sqrt{U_{n-1} V_{n-1}}$$

$$V_n = \frac{U_{n-1} + V_{n-1}}{2}$$

avec $U_0 = a$ et $V_0 = b$.

Montrer que ces deux suites convergent et admettent même limite.

■ **10.** Étudier la suite $U_n = \sqrt{1 + U_{n-1}}$ avec $U_0 = \sqrt{3}$.

---

*■ **11.** On considère l'application de $\mathbb{C}$ dans $\mathbb{C}$

$$z \to Z = \frac{az + b}{cz + d} \quad \text{avec} \quad ad - bc \neq 0$$

$a, b, c, d \in \mathbb{R} \quad c \neq 0$.

1) Montrer que cette application est bijective et chercher les points invariants α, β.

2) Si les points invariants sont distincts, montrer qu'il existe une constante k vérifiant la relation

$$\frac{Z-\alpha}{Z-\beta} = k\,\frac{z-\alpha}{z-\beta}$$

3) S'ils sont confondus ($\alpha = \beta$) montrer qu'il existe k vérifiant $\dfrac{1}{Z-\alpha} - \dfrac{1}{z-\alpha} = k$.

4) Appliquer les résultats ci-dessus à l'étude des suites définies par

$$U_{n+1} = \frac{4\,U_n + 2}{U_n + 3} \quad \text{avec} \quad U_1 = 3$$

$$U_{n+1} = \frac{3\,U_n - 1}{4\,U_n - 1} \quad \text{avec} \quad U_1 = 1$$

***■12.** Soit une suite (a_n) de premier terme a_1, et telle que $0 \leqslant a_n \leqslant a$, a étant un nombre positif donné. Etudier la suite (U_n) définie par

$$U_n = \sqrt{a_1 + \sqrt{a_2 + \sqrt{a_3 + \cdots + \sqrt{a_n}}}}$$

(n radicaux superposés).

Indication : on pourra comparer

$$U_n \text{ à } V_n = \sqrt{a + \sqrt{a + \sqrt{a + \cdots + \sqrt{a}}}}.$$

■13. Etudier la suite « double » (U_n, V_n) définie par

$$U_n = \frac{U_{n-1}^2}{U_{n-1} + V_{n-1}},\ V_n = \frac{V_{n-1}^2}{U_{n-1} + V_{n-1}},\ U_0 = a > 0,\ V_0 = b > 0.$$

EXERCICES SUPPLÉMENTAIRES

■14. a et b étant deux nombres positifs, étudier la suite de terme général

$$U_n = \sqrt[n]{a^n + b^n}$$

(cn recherchera la limite de $\ln U_n$).

■**15.** Étudier la suite de terme général :

$$U_n = \frac{n}{n^2+1} + \frac{n}{n^2+2} + \dots + \frac{n}{n^2+n}$$

■**16.** Étudier la suite de terme général $U_n = \sqrt[n]{n!}$

■**17.** Étudier la suite de terme général U_n défini par la relation de récurrence :

$$U_n = \frac{1}{2}\left(U_{n-1} + \frac{a^2}{U_{n-1}}\right), \quad a \in \mathbb{R}$$

connaissant U_0.

■**18.** Donner l'expression d'une suite U_n vérifiant les conditions suivantes :

1) $0 < U_n < 1, \quad \forall n$

2) Il n'existe pas de valeur de n pour laquelle $U_n = \frac{1}{3}$.

3) $U_n \longrightarrow \frac{1}{3}$ lorsque $n \longrightarrow \infty$.

■**19.** Déterminer, si elles existent, les limites des suites :

$$U_n = \left[\frac{\ln(n+1)}{\ln n}\right]^n \qquad (n \text{ entier} > 1)$$

$$V_n = n - \sqrt{(n+a)(n+b)}$$

■**20.** Montrer que la suite :

$$U_n = \frac{\sqrt{(n-1)!}}{(1+\sqrt{1})(1+\sqrt{2})\dots(1+\sqrt{n})}$$

est convergente. Quelle est sa limite ?

■**21.** On pose $U_0 = 1$ et on définit U_n par

$$U_n(3 + U_{n-1}) + 1 = 0$$

Montrer que U_n admet une limite et calculer cette limite.

*■22. Chercher la limite, si elle existe, de la suite :

$$U_n = \sqrt{U_{n-1} + U_{n-2}} \quad \text{avec } U_0 = 0 \text{ et } U_1 = 1$$

*■23. Étudier la suite :

$$U_n = \frac{U_{n-1}^2 + U_{n-2}^2}{U_{n-1} + U_{n-2}} \quad \text{avec } U_0 = 1 \; U_2 = 2$$

■24. Résoudre l'équation $x^x = 100$ à 10^{-3} près.

■25. Résoudre $x = \frac{\cos x}{3} + \frac{\pi}{6}$ pour $x \in \left]0, \frac{\pi}{2}\right[$.

■26. Résoudre l'équation $x^3 - 3x + 1 = 0$ à 0,01 près.

SOLUTIONS

■ 1. Lorsque $n \longrightarrow \infty$, $\frac{n+1}{n} \longrightarrow 1$. La suite des u_{2p} a pour limite 1, celle des u_{2p+1} a pour limite -1. U_n ne converge pas. -1 et $+1$ sont des valeurs d'adhérence de la suite, c'est-à-dire des valeurs telles que $\forall \varepsilon$, $\exists n$ tel que $U_n \in [1 - \varepsilon, 1[$.

■ 2. 1) $U_n = 1 + \frac{1}{n}$

U_n est décroissante et minorée par 1, donc converge. Sa limite est 1.

2) $U_n = \dfrac{1}{1 + \frac{1}{n}}$ quand n croît, U_n croît et est majorée par 1 donc U_n converge; sa limite est 1.

3) $\frac{U_{n+1}}{U_n} = \frac{n^2+1}{n^2+2n+2} < 1$ donc suite décroissante.

$0 < U_n < \frac{1}{2} \quad \forall n$ donc U_n converge.

Sa limite est celle de $\frac{1}{n^2}$ quand $n \longrightarrow +\infty$ soit 0.

4) $U_n = \dfrac{1}{n + \frac{1}{n}} \to 0^+$

■ **3.** 1) $U_n = \dfrac{n}{n+\sqrt{n^2-n}} = \dfrac{1}{1+\sqrt{1-1/n}} \longrightarrow \dfrac{1}{2}$ lorsque $n \longrightarrow \infty$.

2) $U_n = \dfrac{n(n+a)-n^2}{\sqrt{n(n+a)}+n} = \dfrac{a}{1+\sqrt{1+a/n}} \longrightarrow \dfrac{a}{2}$ lorsque $n \longrightarrow \infty$.

3) $n+\sqrt[3]{1-n^3} = \dfrac{1}{n^2-n(1-n^3)^{1/3}+(1-n^3)^{2/3}} \longrightarrow 0$
lorsque $n \longrightarrow \infty$.

4) Suite divergente car pour $n=4p+1$ $U_n = 2p+\frac{1}{2}$ et tend vers l'infini avec p.

5) $|U_n| < \dfrac{2}{n}$ donc $U_n \longrightarrow 0$.

■ **4.** 1) Si une limite finie existait pour U_n, elle serait unique et devrait vérifier l'équation $\ell = \ell + \frac{1}{\ell}$, soit $\frac{1}{\ell} = 0$ qui n'a pas de solution.

2) Montrons que la suite est croissante; $U_0 \geqslant 1 \Longrightarrow U_1 \geqslant 1$.
Supposons $U_{n-1} \geqslant 1$ alors $U_n \geqslant 1$ $\forall n$ ce qui montre de plus que $U_n > U_{n-1}$.
La suite U_n est croissante et non bornée (car elle serait alors convergente) et $U_n \longrightarrow \infty$ quand $n \longrightarrow \infty$.

■ **5.** a_0 et b_0 sont >0
Supposons que a_{n-1} et b_{n-1} le soient. Alors a_n et b_n le sont nécessairement. On a donc montré par récurrence $a_n > 0$ $b_n > 0$.

$$u_{n+1} = \frac{2a_n+3b_n}{a_n+2b_n} = \frac{2u_n+3}{u_n+2}$$

$$u_{n+1} - u_n = \frac{3-u_n^2}{u_n+2} = \frac{(\sqrt{3}-u_n)(\sqrt{3}+u_n)}{u_n+2}$$

$u_{n+1} - u_n$ est donc du signe de $\sqrt{3} - u_n$. Or

$$\sqrt{3} - u_n = \sqrt{3} - \frac{2u_{n-1}+3}{u_{n-1}+2} = (\sqrt{3} - u_{n-1})\frac{(2-\sqrt{3})}{u_{n-1}+2}$$

$\sqrt{3}-u_n$ est donc du même signe que $\sqrt{3}-u_{n-1}$ et de proche en proche du même signe que $\sqrt{3}-u_0$.

Supposons $\sqrt{3}-u_0>0$, $u_{n+1}>u_n$ la suite est croissante et $\sqrt{3}-u_n>0$, donc u_n est majorée par $\sqrt{3}$.

Donc cette suite a une limite ℓ. Cette limite ℓ satisfait à $u=\dfrac{2u+3}{u+2}$ soit $u^2=3$.

Comme u_n est >0, ℓ est >0, par suite $u=\sqrt{3}$.

$\sqrt{3}-u_0<0$. On a une suite décroissante minorée par $\sqrt{3}$. La limite est donc aussi $\sqrt{3}$.

$\sqrt{3}-u_0=0$. On a une suite constante $u_n=\sqrt{3}$. Elle est donc convergente et $\ell=\sqrt{3}$.

■ **6.** Si la limite existe elle vérifie $\ell=\dfrac{2}{\ell}+1$, équation du second degré en ℓ dont seule la racine $\ell=2$ convient puisque $U_n>1$, $\forall n$.

Exprimons U_{n+1} en fonction de U_{n-1}

$$U_{n+1}=\frac{2}{U_n}+1=\frac{2}{1+\dfrac{2}{U_{n-1}}}+1=\frac{2\,U_{n-1}}{U_{n-1}+2}+1$$

$$U_{n+1}-2=\frac{U_{n-1}-2}{U_{n-1}+2} \quad \text{et} \quad U_{n+1}-U_{n-1}=\frac{-U_{n-1}^2+U_{n-1}+2}{U_{n-1}+2}$$

On voit que si $U_{n-1}>2 \Longrightarrow U_{n+1}>2$

Par ailleurs le signe de $U_{n+1}-U_{n-1}$ est celui du trinome $-U_{n-1}^2+U_{n-1}+2$. On en conclut que si $U_{n-1}>2$, $U_{n+1}>U_{n-1}$ et si $U_{n-1}<2$ alors $U_{n+1}<U_{n-1}$.

On voit que la sous-suite U_{2p} est croissante et majorée par 2, puisque $U_2<2$ alors que la sous-suite U_{2p+1} est décroissante et minorée par 2 puisque $U_1=3$.

Ces deux sous-suites sont adjacentes et admettent une limite commune qui est $\ell=2=\lim U_n$.

■ **7.** $U_1>0$. Si $U_{n-1}>0$ $\ln(1+U_{n-1})>0$

Donc $\forall n$, $U_n>0$

$$U_n-U_{n-1}=\ln(1+U_{n-1})-U_{n-1}$$

Posons $f(x)=\ln(1+x)-x$.

$f(x)$ est définie et dérivable sur $]-1,+\infty[$. Sa dérivée est $f'(x)=\dfrac{-x}{1+x}$ et $f'(x)<0$ pour $x\in]0,+\infty[$. $f(x)$ est strictement décroissante. Or $f(0)=0$ donc $f(x)<0$. On en conclut que $U_n-U_{n-1}=f(U_{n-1})<0$.

La suite U_n considérée est strictement décroissante et minorée par 0, elle admet donc une limite $\ell \geqslant 0$ qui doit vérifier

$$\ell = \ln(1+\ell)$$

Seule convient la valeur $\ell = 0$.

---

*■ **8.** 1) Formons $\dfrac{U_1 b_1 + U_2 b_2 + \cdots + U_n b_n}{b_1 + b_2 + \cdots + b_n} - \ell$

$$= \frac{b_1(U_1-\ell) + b_2(U_2-\ell) + \cdots + b_n(U_n-\ell)}{b_1+b_2+\cdots+b_n}$$

$\forall \dfrac{\varepsilon}{2} > 0 \ \exists N$ tel que $n > N \Rightarrow |U_n - \ell| < \dfrac{\varepsilon}{2}$

$$\left|\frac{(U_1-\ell)b_1 + (U_2-\ell)b_2 + \cdots + (U_n-\ell)b_n}{b_1+b_2+\cdots+b_n}\right|$$
$$\leqslant \sum_{k=1}^{N} \frac{|U_k-\ell|\,b_k}{b_1+b_2+\ldots+b_n} + \sum_{N+1}^{n} \frac{|U_k-\ell|\,b_k}{b_1+b_2+\ldots+b_n}$$

or $\dfrac{b_k}{b_1+b_2+\cdots+b_n} \leqslant 1$ et de même $\dfrac{b_{N+1}+\cdots+b_n}{b_1+b_2+\cdots+b_n} \leqslant 1$

comme par ailleurs $\lim\limits_{n\to\infty} U_n = \ell$, la suite $|U_n - \ell|$ admet un majorant, soit B : $\forall n, |U_n - \ell| < B$.

Pour k fixé vérifiant $1 \leqslant k \leqslant N$, $\lim\limits_{n\to\infty} \dfrac{b_k}{b_1+b_2+\cdots+b_n} = 0$

si on pose $\varepsilon' = \dfrac{\varepsilon}{2BN}$, $\exists N_k(\varepsilon, k)$ tel que

$$n > N_k(\varepsilon,k) \Rightarrow \frac{b_k}{b_1+b_2+\cdots+b_n} < \varepsilon'$$

ε étant donné, si $n > N$ et $n > \sup\limits_{k=1,2,\ldots N} N_k(\varepsilon, k)$

$$\left|\sum_{k=1}^{n} \frac{(U_k-\ell)b_k}{b_1+b_2+\cdots+b_n}\right| \leqslant \sum_{k=1}^{N} \frac{\varepsilon B}{2BN} + \frac{\varepsilon}{2}\sum_{k=N+1}^{n} \frac{b_k}{b_1+b_2+\cdots+b_n}$$
$$\leqslant \frac{\varepsilon}{2} + \frac{\varepsilon}{2}$$
$$\leqslant \varepsilon$$

d'où le résultat.

Et en particulier si $b_n = 1$, $\forall n$ on a la convergence en moyenne d'une suite qui converge :

$$\lim_{n\to\infty} \frac{\sum_{p=1}^{n} U_p}{n} = \ell$$

qu'on appelle convergence au sens de Césaro.

2) $\lim \sqrt[n]{n} = 1$ avec $b_k = 1 \ \forall k$ on arrive à la conclusion

$$\lim_{n\to\infty} \frac{1 + \sqrt{2} + \cdots + \sqrt[n]{n}}{n} = 1$$

3) si $\lim (V_{n+1} - V_n) = \ell$ d'après (2)

$$\lim_{n\to\infty} \frac{V_2 - V_1 + V_3 - V_2 + \cdots + V_n - V_{n-1}}{n} = \ell = \lim_{n\to\infty} \frac{V_n - V_1}{n}$$

et

$$\lim_{n\to\infty} \frac{V_n}{n} = \ell$$

■ **9.** Montrons que U_n est une suite croissante et V_n une suite décroissante :

$$\frac{U_1}{a} = \frac{b}{U_1} = \sqrt{\frac{b}{a}} > 1$$

$$V_1 - a = b - V_1 = \frac{b-a}{2} > 0$$

On en conclut que $U_0 < U_1 < V_1 < V_0$

Généralisons : $V_{n-1} - U_{n-1} = \dfrac{(\sqrt{V_{n-2}} - \sqrt{U_{n-2}})^2}{2} > 0,$

$$V_n = \frac{U_{n-1} + V_{n-1}}{2} < \frac{2\,V_{n-1}}{2} \quad \text{soit} \quad V_n < V_{n-1}$$

$$U_n = \sqrt{U_{n-1}.V_{n-1}} > \sqrt{U_{n-1}^2} \quad \text{soit} \quad U_n > U_{n-1}$$

enfin $V_n - U_n = \left(\sqrt{\dfrac{V_{n-1}}{2}} - \sqrt{\dfrac{U_{n-1}}{2}}\right)^2 > 0$

Ainsi $a < U_1 < U_2 < \ldots < U_n < V_n < V_{n-1} < \ldots < V_1 < b$

La suite U_n étant croissante et bornée supérieurement par tous les V_n admet une limite. Il en est de même de la suite V_n décroissante et bornée inférieurement par tous les U_n. Les limites L et ℓ de ces deux suites vérifient

$$L = \sqrt{L\ell} \quad \text{et} \quad \ell = \frac{L+\ell}{2} \Longrightarrow L = \ell$$

Cette valeur commune est la moyenne arithmético-géométrique de a et b.

■ **10.** Montrons, par récurrence, que U_n est une suite décroissante et bornée :

$$U_1 = \sqrt{1+\sqrt{3}} < U_0$$

$$U_2 = \sqrt{1+U_1} < \sqrt{1+U_0} \quad \text{ou} \quad U_2 < U_1$$

Généralisons par récurrence :
supposons $U_n < U_{n-1}$
alors $U_{n+1} = \sqrt{1+U_n} < \sqrt{1+U_{n-1}}$ soit $U_{n+1} < U_n$

D'autre part U_n est borné inférieurement : on a $U_0 > 1$, $U_1 > 1$; supposons $U_n > 1$

$$U_{n+1} = \sqrt{1+U_n} > \sqrt{2} \Longrightarrow \forall n \quad U_n > 1$$

U_n admet donc une limite ℓ qui vérifie $\ell = \sqrt{1+\ell}$.

En élevant au carré, on obtient l'équation $\ell^2 - \ell - 1 = 0$

dont les racines sont $\dfrac{1 \pm \sqrt{5}}{2}$

Seule est à retenir la racine positive, puisque $U_n > 1$; la limite ℓ est donc

$$\ell = \frac{1+\sqrt{5}}{2}.$$

L'étude graphique conduit à construire le graphe de $y = \sqrt{1+x}$ dont l'intersection avec $y = x$ est le point d'abscisse 1.

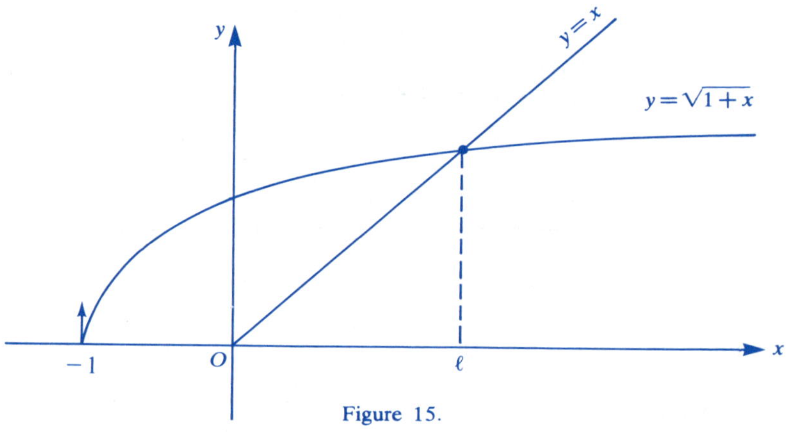

Figure 15.

***■11.** 1) La transformation inverse

$$Z \to z = \frac{b - dZ}{cZ - a}$$

montre que l'application est bijective. Les points doubles vérifient

$$z = \frac{az + b}{cz + d}$$

soit

$$cz^2 + (d - a)\,z - b = 0 \tag{1}$$

- si $\Delta = (d-a)^2 + 4\,bc > 0$ il y a deux points doubles réels,

- si $\Delta < 0$ il y a deux points doubles imaginaires,
- si $\Delta = 0$ il y a un point double réel.

2) $$\frac{Z-\alpha}{Z-\beta} = \frac{az+b-\alpha(cz+d)}{az+b-\beta(cz+d)} = \frac{z(a-c\alpha)+b-d\alpha}{z(a-c\beta)+b-d\beta} = \frac{a-c\alpha}{a-c\beta}\,\frac{z-\dfrac{d\alpha-b}{a-c\alpha}}{z-\dfrac{d\beta-b}{a-c\beta}}$$

Or $$\alpha = \frac{b-d\alpha}{c\alpha-a}$$

et $$\beta = \frac{b-d\beta}{c\beta-a}$$

On a donc bien $\dfrac{Z-\alpha}{Z-\beta} = k\dfrac{z-\alpha}{z-\beta}$, avec $k = \dfrac{a-c\alpha}{a-c\beta}$.

3) Si $\Delta = 0$, $\alpha = \beta = \dfrac{a-d}{2c}$

$$\frac{1}{Z-\alpha} - \frac{1}{z-\alpha} = \frac{cz+d}{az+b-\alpha(cz+d)} - \frac{1}{z-\alpha} = \frac{cz+d}{(a-c\alpha)z+b-d\alpha} - \frac{1}{z-\alpha}$$

$$= \frac{cz+d}{a-c\alpha}\cdot\frac{1}{z-\alpha} - \frac{1}{z-\alpha} = \frac{cz+d-a+c\alpha}{(a-c\alpha)(z-\alpha)}$$

$$\left(\text{car } \frac{d\alpha-b}{a-c\alpha} = \alpha\right)$$

Or $d - a = -2c\alpha$, donc $cz + d - a + c\alpha = c(z-\alpha)$ et

$$\frac{1}{Z-\alpha} - \frac{1}{z-\alpha} = k,$$

$$\text{avec } k = \frac{c}{a-c\alpha} = \frac{2c}{a+d}$$

Observons que $a + d \neq 0$, car si $d = -a$,
$\Delta = 0 = 4(a^2 + bc) = -4(ad - bc)$; or l'énoncé suppose $ad - bc \neq 0$.

4) $U_{n+1} = \dfrac{4U_n + 2}{U_n + 3}$

Les points doubles vérifient

$$z^2 + 3z = 4z + 2$$

soit

$$z^2 - z - 2 = 0$$

et

$$\alpha = -1 \quad \beta = 2$$

$$\frac{U_{n+1}+1}{U_{n+1}-2} = \frac{\dfrac{4\,U_n+2}{U_n+3}+2}{\dfrac{4\,U_n+2}{U_n+3}-2} = \frac{5}{2}\,\frac{U_n+1}{U_n-2}$$

Posons

$$V_n = \frac{U_n+1}{U_n-2}$$

$$V_{n+1} = \frac{5}{2}\,V_n$$

V_{n+1} est le terme général d'une suite géométrique de raison $\frac{5}{2}$ et

$$V_{n+1} = \left(\frac{5}{2}\right)^n V_1, \text{ avec } V_1 = 4$$

donc V_n diverge, $V_n \to +\infty$ et U_n a pour limite 2.

$$U_{n+1} = \frac{3\,U_n - 1}{4\,U_n - 1}$$

Les points doubles vérifient

$$z\,(4\,z-1) = 3\,z-1$$

et $\alpha = \beta = \frac{1}{2}$

En appliquant les résultats de la question 3)

$$\frac{1}{U_{n+1}-\frac{1}{2}} - \frac{1}{U_n-\frac{1}{2}} = \frac{1}{\dfrac{3\,U_n-1}{4\,U_n-1}-\dfrac{1}{2}} - \frac{1}{U_n-\frac{1}{2}} = 4$$

Posons

$$V_n = \frac{1}{U_n-\frac{1}{2}}$$

$$V_{n+1} = 4 + V_n, \text{ avec } V_1 = 2$$

V_{n+1} est le terme général d'une suite arithmétique de raison 4 et

$$\lim V_n = +\infty$$

donc U_n a pour limite $\frac{1}{2}$

***■12.** En écrivant $U_1 = \sqrt{a_1}$, $U_2 = \sqrt{a_1 + \sqrt{a_2}}$, il semble que la suite (U_n) soit croissante. En observant que pour $\alpha \geqslant 0$, $\beta \geqslant 0$, le signe de $\alpha - \beta$ est celui de $\alpha^2 - \beta^2$, on a successivement

$$\operatorname{sgn}(U_n - U_{n-1}) = \operatorname{sgn}(U_n^2 - U_{n-1}^2) = \operatorname{sgn}\left(\sqrt{a_2 + \cdots + \sqrt{a_{n-1} + \sqrt{a_n}}} - \sqrt{a_2 + \cdots + \sqrt{a_{n-1}}}\right)$$

$$= \operatorname{sgn}\left(\sqrt{a_3 + \cdots + \sqrt{a_{n-1} + \sqrt{a_n}}} - \sqrt{a_3 + \cdots + \sqrt{a_{n-1}}}\right)$$

$$= \operatorname{sgn}\left(\sqrt{a_{n-1} + \sqrt{a_n}} - \sqrt{a_{n-1}}\right)$$

$$= \operatorname{sgn}\left(\sqrt{a_n}\right) = \text{signe } +.$$

On a donc $U_n \geqslant U_{n-1}$ et la suite est bien croissante, au sens large.

Cherchons maintenant à voir si elle est majorée, et pour cela comparons la à la suite $V_n = \sqrt{a + \sqrt{a + \cdots + \sqrt{a}}}$ (n radicaux). On a

$$U_1 = \sqrt{a_1} \leqslant \sqrt{a} = V_1,\ U_2 = \sqrt{a_1 + \sqrt{a_2}} \leqslant \sqrt{a + \sqrt{a}} = V_2$$

Supposons qu'avec $n-1$ radicaux

$$\sqrt{a_1 + \sqrt{a_2 + \cdots + \sqrt{a_{n-1}}}} \leqslant \sqrt{a + \sqrt{a + \cdots + \sqrt{a}}}$$

On a

$$\operatorname{sgn}(V_n - U_n) = \operatorname{sgn}\left(V_n^2 - U_n^2\right)$$

$$= \operatorname{sgn}\left(a - a_1 + \sqrt{a_2 + \cdots + \sqrt{a_n}} - \sqrt{a + \cdots + \sqrt{a}}\right) = \text{signe } +,$$

puisque

$$a - a_1 \geqslant 0 \text{ et } \sqrt{a_2 + \cdots + \sqrt{a_n}} - \sqrt{a + \cdots + \sqrt{a}} \geqslant 0$$

d'après l'hypothèse de récurrence ci-dessus.

On a donc bien $U_n \leqslant V_n$. Or la suite (V_n) obéit à la relation de récurrence $V_n = \sqrt{a + V_{n-1}}$, et si nous pouvons démontrer que V_n est majorée, il en sera de même de U_n. L'étude de la suite (V_n) est classique : sa limite ℓ, si elle existe, vérifie

$$\ell = \sqrt{a + \ell},\ \ell^2 - \ell - a = 0,$$

d'où

$$\ell = \frac{1 + \sqrt{1 + 4a}}{2} \text{ (seule racine positive).}$$

Cette suite est croissante car elle est de même forme que U_n (cas particulier où $a_i = a$, $\forall\, i$). Il suffit donc de voir si ℓ est un majorant de V_n ; on a encore

$$\operatorname{sgn}(V_n - \ell) = \operatorname{sgn}(V_n^2 - \ell^2) = \operatorname{sgn}(a + V_{n-1} - a - \ell) = \operatorname{sgn}(V_{n-1} - \ell),$$

d'où de proche en proche

$$\begin{aligned}\operatorname{sgn}(V_n - \ell) &= \operatorname{sgn}(V_1 - \ell) \\ &= \operatorname{sgn}(V_1^2 - \ell^2) = \operatorname{sgn}(a - a - \ell) = \text{signe } -.\end{aligned}$$

Donc, $\forall\, n$, $U_n \leqslant V_n \leqslant \ell$, et la suite (U_n) étant croissante et majorée, est convergente. Observons qu'il en est de même de la suite (V_n) et que $\lim V_n = \ell = \dfrac{1 + \sqrt{1 + 4a}}{2}$.

Sans connaître la loi de formation des a_n, on peut seulement dire que $\lim U_n = \lambda$, avec $0 < \lambda \leqslant \ell$.

■ 13. Puisque $U_0 > 0$ et $V_0 > 0$, par une récurrence immédiate, on en déduit que U_n et V_n sont définis et positifs pour tout n.

On a donc

$$U_n = \frac{U_{n-1}^2}{U_{n-1} + V_{n-1}} < \frac{U_{n-1}^2}{U_{n-1}} = U_{n-1},$$

$$V_n = \frac{V_{n-1}^2}{U_{n-1} + V_{n-1}} < \frac{V_{n-1}^2}{V_{n-1}} = V_{n-1}$$

et les deux suites (U_n) et (V_n) sont décroissantes, chacune est minorée par 0, elles sont donc convergentes et leurs limites respectives x et y sont positives ou nulles. Si nous écrivons

$$U_n\, U_{n-1} + U_n\, V_{n-1} = U_{n-1}^2$$

et

$$V_n\, U_{n-1} + V_n\, V_{n-1} = V_{n-1}^2$$

ces relations donnent pour n infini :

$$x^2 + xy = x^2$$

$$xy + y^2 = y^2, \quad \text{donc} \quad xy = 0.$$

On a donc soit $x = 0$, soit $y = 0$. Vu la symétrie des formules définissant U_n et V_n, on serait tenté de penser que $x = 0$ et $y = 0$. Cependant on a

$$U_n - V_n = \frac{U_{n-1}^2 - V_{n-1}^2}{U_{n-1} + V_{n-1}} = U_{n-1} - V_{n-1}$$

d'où de proche en proche

$$U_n - V_n = U_0 - V_0 = a - b$$

et, en passant à la limite, $x - y = a - b$. Comme x et y sont positifs, on est amené à distinguer trois cas :

1) $a = b : x = y$, donc $x = y = 0$, $U_n \to 0$, $V_n \to 0$.

2) $a > b : x = y + a - b > y \geqslant 0$, donc $x > 0$, et comme l'un des x, y est nul, on a $y = 0$, $x = a - b$: $U_n \to a - b$, $V_n \to 0$.

3) $a < b$: les rôles de U_n et V_n sont échangés, $U_n \to 0$, $V_n \to b - a$.

EXERCICES SUPPLÉMENTAIRES

■14. $U_n \longrightarrow a$ si $a \geqslant b$ et $U_n \longrightarrow b$ si $b > a$ donc $U_n \longrightarrow \sup(a, b)$.

■15. En majorant et en minorant U_n, on trouvera que $U_n \longrightarrow 1$.

■16. La suite diverge.

■17. Pour $U_0 > 0$, on montrera que $U_n > |a|$ et que la suite est décroissante pour $n \geqslant 1$. La limite est $|a|$. Conclusions analogues si $U_0 < 0$.

■18. $U_n = \dfrac{1}{3} + \dfrac{(-1)^n}{Kn}$ avec $K \geqslant 4$ ou, par exemple

$$U_n = \frac{1}{3} + \frac{1}{2}\sin\frac{1}{n}$$

■19. $1;\ -\frac{1}{2}(a+b).$

■20. $$0 < U_n = \frac{1}{\sqrt{n}} \cdot \frac{\sqrt{n\,!}}{(1+\sqrt{1})(1+\sqrt{2})\cdots(1+\sqrt{n})}$$

$$= \frac{1}{\sqrt{n}} \cdot \frac{\sqrt{1}}{1+\sqrt{1}} \cdot \frac{\sqrt{2}}{1+\sqrt{2}} \cdots \frac{\sqrt{n}}{1+\sqrt{n}} < \frac{1}{\sqrt{n}}$$

Donc $\lim U_n = 0$.

■21. $$U_n \longrightarrow \frac{-3+\sqrt{5}}{2}$$

***■22.** On vérifie que la suite U_n est croissante et majorée; elle converge vers ℓ avec $\ell = \sqrt{2\ell}$ soit $\ell = 2$.

***■23.** On montrera que U_n oscille et que U_{2p} et U_{2p+1} sont deux suites adjacentes dont la limite commune est $l \in]1, 2[$.

■24. On montre que cette équation ne possède qu'une racine. En l'écrivant

$$x \log x = 2$$

on appliquera la méthode de Newton et celle des parties proportionnelles qui conduisent à $a = 3 \quad b = 4$ et $x_0 = 3{,}597$.

■25. En posant $\varphi(x) = \frac{\cos x}{3} + \frac{\pi}{6}$ et $x = \varphi(x)$ on montrera que

$$|\varphi'(x)| < \frac{1}{3\sqrt{2}} < 1$$

On aboutit à $x_0 = 0{,}812$ radians.

■26. On vérifie qu'on peut prendre $a = 1$, $b = 2$ $f(1) < 0$ et $f(2) > 0$ et on trouvera $x_0 = 1{,}53$.

CHAPITRE 6

ARITHMÉTIQUE

1. INTRODUCTION

Nous traitons succinctement dans ce chapitre les notions usuelles d'algèbre de $\mathbb{Z}$, qui se ramènent dans une large mesure à l'arithmétique traditionnelle dans $\mathbb{N}$. Nous aborderons aussi quelques problèmes classiques nous amenant à sortir de $\mathbb{Z}$ et même de l'algèbre proprement dite. Nous ne reviendrons pas sur la construction de $\mathbb{Z}$ ni sur les définitions des opérations dans $\mathbb{Z}$.

On vérifie aisément que $\mathbb{Z}$, par ces opérations, est muni d'une structure d'anneau : cet anneau est commutatif (c'est-à-dire que la multiplication y est commutative) et intègre ($ab = 0,\ b \neq 0 \Rightarrow a = 0$).

Nous rencontrerons ultérieurement un anneau qui n'est ni commutatif ni intègre, celui des matrices carrées d'ordre n. Notons que $\mathbb{Z}$ n'est pas un corps, car un élément quelconque n'a pas d'inverse dans $\mathbb{Z}$.

2. DIVISIBILITÉ, CONGRUENCES, DIVISION EUCLIDIENNE. ANNEAU $\mathbb{Z}/m\mathbb{Z}$

1) a et m étant deux entiers relatifs (donc deux éléments de $\mathbb{Z}$), on dit que m divise a, ou encore que a est **divisible** par m, ou que m est un diviseur de a, s'il existe un entier relatif k tel que

$$a = km$$

On dit encore que a est multiple de m. La relation « m divise a » se note m/a. C'est une relation d'ordre sur $\mathbb{Z}$: en effet elle est réflexive (a/a), transitive ($m/a,\ a/b \Rightarrow m/b$) et antisymétrique ($m/a$ et $a/m \Rightarrow m = a$) ; cet ordre n'est pas total car tout couple d'éléments n'est pas en relation, ainsi on n'a ni $2/3$ ni $3/2$.

Il est évident que

$$m/a \Leftrightarrow -m/a \Leftrightarrow m/-a \Leftrightarrow -m/-a,$$

ainsi on peut se ramener au cas d'entiers positifs. Notons encore que

$$1/a, \forall a, \quad \text{et que} \quad |m| \leqslant |a| \quad \text{si} \quad m/a$$

Un nombre entier positif a possède au moins deux diviseurs, 1 et a ; un entier relatif a en possède au moins quatre, 1, -1, a et $-a$. 0 ne divise que 0.

2) m étant supposé non nul, on dit que deux entiers relatifs a et b sont **congrus modulo *m***, si m divise $a - b$. On écrit

$$a \equiv b \pmod m \quad \text{ou} \quad a \equiv b\ (m)$$

et on lit « a congru à b, modulo m ».

Par exemple $19 \equiv 34 \pmod 5$. Il est évident que $a \equiv b \pmod{(-m)}$ $\Leftrightarrow a \equiv b \pmod m$, on peut donc supposer $m > 0$.

La congruence arithmétique, ainsi définie, est une relation d'équivalence sur $\mathbb{Z}$, car elle est réflexive ($a \equiv a \pmod m$), transitive ($a \equiv b$, $b \equiv c \Rightarrow a \equiv c$) et symétrique ($a \equiv b \Leftrightarrow b \equiv a$). Les classes d'équivalence ainsi créées dans $\mathbb{Z}$ constituent l'ensemble quotient de $\mathbb{Z}$ par $m\mathbb{Z}$ (anneau des multiples de m) qui se note $\mathbb{Z}/m\mathbb{Z}$ et est lui-même un anneau, ainsi qu'il est facile de le vérifier.

3) a et b étant deux entiers relatifs, considérons la suite de terme général $U_n = a - nb$, c'est une suite arithmétique de raison $-b$ et il existe une valeur q de n et une seule telle que

$$0 \leqslant U_q \leqslant b - 1$$

En posant $U_q = r$, on voit qu'il existe un couple (q, r) et un seul tel que $a = bq + r$, $0 \leqslant r \leqslant b - 1$. On dit que q et r sont respectivement le quotient et le reste de la **division euclidienne** de a (dividende) par b (diviseur).

Ici encore l'opération peut être ramenée aux nombres entiers positifs, et n'est autre alors que la division à une unité près par défaut dans $\mathbb{N}$. On parle couramment pour r de « reste de a par b », on voit que

$$r = \text{reste de } a \text{ par } b \Leftrightarrow a \equiv r \pmod b,\ 0 \leqslant r \leqslant b - 1.$$

4) Propriétés de la relation de congruence et applications

Il est immédiat d'établir que, modulo m,

$$a \equiv b \Rightarrow a + c \equiv b + c, \qquad ac \equiv bc, \qquad \forall c \in \mathbb{Z}$$

$$a^n \equiv b^n, \qquad \forall n \in \mathbb{N}$$

et aussi $$a \equiv b,\ a' \equiv b' \Rightarrow aa' \equiv bb'$$

Ces propriétés ont de nombreuses applications, notamment à des problèmes du type suivant : quel est le reste de la division par 7 de $a = 59^{45}$? Nous écrivons

$$59 \equiv 3 \pmod 7, \; a \equiv 3^{45}$$

or $\quad 3^2 \equiv 2, 3^4 \equiv 4, 3^6 \equiv 8 \equiv 1, \quad$ et $\quad 45 \equiv 3 \pmod 6$

donc $\quad a \equiv 3^{6n+3} \equiv 3^3 = 3^2 \times 3 \equiv 2 \times 3 = 6$

le reste cherché est 6.

5) Caractères de divisibilité

Il s'agit de reconnaître si un nombre qui s'écrit dans le système décimal

$N = \overline{b_{n-1}\, b_{n-2} \ldots b_1\, b_0}$ (n chiffres, $1 \leqslant b_{n-1} \leqslant 9$, $0 \leqslant b_i \leqslant 9$ pour $i = 1, 2, \ldots, n - 2$)

est divisible par un nombre d, sans effectuer la division. Comme l'écriture de N équivaut, par définition, à

$$N = b_0 + 10\, b_1 + 10^2\, b_2 + \ldots + 10^{n-2}\, b_{n-2} + 10^{n-1}\, b_{n-1},$$

tout revient à étudier les restes par d de 10^p, ou mieux les congruences modulo d. Les cas usuels sont les suivants :

• $d = 2$: $10^p \equiv 0 \pmod 2$, $\forall p \geqslant 1$, donc $N \equiv b_0$, et la divisibilité par 2 se reconnaît à la parité du dernier chiffre b_0, résultat bien connu.

• $d = 5$: de même $10^p \equiv 0 \pmod 5$, $\forall p \geqslant 1$, $N \equiv b_0$, et un nombre est divisible par 5 si et seulement si son dernier chiffre b_0 est 0 ou 5.

• $d = 9$ et $d = 3$: $10 \equiv 1$ (mod 9, et mod 3), donc $10^p \equiv 1$, $\forall p$, et $N \equiv b_0 + b_1 + b_2 + \cdots + b_{n-1} = \sum_0^{n-1} b_i$. Ainsi la divisibilité de N par 9 ou 3 se reconnaît à la divisibilité par 9 ou 3 de la somme de ses chiffres.

• $d = 11$: $10 \equiv -1$, $10^2 \equiv 1 \pmod{11}$, donc $10^k \equiv (-1)^k$ et $N \equiv b_0 - b_1 + b_2 - b_3 + \cdots + (-1)^{n-1}\, b_{n-1} \equiv S_1 - S_2$, si S_1 désigne la somme des chiffres de rang impair et S_2 la somme des chiffres de rang pair, à partir de la droite. La divisibilité par 11 se reconnaît donc à celle de $S_1 - S_2$ par 11 (ou de $S_2 - S_1$, d'où décompte possible à partir de la gauche). Par exemple 729 685 est divisible par 11.

3. NOMBRES PREMIERS

Un nombre entier naturel (donc positif) est premier s'il n'a pas d'autre diviseur que lui-même et l'unité. Par extension on dit encore qu'un nombre relatif a est premier, si $|a|$ est premier, ses diviseurs sont alors a, $-a$, 1 et -1*.

La répartition et les propriétés des nombres premiers ont fait, et font encore, l'objet de nombreuses recherches. La caractérisation d'un nombre éventuellement premier se fait élémentairement par le crible d'Eratosthène. Pour voir si a est premier, on doit a priori essayer tous les diviseurs possibles $d < a$. Cependant on peut se limiter aux valeurs de d telles que

$$d^2 \leqslant a, \text{ car si } a = dn,\ d \leqslant n, \text{ on a } d^2 \leqslant dn = a$$

et le diviseur d sera trouvé avant le diviseur n dans les essais successifs par valeurs croissantes de d.

Enfin un diviseur d non premier implique un autre diviseur δ de a, puisque $\delta/d,\ d/a \Rightarrow \delta/a$. On limite donc les recherches aux nombres premiers, et dans la table des entiers de 1 à a, on barre les multiples de 2, puis ceux de 3, de 5, de 7... jusqu'au plus grand nombre premier de carré inférieur ou égal à a.

Par exemple soit $a = 313$, on essaie les nombres 2, 3, 5, 7, 11, 13, 17 dont on barre les multiples successifs ($17^2 = 289 < 313$, $19^2 = 361 > 313$), on constate que 313 n'est pas barré, c'est donc un nombre premier.

Très élémentairement aussi, on peut établir que la suite des nombres premiers est illimitée, autrement dit qu'il existe au moins un nombre premier supérieur à un entier n donné. On considère pour cela le nombre $p = n! + 1$, supérieur à n. On a

$$p \equiv 1, (\text{mod } k),\ \forall\, k \leqslant n, \text{ donc } p \text{ n'a pas de diviseur } \leqslant n.$$

Par suite ou bien p est premier, ou bien il est divisible par un nombre premier supérieur à n. Dans les deux cas ceci prouve l'existence d'un nombre premier supérieur à n. Signalons encore, sans démonstration, quelques autres théorèmes relatifs aux nombres premiers :

- Si m est premier, l'anneau $\mathbb{Z}/m\mathbb{Z}$ est un corps.
- Si m est premier, $a^m \equiv a \pmod m$, $\forall\, a \in \mathbb{Z}$ (« petit » théorème de Fermat)

et $(m-1)! \equiv -1 \pmod m$ (théorème de Wilson)

- Si $\pi(x)$ désigne le nombre des nombres premiers inférieurs ou égaux à x, on a

$$\pi(x) \underset{x \to \infty}{\sim} \frac{x}{\ln x} \qquad \left(\text{c'est-à-dire } \frac{\pi(x) \ln x}{x} \underset{x \to \infty}{\rightarrow} 1\right)$$

---

* Il est d'usage d'exclure 1 de l'ensemble des nombres premiers, mais cette convention n'est pas uniformément admise.

• Entre n et $2n$ il existe au moins un nombre premier (théorème de Tchebychev).

• Si grand que soit n, il existe des couples de nombres premiers a et b supérieurs à n et tels que $a - b = 2$ (nombres premiers « jumeaux », par exemple 11 et 13, 29 et 31, 881 et 883...), mais on ne sait rien de leur loi de formation.

4. IDÉAL SUR $\mathbb{Z}$. PGCD - THÉORÈME DE BEZOUT

1) Sur l'anneau $\mathbb{Z}$ comme sur tout anneau commutatif, un idéal est une partie I de $\mathbb{Z}$ telle que

$$\begin{cases} a \text{ et } b \in I \Rightarrow a - b \in I \\ a \in I \text{ et } c \in \mathbb{Z} \Rightarrow ac \in I \end{cases}$$

Conséquences immédiates :
— l'ensemble $\{0\}$, et $\mathbb{Z}$ lui-même, sont des idéaux.
— tout idéal non vide contient 0 car $a \in I \Rightarrow a - a \in I$.
— $a, b \in I,\ x, y \in \mathbb{Z} \Rightarrow ax - (-by) = ax + by \in I$.

2) Théorème fondamental

En supposant $I \neq \{0\}$, soit a le plus petit élément positif de I, et soit $b \in I$.

La division euclidienne de b par a donne

$$b = aq + r, \qquad 0 \leqslant r \leqslant a - 1$$

$b \in I$ et $aq \in I$, donc $b - aq = r \in I$, où $r < a$ et si $r > 0$ il y a contradiction avec l'hypothèse, a étant supposé le plus petit élément positif de I. Donc $r = 0$ et $b = aq$. D'où le théorème : **tout idéal non réduit à $\{0\}$ est l'ensemble des multiples de son plus petit élément positif.**

3) Cherchons à caractériser les diviseurs communs à a et b, nombres relatifs non nuls.

$$\forall\, u, v \in \mathbb{Z},\ c/a \text{ et } c/b \Rightarrow c/au + bv$$

et l'ensemble I des entiers relatifs de la forme $au + bv$ est un idéal car si

$$\alpha = au + bv \in I \qquad \text{et} \qquad \alpha' = au' + bv' \in I$$

$$\alpha - \alpha' = a(u - u') + b(v - v') \in I$$

et d'autre part

$$\forall c \in \mathbb{Z}, c\alpha = (ca)u + (cb)v \in I$$

I est par définition l'idéal engendré par a et b.

I contient un plus petit élément positif, soit d, et tout élément de I est de la forme kd, $k \in \mathbb{Z}$. En particulier comme

$$a = 1 . a + 0 . b \in I, \qquad \text{et} \qquad b = 0 . a + 1 . b \in I,$$

a et b sont de la forme

$$a = da', b = db', \qquad a', b' \in \mathbb{Z}$$

Donc d divise a et b. Comme $d \in I$, $\exists\ x, y \in \mathbb{Z}$ tels que $d = ax + by$. Or c/a et $c/b \Rightarrow c/ax + by$, soit c/d.

Réciproquement tout diviseur de d divise a et b, car c/d, d/a, $d/b \Rightarrow c/a$, c/b. Aucun diviseur de a et b ne peut être supérieur à d car il ne diviserait pas d, donc d est le « plus grand commun diviseur » (PGCD) de a et b, noté $a \wedge b$.

Pour obtenir d, notons qu'ici encore les signes de a et b n'interviennent pas et que l'on peut supposer $a \geqslant b > 0$. Il va de soi que $a = b \Rightarrow d = b$

En supposant $a > b$, effectuons la division euclidienne de a par b

$$a = bq + r, \qquad 0 \leqslant r \leqslant b - 1.$$

- Si $r = 0$, $a = bq$, et $a \wedge b = b$.
- Si $r \geqslant 1$, $a \wedge b = b \wedge r$.
- Si $r = 1$, $a \wedge b = 1$, a et b n'ont pas de diviseur commun autre que l'unité, on dit qu'ils sont premiers entre eux.

Si $r \geqslant 2$, on divise b par r

$$b = rq_1 + r_1, \qquad 0 \leqslant r_1 \leqslant r - 1.$$

- Si $r_1 = 0$, $b = rq_1$, $b \wedge r = r = a \wedge b$.
- Si $r_1 = 1$, $a \wedge b = 1$.

Si $r_1 \geqslant 2$, on réitère l'opération

$$a \wedge b = b \wedge r = r \wedge r_1, \qquad r = r_1 q_2 + r_2, \qquad 0 \leqslant r_2 \leqslant r_1 - 1,$$

et ainsi de suite. Comme les $r_1, r_2, ..., r_n$ forment une suite strictement décroissante, $\exists\ k$ tel que $r_k = 0$ ou $r_k = 1$, avec $r_{k-1} \geqslant 2$.

- Si $r_k = 0$, $a \wedge b = r_{k-1}$.
- Si $r_k = 1$, $a \wedge b = 1$, a et b sont premiers entre eux.

Ce procédé d'obtention du PGCD est connu sous le nom d'**algorithme* d'Euclide.**

---

* Le mot « algorithme », qui signifie « procédé de calcul », provient du nom du mathématicien Al-Kharezmi, qui vécut au 9e siècle en Asie Centrale.

Remarquons que $d = a \wedge b$, $a = da'$, $b = db' \Rightarrow a' \wedge b' = 1$ car δ / a' et $\delta / b' \Rightarrow d\delta / a$ et $d\delta / b$, impossible si $\delta \geqslant 2$ puisque d est le plus grand diviseur commun. Notons que si a est premier, $a \wedge b = 1, \forall\, b \in \mathbb{Z}$.

4) Théorème de Bezout

Ce théorème énonce une condition nécessaire et suffisante pour que deux nombres a et b soient premiers entre eux, et résulte immédiatement de ce qui précède. En effet $a \wedge b = 1 \Rightarrow 1 \in I$, I étant l'idéal engendré par a et b. Il existe donc deux entiers x et y tels que $ax + by = 1$.

Réciproquement si $ax + by = 1$, d/a et $d/b \Rightarrow d/1$, donc $d = 1$ et $a \wedge b = 1$. D'où le théorème de Bezout :

Pour que deux entiers relatifs *a* et *b* soient premiers entre eux, il faut et il suffit, qu'il existe deux entiers relatifs *x* et *y* tels que

$$\boldsymbol{ax + by = 1}$$

Remarquons que ce couple (x, y) n'est pas unique, ainsi que nous le verrons plus loin.

5. THÉORÈMES FONDAMENTAUX SUR LA DIVISIBILITÉ

1) Supposons que a divise bc, avec $a \wedge b = 1$. $\exists\, d$ tel que $ad = bc$. D'après le théorème de Bezout, $\exists\, x, y$ tels que $ax + by = 1$. On a donc

$$acx + bcy = c, \quad acx + ady = c, \quad a\,(cx + dy) = c$$

donc a divise c.

D'où le théorème de **Gauss :**

Si *a* divise le produit *bc* et s'il est premier avec *b*, alors *a* divise *c*.

2) Supposons $a \wedge b = 1$ et $a \wedge c = 1$. D'après le théorème de Bezout, $\exists\, x, y, u, v$ tels que

$$ax + by = 1,\ au + cv = 1, \qquad \text{d'où} \qquad (ax + by)(au + cv) = 1$$

et en développant

$$a^2 xu + abyu + acxv + bcyv = 1$$
$$a\,(axu + byu + cxv) + bcyv = 1$$

Soit $$aX + bcY = 1, \quad \text{où } X, Y \in \mathbb{Z}$$

ce qui prouve $a \wedge bc = 1$. D'où le théorème : **si *a* est premier avec *b* et premier avec *c*, il est premier avec le produit *bc*.**

Ce théorème s'étend sans difficulté, de proche en proche, à un produit de n facteurs :

$$a \wedge b_k = 1, \forall k \in \{1, 2, ..., n\} \Rightarrow a \wedge \prod_{k=1}^{n} b_k = 1$$

3) De façon analogue, on démontre que : p premier, $p/ab \Rightarrow p/a$ ou p/b.

6. PPCM

Envisageons maintenant la recherche de multiples communs à a et b, entiers relatifs donnés. Ces multiples communs existent, le produit ab en est un, 0 aussi. Mais il peut y en avoir d'autres, par exemple 6 et 15 ont pour multiples communs 0 et 90, mais aussi 30 et tous les multiples de 30.

Appelons m le plus petit commun multiple strictement positif (PPCM) de a et b. On a

$$m = aa' = bb', \quad a' \text{ et } b' \in \mathbb{Z}$$

Posons $a' \wedge b' = \delta \geqslant 1$ on a

$$a' = \delta\alpha,\ b' = \delta\beta,\ \alpha \wedge \beta = 1, \quad \text{et} \quad m = a\delta\alpha = b\delta\beta$$

δ divise m, donc $m = \delta\mu$, et $\mu = a\alpha = b\beta$ (après simplification par δ). μ est donc un multiple commun à a et b, et $\delta \geqslant 1 \Rightarrow \mu \leqslant m$. Or m est le PPCM, donc $\mu = m$, $\delta = 1$ et $a' \wedge b' = 1$. Mais alors

$$a'/bb' \text{ et } a' \wedge b' = 1 \Rightarrow a'/b \text{ (Gauss), et } b = a'd$$

donc $$m = a'b'd \quad \text{et} \quad a = b'd$$

d divise a et b et les quotients de a et b par d sont premiers entre eux, donc $d = a \wedge b$. En employant la notation $\frac{x}{y}$ pour le quotient exact de x par y ($\neq 0$), on a donc $m = \frac{ab}{d}$, avec $d = a \wedge b$. Le PPCM de a et b se note $a \vee b$. Nous avons donc la formule

$$\boxed{a \vee b = \frac{ab}{a \wedge b}}$$

Remarquons que $a \wedge b = 1 \Leftrightarrow a \vee b = ab$ (par exemple $14 \vee 75 = 1050$).

7. DÉCOMPOSITION EN FACTEURS PREMIERS

Soit a un entier naturel au moins égal à 2, soit p le plus petit de ses diviseurs autres que 1. Si p n'est pas premier (on dit aussi alors qu'il est « composé »), on a $p = \alpha d$, $\alpha \geqslant 2$, et d divise a, avec $d < p$, ce qui contredit l'hypothèse sur p. Donc p est premier, et on peut conclure :

Tout entier au moins égal à 2 admet au moins un diviseur premier.

Avec les mêmes notations, soit $a = pa_1$.

Si $a_1 = 1$, $a = p$ et a est premier. Si $a_1 \geqslant 2$, a_1 admet au moins un diviseur premier p_1, et $a_1 = p_1 a_2$.

Si $a_2 = 1$, $a = pp_1$ et a est un produit de facteurs premiers. Si $a_2 \geqslant 2$, a_2 admet au moins un diviseur premier p_2, $a_2 = p_2 a_3$, et ainsi de suite.

Comme la suite $a, a_1, a_2, a_3 \ldots$ est strictement décroissante, on arrive nécessairement à $a_n = 1$, avec $a_{n-1} \geqslant 2$, et on obtient

$$a = pp_1p_2 \ldots p_{n-1}$$

a se trouve décomposé en un produit de n facteurs premiers. Observons que comme pour p vis-à-vis de a, on a pris chaque fois le plus petit diviseur $p_1, p_2 \ldots$, on a $p \leqslant p_1 \leqslant p_2 \cdots \leqslant p_{n-1}$, mais l'égalité est permise et il peut y avoir répétition, par exemple $300 = 2^2 \times 3 \times 5^2$, et avec d'autres notations on obtient la forme générale

$$\boxed{a = \prod_{j=1}^{j=k} q_j^{\alpha_j}} \qquad (1)$$

les q_j étant premiers et pouvant être disposés en une suite strictement croissante, et les α_j étant entiers positifs.

Voyons si cette décomposition est unique. Supposons qu'un facteur premier q figure dans deux décompositions de a avec des exposants différents, l'un d'eux pouvant être nul (c'est-à-dire q pouvant être absent), alors

$$a = q^m \alpha = q^h \beta, \text{ avec } m > h \geqslant 0$$

et q ne divisant ni α ni β, on aurait donc

$$\beta = q^{m-h} \alpha, \; m - h \geqslant 1,$$

et q diviserait β, ce qui vient d'être exclu. On ne peut donc avoir $m \neq h$. $m = h \Rightarrow \alpha = \beta$, ce nombre ne peut renfermer dans sa décomposition un même facteur premier avec deux exposants différents, et ainsi de suite. La décomposition (1) est donc unique.

Si a est entier relatif, on décompose $|a|$ en facteurs premiers, d'où

$$a = \varepsilon \prod_{j=1}^{k} q_j^{\alpha_j} \quad \text{avec} \quad \varepsilon = \pm 1$$

La décomposition en facteurs premiers d'un nombre a met en évidence tous ses diviseurs, car, avec les notations ci-dessus, aucun nombre premier distinct des q_j, et a fortiori aucun multiple d'un tel nombre, ne peut diviser a, donc tous les diviseurs positifs de a sont de la forme

$$\prod_{j=1}^{k} q_j^{\beta_j}, \qquad 0 \leqslant \beta_j \leqslant \alpha_j$$

De même les multiples de a sont de la forme

$$\prod_{j=1}^{k} q_j^{\gamma_j}, \qquad \gamma_j \geqslant \alpha_j$$

Le PGCD de $a = \prod_{j=1}^{k} q_j^{\alpha_j}$ et $a' = \prod_{j=1}^{k} q_j^{\alpha'_j}$,
où $\alpha_j \geqslant 0$ et $\alpha'_j \geqslant 0$, est

$$d = \prod_{j=1}^{k} q_j^{\inf(\alpha_j, \alpha'_j)}$$

le PPCM est

$$m = \prod_{j=1}^{k} q_j^{\sup(\alpha_j, \alpha'_j)}$$

Exemple

Si $a = 4\,680 = 2^3 \times 3^2 \times 5 \times 13$, $b = 84 = 2^2 \times 3 \times 7$, $a \wedge b = 2^2 \times 3 = 12$, $a \vee b = 2^3 \times 3^2 \times 5 \times 7 \times 13 = 32\,760$

Ceci explique les notations : dans $a \wedge b$, on prend l'intersection des ensembles (2, 2, 2, 3, 3, 5, 13) et (2, 2, 3, 7), dans $a \vee b$ on prend leur union.

Ces résultats s'étendent sans difficulté à la formation du PGCD et du PPCM de plusieurs nombres.

8. SYSTÈMES DE NUMÉRATION. SYSTÈME BINAIRE

Le problème de la numération est celui de l'écriture des nombres. Dans tout ce qui précède et dans les calculs usuels, on écrit les nombres et on effectue les opérations dans le système décimal, ou à base 10. Mais tout nombre entier naturel a, au moins égal à 2, peut être pris pour base d'un système de numération : par définition, un entier N se décomposera en base a sous la forme

$$N = b_0 + b_1 a + b_2 a^2 + \cdots + b_{n-1} a^{n-1}$$

avec $0 \leqslant b_i \leqslant a - 1$, pour $i = 1, 2, ..., n - 2$, et $1 \leqslant b_{n-1} \leqslant a - 1$. N s'écrira alors $\overline{b_{n-1}\, b_{n-2} \ldots b_0}$, où les nombres b_i seront représentés par des « chiffres » 0, 1, 2, ... $a - 1$.

Par exemple, en base 10,

$$39\,074 = 4 + 7 \times 10 + 0 \times 10^2 + 9 \times 10^3 + 3 \times 10^4$$

Il est facile de montrer, dans le cas général, que cette décomposition, et donc cette écriture, existe et est unique : en effet puisque $a \geqslant 2$, la suite géométrique ($U_p = a^p$) est croissante et non majorée, donc il existe un U unique tel que $a^{n-1} \leqslant N < a^n$, et le quotient euclidien de N par a^{n-1} est b_{n-1}, compris entre 1 et $a - 1$. Le reste de cette division est

$$N_1 = N - b_{n-1}\,a^{n-1} < a^{n-1}$$

donc $\exists\, n_1$ tel que $a^{n_1-1} \leqslant N_1 < a^{n_1}$

on divise N_1 par a^{n_1-1}, et ainsi de suite de proche en proche : si $n_1 = n - 1$, le quotient est b_{n-2}, si $n_1 \leqslant n-2$, on convient $b_{n-2} = 0$, et ainsi de suite, d'où la décomposition et l'écriture annoncées.

Les « chiffres » utilisés dans cette écriture sont 0, 1, 2, ..., $a-1$; autrement dit

- Si $a \leqslant 10$, ce sont les a premiers chiffres habituels de la numération décimale ;
- si $a \geqslant 11$, on désigne le nombre 10 par α, le nombre 11 par β, etc.

Exemple

On vérifiera aisément que le nombre $N = 6\,772$ (système décimal) s'écrit, en base 7, $\overline{25\,513}$, et, en base 12, $\overline{3\,\beta 04}$. Plus a est petit, plus le nombre de chiffres utilisés est réduit, mais plus l'écriture d'un nombre donné est longue.

En dehors du système décimal, le plus usité est le **système binaire,** ou à base 2, dans lequel les seuls chiffres utilisés sont 0 et 1, dès lors 2 s'écrit $\overline{10}$, 2^2 s'écrit $\overline{100}$, et ainsi de suite. Ce dernier système est particulièrement adapté aux calculatrices électroniques.

Sortant de l'ensemble $\mathbb{Z}$, il est facile de construire des nombres à virgule binaires, qui sont à la base 2 ce que sont les nombres décimaux à la base 10. Ainsi entre 0 et 1 s'introduit le nombre noté $\overline{0{,}1}$ (ou 0,1, car on omet parfois le surlignage), qui désigne 2^{-1}, donc $\frac{1}{2}$ ou 0,5 en base 10. Par exemple $\overline{101{,}1101}$ représente

$$2^3 + 2 + 2^{-1} + 2^{-2} + 2^{-4} = 10{,}8125$$

(écriture décimale).

9. NOTIONS SUR LES ÉQUATIONS DIOPHANTIENNES

Diophante d'Alexandrie, qui vécut au troisième siècle de notre ère, fut le premier à chercher pour une équation ou un système d'équations des solutions en nombres entiers (ou rationnels, ce qui revient au même) : d'où pour de tels problèmes le nom d'équations diophantiennes. Nous citerons seulement quelques cas classiques.

1. Tout d'abord une équation à une seule inconnue admet le plus souvent dans $\mathbb{R}$ un nombre fini de solutions, éventuellement aucune.

Pour une équation $ax + b = 0$ ou $ax^2 + bx + c = 0$, la résolution dans $\mathbb{R}$ est connue et il suffit évidemment de voir si la ou les solutions trouvées sont entières.

Un cas plus général est celui de l'équation de degré n

$$a_0 x^n + a_1 x^{n-1} + \cdots + a_{n-1} x + a_n = 0$$

où nous pouvons supposer $a_0, a_1, \ldots, a_{n-1}, a_n$ premiers entre eux : en l'écrivant sous la forme

$$x (a_0 x^{n-1} + a_1 x^{n-2} + \cdots + a_{n-1}) = - a_n$$

on voit que x doit diviser a_n ; il suffit donc d'essayer tous les diviseurs de a_n, et, dans le cas le plus général, aucune de ces valeurs ne conviendra. De toute manière le nombre de solutions entières sera au plus égal à $\inf (n, \delta)$, si δ est le nombre de diviseurs de a_n dans $\mathbb{Z}$, en incluant ± 1 et $\pm a_n$.

Par exemple l'équation $x^4 + x^3 - 5x^2 + 2x + 16 = 0$ pourrait avoir les solutions ± 1, ± 2, ± 4, ± 8, ± 16. On vérifie que la seule à retenir est -2. La recherche des autres solutions, non entières, est alors ramenée à la résolution d'une équation du troisième degré.

Si l'on cherche pour une telle équation $a_0 x^n + \ldots + a_n = 0$ des solutions rationnelles $x = \dfrac{p}{q}$, où $q \in \mathbb{R}^*$, $p \in \mathbb{Z}$ et $p \wedge q = 1$, on est ramené à une équation à deux inconnues

$$a_0 p^n + a_1 p^{n-1} q + \ldots + a_{n-1} pq^{n-1} + a_n q^n = 0$$

que l'on peut écrire

$$p (a_0 p^{n-1} + a_1 p^{n-2} q + \ldots + a_{n-1} q^{n-1}) = - a_n q^n$$

ou encore

$$q (a_1 p^{n-1} + a_2 p^{n-2} q + \ldots + a_n q^{n-1}) = - a_0 p^n$$

Or l'application répétée du théorème suivant lequel $c \wedge a = 1$, $c \wedge b = 1 \Rightarrow c \wedge ab = 1$ montre que

$$p \wedge q^n = q \wedge p^n = 1$$

donc, d'après le théorème de Gauss, p doit diviser a_n et q doit diviser a_0, ce qui ici encore limite les recherches.

2. Considérons l'équation diophantienne du premier degré à deux inconnues

$$ax + by = c, \qquad (1)$$

où a, b, c sont entiers premiers entre eux.

Si $a \wedge b = d$ et si d ne divise pas c, elle n'a pas de solutions : ainsi l'équation $2x + 4y = 3$ est impossible en nombres entiers.

Si d divise c, la simplification par d nous ramène à la forme générale $ax + by = c$, où $a \wedge b = 1$. Si alors $c = 1$, le théorème de Bezout nous apprend que l'équation admet au moins une solution (x_0, y_0) dans $\mathbb{Z}^2$.

D'une façon générale soit (x_0, y_0) une solution de (1) où $a \wedge b = 1$. Une autre solution éventuelle devra vérifier $ax + by = ax_0 + by_0$, soit

$$a(x - x_0) = b(y_0 - y)$$

et, d'après le théorème de Gauss, a divise $y_0 - y$ et b divise $x - x_0$: il en résulte la solution la plus générale

$$x = x_0 + kb, \quad y = y_0 - ka, \qquad k \text{ entier relatif quelconque}$$

Or la recherche d'une solution particulière (x_0, y_0) nous ramène encore au « cas de Bezout », où $c = 1$.

En effet si on cherche x_0, y_0 sous la forme

$$x_0 = cu_0, \; y_0 = cv_0,$$

il suffit que (u_0, v_0) vérifie $au_0 + bv_0 = 1$, et un tel couple existe d'après le théorème de Bezout.

En conclusion l'équation diophantienne $ax + by = c$, où $a \wedge b = d$, n'admet aucune solution si d ne divise pas c, en admet une infinité si d divise c.

Le seul problème reste de trouver u_0, v_0, c'est-à-dire de trouver u_0 tel que $au_0 \equiv 1 \pmod{b}$.

Si b n'est pas trop grand, cette recherche se fait par « tâtonnement » ; on sait que les seuls restes possibles de au_0 par b sont 1, 2, 3, ..., $b - 1$ et on ne risque pas de faire plus de $(b - 1)$ essais successifs.

Mais on peut se ramener à la forme

$$\alpha p + bq = 1, \qquad \alpha \text{ étant le reste de } a \text{ par } b$$

puis

$$\alpha p_1 + \beta q_1 = 1, \quad \beta \text{ étant le reste de } b \text{ par } \alpha$$

si par exemple $a > b > \alpha > 0$.

Exemple

Résolvons l'équation $4x + 3y = 5$: nous devons trouver u_0 tel que $4u_0 \equiv 1 \pmod{5}$. Par essais successifs

$$4 \times 1 \equiv 4, \quad 4 \times 2 \equiv 3, \quad 4 \times 3 \equiv 2, \quad 4 \times 4 \equiv 1,$$

on retient $u_0 = 4$, d'où

$$3\,v_0 = 1 - 4\,u_0 = -15, \qquad v_0 = -5$$

On en tire $x_0 = 5\,u_0 = 20$, $y_0 = 5\,v_0 = -25$, et la solution générale

$$x = 20 + 3\,k, \qquad y = -25 - 4\,k, \qquad k \in \mathbb{Z}$$

Ici, en fait, la solution $x_1 = 2$, $y_1 = -1$ était pour ainsi dire « apparente » et donnait

$$x = 2 + 3\,\lambda, \qquad y = -1 - 4\,\lambda, \qquad \lambda \in \mathbb{Z}$$

3. Sans étudier en général les équations de degré supérieur à 1, citons seulement le « grand **théorème de Fermat** », suivant lequel l'équation

$$x^n + y^n = z^n$$

est impossible en nombres entiers pour $n \geqslant 3$. Enoncé seulement, comme c'était l'usage à l'époque, par le très grand mathématicien Pierre de Fermat (1601-1665), il n'a encore été démontré que pour n premier $\leqslant 4\,001$, pour n pair, pour n multiple d'un des nombres premiers précédents, et dans quelques autres cas ; il est encore l'objet de recherches approfondies.

L'équation $x^2 + y^2 = z^2$ fait l'objet d'un exercice à la fin de ce chapitre.

10. DÉVELOPPEMENT DÉCIMAL PÉRIODIQUE D'UN RATIONNEL

Nous allons envisager ici les diverses expressions possibles d'un nombre rationnel qui, au signe près, peut être mis sous la forme $\frac{a}{b}$, avec a et b positifs premiers entre eux. $N = \frac{a}{b}$ est une fraction irréductible. Distinguons deux cas :

1) b ne contient dans sa décomposition que les facteurs premiers 2 et 5 : $b = 2^\alpha\,5^\beta$. Si $n = \sup(\alpha, \beta)$, N peut encore s'écrire $\frac{a_1}{10^n}$ et, en écrivant $a_1 = c\,.\,10^n + \rho$, avec ρ entier $< 10^n$, c'est-à-dire

$$\rho = c_n + 10\,c_{n-1} + 10^2\,c_{n-2} + \dots + 10^{n-1}c_1$$

où les c_i sont $\leqslant 9$ et $c_n \geqslant 1$, d'où l'écriture décimale

$$N = c,\,c_1\,c_2 \dots c_n$$

Elle s'obtient, pratiquement, par la division exacte de a par b à 10^{-n} près ; par exemple $\frac{113}{25} = 4{,}52$. N est une fraction décimale, ou un nombre décimal.

2) Dans les autres cas, la division de a par b à 10^{-n} près ne tombe jamais juste, c'est-à-dire ne se fait jamais sans reste, si grand que soit n.

Lorsque n est fixé, on obtient une approximation décimale de N à 10^{-n} près. Mais si on poursuit l'opération sans fixer une valeur de n, les restes successifs des divisions partielles effectuées ne pouvant être que des nombres de l'ensemble $\{ 1, 2, ..., b - 1 \}$, on retrouve nécessairement au bout de p divisions ($1 \leqslant p \leqslant b - 1$) le premier reste, qui, servant de dividende partiel, fait apparaître ainsi une seconde fois le second reste, et ainsi de suite, d'où répétition dans le quotient du même groupe de p chiffres dans le même ordre. Détaillons cette opération.

Exemple

Soit $N = \frac{2}{7}$. En posant la division de 2 par 7, on fait apparaître les quotients et restes successifs par 7 des nombres 20, 60, 40, 50, 10, 30, d'où à ce stade un reste égal à 2 et un nouvel enchaînement des mêmes divisions par 7 de 20, 60, 40..., de sorte que

$$\frac{2}{7} \quad \text{s'écrit} \quad 0{,}\underline{285714}285714285714...$$

avec le bloc de chiffres 285714 se répétant avec une période égale à 6, et ceci indéfiniment.

On a obtenu ainsi, par définition, **le développement décimal périodique de *N*.**

Réciproquement, il est facile de montrer que tout développement décimal périodique représente un rationnel.

Exemple

$N = 0{,}272727...$ que l'on peut écrire $0{,}\underline{27}$ ... (période 2). Par définition,

$$N = 27.10^{-2} + 27.10^{-4} + ... + 27.10^{-2n} + ...$$

ou encore

$$N = 27.10^{-2}\,(1 + 10^{-2} + (10^{-2})^2 + ... + (10^{-2})^{n-1} + ...)$$

Or on sait que

$$1 + q + q^2 + ... + q^{n-1} = \frac{1 - q^n}{1 - q}$$

somme des n premiers termes d'une suite géométrique, et lorsque $| q | < 1$

cette somme a pour limite, pour n infini, $\frac{1}{1-q}$. Ici, donc

$$N = \frac{27.10^{-2}}{1 - 10^{-2}} = \frac{27}{99} = \frac{3}{11},$$

nombre rationnel dont le développement décimal périodique est $0,\underline{27}$... On observe que la période p du développement de $\frac{a}{b}$ est bien au plus égale à $b - 1$, ce maximum est atteint dans l'exemple de $N = \frac{2}{7}$ où $p = 6$.

Cette étude confirme le fait que tout nombre qui n'est ni décimal, ni égal à un développement décimal périodique, est un réel non rationnel, c'est-à-dire soit un nombre algébrique irrationnel (racine non rationnelle d'une équation polynômiale à coefficients entiers), soit un nombre transcendant (autre nombre).

Résumé du chapitre 6

- d **divise** a (noté d/a) $\Leftrightarrow \exists\ \alpha$ entier$/a = d\alpha$.
- $a \equiv b \pmod m \Leftrightarrow a - b$ divisible par m.

$$a \equiv b \Rightarrow a + c \equiv b + c,\ a^n \equiv b^n \pmod m$$

- **Division euclidienne** de a par b : $a = bq + r$, $0 \leqslant r \leqslant b - 1$.
- **Caractères de divisibilité :**
  — par 2 ou 5, dernier chiffre divisible par 2 ou 5 ;
  — par 9 ou 3, somme des chiffres divisible par 9 ou 3 ;
  — par 11, $S_1 - S_2$ divisible par 11, si
  S_1 = somme des chiffres de rang impair,
  S_2 = somme des chiffres de rang pair.
- **Un nombre entier naturel est premier** s'il n'a pas d'autre diviseur que lui-même et 1.
- **Idéal dans** $\mathbb{Z}$: partie I de $\mathbb{Z}$ telle que :

$$a \text{ et } b \in I \Rightarrow a - b \in I,$$
$$a \in I,\ c \in \mathbb{Z} \Rightarrow ac \in I.$$

Tout idéal non réduit à $\{0\}$ est l'ensemble des multiples de son plus petit élément positif.

Deux entiers relatifs non nuls a et b engendrent un idéal qui est l'ensemble des entiers de la forme $au + bv$.

- Les diviseurs communs à a et b sont les diviseurs de leur plus grand commun diviseur, ou **PGCD**, noté $a \wedge b$.

• Si $a \wedge b = 1$, a et b sont premiers entre eux. Pour que a et b soient premiers entre eux, il faut et il suffit qu'il existe des entiers x et y tels que $ax + by = 1$ **(théorème de Bezout).**

• a/bc, $a \wedge b = 1 \Rightarrow a/c$ **(théorème de Gauss).**

• $a \wedge b = 1$, $a \wedge c = 1 \Rightarrow a \wedge bc = 1$.

• p premier, $p/ab \Rightarrow p/a$ ou p/b.

• Les multiples communs à a et b sont les multiples de leur plus petit commun multiple, ou **PPCM**, noté $a \vee b$. On a $a \vee b = \dfrac{ab}{a \wedge b}$.

• Tout entier naturel est décomposable d'une façon unique en facteurs premiers, sous la forme

$$a = \prod_{j=1}^{k} q_j^{\alpha_j}$$

les q_j étant premiers, $2 \leqslant q_1 < q_2 < \ldots < q_k$, les α_j étant des entiers positifs. D'où une formation simple du PGCD et du PPCM de deux ou plusieurs nombres.

• L'écriture d'un nombre N dans le système de numération de base a, sous la forme $N = \overline{b_{n-1}\, b_{n-2} \ldots b_0}$, signifie

$$N = b_0 + b_1\, a + \ldots + b_{n-1}\, a^{n-1}$$

avec $0 \leqslant b_i \leqslant a - 1$, si $i = 1, 2, \ldots, n-2$, et $1 \leqslant b_{n-1} \leqslant a - 1$.

EXERCICES

ENONCÉS

■ **1.** Trouver le reste de la division par 7 du nombre $a = 247^{349}$.

■ **2.** Soit x et y deux entiers strictement positifs, tels que $x > y$.
Comparer les restes et les quotients des divisions de x et y par $x - y$.

---

*■ **3.** Résoudre dans $\mathbb{Z}$ le système $x \equiv 1 \pmod{27}$, $x \equiv 13 \pmod{17}$.

■ **4.** Déterminer les restes des divisions de 37^n par 11, n étant entier naturel (on envisagera d'abord les valeurs $n = 0, 1, 2, 3, 4, 5$).

■ **5.** Trouver les deux derniers chiffres du nombre 7^{999}, écrit dans le système décimal.

■ **6.** x, y, z, a, b, c étant des entiers relatifs, démontrer que tout diviseur commun à $x - a$, $y - b$, $z - c$ divise aussi $N = xyz - abc$.

■ **7.** Dans quel système de numération le nombre 887 (système décimal) s'écrit-il 2 405 ?

■ **8.** Montrer que pour $n \geqslant 2$ la somme de n nombres impairs consécutifs n'est pas un nombre premier.

■ **9.** Trouver le reste par 5 de $N = 2\,222^{3333} + 3\,333^{2222}$.

■ **10.** Soit δ le PGCD de a et b. Trouver le PGCD de

$$15\,a + 4\,b \quad \text{et} \quad 11\,a + 3\,b$$

Généraliser : quel est le PGCD de

$$pa + qb \quad \text{et} \quad ra + sb, \quad \text{si} \quad ps - qr = 1$$

■ **11.** Résoudre dans $\mathbb{Z}$ l'équation $xy = 5\,x + 3\,y + 75$.

---

*■ **12.** Résoudre l'équation $x^2 + y^2 + z^2 = 2\,(xy + yz + zx)$, x, y, z étant entiers relatifs (on fera apparaître $4\,xy$).

---

*■ **13.** On considère la suite (U_n) définie par

$$U_0 = 0,\ U_1 = 1,\ U_n = U_{n-1} + U_{n-2}\ (n \geqslant 2)$$

appelée suite de Fibonacci.

1) Calculer U_n pour $n \leqslant 10$. Discuter suivant n la parité de U_n.

2) Démontrer les relations

$$\sum_{0}^{n-1} u_k = U_{n+1} - 1\ (n \geqslant 1) \qquad (1)$$

$$U_n\,U_{n-2} - U_{n-1}^2 = (-1)^{n-1}\ (n \geqslant 2) \qquad (2)$$

$$U_{n+p-1} = U_{n-1}\,U_{p-1} + U_n\,U_p\ (n \geqslant 1, p \geqslant 1) \qquad (3)$$

3) Déterminer $U_n \wedge U_{n+1}$.

4) Démontrer que $n \wedge m = d \Rightarrow U_n \wedge U_m = U_d$.

5) Montrer que la suite $\left(V_n = \dfrac{U_{n+1}}{U_n},\ n \geqslant 1\right)$ est convergente, et trouver sa limite (cette question est indépendante des précédentes et est relative au chapitre 5).

■ **14.** Résoudre l'équation diophantienne $x^2 + y^2 = z^2$.

On montrera que l'on peut se limiter aux valeurs de x, y, z entières strictement positives, et que l'on peut, à deux exceptions près, se donner arbitrairement x (ou y). Trouver toutes les solutions correspondant à $x = 12$.

---

*■ **15.** Soit A un entier positif dont la décomposition en facteurs premiers s'écrit

$$A = a_1^{\alpha_1} a_2^{\alpha_2} \ldots a_n^{\alpha_n} = \prod_1^n a_i^{\alpha_i}, \quad 2 \leqslant a_1 < a_2 < \ldots < a_n, \alpha_i \geqslant 1$$

1) Démontrer que le nombre des diviseurs de A est $N = \prod_1^n (\alpha_i + 1)$.

2) Que peut-on dire de N si A est un carré parfait ? Etudier la réciproque.

3) Calculer la somme S et le produit P des diviseurs de A, et vérifier $P^2 = A^n$.

SOLUTIONS

■ **1.** On vérifie que $247 = 7 \times 35 + 2 \equiv 2 \pmod 7$, donc

$$a \equiv 2^{349} \pmod 7$$

Cherchons les restes par 7 des puissances de 2 : $2 \equiv 2$, $2^2 \equiv 4$, $2^3 = 8 \equiv 1$, donc,

$$\forall n \in \mathbb{N},\ 2^{3n} \equiv 1$$

Or $349 \equiv 1 \pmod 3$, donc

$$a = 2^{3n+1} = 2^{3n} \times 2 \equiv 2 \pmod 7$$

et le reste cherché est $r = 2$.

■ **2.** On a

$$x = (x - y)\, q_1 + r_1,\ 0 \leqslant r_1 < x - y$$
$$y = (x - y)\, q_2 + r_2,\ 0 \leqslant r_2 < x - y$$

d'où

$$x - y = (x - y)(q_1 - q_2) + r_1 - r_2$$

ou $$(x - y)(1 + q_2 - q_1) = r_1 - r_2$$

Or

$$-(x - y) < -r_2 \leqslant 0$$

donc

$$-(x - y) < r_1 - r_2 < x - y$$

et comme $r_1 - r_2$ est multiple de $x - y$, on a

$$r_1 - r_2 = 0, r_1 = r_2, q_1 = q_2 + 1$$

---

*■ **3.** x doit être à la fois de la forme $x = 27n + 1$ et $x = 17p + 13$.
On doit donc résoudre l'équation diophantienne

$$27n + 1 = 17p + 13$$

soit

$$27n - 17p = 12 \qquad (1)$$

Faisant apparaître quotients et restes des divisions successives de 27 par 17, puis de 17 par 10, et ainsi de suite, (1) s'écrit :

$10n + 17(n - p) = 12$, ou $10(2n - p) + 7(n - p) = 12$,

$$7(3n - 2p) + 3(2n - p) = 12,$$

$$3(8n - 5p) + 3n - 2p = 12.$$

On est conduit à poser $8n - 5p = a$, $3n - 2p = b$, et à résoudre

$$3a + b = 12, \quad \text{ou} \quad b = 12 - 3a \qquad (2)$$

L'équation (2) a une infinité de solutions, obtenues en prenant a égal à un entier relatif quelconque, et $b = 12 - 3a$. A chaque couple $(a, 12 - 3a)$ correspond un couple (n, p) pourvu que les valeurs de n et p tirées du système

$$\begin{cases} 8n - 5p = a \\ 3n - 2p = 12 - 3a \end{cases}$$

soient des entiers. La résolution est immédiate et donne

$$n = 17a - 60, \quad p = 27a - 96,$$

qui sont bien des entiers. Plus simplement $n \equiv 8 \pmod{17}$, d'où on déduit

$$x = 27n + 1 = 27(17k + 8) + 1, \quad x = 459k + 217$$

k entier relatif quelconque.

Remarque

La généralisation est facile, le système $x \equiv \alpha \pmod a$, $x \equiv \beta \pmod b$, où $a \wedge b = 1$, admet une solution générale $x = abk + x_0$, où x_0 est une solution particulière.

■ **4.** $37^0 = 1 \equiv 1$, $37^1 \equiv 4$, $37^2 \equiv 4^2 \equiv 5$, $37^3 \equiv 5 \times 4 \equiv 9 \pmod{11}$
$37^4 \equiv 5^2 \equiv 3$, $37^5 \equiv 4 \times 3 \equiv 1 \pmod{11}$

Il en résulte une périodicité dans la formation des restes par 11 de 37^n, la période étant 5 : en effet

$$37^{n+5} = 37^n \,.\, 37^5 \equiv 37^n$$

Donc si r est le reste de n par 5, les restes de 37^n par 11 seront :

$$\begin{aligned} \rho &= 1, \text{ si } r = 0\,; \\ \rho &= 4, \text{ si } r = 1\,; \\ \rho &= 5, \text{ si } r = 2\,; \\ \rho &= 9, \text{ si } r = 3\,; \\ \rho &= 3, \text{ si } r = 4. \end{aligned}$$

■ **5.** Les deux derniers chiffres du reste cherché sont l'écriture décimale du reste par 100 de $N = 7^{9^{9^9}}$. Par analogie avec l'exercice précédent, cherchons les restes par 100 des puissances successives de 7, en espérant trouver un reste égal à 1 :

$$7^2 = 49 = 50 - 1$$

donc $$7^4 = (50 - 1)^2 = 2\,401 \equiv 1$$

et $\forall\, n$ entier naturel

$$7^{4n} \equiv 1 \pmod{100}$$

Il suffit donc de trouver le reste par 4 de 9^{9^9}, ce qui est immédiat puisque $9 \equiv 1 \pmod 4 \Rightarrow 9^p \equiv 1 \pmod 4$ et en particulier $9^{9^9} \equiv 1$.

On a donc

$$N = 7^{4n+1} \equiv 7 \pmod{100}$$

et les deux derniers chiffres de N sont 07.

■ **6.** Il suffit d'écrire, suivant un artifice de calcul que nous retrouverons en analyse (dérivation d'une fonction composée, théorème des accroissements finis pour une fonction de trois variables) :

$$\begin{aligned} xyz - abc &= xyz - ayz + ayz - abz + abz - abc \\ &= (x - a)\,yz + (y - b)\,az + (z - c)\,ab = N \end{aligned}$$

Tout diviseur de $x - a$, $y - b$, $z - c$ divise les multiples de ces nombres et aussi une somme de tels multiples, donc divise N.

■ **7.** Si b est la base cherchée, $\overline{2\,405}$ est l'expression dans la base b du nombre $N = 5 + 4\,b^2 + 2\,b^3$, on veut donc

$$5 + 4\,b^2 + 2\,b^3 = 887,$$

soit

$$b^3 + 2\,b^2 - 441 = 0 \tag{1}$$

Nous cherchons donc pour (1) une racine entière. Mais a priori, le nombre de chiffres de N étant supérieur dans la base b à ce qu'il est dans la base 10, on a $b \leqslant 9$; l'écriture de N comportant des chiffres au plus égaux à 5, on a $b \geqslant 6$. Enfin aucun nombre pair ne peut vérifier (1).

Les essais se trouvent donc limités à $b = 7$ et $b = 9$, on vérifie que seul $b = 7$ convient.

■ **8.** Une telle somme s'écrit

$$a = (2\,k + 1) + (2\,k + 3) + (2\,k + 5) + \ldots + (2\,k + 2\,n - 1)$$

soit

$$a = 2\,nk + (1 + 3 + 5 + \ldots + (2\,n - 1)) = 2\,nk + \frac{n\,(1 + 2\,n - 1)}{2}$$

car la somme des n premiers termes d'une suite arithmétique U_1, U_2, ..., U_n est $\dfrac{n\,(U_1 + U_n)}{2}$. Donc

$$a = 2\,nk + n^2 = n\,(n + 2\,k)$$

ce nombre est divisible par $n \geqslant 2$, donc n'est pas premier.

■ **9.** Soit $a = 2\,222^{3333}$, $b = 3\,333^{2222}$. On a

$$2\,222 \equiv 2 \pmod 5,\ a \equiv 2^{3333}$$

Or $$2^4 \equiv 1 \pmod 5, \text{ et } 3\,333 \equiv 33 \equiv 1 \pmod 4$$

donc $$a \equiv 2^{4n+1} \equiv 2 \pmod 5$$

De même

$$3\,333 \equiv 3 \pmod 5,\ b \equiv 3^{2222}$$

$$3^4 = 81 \equiv 1 \pmod 5,\ 2\,222 \equiv 2 \pmod 4$$

$$b \equiv 3^{4p+2} \equiv 3^2 \equiv 4 \pmod 5$$

Enfin

$$a + b \equiv 2 + 4 = 6 \equiv 1 \pmod 5$$

le reste cherché est 1.

■**10.** Soit d un diviseur commun à $15a + 4b$ et $11a + 3b$.

d divise toute combinaison linéaire de ces deux nombres, par exemple celles éliminant b ou a, telles que

$$\alpha = 3(15a + 4b) - 4(11a + 3b) = a$$

et

$$\beta = -11(15a + 4b) + 15(11a + 3b) = b$$

Les diviseurs communs à $15a + 4b$ et $11a + 3b$ sont donc ceux de a et b, en particulier leur PGCD est δ.

Le même raisonnement s'applique à la généralisation en formant

$$s(pa + qb) - q(ra + sb) = a \qquad \text{et} \qquad -r(pa + qb) + p(ra + sb) = b$$

et permet de conclure

$$pa + qb \wedge ra + sb = a \wedge b, \quad \text{lorsque} \quad ps - qr = 1$$

■**11.** L'équation peut s'écrire $xy - 5x - 3y = 75$, ou encore

$$(x - 3)(y - 5) = 90$$

$x - 3$ et $y - 5$ sont donc des diviseurs « complémentaires » de 90, c'est-à-dire des nombres a et b tels que $ab = 90$. Il suffit donc de dresser le tableau des couples (a, b), et à chacun de ces couples correspondra une solution $(x = a + 3, y = b + 5)$ de l'équation proposée.

Comme $90 = 2 \times 3^2 \times 5$, nous aurons pour (a, b), les 24 couples :

(1, 90), (− 1, − 90), (2, 45), (− 2, − 45), (3, 30), (− 3, − 30), (5, 18),
(− 5, − 18), (6, 15), (− 6, − 15), (9, 10), (− 9, − 10), (10, 9),
(− 10, − 9), (15, 6), (− 15, − 6), (18, 5), (− 18, − 5), (30, 3),
(− 30, − 3), (45, 2), (− 45, − 2), (90, 1), (− 90, − 1).

L'équation proposée admet donc les 24 solutions

(4, 95), (2, − 85), (5, 50), (1, − 40), (6, 35), (0, − 25), (8, 23), (− 2, − 13),
(9, 20), (− 3, − 10), (12, 15), (− 6, − 5), (13, 14), (− 7, − 4), (18, 11),
(− 12, − 1), (21, 10), (− 15, 0), (33, 8), (− 27, 2), (48, 7),
(− 42, 3), (93, 6), (− 87, 4).

---

*■**12**. L'équation peut s'écrire

$$4xy = x^2 + y^2 + z^2 + 2xy - 2yz - 2zx$$
$$= (x + y - z)^2$$

On est conduit à exprimer que $4xy$ est un carré parfait, et forcément celui d'un nombre pair, on pose donc

$$x + y - z = 2k, \quad k \in \mathbb{Z}, \quad \text{alors} \quad xy = k^2$$

On dispose encore du paramètre z, entier relatif a priori quelconque, et x et y sont alors donnés par

$$xy = k^2, \quad x + y = z + 2k$$

donc racines de l'équation du second degré

$$X^2 - (z + 2k) X + k^2 = 0.$$

Ces racines ne sont des entiers que si le discriminant

$$\Delta = (z + 2k)^2 - 4k^2 = z(z + 4k)$$

est un carré parfait.

On peut donc se fixer arbitrairement $\lambda \in \mathbb{N}$, déterminer k et z tels que $z(z + 4k) = \lambda^2$ (nombre fini de solutions), et résoudre alors l'équation en X, qui donne

$$X = \frac{z + 2k \pm \lambda}{2} = k + \frac{z \pm \lambda}{2}$$

Ces deux racines sont bien entières, car z et $z + 4k$ sont de même parité (tous deux pairs ou tous deux impairs), leur produit, et par suite λ, sont encore de cette même parité, de sorte que $z + \lambda$ et $z - \lambda$ sont des nombres pairs.

En conclusion l'équation proposée a une infinité de solutions que l'on peut construire comme suit :

On se donne arbitrairement $\lambda \in \mathbb{N}$; on prend pour z, entier relatif, un diviseur a de λ^2 (ceci en décomposant λ^2 en un produit de facteurs premiers), ce diviseur devant être de la parité de λ ; mais il faut en outre que le diviseur complémentaire $b = \dfrac{\lambda^2}{a}$ soit de la forme $z + 4k$, c'est-à-dire diffère de z par un multiple de 4, ce qui limite encore le choix de z ; k étant alors déterminé, on obtient les deux solutions :

$$\left(k + \frac{a + \lambda}{2}, k + \frac{a - \lambda}{2}, a\right) \quad \text{et} \quad \left(k + \frac{a - \lambda}{2}, k + \frac{a + \lambda}{2}, a\right).$$

Soit par exemple

$$\lambda = 12 = 2^2 \times 3, \lambda^2 = 2^4 \times 3^2 = z(z + 4k) = 144.$$

Si $ab = \lambda^2$, on doit choisir $z = a$ tel que $b - a \equiv 0 \pmod 4$, et a pair ; par exemple $a = 2$ ne convient pas car alors $b = 72$, et $b - a$ n'est pas multiple de 4. On vérifie que les seules solutions sont, aux signes près :

1) $a = 4$, $b = 36$, alors $b - a = 32 = 4k$, $k = 8$

d'où

$$x = 16, y = 4, z = 4 \quad \text{et} \quad x = 4, y = 16, z = 4$$

2) $a = 12$, $b = 12$, alors $k = 0$, d'où

$$x = 12, y = 0, z = 12 \quad \text{et} \quad x = 0, y = 12, z = 12$$

3) $a = 36$, $b = 4$, $k = -8$, d'où

$$x = 16, y = 4, z = 36$$

Cet exemple suggère plusieurs remarques :

a) Si (x_0, y_0, z_0) est une solution, toute permutation de ces valeurs est encore une solution,

b) si une des inconnues, x par exemple, prend la valeur 0, l'équation se réduit à $y = z$ et tout système d'entiers $(0, y, y)$ est une solution,

c) si (x_0, y_0, z_0) est une solution, tout système de multiples ou sous-multiples de x_0, y_0, z_0 en est une autre, ceci provenant du caractère homogène de l'équation.

En particulier si d est le PGCD de x_0, y_0, z_0, et si $x_0 = d\alpha$, $y_0 = d\beta$, $z_0 = d\gamma$, (α, β, γ) est un système d'entiers premiers entre eux, solutions de l'équation (par exemple 4, 1, 9),

d) une infinité de solutions peut être rapidement obtenue en prenant par exemple $y = z$, l'équation se réduit alors à $x^2 = 4\,xy$, et si on élimine $x = 0$, il reste $x = 4\,y$, d'où les solutions $(4\,y, y, y)$, telles que celle trouvée plus haut (4, 16, 4), à l'ordre près.

---

*■**13.** 1) L'application de la relation de récurrence $U_n = U_{n-2} + U_{n-1}$ donne aussitôt

$$U_2 = 1,\ U_3 = 2,\ U_4 = 3,\ U_5 = 5,\ U_6 = 8,\ U_7 = 13,\ U_8 = 21,\ U_9 = 34,\ U_{10} = 55.$$

Il semble que U_n soit pair lorsque $n \equiv 0 \pmod 3$, impair dans les autres cas. Cherchons à l'établir par récurrence : pour cela supposons (hypothèse de récurrence)

$$U_{3p-2} = 2\,a + 1,\ U_{3p-1} = 2b + 1, \text{ d'où } U_{3p} = 2c$$

a, b, c étant des entiers. On en déduit

$$U_{3p+1} = 2\,c + 2\,b + 1, \text{ impair ;} \qquad U_{3p+2} = 4\,c + 2\,b + 1, \text{ impair ;}$$
$$U_{3p+3} = 6\,c + 4\,\mathrm{b} + 2, \text{ pair}$$

Ceci généralise le résultat observé, ainsi

$$n \equiv 0 \pmod 3 \Rightarrow U_n \text{ pair}, \qquad n \not\equiv 0 \Rightarrow U_n \text{ impair}$$

2) Ici encore raisonnons par récurrence :

a) On a bien $U_0 = U_2 - 1$, $U_0 + U_1 = U_3 - 1$. Faisons l'hypothèse de récurrence $\sum_0^{n-2} U_k = U_n - 1$; ajoutons U_{n-1} aux deux membres, il vient

$$\sum_0^{n-2} U_k + U_{n-1} = U_{n-1} + U_n - 1$$

soit
$$\sum_0^{n-1} U_k = U_{n+1} - 1 \qquad (1)$$

La relation (1) est donc toujours vraie.

b) On vérifie que

$$U_2 U_0 - U_1^2 = - U_1^2 = - 1 = (-1)^1$$

(2) est donc vraie pour $n = 2$.

Supposons-la vraie pour la valeur n, et formons

$$A = U_{n+1} U_{n-1} - U_n^2 = (U_n + U_{n-1}) U_{n-1} - U_n^2$$
$$= U_n U_{n-1} + U_{n-1}^2 - U_n^2$$

Or $U_{n-1}^2 = U_n U_{n-2} - (-1)^{n-1}$, donc

$$A = U_n U_{n-1} + U_n U_{n-2} - (-1)^{n-1} - U_n^2$$
$$= U_n (U_{n-1} + U_{n-2} - U_n) + (-1)^n = (-1)^n,$$

ce que nous voulions démontrer. (2) est donc exacte $\forall n \geqslant 2$.

c) La relation (3) est vraie $\forall n$, pour $p = 1$:

$$U_n = U_{n-1} U_0 + U_n U_1 = U_n$$

Envisageons donc une récurrence sur p : nous supposons :

$$U_{n+k-1} = U_{n-1} U_{k-1} + U_n U_k \tag{4}$$

pour $k \leqslant p$ (ce qui est vrai pour $p = 1$), et formons

$$U_{n+p} = U_{n+p-1} + U_{n+p-2} = U_{n-1} U_{p-1} + U_n U_p + U_{n-1} U_{p-2} + U_n U_{p-1}$$
$$= U_{n-1} (U_{p-1} + U_{p-2}) + U_n (U_p + U_{p-1})$$
$$= U_{n-1} U_p + U_n U_{p+1}$$

on a bien étendu la relation (4) à $k = p + 1$.

La relation (3) est donc démontrée.

3) Soit d un diviseur commun à U_n et $U_{n+1} = U_n + U_{n-1}$, d divise aussi $U_{n+1} - U_n = U_{n-1}$, donc est un diviseur commun à U_{n-1} et U_n, donc aussi à U_{n-2} et U_{n-1}, et ainsi de suite de proche en proche : d divise U_2 et U_1, donc $d = 1$. Ainsi

$$U_n \wedge U_{n+1} = 1$$

U_n et U_{n+1} sont premiers entre eux.

4) Le résultat envisagé se vérifie sur tous les termes calculés au 1), par exemple

$$U_6 = 8,\ U_9 = 34,\ U_6 \wedge U_9 = 2 = U_3, \quad \text{et } 3 = 6 \wedge 9$$

On a aussi, puisque $U_1 = 1$,

$$U_m \wedge U_1 = 1 = U_1, \qquad \text{avec } d = m \wedge 1 = 1$$

La propriété à démontrer est donc vraie pour $n = 1$, $\forall m$. Raisonnons donc par récurrence sur n et supposons $U_p \wedge U_m = U_{p \wedge m}$, pour $p \leqslant n$. Formons

$$U_{n+1} = U_m U_{n-m} + U_{m+1} U_{n-m+1}$$

Soit δ un diviseur commun à U_{n+1} et U_m, δ divise $U_{m+1}\,U_{n-m+1}$, or δ ne peut avoir de facteur premier commun avec U_{m+1}, car ce facteur diviserait aussi U_m dont δ est un diviseur, et on sait que $U_m \wedge U_{m+1} = 1$. Donc $\delta \wedge U_{m+1} = 1$, et, d'après le théorème de Gauss, δ divise U_{n-m+1}, comme il divise aussi U_m, il divise

$$d = U_m \wedge U_{n-m+1}$$

Or, puisque $p = n - m + 1 \leqslant n$, $d = U_\alpha$, si $\alpha = m \wedge (n - m + 1)$.

Comme les diviseurs de m et $n - m + 1$ divisent aussi leur somme $n + 1$, et $\alpha = m \wedge n + 1$, δ divise donc $U_{m \wedge n+1}$, qui est bien le PGCD de U_n et U_{m+1}.

Nous avons donc établi

$$U_n \wedge U_m = U_{n \wedge m}, \qquad \forall\, n, m \text{ entiers naturels}$$

5) On a $\dfrac{U_{n+1}}{U_n} = 1 + \dfrac{U_{n-1}}{U_n}$, donc

$$V_n = 1 + \frac{1}{V_{n-1}}, \qquad \forall\, n \geqslant 2 \tag{5}$$

Nous avons donc à étudier la suite récurrente « homographique » définie par la relation (5), où $V_1 = \dfrac{U_2}{U_1} = 1$. Nous savons que cette suite à termes positifs ne peut éventuellement converger que vers un nombre positif ou nul racine de l'équation

$$x = 1 + \frac{1}{x}, \text{ ou } x^2 - x - 1 = 0, \text{ donc vers } \lambda = \frac{1 + \sqrt{5}}{2}$$

Voyons donc si $V_n - \lambda \underset{n \to \infty}{\to} 0$. Formons

$$V_n - \lambda = 1 + \frac{1}{V_{n-1}} - 1 - \frac{1}{\lambda}\left(\text{car } \lambda = 1 + \frac{1}{\lambda}\right)$$

soit

$$V_n - \lambda = \frac{\lambda - V_{n-1}}{\lambda\, V_{n-1}}$$

Or (5) $\Rightarrow V_n > 1$, donc $V_{n-1} > 1$, on a donc

$$|V_n - \lambda| < \frac{|V_{n-1} - \lambda|}{\lambda} < \frac{|V_{n-2} - \lambda|}{\lambda^2} < \ldots < \frac{|V_1 - \lambda|}{\lambda^{n-1}}$$

Comme $\lambda \simeq 1{,}618 > 1$, $\lambda^{n-1} \underset{n \to \infty}{\to} +\infty$, et

$$V_n - \lambda \to 0,\; V_n \to \lambda = \frac{1 + \sqrt{5}}{2}$$

Ce nombre, connu sous le nom de « nombre d'or », a de nombreuses propriétés, il apparaît ici comme le rapport des dimensions a et b d'un rectangle tel que, si on en retranche un carré de côté b (figure 1), il reste un rectangle semblable $\left(\frac{a}{b} = \frac{b}{a-b}\right)$, et la limite du rapport des dimensions d'une suite infinie de rectangles construits de proche en proche à partir d'un carré (ou d'un rectangle quelconque, car la valeur de V_1 n'intervient pas ici) par adjonctions successives de carrés (figure 2).

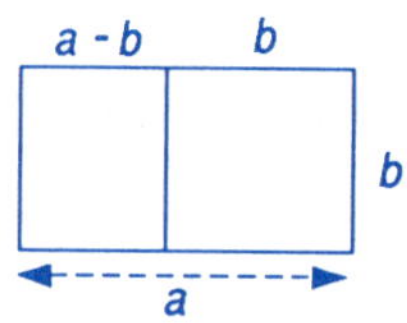

Figure 1.

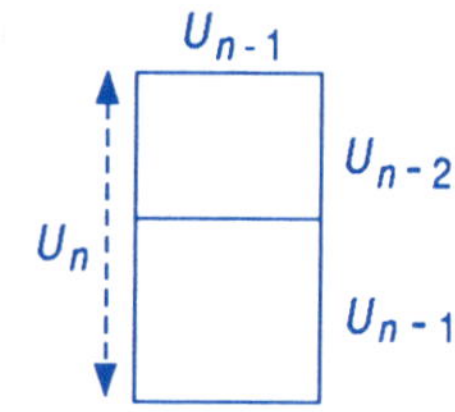

Figure 2.

---

14. x, y, z n'intervenant que par leurs carrés, à toute solution (x, y, z) correspondent les solutions $(-x, y, z)$, $(x, -y, z)$, $(x, y, -z)$, $(-x, -y, z)$, $(-x, y, -z)$, $(x, -y, -z)$, $(-x, -y, -z)$. Si en outre on élimine les solutions sans intérêt $(0, a, a)$, $(a, 0, a)$, $(0, a, -a)$, ..., on peut supposer x, y et z strictement positifs.

Comme $x = y$ est impossible, car alors $z = x\sqrt{2}$ ne serait pas entier, on a $x \neq y$ et on peut par exemple poser $1 \leqslant x < y < z$. Enfin toute solution (x_0, y_0, z_0) engendre la famille de solutions (kx_0, ky_0, kz_0), on pourrait, a priori, n'envisager que x, y, z premiers entre eux.

L'équation s'écrit

$$x^2 = (z + y)(z - y)$$

$z + y$ et $z - y$ étant donc des diviseurs complémentaires de x^2. Comme $z + y > z - y$, $x = 1$ est exclu. Soit donc $x \geqslant 2$. Envisageons deux cas :

a) x est premier : les seuls diviseurs de x^2 sont 1, x, x^2, et comme $z + y > z - y$, la seule possibilité est

$$z + y = x^2, \; z - y = 1$$

d'où

$$y = \frac{x^2 - 1}{2}, \; z = \frac{x^2 + 1}{2}$$

solution acceptable si ces y et z sont entiers, c'est-à-dire x impair. $x = 2$ se trouve donc exclu, et on obtient les solutions du type

$$\left(x, \frac{x^2 - 1}{2}, \frac{x^2 + 1}{2}\right), \; x \text{ premier} \geqslant 3$$

Pour $x = 3$, on a $y = 4$, $z = 5$, on trouve le triangle rectangle « de Pythagore », de côtés 3, 4, 5.

b) x n'est pas premier, on peut alors le décomposer en facteurs premiers sous la forme

$$x = a_1^{\alpha_1} a_2^{\alpha_2} \dots a_n^{\alpha_n}, \qquad \text{avec } 2 \leqslant a_1 < a_2 < \dots < a_n, \text{ et } \alpha_i \geqslant 1$$

En posant $z - y = u$, $z + y = v$, l'équation $uv = a_1^{2\alpha_1} a_2^{2\alpha_2} \dots a_n^{2\alpha_n}$ conduit à prendre pour u un diviseur de x^2, inférieur à x, pour que $v = \dfrac{x^2}{u} > u$, et u et v de même parité pour que $y = \dfrac{v - u}{2}$ et $z = \dfrac{u + v}{2}$ soient entiers.

Si $a_1 = 2$, $n = 1$ est inacceptable car alors $v = x^2$, pair ; pour la même raison u doit renfermer le facteur premier 2, et v aussi, sinon u et v ne sont pas de même parité : il faut donc

$u = 2^{\beta_1} a_2^{\beta_2} \dots a_n^{\beta_n}$, $1 \leqslant \beta_1 \leqslant 2\,\alpha_1 - 1$, et $0 \leqslant \beta_i \leqslant 2\,\alpha_i$ pour $i \geqslant 2$,

v est alors connu, pair, d'où y et z.

Si $a_1 \geqslant 3$, tous les a_i sont impairs et tous les diviseurs de x^2, inférieurs à x, donnent naissance à une solution. Soit

$$x = 12 = 2^2 \times 3, \quad x^2 = 2^4 \times 3^2 = uv = 144$$

Les valeurs à retenir, et les solutions correspondantes, sont les suivantes (compte tenu de $a_1 = 2$, il faut $\beta_1 = 1$, 2 ou 3) :

$u = 2$, $v = 72$, $y = 35$, $z = 37$, d'où (12, 35, 37) (1)

$u = 2^2 = 4$, $v = 36$, $y = 16$, $z = 20$, d'où (12, 16, 20) (2)

$u = 2 \times 3 = 6$, $v = 24$, $y = 9$, $z = 15$, d'où (12, 9, 15) (3)

$u = 2^3 = 8$, $v = 18$, $y = 5$, $z = 13$, d'où (12, 5, 13) (4)

Les solutions (2) et (3) sont, à un coefficient et à l'ordre près, la solution (3, 4, 5) ; seules (1) et (4) font apparaître des x, y, z premiers entre eux. On peut noter aussi qu'il existe une infinité de solutions du type (4) où apparaissent deux entiers consécutifs, puisque

$$(n + 1)^2 - n^2 = 2\,n + 1 = x^2,$$

où x peut prendre toute valeur impaire, par exemple $x = 11$, $y = 60$, $z = 61$.

***■15.** 1) Un diviseur de N est de la forme

$$d = \prod_1^n a_i^{\beta_i}, \quad 0 \leqslant \beta_i \leqslant \alpha_i.$$

n est donc le nombre des systèmes de nombres $(\beta_1, \beta_2, \dots, \beta_n)$. β_1 peut prendre $(\alpha_1 + 1)$ valeurs ; à chaque valeur de β_1 on peut associer $(\alpha_2 + 1)$ valeurs de β_2, d'où $(\alpha_1 + 1)(\alpha_2 + 1)$ couples (β_1, β_2), à chacun desquels on peut associer $(\alpha_3 + 1)$ valeurs de β_3, soit $(\alpha_1 + 1)(\alpha_2 + 1)(\alpha_3 + 1)$ choix possibles de $(\beta_1, \beta_2, \beta_3)$, et ainsi de suite : on a bien

$$N = \prod_1^n (\alpha_i + 1)$$

2) Si A est un carré parfait, tous les α_i sont pairs, les $\alpha_i + 1$ sont impairs et N est impair.

Réciproquement si N est impair, aucun facteur pair ne peut apparaître dans une décomposition de N en produit, donc tous les $\alpha_i + 1$ sont impairs, tous les α_i sont pairs et N est un carré parfait.

Par exemple $60^2 = 2^4 \,.\, 3^2 \,.\, 5^2$ admet 45 diviseurs.

3) *a*)
$$S = \sum_{0 \leqslant \beta_i \leqslant \alpha_i} a_1^{\beta_1} a_2^{\beta_2} \ldots a_n^{\beta_n}$$

Or tous ces termes sont ceux du développement du produit

$$(1 + a_1 + a_1^2 + \ldots + a_1^{\alpha_1})(1 + a_2 + a_2^2 + \ldots + a_2^{\alpha_2}) \ldots (1 + a_n + a_n^2 + \ldots + a_n^{\alpha_n})$$

S est donc égale à ce produit, c'est-à-dire

$$S = \prod_{i=1}^n \frac{a_i^{\alpha_i + 1} - 1}{a_i - 1}$$

b)
$$P = \prod_{0 \leqslant \beta_i \leqslant \alpha_i} a_1^{\beta_1} a_2^{\beta_2} \ldots a_n^{\beta_n} = a_1^{\gamma_1} a_2^{\gamma_2} \ldots a_n^{\gamma_n}$$

a_1 figure, avec les exposants $0, 1, 2, \ldots, \alpha_1$, associés à chacun des $(\alpha_2 + 1)(\alpha_3 + 1) \ldots (\alpha_n + 1)$ produits de la forme $a_2^{\beta_2} a_3^{\beta_3} \ldots a_n^{\beta_n}$, donc l'exposant total de a_1 dans p est

$$\gamma_1 = (1 + 2 + 3 + \ldots + \alpha_1)(\alpha_2 + 1)(\alpha_3 + 1) \ldots (\alpha_n + 1)$$

Or la somme des p premiers entiers est $\dfrac{p(p+1)}{2}$, donc

$$\gamma_1 = \frac{\alpha_1(\alpha_1 + 1)}{2}(\alpha_2 + 1)(\alpha_3 + 1) \ldots (\alpha_n + 1) = \frac{\alpha_1}{2} \prod_1^n (\alpha_i + 1) = \frac{\alpha_1}{2} N$$

De même $\gamma_2 = \dfrac{\alpha_2}{2} N, \ldots, \gamma_n = \dfrac{\alpha_n}{2} N$. Il en résulte

$$P = \prod_{i=1}^n a_i^{\frac{\alpha_i}{2} N}, \quad P^2 = \prod_{i=1}^n a_i^{\alpha_i N} = \left(\prod_{i=1}^n a_i^{\alpha_i}\right)^N = A^N$$

CHAPITRE 7

NOMBRES COMPLEXES

Afin de généraliser la notion de racines d'une équation algébrique, on a introduit les nombres complexes ou imaginaires. Les propriétés essentielles ont été étudiées en terminale. On se limitera à quelques rappels.

1. DÉFINITION

Si a et b sont deux nombres réels quelconques, le couple ordonné $[a, b]$ est appelé *nombre complexe* ou *imaginaire*.

Représentation

Dans le plan Ox, Oy rapporté à un repère orthonormé, le point M d'abscisse a et d'ordonnée b est l'*image* du nombre complexe $z = [a, b]$. On dit encore que z a pour *affixe* M.

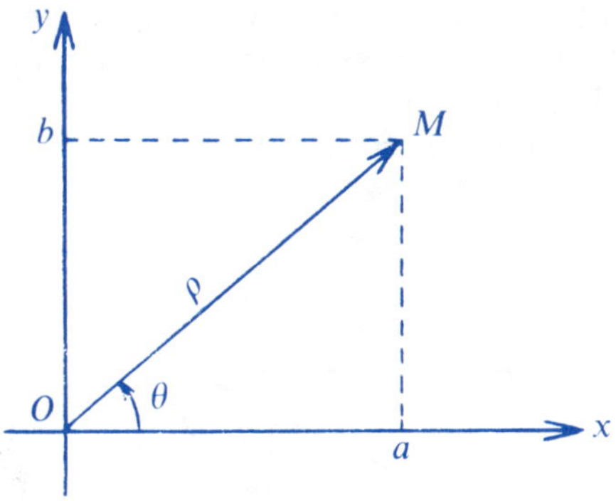

Figure 1.

Module. Argument

L'angle $\theta = (\overrightarrow{Ox}, \overrightarrow{OM})$ est l'*argument* de z. Il est défini à $2K\pi$ près (*).

(*) Sauf si $a = b = 0$, alors on pose $z = 0$.

Le *module* de z est la longueur du vecteur $\overrightarrow{OM}$. On le désigne par

$$\rho = |z| = \| \overrightarrow{OM} \|$$

a et b sont liés à ρ et θ par

$$a = \rho \cos \theta,$$
$$b = \rho \sin \theta$$

Réciproquement, ρ et θ peuvent être déterminés en fonction de a et de b :

$$a^2 + b^2 = \rho^2 (\cos^2 \theta + \sin^2 \theta) \quad \text{et} \quad \frac{b}{a} = \frac{\rho \sin \theta}{\rho \cos \theta}$$

soit

$$\rho = \sqrt{a^2 + b^2} \qquad \operatorname{tg} \theta = \frac{b}{a} \qquad \cos \theta = \frac{a}{\rho} \qquad \sin \theta = \frac{b}{\rho}$$

et le nombre complexe $[a, b]$ se note également (ρ, θ).

2. OPÉRATIONS SUR LES NOMBRES COMPLEXES

Égalité de deux nombres complexes

Les nombres complexes $z_1 = [a_1, b_1]$ et $z_2 = [a_2, b_2]$ sont égaux si et seulement si $a_1 = a_2$ et $b_1 = b_2$, c'est-à-dire si leurs images M_1 et M_2 sont confondues.

Les deux nombres complexes z_1 et z_2 sont *conjugués* si $a_1 = a_2$ et $b_1 = - b_2$. Leurs images sont symétriques par rapport à l'axe Ox.

Le conjugué de z se note $\bar{z}$.

On en conclut que si $z = (\rho, \theta)$ $\bar{z} = (\rho, - \theta)$.

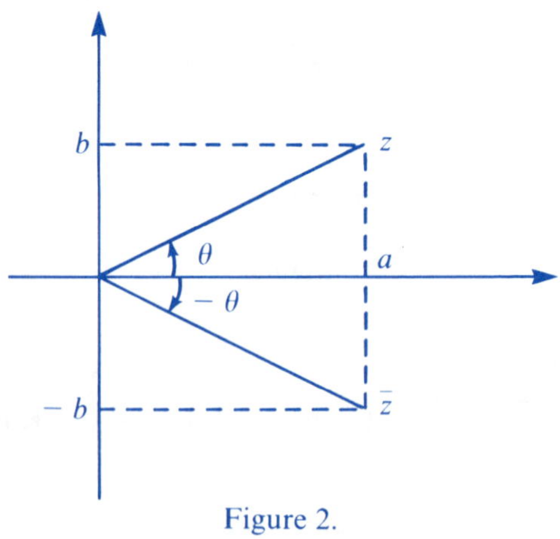

Figure 2.

On remarque que l'application $z \to \bar{z}$ est une application bijective de $\mathbb{C}$ sur $\mathbb{C}$ satisfaisant à :

$$\overline{z_1 + z_2} = \overline{z_1} + \overline{z_2}$$
$$\overline{z_1 z_2} = \overline{z_1} . \overline{z_2}$$

Elle est involutive puisque

$$\overline{(\bar{z})} = z \qquad \forall z \in \mathbb{C}$$

Enfin

$$z + \bar{z} = 2a \qquad a \in \mathbb{R}$$
$$z\bar{z} = (|z|)^2 = a^2 + b^2$$

Addition et soustraction de nombres complexes

Par définition la somme des nombres complexes $z_1 = [a_1, b_1]$ et $z_2 = [a_2, b_2]$ est le nombre complexe :

$$\boxed{Z = z_1 + z_2 = [a_1 + a_2, b_1 + b_2]}$$

M_1 et M_2 étant les images de z_1 et z_2, l'image M de Z est telle que

$$\overrightarrow{OM} = \overrightarrow{OM_1} + \overrightarrow{OM_2}$$

De l'inégalité triangulaire $OM \leqslant OM_1 + OM_2$ on déduit

$$|z_1 + z_2| \leqslant |z_1| + |z_2|$$

qu'on peut immédiatement généraliser

$$|z_1 + z_2 + \ldots + z_n| \leqslant |z_1| + |z_2| + \ldots + |z_n|$$

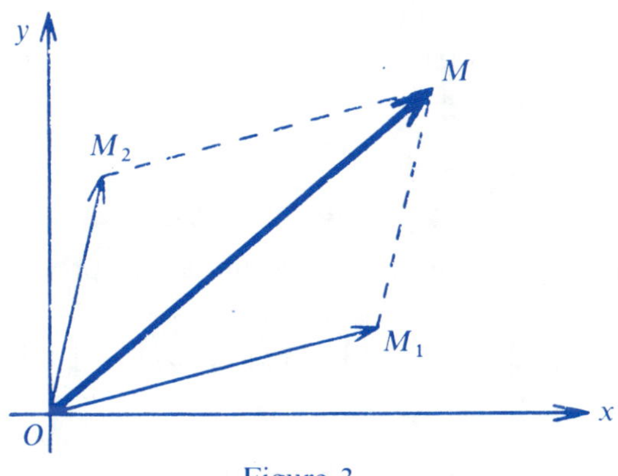

Figure 3.

Le module d'une somme de nombres complexes est inférieur ou égal à la somme des modules.

La différence des nombres complexes z_1 et z_2, soit $Z = z_1 - z_2$, est définie par $Z + z_2 = z_1$ et

$$Z = [a_1 - a_2, b_1 - b_2]$$

Les propriétés de commutativité et d'associativité de l'addition des nombres complexes découlent de la définition de la somme de deux nombres complexes.

Produit de deux nombres complexes

Le produit des nombres complexes $z_1 = (\rho_1, \theta_1)$ et $z_2 = (\rho_2, \theta_2)$ est, par définition, le nombre complexe de module $\rho_1 \cdot \rho_2$ et d'argument $\theta_1 + \theta_2$.

$$\boxed{Z = z_1 \cdot z_2 = (\rho_1 \cdot \rho_2, \theta_1 + \theta_2)}$$

Si $Z = [a, b]$, $z_1 = [a_1, b_1]$ et $z_2 = [a_2, b_2]$ on établit facilement les relations liant a et b à a_1, b_1, a_2 et b_2.

En effet

$$\begin{aligned} a &= \rho_1\rho_2 \cos(\theta_1 + \theta_2) \\ &= \rho_1\rho_2 (\cos\theta_1 \cos\theta_2 - \sin\theta_1 \sin\theta_2) \\ &= (\rho_1 \cos\theta_1) \cdot (\rho_2 \cos\theta_2) - (\rho_1 \sin\theta_1)(\rho_2 \sin\theta_2) \\ &= a_1a_2 - b_1b_2 \end{aligned}$$

De même

$$\begin{aligned} b &= \rho_1\rho_2 \sin(\theta_1 + \theta_2) \\ &= \rho_1\rho_2 (\sin\theta_1 \cos\theta_2 + \sin\theta_2 \cos\theta_1) \\ &= a_1b_2 + a_2b_1 \end{aligned}$$

d'où l'égalité

$$[a_1, b_1]\,[a_2, b_2] = [a_1a_2 - b_1b_2, a_1b_2 + a_2b_1]$$

Le résultat ci-dessus se généralise au cas du produit de n nombres complexes

$$|z_1 \cdot z_2 \cdot z_3 \ldots z_n| = |z_1| \cdot |z_2| \ldots |z_n|$$

et

$$\arg(z_1 \cdot z_2 \cdot z_3 \ldots z_n) = \arg z_1 + \arg z_2 + \ldots + \arg z_n \; (2\,\pi)$$

Quotient de deux nombres complexes

Si $Z = \dfrac{z_1}{z_2}$ est le quotient de z_1 par z_2 on peut, à partir de la définition de la multiplication, identifier le module R et l'argument Θ de Z.

$z_1 = Zz_2$ conduit à

$$\rho_1 = R\rho_2 \qquad \text{soit} \quad R = \frac{\rho_1}{\rho_2} \qquad \text{si } \rho_2 \neq 0, \text{ soit } z_2 \neq 0$$

$$\theta_1 = \Theta + \theta_2 \qquad \text{soit} \quad \Theta = \theta_1 - \theta_2$$

En particulier

$$\frac{1}{z} = \left(\frac{1}{\rho}, -\theta\right) \qquad \text{si } z \neq 0$$

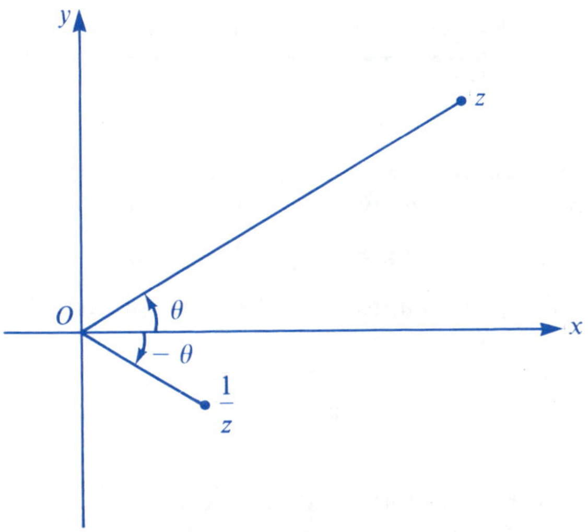

Figure 4.

3. NOMBRES RÉELS. NOMBRES IMAGINAIRES PURS. NOTATION ALGÉBRIQUE ET TRIGONOMÉTRIQUE DES NOMBRES COMPLEXES

Les nombres de la forme $z = [a, 0]$ ont leur image située sur l'axe des x. Nous pouvons confondre l'ensemble des nombres réels et l'ensemble des nombres complexes du type $z = [a, 0]$.

Les nombres z de la forme $[0, b]$ ont leur image située sur l'axe Oy. On dit qu'ils sont **imaginaires purs.** L'argument d'un nombre imaginaire pur est $\dfrac{\pi}{2}$ à $K\pi$ près.

Le nombre i

Le nombre imaginaire pur [0, 1] de module + 1 et d'argument $+\frac{\pi}{2}$ (à 2 $K\pi$ près) est désigné par i.

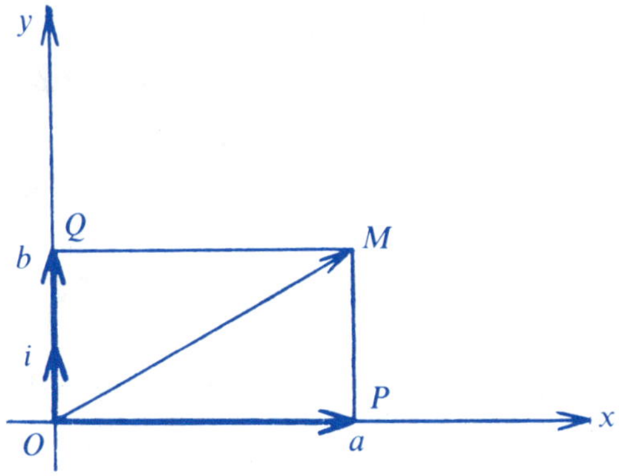

Figure 5.

Le nombre complexe $z = [a, b]$ d'image M est la somme des nombres $[a, 0]$ et $[0, b]$ ayant respectivement P et Q pour image

$$[a, b] = [a, 0] + [0, b]$$

or $[0, b] = b \cdot i$, et d'après les définitions précédentes

$$\boxed{z = a + ib}$$

$a + ib$ est la forme algébrique de z; a est la partie réelle et b la partie imaginaire de z. On note souvent $a = \mathcal{R}(z)$ et $b = \mathcal{I}(z)$ (*).

Et puisque $a = \rho \cos \theta$ et $b = \rho \sin \theta$ on peut encore écrire

$$\boxed{z = \rho (\cos \theta + i \sin \theta)}$$

qui est la forme trigonométrique de z.

Le nombre complexe i ayant pour module 1 et pour argument $+\frac{\pi}{2}$, la multiplication par i correspond donc à la rotation de centre O et

(*) Ou encore $a = Re(z)$, $b = Im(z)$.

d'angle $\frac{\pi}{2}$. En particulier i^2 a pour module 1 et pour argument π, ce qui conduits à $i^2 = 1.(\cos \pi + i \sin \pi) = -1$, d'où l'écriture courante (mais peu rigoureuse)

$$i = \sqrt{-1} \quad (*)$$

Applications.

Si $z_1 = a_1 + ib_1$ ou $z_1 = \rho_1 (\cos \theta_1 + i \sin \theta_1)$
$z_2 = a_2 + ib_2$ $z_2 = \rho_2 (\cos \theta_2 + i \sin \theta_2)$

La définition de la somme de deux nombres complexes conduit à

$$\boxed{z_1 + z_2 = a_1 + a_2 + i\,(b_1 + b_2)}$$

celle du produit à $z_1 \,.\, z_2 = (a_1a_2 - b_1b_2) + i(a_1b_2 + b_1a_2)$

ou encore $$\boxed{z_1z_2 = \rho_1\rho_2\,[\cos(\theta_1 + \theta_2) + i\sin(\theta_1 + \theta_2)]}$$

enfin, la division de z_1 par z_2 conduit à

$$\boxed{\frac{z_1}{z_2} = \frac{\rho_1}{\rho_2}[\cos(\theta_1 - \theta_2) + i\sin(\theta_1 - \theta_2)}$$

La multiplication est distributive par rappport à l'addition, elle est aussi commutative et associative.

Remarques

● **1.** $\mathbb{C}$ *est un corps commutatif.*

L'addition et la multiplication confèrent à $\mathbb{C}$ la structure de corps commutatif.

La multiplication est associative : le calcul de $[(a, b)\,(a', b')]\,(a'', b'')$ et celui de $[a, b].\,[(a', b')\,(a'', b'')]$ conduit au même résultat.

Elle est évidemment commutative et distributive par rapport à l'addition. L'élément (1, 0) est le neutre pour la multiplication.

(*) En fait $z^2 = -1 \Leftrightarrow z = \pm i$.

Enfin étudions l'existence de l'inverse (a', b') pour $(a, b) \in \mathbb{C}$:

$$(a, b)(a', b') = (1, 0) \Leftrightarrow \begin{cases} aa' - bb' = 1 \\ ab' + ba' = 0 \end{cases}$$

et en résolvant :

$$a' = \frac{a}{a^2 + b^2} \quad b' = \frac{-b}{a^2 + b^2} \quad \text{si } (a, b) \neq (0, 0)$$

● **2.** *$\mathbb{C}$ est un espace vectoriel sur $\mathbb{R}$*

Pour la loi externe notée $*$ qui à tout $\lambda \in \mathbb{R}$ et $(a, b) \in \mathbb{C}$ fait correspondre

$$\lambda * (a, b) = (\lambda, 0)(a, b) = (\lambda a, \lambda b)$$

compte tenu de la remarque 1, $\mathbb{C}$ est donc muni de la structure d'espace vectoriel sur le corps $\mathbb{R}$ des réels (*cf.* Tome 2).

● **3.** Nous remarquons le lien qui existe entre la similitude directe de centre O de rapport ρ et d'angle θ et la multiplication par $\rho(\cos\theta + i\sin\theta)$: si nous désignons par M et M' les images des deux nombres complexes z et z' et par P celle de leur produit zz' nous pouvons écrire :

$$OP = |zz'| = |z| . |z'| \quad \text{ou} \quad OP = OM . \rho'$$

avec $\rho' = OM'$

$$(\overrightarrow{Ox}, \overrightarrow{OP}) = \text{Arg}(zz') = \text{Arg}(z) + \text{Arg}(z') \Rightarrow (\overrightarrow{OM}, \overrightarrow{OP}) = \theta'$$

avec $\theta' = \text{Arg}(z')$.

Le point P se déduit de M image de z par la similitude associée à z'.

Le produit de deux similitudes est une similitude ayant pour rapport le produit des rapports et pour angle la somme des angles, le lien ci-dessus se traduit par le schéma

$$\begin{array}{ccccc} \rho\, e^{i\theta} & . & \rho'\, e^{i\theta'} & = & \rho\rho'\, e^{i(\theta+\theta')} \\ \updownarrow & & \updownarrow & & \updownarrow \\ \text{similitude } [O, \rho, \theta] & . & \text{similitude } [O, \rho', \theta'] & = & \text{similitude } [O, \rho\rho', \theta + \theta'] \end{array}$$

ou par le fait que le groupe multiplicatif des complexes non nuls $\mathbb{C}^*$ est isomorphe au groupe des similitudes de centre O.

4. FORMULE DE MOIVRE

Considérons le nombre complexe de module 1 et d'argument θ :

$$z = \cos\theta + i\sin\theta$$

Des résultats ci-dessus nous déduisons que z^n a pour module 1^n et pour argument $n\theta$ soit

$$\boxed{(\cos\theta + i\sin\theta)^n = \cos n\theta + i\sin n\theta} \quad \forall n \in \mathbb{N}$$

5. RACINES $n^{\text{ièmes}}$ D'UN NOMBRE COMPLEXE

Soit l'équation

$$z^n = \lambda \tag{1}$$

où λ est le nombre complexe $r(\cos\alpha + i\sin\alpha)$.

Posons $z = \rho(\cos\theta + i\sin\theta)$. Le module de z^n est ρ^n et son argument vaut $n\theta$.

L'égalité (1) équivaut à

$$\rho^n = r \quad \text{et} \quad n\theta = \alpha + 2K\pi$$

soit

$$\boxed{\rho = \sqrt[n]{r} \quad \text{et} \quad \theta = \frac{\alpha}{n} + \frac{2K\pi}{n}}$$

Lorsque K prend les valeurs $0, 1, 2, \ldots, n-1$, θ prend n valeurs distinctes, et on obtient pour l'équation (1) n racines ayant même module.

Leurs images sont les sommets d'un polygône régulier de n côtés.

Exemple.

Racines cubiques de l'unité

$$z^3 = 1$$

$$= \cos 2K\pi + i\sin 2K\pi$$

et

$$z = \cos\frac{2K\pi}{3} + i\sin\frac{2K\pi}{3}$$

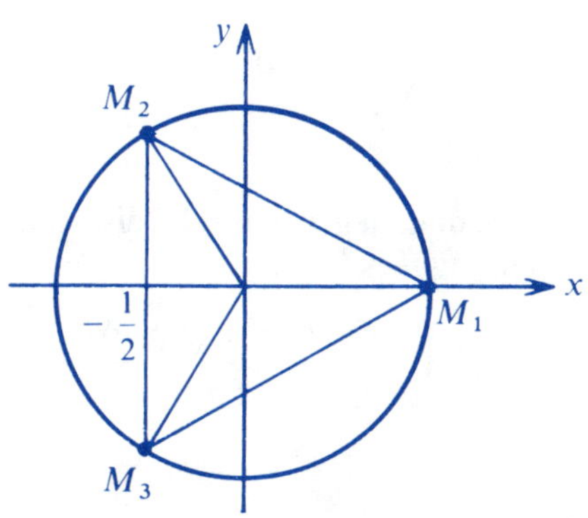

Figure 6.

Pour $K = 0, 1, 2$, on trouve

$$z_1 = 1$$

$$z_2 = \cos\frac{2\pi}{3} + i\sin\frac{2\pi}{3} = -\frac{1}{2} + i\frac{\sqrt{3}}{2} = j,$$

$$z_3 = \cos\frac{4\,\pi}{3} + i\sin\frac{4\,\pi}{3} = -\frac{1}{2} - i\frac{\sqrt{3}}{2} = j^2$$

Ces trois racines vérifient la relation

$$1 + j + j^2 = 0$$

et leurs images sont les sommets d'un triangle équilatéral.

Pour n quelconque, les racines n^{iemes} de l'unité constituent un groupe cyclique d'ordre n engendré par $a = \cos\frac{2\,\pi}{n} + i\sin\frac{2\,\pi}{n}$

6. RÉSOLUTION DE L'ÉQUATION DU SECOND DEGRÉ

Soit l'équation

$$ax^2 + bx + c = 0 \tag{2}$$

avec $\Delta = b^2 - 4\,ac < 0$ et a, b et c réels. En mettant le trinôme sous sa forme canonique, l'équation (2) s'écrit

$$\left(x + \frac{b}{2\,a}\right)^2 - \frac{b^2 - 4\,ac}{4\,a^2} = 0$$

ou

$$\left(x + \frac{b}{2\,a}\right)^2 = \frac{i^2\,(-\Delta)}{4\,a^2}$$

et

$$x = -\frac{b}{2\,a} \pm i\frac{\sqrt{-\Delta}}{2\,a}$$

L'équation du second degré dont le discriminant est négatif a deux racines complexes conjuguées

$$\frac{-b \pm i\sqrt{-\Delta}}{2\,a}$$

Exemple.

L'équation $x^2 - x + 1 = 0$ admet pour racines les quantités

$$x = \frac{1 \pm i\sqrt{3}}{2}$$

qui ne sont autres que $-j$ et $-j^2$.

7. TRANSFORMATIONS GÉOMÉTRIQUES SIMPLES

Parmi les nombreuses applications des nombres complexes, nous en signalons dès maintenant certaines fort simples d'ordre géométrique.

Si $\mathscr{D} \subset \mathbb{C}$, considérons les applications $f\colon \mathscr{D} \to \mathbb{C}$ ci-dessous et désignons par m et M les affixes de z et $Z = f(z)$

1) $f(z) = z + a$ où $a \in \mathbb{C}$

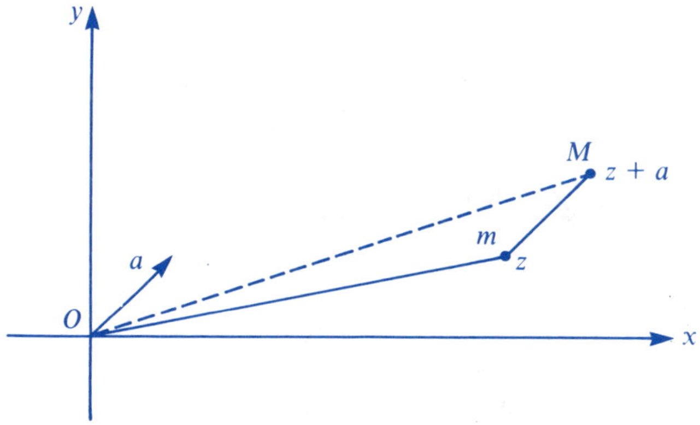

Figure 7.

On voit que la transformation géométrique associée est une translation de vecteur a.

2) $f(z) = az$ où $a \in \mathbb{C}$

Si $z = (\rho, \theta)$ et $a = (r, \alpha)$ M se déduit de m par similitude de centre O, de rapport r et d'angle α

$$Z = (r \cdot \rho, \theta + \alpha)$$

Si $r = |a| = 1$ alors $Z = z(\cos\alpha + i\sin\alpha)$ ou, relation inverse équivalente, $z = Z(\cos\alpha - i\sin\alpha)$

On en tire

$$\begin{cases} X = x\cos\alpha + y\sin\alpha \\ Y = -x\sin\alpha + y\cos\alpha \end{cases}$$

ou

$$\begin{cases} x = X\cos\alpha - Y\sin\alpha \\ y = X\sin\alpha + Y\cos\alpha \end{cases}$$

qui sont les traditionnelles formules de changement d'axes par rotation.

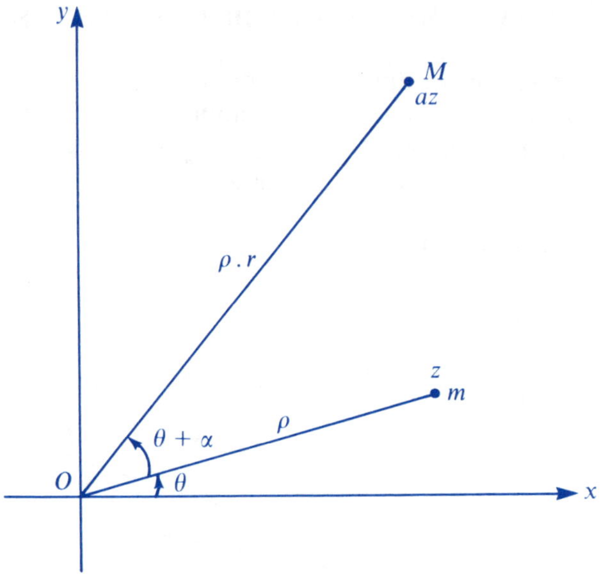

Figure 8.

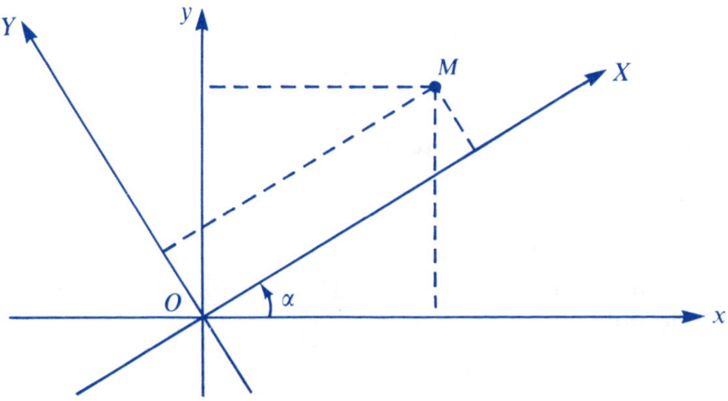

Figure 9.

3) $\underline{f(z) = az + b}$ $\quad a, b \in \mathbb{C}$

Si $a \neq 1$ les points doubles* de $Z = az + b$ sont donnés par $z = Z = z_0$ donc

$$z_0\,(1 - a) = b \quad \text{et} \quad z_0 = \frac{b}{1 - a}$$

---

* Ou points invariants.

L'expression $f(z) - z_0 = a(z - z_0)$ montre que c'est une similitude de centre M_0 affixe de z_0, d'angle $\alpha = \arg a$ et de rapport $|a|$; elle se réduit à une rotation pour $|a| = 1$.

4) $f(z) = \dfrac{1}{z}$

On passe de m à M par le produit, d'ailleurs commutatif, de
— l'inversion de pôle O et puissance 1*,
— une symétrie par rapport à l'axe des x.

5) $f(z) = \dfrac{az + b}{cz + d}$ $\qquad a, b, c, d \in \mathbb{C}$

Ce cas, fonction homographique de z, regroupe en fait tous les cas précédents; il suffit en effet d'écrire, si $c \neq 0$

$$Z = f(z) = \frac{a}{c} + \frac{bc - ad}{c^2\left(z + \dfrac{d}{c}\right)}$$

et il se ramène aux transformations géométriques rencontrées ci-dessus.

Posons
$$\lambda = \frac{a}{c} \in \mathbb{C}$$
$$\mu = \frac{bc - ad}{c^2}$$
$$\nu = \frac{d}{c}$$
$$f(z) = \lambda + \frac{\mu}{z + \nu}$$

d'après ce qui a précédé

$$\left\{\begin{array}{ll} z \longmapsto z_1 = z + \nu & \text{est une translation} \\ z_1 \longmapsto z_2 = \dfrac{1}{z_1} & \text{est une inversion suivie d'une symétrie} \\ z_2 \longmapsto z_3 = \mu z_2 & \text{est une similitude de centre } O \\ z_3 \longmapsto z_4 = z_3 + \lambda & \text{est une translation} \end{array}\right.$$

et la transformation homographique est donc la composée de ces différentes transformations élémentaires.

---

* Rappelons qu'on appelle inversion de pôle O et de puissance k la tranformation ponctuelle $M \longmapsto M'$ telle que O, M, M' alignés et $\overline{OM} \cdot \overline{OM'} = k$.

8. e^z POUR z COMPLEXE. FORMULES D'EULER

Soit $z = x + iy$. $(x, y) \in \mathbb{R}^2$

On définit e^z par (*)

$$e^z = e^{x+iy} = e^x (\cos y + i \sin y)$$

Il en résulte

$$| e^z | = e^x, \arg e^z = y + 2 k\pi, \quad k \in \mathbb{Z},$$

et

$$e^{z + 2ik\pi} = e^z$$

Ainsi e^z est une fonction périodique, de période $2 i\pi$.

Retenons surtout la « forme exponentielle » du complexe $z = (\rho, \theta)$:

$$\boxed{z = \rho e^{i\theta}}$$

La définition de e^z, associée à la loi $(\rho, \theta) . (\rho', \theta') = (\rho\rho', \theta + \theta')$ permet d'étendre aux exponentielles complexes la relation fondamentale

$$e^z e^{z'} = e^{z+z'}$$

Pour $y = 0$, $z = x$ est réel et e^z se réduit à e^x. Dans le cas où z est imaginaire pur on obtient

$$e^{iy} = \cos y + i \sin y$$

et en changeant y en $- y$

$$e^{-iy} = \cos y - i \sin y$$

En ajoutant et retranchant membre à membre ces deux égalités, on obtient les formules d'Euler :

$$\boxed{\cos y = \frac{e^{iy} + e^{-iy}}{2} \qquad \sin y = \frac{e^{iy} - e^{-iy}}{2 i}}$$

On définit de même pour $z \in \mathbb{C}$:

$$\operatorname{ch} z = \frac{e^z + e^{-z}}{2} \qquad \operatorname{sh} z = \frac{e^z - e^{-z}}{2}$$

$$\cos z = \frac{e^{iz} + e^{-iz}}{2} \qquad \sin z = \frac{e^{iz} - e^{-iz}}{2 i}$$

$$\operatorname{th} z = \frac{\operatorname{sh} z}{\operatorname{ch} z} \qquad \operatorname{tg} z = \frac{\sin z}{\cos z}$$

(*) Une justification plus complète de e^z par les séries entières sera vue dans le tome 3.

les relations liant les lignes hyperboliques et trigonométriques de z sont :

$$\sin iz = i \operatorname{sh} z \quad \cos iz = \operatorname{ch} z$$
$$\operatorname{sh} iz = i \sin z \quad \operatorname{ch} iz = \cos z$$

Les développements en série qui suivent seront étudiés au tome 3 :

$$\sin z = \sum_{n=0}^{\infty} (-1)^n \frac{z^{2n+1}}{(2n+1)!}$$
$$\cos z = \sum_{n=0}^{\infty} (-1)^n \frac{z^{2n}}{(2n)!}$$
$$\operatorname{sh} z = \sum_{n=0}^{\infty} \frac{z^{2n+1}}{(2n+1)!}$$
$$\operatorname{ch} z = \sum_{n=0}^{\infty} \frac{z^{2n}}{(2n)!}$$

Résumé du chapitre 7

- **Nombres complexes.**

$z = [a, b]$
L'image de z est le point de coordonnées a, b.
Module de z : $\rho = \sqrt{a^2 + b^2}$

Argument θ de z : $\theta = (\overrightarrow{Ox}, \overrightarrow{OM})$, $\operatorname{tg} \theta = \frac{b}{a}$, $\cos \theta = \frac{a}{\rho}$, $\sin \theta = \frac{b}{\rho}$

$$i = \sqrt{-1}$$
$$z = a + ib = (\rho, \theta)$$
$$= \rho (\cos \theta + i \sin \theta)$$

Produit de $z_1 = (\rho_1, \theta_1)$ par $z_2 = (\rho_2, \theta_2)$

$$z_1 . z_2 = (\rho_1 . \rho_2, \theta_1 + \theta_2)$$

- **Formule de Moivre.**

$$(\cos \theta + i \sin \theta)^n = \cos n\theta + i \sin n\theta$$

• **Formules d'Euler.**

$$\cos\alpha = \frac{e^{i\alpha} + e^{-i\alpha}}{2}$$

$$\sin\alpha = \frac{e^{i\alpha} - e^{-i\alpha}}{2\,i}$$

• $(\rho, \theta) = \rho e^{i\theta}$

EXERCICES

ÉNONCÉS

■ **1.** Utiliser la formule de Moivre pour calculer $\cos 3\,\theta$ et $\sin 3\,\theta$.

■ **2.** Calculer les deux sommes

$$U_n = 1 + a\cos\theta + a^2\cos 2\,\theta + \ldots + a^n\cos n\theta$$
$$V_n = a\sin\theta + a^2\sin 2\,\theta + \ldots + a^n\sin n\theta$$

et leurs limites U et V lorsque $n \to \infty$

■ **3.** Quelle condition faut-il imposer à z pour que $|z + 5| = |z - i|$?

■ **4.** L'image de $z = x + iy$ décrivant le cercle

$$x^2 + y^2 - 2\,a\,x = 0$$

qu'en est-il de celle de $Z = \dfrac{z-1}{z+1}$?

■ **5.** z décrivant un cercle centré à l'origine, que décrit Z sachant que

$$Z^2 = z + 1$$

■ **6.** A z d'image m on associe $Z = \dfrac{i}{z+i}$ d'image M.

Que décrit M quand m décrit une droite ou un cercle?

■ **7.** On considère l'équation

$$z^6 - 2z^3 \cos\theta + 1 = 0 \qquad \theta \in \mathbb{R}$$

en cherchant les racines, décomposer le trinôme $z^6 - 2z^3 \cos\theta + 1$ en produit de trois trinômes du second degré à coefficients réels. Pour quelles valeurs de θ les images des racines de l'équation sont-elles les sommets d'un hexagone régulier ou d'un triangle équilatéral ?

■ **8.** Résoudre l'équation $z + |z| = a$, a étant un complexe donné.

---

*■ **9.** Démontrer qu'une condition nécessaire et suffisante pour que les quatre points A, B, C, D, d'affixes a, b, c, d, soient alignés ou cocycliques, peut s'écrire :

$$\frac{c-a}{c-b} \cdot \frac{d-b}{d-a} \in \mathbb{R} \qquad (1)$$

En déduire l'ensemble des points M d'affixes z tels que les quatre points $A\,(1)$, $M\,(z)$, $M'\left(\dfrac{1}{z}\right)$, $M''(1-z)$ soient alignés ou cocycliques.

Indication : on pourra traduire (1) par une relation angulaire.

■ **10.** θ étant un réel donné, calculer les sommes

$$a)\ S = \sum_{k=0}^{n} C_n^k \cos k\theta$$

$$b)\ S' = \sum_{k=0}^{n} \frac{\cos k\theta}{\cos^k \theta} \qquad \left(\theta \neq \frac{\pi}{2}, \bmod \pi\right)$$

■ **11.** Soit $\alpha^7 = 1$. Calculer les diverses valeurs possibles de la somme

$$S = \frac{\alpha}{1+\alpha^2} + \frac{\alpha^2}{1+\alpha^4} + \frac{\alpha^3}{1+\alpha^6}$$

---

*■ **12.** Démontrer qu'une condition nécessaire et suffisante pour que deux complexes z_1 et z_2 aient même module ou même argument peut s'écrire

$$\operatorname{Arg}(z_1 + z_2) = \frac{\operatorname{Arg} z_1 + \operatorname{Arg} z_2}{2} \left(\bmod \frac{\pi}{2}\right)$$

En déduire une relation $f(a, b, c, d) = 0$ entre les réels a, b, c, d exprimant que les racines de l'équation $z^2 - (a + ib)\,z + c + id = 0$ ont même module ou même argument.

■ **13.** A, B, C, D étant quatre points d'un plan, on appelle I, J, K, L les centres des rotations de $+\frac{\pi}{2}$ transformant respectivement A en B, B en C, C en D, D en A.

Démontrer que les segments IK et JL sont égaux et perpendiculaires.

■ **14.** Soit l'équation du second degré

$$Z^2 - 2(\cos\theta + i\sin\theta)\,Z + 1 = 0.$$

1) Montrer que ses racines Z' et Z'' ont leurs modules inverses l'un de l'autre et leurs arguments opposés.

2) M' et M'' étant les images de Z' et Z'', quel est le lieu du milieu M du segment $M'\,M''$ lorsque θ varie ?

3) Pour quelles valeurs de θ, Z' et Z'' seront toutes deux imaginaires pures ? réelles ?

■ **15.** On considère la transformation du plan complexe

$$Z = \frac{z}{2 - z}.$$

a) Déterminer ses points invariants.

b) L'itération à partir de z_1 tel que $z_1 \neq 0$; $z_1 \neq 1$; $|z_1| \leqslant 1$ donne la suite z_n telle que

$$z_{n+1} = \frac{z_n}{2 - z_n}.$$

Montrer que $0 < |z_2| < |z_1|$, puis en général que la suite $\{|z_n|\}$ est strictement décroissante.

c) Montrer que $\lim\limits_{n \to +\infty} z_n = 0$. On pourra remarquer d'abord que

$$|2 - z_n| \geqslant 2 - |z_1|.$$

---

*■ **16.** Discuter l'équation

$$\frac{a - z}{a + z} = e^{2z} \qquad a \in \mathbb{R}\,; \quad z \in \mathbb{C}.$$

(On comparera les modules des deux membres suivant le signe de $\mathcal{R}e\,(z)$)

---

*■ **17.** Calculer

$$\lim_{n \to \infty} \prod_{k=1}^{n} \frac{1 + k\,(k+1) + i}{1 + k\,(k+1) - i}, \quad k \in \mathbb{R}$$

EXERCICES SUPPLÉMENTAIRES

■ **18.** Déterminer module et argument des nombres complexes suivants :

a) $2\alpha + i(1 - \alpha^2)$ $(\alpha \in \mathbb{R})$.

b) $1 + \cos\alpha + i\sin\alpha$.

c) $(1 + i\sqrt{3})^6$.

■ **19.** Montrer que tout complexe z de module 1 $(z \neq 1)$ peut se mettre sous la forme

$$z = \frac{x - i}{x + i} \quad (x \in \mathbb{R}).$$

■ **20.** Déterminer z pour que az^2, a^2z et z^3 aient pour images les 3 sommets d'un triangle équilatéral $(a \in \mathbb{C})$.

■ **21.** Déterminer z tel que

$$|z| = \left|\frac{2 + i}{z}\right| + |z - 1|.$$

■ **22.** Déterminer le lieu des points M, d'affixe z tels que

$$\left(\frac{z}{z - 1}\right)^3 \text{ soit réel.}$$

■ **23.** Montrer que les solutions de $(z - 2)^5 = z^5$ ont des images alignées dans le plan complexe.

■ **24.** On considère l'expression

(E) $$(x + jy + j^2z)^3 \quad \text{où} \quad x, y, z \in \mathbb{C}$$

En supposant x, y, z fixés, montrer que lorsqu'on permute de toutes les manières possibles les nombres x, y, z, l'expression (E) ne peut prendre que 2 valeurs distinctes $A(x, y, z)$ et $B(x, y, z)$. A quelle condition a-t-on $A = B$?

---

*■ **25.** Montrer que : $(\forall z \in \mathbb{C})$ $(\forall z' \in \mathbb{C})$

$$|z + z'|^2 + |z - z'|^2 = 2(|z|^2 + |z'|^2)$$

(identité du parallélogramme)

En déduire que si $zz' = u^2$, alors :

$$|z| + |z'| = \left|\frac{z + z'}{2} + u\right| + \left|\frac{z + z'}{2} - u\right|.$$

■26. A tout nombre complexe z ($z \neq 1$), on associe Z par

$$Z = \frac{z+1}{z-1}. \qquad (1)$$

1) Montrer que $\mathscr{R}e\,(z) < 0 \Leftrightarrow |Z| < 1$.
2) Calculer les racines z_1 et z_2 de l'équation $z^2 + 2z + 2 = 0$.

Calculer

$$z_1^n + z_2^n.$$

3) Former l'équation du second degré admettant pour racines Z_1 et Z_2 associés à z_1 et z_2 du 2° par la relation (1). Quelle propriété des racines peut-on déduire des résultats du 1° ?

■27. Quelle est l'image par la transformation

$$Z = \frac{z}{2-z}$$

du cercle $|z - 1| = 1$ du plan complexe ? ($z \neq 2$)

■28. On considère la transformation

$$Z = \frac{z^2}{z+i}$$

qui à tout point m d'affixe z (sauf une exception évidente) du plan complexe fait correspondre le point M d'affixe Z. Déterminer les lieux Γ et Γ' des images de z pour que M décrive respectivement l'axe imaginaire et l'axe réel. On posera $z = x + iy$.

■29. Soient les nombres complexes Z et z liés par la relation

$$\frac{Z-1}{Z+1} = e^{i\alpha}\frac{z-1}{z+1} \qquad (\alpha \in \mathbb{R})$$

et f l'application du plan complexe ainsi définie, que l'on notera

$$z \to Z = f(z).$$

Montrer que f est bijective. En déterminer les points invariants. Pour quelles valeurs de α la suite

$$f(z_1) = z_2,\quad f(z_2) = f^2(z_1) = z_3,\ \dots,\ z_n = f(z_{n-1}) = f^{n-1}(z_1),\ \dots$$

est-elle composée d'un nombre fini d'éléments ?

---

30. On donne la transformation

$$U = \frac{1}{2}\left(z + \frac{1}{z}\right).$$

Lieu du point image de U quand le point image de z décrit un cercle de centre O ou une droite passant par O.

SOLUTIONS

1.
$$\cos 3\theta + i \sin 3\theta = (\cos\theta + i\sin\theta)^3$$
$$= \cos^3\theta + 3\cos^2\theta \,.\, i\sin\theta + 3\cos\theta\, i^2 \sin^2\theta + i^3\sin^3\theta.$$

En égalisant séparément partie réelle et partie imaginaire, nous obtenons

$$\begin{aligned}
\cos 3\theta &= \cos^3\theta - 3\cos\theta\sin^2\theta \\
&= \cos^3\theta - 3\cos\theta\,(1 - \cos^2\theta) \\
&= 4\cos^3\theta - 3\cos\theta, \\
\sin 3\theta &= 3\cos^2\theta\sin\theta - \sin^3\theta \\
&= 3\sin\theta - 4\sin^3\theta.
\end{aligned}$$

---

2. Pour utiliser la formule de Moivre, formons $U_n + iV_n$:

$$U_n + iV_n = 1 + a(\cos\theta + i\sin\theta) + a^2(\cos\theta + i\sin\theta)^2 + \ldots + a^n(\cos\theta + i\sin\theta)^n$$
$$= \sum_{k=0}^{n} a^k e^{ik\theta}$$

progression géométrique de raison $ae^{i\theta}$

d'où
$$U_n + iV_n = \frac{1 - a^{n+1}[\cos(n+1)\theta + i\sin(n+1)\theta]}{1 - a(\cos\theta + i\sin\theta)}$$

Pour obtenir U_n et V_n il suffit de séparer parties réelle et imaginaire, en multipliant par la quantité conjuguée du dénominateur, on trouve

$$U_n = \frac{[1 - a^{n+1}\cos(n+1)\theta](1 - a\cos\theta) + a^{n+2}\sin\theta\sin(n+1)\theta}{1 - 2a\cos\theta + a^2}$$

$$V_n = \frac{a\sin\theta[1 - a^{n+1}\cos(n+1)\theta] - a^{n+1}(1 - a\cos\theta)\sin(n+1)\theta}{1 - 2a\cos\theta + a^2}$$

d'où
$$U_n = \frac{1 - a\cos\theta - a^{n+1}\cos(n+1)\theta + a^{n+2}\cos n\theta}{1 - 2a\cos\theta + a^2}$$

$$V_n = \frac{a\sin\theta - a^{n+1}\sin(n+1)\theta + a^{n+2}\sin n\theta}{1 - 2a\cos\theta + a^2}$$

Les limites obtenues pour n tendant vers l'infini n'existent que si $|a| < 1$

On a alors $$U + i\,V = \frac{1}{1 - a(\cos\theta + i\sin\theta)}$$

soit
$$U = \frac{1 - a\cos\theta}{1 - 2a\cos\theta + a^2} \qquad V = \frac{a\sin\theta}{1 - 2a\cos\theta + a^2}$$

■ **3.** La condition $|z + 5| = |z - i|$ est équivalente à
$$|z + 5|^2 = |z - i|^2$$
et pour $z = x + iy \quad x, y \in \mathbb{R}$ on a
$$(x + 5)^2 + y^2 = x^2 + (1 - y)^2$$
soit encore

$$y = -5x - 12$$

équation d'une droite

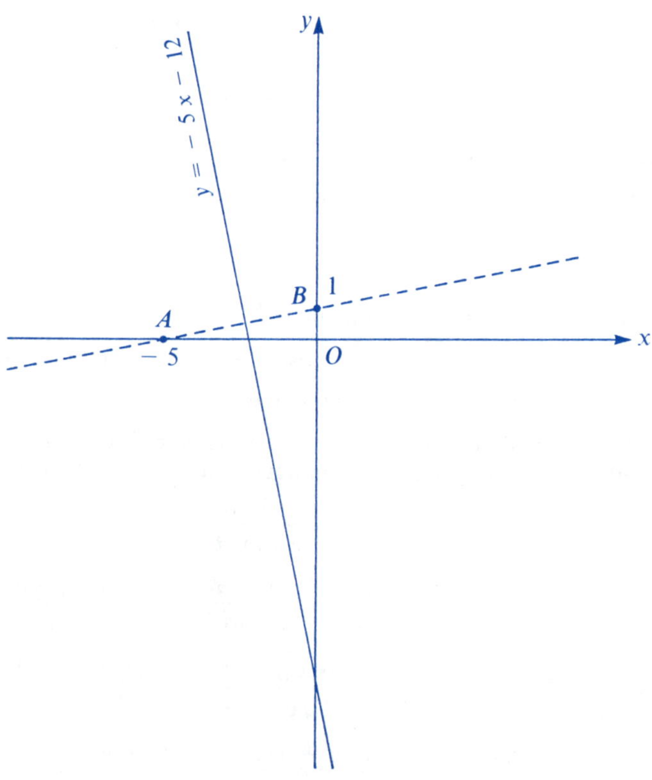

Figure 10.

Ce résultat était d'ailleurs prévisible puisque $|z + 5| = |z - i|$ traduit que l'image de z est équidistante des points A d'affixe -5 soit A $(-5, 0)$ et B d'affixe i soit B $(0, 1)$ et l'ensemble cherché n'est autre que la médiatrice de AB.

■ **4.** Posons

$$Z = X + iY$$
$$z\bar{z} = x^2 + y^2$$
$$z + \bar{z} = 2x$$

et l'équation du cercle est également donnée par la relation

$$z\bar{z} - a(z + \bar{z}) = 0 \qquad (1)$$

L'expression de z en fonction de Z est déduite de

$$zZ + Z - z + 1 = 0$$

soit

$$z = -\frac{Z + 1}{Z - 1}$$

et en portant dans (1)

$$\frac{(Z + 1)}{(Z - 1)} \cdot \frac{(\bar{Z} + 1)}{(\bar{Z} - 1)} + a\left[\frac{(Z + 1)}{(Z - 1)} + \frac{(\bar{Z} + 1)}{(\bar{Z} - 1)}\right] = 0$$

on obtient après réduction

$$Z\bar{Z} + Z + \bar{Z} + 1 + a(Z\bar{Z} + \bar{Z} - Z - 1 + Z\bar{Z} - \bar{Z} + Z - 1) = 0$$

soit encore

$$Z\bar{Z} + Z + \bar{Z} + 1 + 2a(Z\bar{Z} - 1) = 0$$

et remplaçant $Z\bar{Z}$ par $X^2 + Y^2$, $Z + \bar{Z}$ par $2X$, il reste

$$(1 + 2a)(X^2 + Y^2) + 2X + 1 - 2a = 0$$

Si $a \neq -\frac{1}{2}$ Z décrit donc un cercle.

Si $a = -\frac{1}{2}$ Z décrit la droite d'abscisse -1.

■ **5.** Posons

$$z = \rho e^{i\theta}$$
$$Z^2 = (X + iY)^2 = 1 + \rho e^{i\theta}$$

soit

$$X^2 - Y^2 + 2iXY = 1 + \rho\cos\theta + i\rho\sin\theta$$

séparant parties réelles et imaginaires, on a

$$X^2 - Y^2 = 1 + \rho \cos \theta$$
$$2\,XY = \rho \sin \theta$$

et après élimination de θ

$$(X^2 - Y^2 - 1)^2 + 4\,X^2Y^2 = \rho^2$$

ou encore

$$(X^2 + Y^2)^2 - 2\,(X^2 - Y^2) = \rho^2 - 1$$

quartique qui, pour $\rho = 1$, se réduit à une lemniscate (voir tome 2).

■ **6.** Posons $z_1 = z + i$; m_1 image de z_1 se déduit de m par une translation parallèle à Oy et d'amplitude 1.

$z_2 = \dfrac{1}{z_1}$ a pour image m_2 qui se déduit de m_1 par la composition, dans un ordre indifférent, d'une inversion de pôle O et de puissance 1 et d'une symétrie par rapport à Ox.

Enfin M se déduit par une rotation d'angle $+\dfrac{\pi}{2}$ et de centre O puisque $Z = iz_2$.

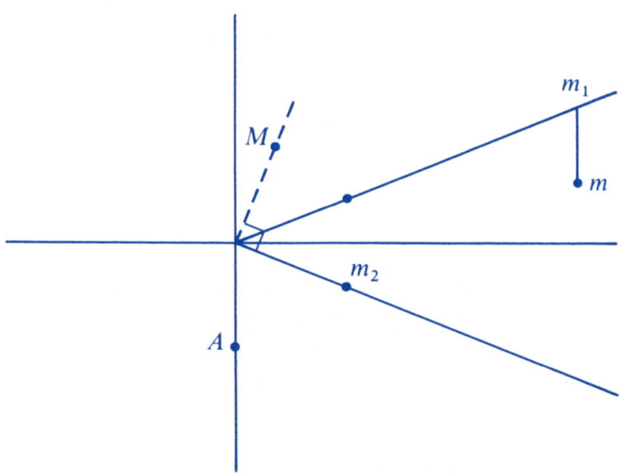

Figure 11.

Si m décrit une droite Δ ne passant pas par le point A image de $-i$, m_1 décrit une droite parallèle à Δ ne passant pas par l'origine; l'inversion de pôle O et de puissance 1 transforme cette droite en un cercle et M décrit donc aussi un cercle; si m décrit une droite passant par A, M se déplace sur une droite issue de O.

Si m décrit un cercle ne passant pas par A, alors M décrit également un cercle.

Si m décrit un cercle passant par A, M décrit une droite.

■ **7.** Posons $Z = z^3$.

L'équation $Z^2 - 2Z\cos\theta + 1 = 0$ a pour discriminant

$$\delta' = \cos^2\theta - 1 = -\sin^2\theta$$

d'où les racines

$$Z_1 = \cos\theta + i\sin\theta = e^{i\theta} \quad \text{et} \quad Z_2 = \cos\theta - i\sin\theta = e^{-i\theta}$$

D'où pour z les valeurs : $z_j = e^{\pm i\left(\frac{\theta}{3} + \frac{2K\pi}{3}\right)}$ $\quad 1 \leqslant j \leqslant 6$, $\quad 1 \leqslant k \leqslant 3$

$$\begin{cases} z_1 = \cos\dfrac{\theta}{3} + i\sin\dfrac{\theta}{3} \\ z_2 = \cos\left(\dfrac{\theta}{3} + \dfrac{2\pi}{3}\right) + i\sin\left(\dfrac{\theta}{3} + \dfrac{2\pi}{3}\right) \\ z_3 = \cos\left(\dfrac{\theta}{3} + \dfrac{4\pi}{3}\right) + i\sin\left(\dfrac{\theta}{3} + \dfrac{4\pi}{3}\right) \\ z_4 = \cos\dfrac{\theta}{3} - i\sin\dfrac{\theta}{3} = \overline{z_1} \\ z_5 = \cos\left(\dfrac{\theta}{3} + \dfrac{2K\pi}{3}\right) - i\sin\left(\dfrac{\theta}{3} + \dfrac{2K\pi}{3}\right) = \overline{z_2} \\ z_6 = \cos\left(\dfrac{\theta}{3} + \dfrac{4K\pi}{3}\right) - i\sin\left(\dfrac{\theta}{3} + \dfrac{4K\pi}{3}\right) = \overline{z_3} \end{cases}$$

L'équation proposée peut donc s'écrire

$$(z - z_1)(z - \overline{z_1})(z - z_2)(z - \overline{z_2})(z - z_3)(z - \overline{z_3}) = 0$$

Or $z + \bar{z} = 2\mathcal{R}(z)$

$$z \cdot \bar{z} = |z|^2$$

et l'égalité ci-dessus conduit à la décomposition demandée

$$\left(z^2 - 2z\cos\frac{\theta}{3} + 1\right)\left[z^2 - 2z\cos\left(\frac{\theta}{3} + \frac{2\pi}{3}\right) + 1\right]\left[z^2 - 2z\cos\left(\frac{\theta}{3} + \frac{4\pi}{3}\right) + 1\right]$$

Les expressions des racines montrent que z_1, z_2, z_3 sont les sommets d'un triangle équilatéral inscrits dans le cercle de rayon 1 centré en O, z_4, z_5, z_6 celles d'un triangle symétrique du précédent par rapport à Ox.

Les six points figurant les racines seront sommets d'un hexagone régulier pour $\frac{\theta}{3} = \frac{\pi}{6}$ soit $\theta = \frac{\pi}{2}$.

Ils seront sommets d'un triangle équilatéral si les deux triangles précédents sont confondus, soit si $\frac{\theta}{3} = 0$ ou $\theta = 0$.

■ **8.** Soit $a = \alpha + i\beta$, α et β étant réels. L'équation proposée équivaut : en posant $z = x + iy$, (x, y réels), au système

$$\begin{cases} x + \sqrt{x^2 + y^2} = \alpha & (1) \\ y = \beta & (2) \end{cases}$$

y est donc connu, et x donné par (1) : $\sqrt{x^2 + \beta^2} = \alpha - x$, qui équivaut encore à $x^2 + \beta^2 = (\alpha - x)^2$, $\alpha - x \geqslant 0$, soit

$$x^2 + \beta^2 = \alpha^2 - 2\,\alpha x + x^2, \quad 2\,\alpha x = \alpha^2 - \beta^2, \quad \text{avec } x \leqslant \alpha$$

D'où la discussion suivante :

- Si $\alpha = 0$, $\beta \neq 0$, pas de solution.
- Si $\alpha = \beta = 0$, c'est-à-dire $a = 0$, on obtient $y = 0$, $x \leqslant 0$, l'ensemble S des solutions est $\mathbb{R}^-$.
- Si $\alpha \neq 0$, on doit réaliser $x = \frac{\alpha^2 - \beta^2}{2\,\alpha}$, avec $\alpha - \frac{\alpha^2 - \beta^2}{2\,\alpha} \geqslant 0$,

soit $-\frac{\alpha^2 + \beta^2}{2\,\alpha} \leqslant 0$, donc $\alpha > 0$. L'unique solution est alors

$$z_0 = \frac{\alpha^2 - \beta^2}{2\,\alpha} + i\beta.$$

En résumé, l'équation $z + |z| = a = \alpha + i\beta$ n'admet de solutions que dans les cas suivants :

$$a = 0, S = \mathbb{R}^-$$

$$\alpha > 0, S = \{ z_0 \}, z_0 = \frac{\alpha^2 - \beta^2}{2\,\alpha} + i\beta$$

---

*■ **9.** On peut éliminer le cas où deux des points A, B, C, D seraient confondus, puisque trois points donnés sont forcément alignés en cocycliques. (1) peut donc s'écrire :

$$\frac{c - a}{c - b} = \lambda \frac{d - a}{d - b}, \ \lambda \in \mathbb{R}, \text{ ou encore}$$

$$\operatorname{Arg}\frac{c-a}{c-b} = \operatorname{Arg}\frac{d-a}{d-b} \pmod{\pi}$$

$$\operatorname{Arg}(c-a) - \operatorname{Arg}(c-b) = \operatorname{Arg}(d-a) - \operatorname{Arg}(d-b) \pmod{\pi}.$$

Or si Ox est l'axe des réels,

$$\operatorname{Arg}(c-a) = (\overrightarrow{Ox}, \overrightarrow{AC}),$$

et $$(\overrightarrow{Ox}, \overrightarrow{AC}) - (\overrightarrow{Ox}, \overrightarrow{BC}) = (\overrightarrow{BC}, \overrightarrow{AC}) = (\overrightarrow{CB}, \overrightarrow{CA})$$

donc $$(1) \Leftrightarrow (\overrightarrow{CB}, \overrightarrow{CA}) = (\overrightarrow{DB}, \overrightarrow{DA}) \pmod{\pi}.$$

$$\text{ou} \quad (CB, CA) = (DB, DA), \qquad (2)$$

angles orientés de droites non orientées, définis à $k\pi$ près.

Si la valeur commune de ces deux angles est nulle (mod π), les points A, B, C, D sont alignés. Si elle n'est pas nulle (figure ci-dessous), (2) exprime que A, B, C, D sont cocycliques.

Ainsi (1) est une condition nécessaire et suffisante pour que A, B, C, D soient alignés ou cocycliques.

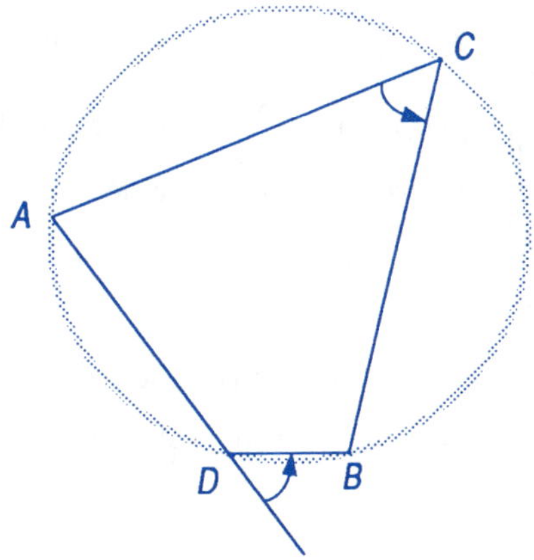

Figure 12

Dans la seconde partie de l'exercice, la condition imposée à z s'écrit (avec $z \neq 0$, $z \neq \mathbb{R}$)

$$\frac{\frac{1}{z}-1}{\frac{1}{z}-z} \cdot \frac{1-z-z}{1-z-1} \in \mathbb{R}, \quad \frac{1-z}{1-z^2} \cdot \frac{2z-1}{z} \in \mathbb{R}, \quad \frac{2z-1}{z(z+1)} \in \mathbb{R}.$$

Soit x, y les coordonnées de M, on veut

$$2\,(x + iy) - 1 = \lambda\,(x + iy)\,(x + iy + 1),$$

λ étant un réel, soit :

$$2\,x - 1 + 2\,iy = \lambda\,[x\,(x + 1) - y^2 + iy\,(2\,x + 1)]$$

ou

$$2\,x - 1 = \lambda\,[x\,(x + 1) - y^2], \quad 2\,y = \lambda y\,(2\,x + 1)$$

On voit apparaître le cas particulier $y = 0$, qui fournit la solution, évidente a priori, $z \in \mathbb{R}^*$.

Pour $y \neq 0$, l'élimination de λ donne

$$\frac{2\,x - 1}{2} = \frac{x\,(x + 1) - y^2}{2\,x + 1}$$

soit

$$4\,x^2 - 1 = 2\,x\,(x + 1) - 2\,y^2$$

$$x^2 + y^2 - x - \frac{1}{2} = 0$$

Sous la forme $\left(x - \frac{1}{2}\right)^2 + y^2 = \frac{3}{4}$, on reconnaît l'équation d'un cercle Γ de centre $\omega\,\left(\frac{1}{2}, 0\right)$ et de rayon $\frac{\sqrt{3}}{2}$. L'ensemble cherché est donc l'union de ce cercle Γ et de la droite réelle privée de l'origine.

■ 10. Dans ces deux exercices, du même type, le passage par les complexes peut s'effectuer soit en utilisant la formule d'Euler $\cos k\theta = \frac{e^{ik\theta} + e^{-ik\theta}}{2}$, soit plus simplement en écrivant

$$S = \operatorname{Re}(A)\,, \quad A = \sum_{k=0}^{n} C_n^k\, e^{ik\theta}$$

$$S' = \operatorname{Re}(A'),\ A' = \sum_{k=0}^{n} \frac{e^{ik\theta}}{\cos^k \theta}$$

a) Calculons donc $A = \sum_{0}^{n} C_n^k\,(e^{i\theta})^k$, on reconnaît le développement du binôme de Newton

$$(1 + e^{i\theta})^n = (1 + \cos\theta + i\sin\theta)^n = \left(2\cos^2\frac{\theta}{2} + 2\,i\sin\frac{\theta}{2}\cos\frac{\theta}{2}\right)^n$$

soit

$$A = \left(2\cos\frac{\theta}{2}\right)^n \left(\cos\frac{\theta}{2} + i\sin\frac{\theta}{2}\right)^n = 2^n \cos^n\frac{\theta}{2}\left(\cos\frac{n\theta}{2} + i\sin\frac{n\theta}{2}\right)$$

d'où on déduit

$$S = 2^n \cos^n\frac{\theta}{2}\cos\frac{n\theta}{2}$$

b) De même $A' = \sum_0^n \left(\frac{e^{i\theta}}{\cos\theta}\right)^k$, somme des termes d'une suite géométrique de $n + 1$ termes, de premier terme 1 et de raison $q = \frac{e^{i\theta}}{\cos\theta}$. On sait que

$$A' = \sum_0^n q^k = \frac{q^{n+1} - 1}{q - 1}, \quad \text{pour } q \neq 1,$$

donc

$$1 + i\,\mathrm{tg}\,\theta \neq 1,\ \mathrm{tg}\,\theta \neq 0,\ \theta \neq 0 \pmod{\pi}.$$

Donc

$$A' = \frac{\dfrac{e^{i(n+1)\theta}}{\cos^{n+1}\theta} - 1}{\dfrac{e^{i\theta}}{\cos\theta} - 1} = \frac{\cos(n+1)\theta + i\sin(n+1)\theta - \cos^{n+1}\theta}{\cos^n\theta(\cos\theta + i\sin\theta - \cos\theta)}$$

dont la partie réelle est

$$S' = \frac{\sin(n+1)\theta}{\sin\theta\cos^n\theta} \tag{1}$$

Cette formule ne vaut que pour $\theta \neq 0 \pmod{\pi}$. Pour $\theta = 0 \pmod{\pi}$, on a $q = 1$, $A' = n + 1$ et $S' = n + 1$. On vérifiera facilement, en distinguant $\theta = 0$ et $\theta = \pi \pmod{2\pi}$, que $n + 1$ est bien la limite de l'expression (1) quand θ tend vers 0 ou π.

■ 11. Pour $\alpha = 1$, on a aussitôt $S = \frac{3}{2}$.

Pour $\alpha \neq 1$, donc complexe, nous utiliserons

$$\alpha^7 - 1 = (\alpha - 1)(\alpha^6 + \alpha^5 + \alpha^4 + \alpha^3 + \alpha^2 + \alpha + 1)$$

donc $\alpha^6 + \alpha^5 + \cdots + \alpha + 1 = 0$. En réduisant au même dénominateur, on a

$$S = \frac{\alpha(1 + \alpha^4)(1 + \alpha^6) + \alpha^2(1 + \alpha^2)(1 + \alpha^6) + \alpha^3(1 + \alpha^2)(1 + \alpha^4)}{(1 + \alpha^2)(1 + \alpha^4)(1 + \alpha^6)}$$

Un calcul simple mais assez long, tenant compte de $\alpha^7 = 1$, $\alpha^8 = \alpha$, $\alpha^9 = \alpha^2$ ..., donne

$$S = \frac{2 + 2\alpha + 2\alpha^2 + 2\alpha^3 + 2\alpha^4 + 2\alpha^5}{1 + \alpha + \alpha^2 + \alpha^3 + \alpha^4 + \alpha^5 + 2\alpha^6}$$

or $1 + \alpha + \alpha^2 + \alpha^3 + \alpha^4 + \alpha^5 = -\alpha^6$,

donc
$$S = \frac{-2\alpha^6}{-\alpha^6 + 2\alpha^6} = -2$$

En conclusion S ne peut prendre que deux valeurs

$$S = \frac{3}{2}, \text{ si } \alpha = 1$$
$$S = -2, \text{ si } \alpha \neq 1.$$

---

*■ **12.** *a*) Si $\text{Arg } z_1 = \text{Arg } z_2 \pmod{\pi}$, on a

$$\text{Arg }(z_1 + z_2) = \text{Arg } z_1 = \text{Arg } z_2 \pmod{\pi}$$

et
$$\text{Arg }(z_1 + z_2) = \frac{\text{Arg } z_1 + \text{Arg } z_2}{2} \left(\text{mod } \frac{\pi}{2}\right) \text{ (figure 13a)}$$

Si $|z_1| = |z_2|$, les images M_1, M_2 et M de $z_1 + z_2$, et $z_1 + z_2$ définissent avec l'origine O du plan complexe un losange OM_1MM_2 (figure 13b), où la diagonale OM est bissectrice de l'angle M_1OM_2, on a donc bien

$$\text{Arg }(z_1 + z_2) = \frac{1}{2}(\text{Arg } z_1 + \text{Arg } z_2) \quad \left(\text{mod } \frac{\pi}{2}\right)$$

Réciproquement, si nous supposons cette relation vérifiée, deux cas se présentent :

• ou bien les points O, M_1, M_2, M sont alignés, on retrouve la figure 13a et $\text{Arg } z_1 = \text{Arg } z_2 \pmod{\pi}$;

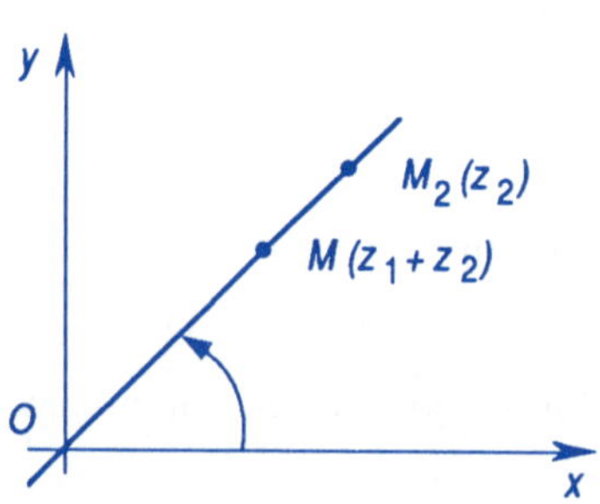

(a)

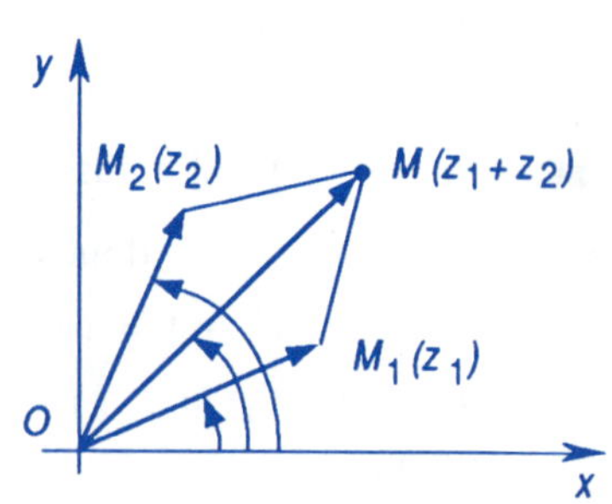

(b)

Figure 13

• ou bien ils ne sont pas alignés et il apparaît un parallélogramme OM_1MM_2 dont une diagonale OM est bissectrice de l'angle M_1OM_2, c'est donc un losange et $OM_1 = OM_2$, donc $|z_1| = |z_2|$.

b) Soit z_1 et z_2 les racines de l'équation $z^2 - (a + ib)z + c + id = 0$. Pour qu'elles aient même module ou même argument, il faut et il suffit que

$$\text{Arg}(z_1 + z_2) = \frac{1}{2}\text{Arg}(z_1 z_2)\left(\text{mod}\ \frac{\pi}{2}\right),$$

ou

$$\text{Arg}(z_1 z_2) = 2\,\text{Arg}(z_1 + z_2)\ (\text{mod}\ \pi). \tag{1}$$

Or $z_1 + z_2 = a + ib$, $z_1 z_2 = c + id$.

Soit $\alpha = \text{Arg}(a + ib)$, $\beta = \text{Arg}(c + id)$.

Si $ac \neq 0$, $\text{tg}\,\alpha = \frac{b}{a}$, $\text{tg}\,\beta = \frac{d}{c}$, et $\beta = 2\alpha\ (\text{mod}\ \pi) \Leftrightarrow$

$$\text{tg}\,\beta = \text{tg}\,2\alpha = \frac{2\,\text{tg}\,\alpha}{1 - \text{tg}^2\alpha} \quad \left(\text{si}\ \frac{b}{a} \neq \pm 1\right),$$

donc

$$\frac{d}{c} = \frac{2\frac{b}{a}}{1 - \frac{b^2}{a^2}} = \frac{2ab}{a^2 - b^2} \quad \text{et} \quad 2abc = d(a^2 - b^2) \tag{2}$$

Si $a = 0$, et si $b \neq 0$, $\alpha = \frac{\pi}{2} + k\pi$, il faut

$$\text{Arg}(z_1 z_2) = \pi + 2k\pi,\ (\text{mod}\ \pi)$$

donc $z_1 z_2$ réel et $d = 0$, (2) est encore vérifiée.

Si $c = 0$, et $d \neq 0$, $\beta = \frac{\pi}{2} + k\pi$, il faut

$$\alpha = \frac{\pi}{4} + k\frac{\pi}{2},\ \text{tg}\,\alpha = \pm 1$$

et $a^2 = b^2$, là encore (2) est vérifiée.

Enfin si $a = b = 0$, ou $c = \alpha = 0$, on a $z_2 = -z_1$, ou $z_1 = 0$, ou $z_2 = 0$, dans les trois cas (1) et (2) sont vérifiées. En définitive (2) est la condition nécessaire et suffisante cherchée, pour que z_1 et z_2 aient même module ou même argument.

■ 13. Si nous rapportons le plan à un repère orthonormé (Ox, Oy), en faisant ainsi un « plan complexe », tout revient à établir que l'on passe de $\overrightarrow{IK}$ à $\overrightarrow{JL}$ par une rotation de $\pm\frac{\pi}{2}$, donc que le rapport des affixes de ces vecteurs est égal à i ou à $-i$. Exprimons donc ce rapport à l'aide des affixes a, b, c, d des points A, B, C, D.

Appelons α, β, γ, δ les affixes de I, J, K, L. On passe du vecteur $\overrightarrow{IA}$ au vecteur $\overrightarrow{IB}$ par une rotation de $+\frac{\pi}{2}$, donc

$$\text{aff}\,(\overrightarrow{IB}) = i\,\text{aff}\,(\overrightarrow{IA}),$$

c'est-à-dire $b - \alpha = i(a - \alpha)$, d'où l'on tire

$$\alpha = \frac{b - ia}{1 - i}$$

De même, par permutation circulaire, on obtient

$$\beta = \frac{c - ib}{1 - i}, \gamma = \frac{d - ic}{1 - i}, \delta = \frac{a - id}{1 - i}.$$

Donc

$$\text{aff}\,(\overrightarrow{IK}) = \gamma - \alpha = \frac{d - b + i(a - c)}{1 - i} = z_1$$

$$\text{aff}\,(\overrightarrow{JL}) = \delta - \beta = \frac{a - c + i(b - d)}{1 - i} = z_2$$

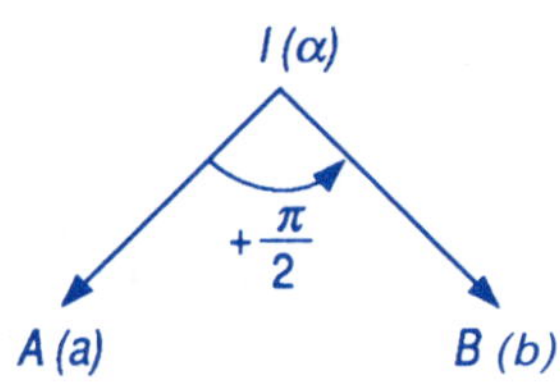

Figure 14

On vérifie aussitôt que $z_1 = iz_2$, on passe donc de $\overrightarrow{JL}$ à $\overrightarrow{IK}$ par une rotation de $+\frac{\pi}{2}$, ainsi les deux segments JL et IK sont bien égaux et perpendiculaires.

■ **14.** 1) Le produit des racines de l'équation proposée est

$$Z' \,.\, Z'' = 1$$

d'où

$$Z' = \frac{1}{Z''}.$$

Par conséquent $|Z'| = \dfrac{1}{|Z''|}$ et $\operatorname{Arg} Z' + \operatorname{Arg} Z'' = 0.$

2) L'affixe du point M est $r = \cos\theta + i\sin\theta$.

Lorsque θ varie M décrit le cercle unité dans le plan complexe.

3) Si Z' et Z'' sont imaginaires pures, M est sur l'axe Oy ; son argument est nécessairement de la forme

$$\theta = \frac{\pi}{2} + k\pi \quad (k \in \mathbb{Z})$$

l'équation devient $z^2 - 2\,i(-1)^k + 1 = 0$ qui admet la racine double $(-1)^k\, i$ qui est effectivement imaginaire pure.

Si Z' et Z'' sont réels, alors M appartient à l'axe réel et

$$\theta = k\pi \quad (k \in Z).$$

Alors $$z^2 - 2(-1)^k z + 1 = 0$$

qui admet la racine double réelle $+1$ ou -1 (k pair ou impair).

---

15. *a*) Pour un point invariant $z = \dfrac{z}{2 - z} \Rightarrow z = 0$ ou $z = 1$.

b) On a $z_2 = \dfrac{z_1}{2 - z_1}$. Or l'examen du module de $2 - z_1$ (égal à AM_1) sur la figure ci-dessous :

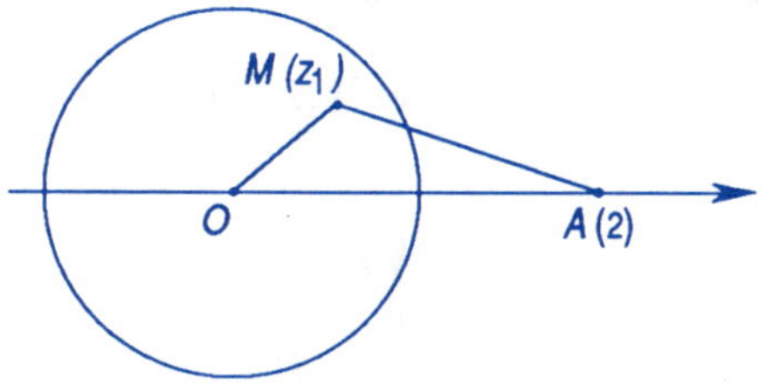

Figure 15

montre que si z_1 vérifie les conditions de l'énoncé, alors :

$$|2 - z_1| > 1$$

l'inégalité étant stricte car le point $z_1 = 1$ est exclu par l'énoncé. Il en résulte que

$$\left|\frac{z_1}{2 - z_1}\right| < |z_1|.$$

Par ailleurs $z_2 \neq 0$ (sans quoi $z_1 = 0$) et donc

$$0 < |z_2| < |z_1|.$$

Il en résulte que l'on a aussi pour z_2 les conditions

$$z_2 \neq 0 \,;\, |z_2| < 1$$

et qu'on conclura que $|z_3| < |z_2|$ et donc par une récurrence immédiate que la suite $|z_n|$ est décroissante strictement, bornée inférieurement par 0. Elle admet donc une limite positive ou nulle.

c) On a $|2 - z_n| \geqslant \big|2 - |z_n|\big|$ d'après l'inégalité du module. Or

$$|z_1| > |z_n| \Rightarrow 2 - |z_1| < 2 - |z_n|.$$

Donc $$|2 - z_n| > 2 - |z_1| > 1$$

et donc

$$|z_{n+1}| < \frac{|z_n|}{2 - |z_1|} < \frac{|z_{n-1}|}{(2 - |z_1|)^2} < \cdots < \frac{|z_1|}{(2 - |z_1|)^n}.$$

Or $\dfrac{|z_1|}{(2 - |z_1|)^n} \to 0$ quand $n \to +\infty$ car $2 - |z_1| > 1$.

Donc

$$\lim_{n \to +\infty} z_{n+1} = 0.$$

***■16.** On a en posant $z = x + iy$ et en prenant les modules :

$\dfrac{AM}{BM} = e^{2x}$ où A et B ont pour affixes a et $-a$

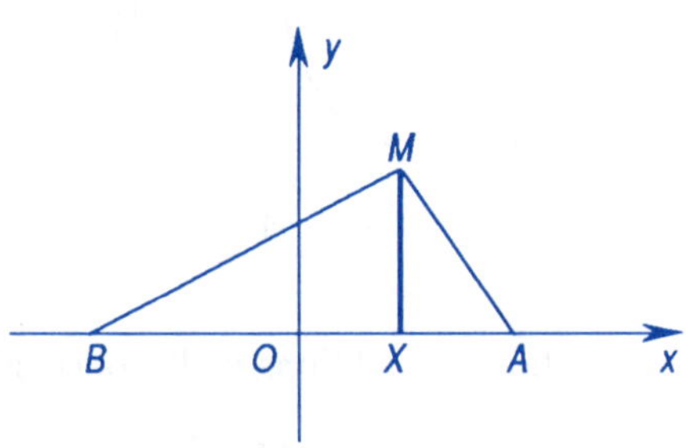

Figure 16

or si $x > 0$, M appartient au demi-plan droit, et $\dfrac{BM}{AM} > 1$.

Or $$e^{2x} = \frac{AM}{BM} < 1 \Rightarrow x < 0.$$

Il y a donc contradiction. Démonstration identique en supposant $x < 0$.

Reste donc à étudier le cas où $x = 0$ et $z = iy$. Transformons alors l'équation

$$a - z = (a + z)\, e^{2z} \Rightarrow z = a\,\frac{e^{-z} - e^{z}}{e^{z} + e^{-z}} \Rightarrow z + a \operatorname{th} z = 0$$

$$iy + a \operatorname{th}(iy) = 0 = iy + ia \operatorname{tg} y = 0$$

Donc $y + a \operatorname{tg} y = 0$. La discussion graphique de cette équation conduit à l'intersection de $f(y) = \operatorname{tg} y$ et $g(y) = -\frac{y}{a}$ et fournit une infinité de solutions y_n deux à deux opposées ;

$$y_n \in \left]-\frac{\pi}{2} + n\pi, +\frac{\pi}{2} + n\pi\right[\quad (y_0 = 0)\ (n \in Z)$$

et $$z_n = iy_n$$

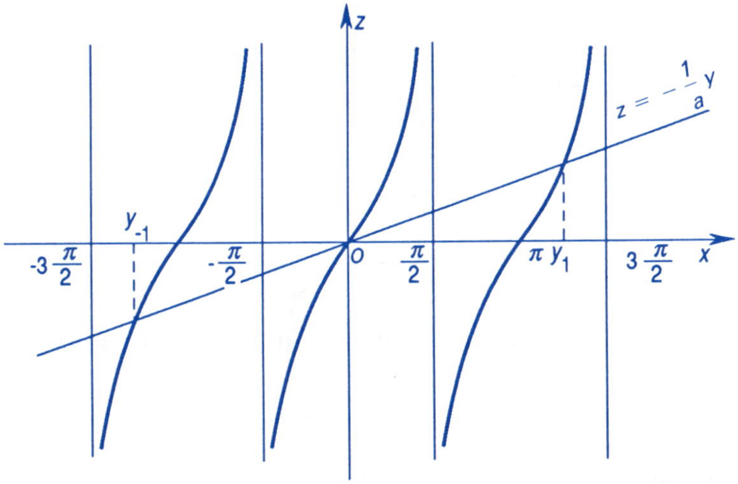

Figure 17

***■17.** En posant

$$\frac{1 + k(k+1) + i}{1 + k(k+1) - i} = \rho_k\, e^{i\alpha_k}$$

on trouve

$$\rho_k = 1 \quad \text{et} \quad \alpha_k = 2\,\theta_k \quad \text{avec} \quad \theta_k = \text{Arc tg}\,\frac{1}{1 + k(k+1)}.$$

Posant $k = \text{tg}\, u_k$, on a

$$\text{tg}\,\theta_k = \frac{(k+1) - k}{1 + (k+1)\,k} = \text{tg}\,(u_{k+1} - u_k) \quad \text{et} \quad \theta_k = u_{k+1} - u_k.$$

D'où

$$\sum_1^n \theta_k = u_{n+1} - u_1 = \text{Arc tg}\,(n+1) - \frac{\pi}{4} \quad \text{et} \quad \lim_{n \to +\infty} \sum_1^n \theta_k = \frac{\pi}{4}.$$

Donc $\lim\limits_{n \to +\infty} \sum\limits_1^n \alpha_k = \frac{\pi}{2}$ et la limite cherchée est égale à i.

EXERCICES SUPPLÉMENTAIRES

■ 18. *a*) $\rho = 1 + \alpha^2$; $\theta = \frac{\pi}{2} - 2\,\text{Arc tg}\,\alpha\,[2\,\pi]$

b) $\rho = 2\left|\cos\frac{\alpha}{2}\right|$; $\theta = \frac{\alpha}{2}\,[2\,\pi]$ si $\cos\frac{\alpha}{2} > 0$

$\theta = \frac{\alpha}{2} + \pi\,[2\,\pi]$ si $\cos\frac{\alpha}{2} < 0$.

c) $\rho = 64$ $\theta = \frac{\pi}{6}\,[2\,\pi]$.

■ 19. $$z = e^{i\theta} \Rightarrow x = -\,\text{cotg}\,\frac{\theta}{2} \qquad (\theta \neq 2\,K\pi \text{ car } z \neq 1).$$

■ 20. On trouve

$$z = a \quad \text{ou} \quad z = ja \quad \text{ou} \quad z = j^2 a.$$

■ 21. $$z = \frac{1}{2} \pm i\sqrt{\sqrt{5} - \frac{1}{4}}.$$

■22. En raisonnant sur les arguments, on trouvera un lieu composé de l'axe réel (privé du point d'affixe 1) ainsi que deux cercles symétriques par rapport à Ox, l'équation de l'un d'eux étant

$$x^2 + y^2 - x - \frac{y}{\sqrt{3}} = 0$$

On peut aussi raisonner géométriquement en introduisant le point A (1) et $M(z)$ et exprimer que $(MA, MO) = k\frac{\pi}{3}$, $k \in \mathbb{Z}$, d'où pour $k = 0$ l'axe $\mathbb{R}^*$ et pour $k = \pm 1$ les deux cercles précédents.

■23. $$\left(\frac{z-2}{z}\right)^5 = 1 \Leftrightarrow \frac{z-2}{z} = e^{\frac{2ik\pi}{5}} \Leftrightarrow z = 1 + i \operatorname{cotg} \frac{k\pi}{5}$$

Les images sont alignées sur $x = 1$.

■24. $$A = B \Leftrightarrow (x-y)(y-z)(z-x) = 0.$$

***■25.** On écrira

$$|z + z'|^2 = (z + z')(\overline{z + z'}) = (z + z').(\bar{z} + \bar{z}')$$

et on développe. Pour la seconde question, posant $z = t^2$; $z' = t'^2$ on a $u = tt'$ ou $u = -tt'$ et on applique l'identité de la première question. Par exemple (avec $u = tt'$)

$$\left|\frac{z+z'}{2} + u\right| = \left|\frac{t^2 + t'^2}{2} + tt'\right| = \left|\frac{t+t'}{2}\right|^2.$$

■26. 1) Envisageant les points m, M, A, A' d'affixes z, Z, 1 et -1, on a

$$|Z| = \frac{mA'}{mA} \quad \text{et} \quad |Z| < 1 \Leftrightarrow mA' < mA \Leftrightarrow \mathscr{R}e\,(z) < 0.$$

2) $z = -1 \pm i$; $\quad z_1^n + z_2^n = 2(\sqrt{2})^n \cos\left(\frac{3n\pi}{4}\right)$.

3) On a $z = \dfrac{Z+1}{Z-1}$; $5Z^2 - 2Z - 1 = 0$. Les racines de cette équation sont de module inférieur à 1.

■27. En opérant comme à l'exercice traité n° 15, on trouve l'axe Oy. On peut aussi prendre $z = 1 + e^{i\theta}$ et on trouve $Z = i \operatorname{cotg} \theta$.

■28. On trouve pour (Γ) l'équation $x(x^2 + y^2 + 2y) = 0$ et pour (Γ') :

$$y(x^2 + y^2) + y^2 - x^2 = 0,$$

que l'on pourra construire : Γ est l'union de l'axe des y et d'un cercle, Γ' a pour équation polaire $\rho = \dfrac{\cos 2\theta}{\sin \theta}$ (voir tome 2).

■29. Si $\alpha \neq 2k\pi$, il y a deux points invariants ($z = \pm 1$). Si $\alpha = 2k\pi$, f est l'application identique : tout point est invariant. Si (et seulement si) α est de la forme $\dfrac{2k\pi}{p}$ $\left(\dfrac{k}{p}\text{ fraction irréductible}\right)$, il y a p points distincts dans la suite considérée.

■30.

$$z = \rho e^{i\theta} \quad \text{et} \quad U = X + iY \Rightarrow X = \frac{\cos\theta}{2}\left[\rho + \frac{1}{\rho}\right]$$

et $Y = \dfrac{\sin\theta}{2}\left[\rho - \dfrac{1}{\rho}\right]$. Si $\rho = \lambda$ on obtient une ellipse E_λ. Si $\theta = \mu$ on obtient une hyperbole H_μ. Les familles E_λ et H_μ ont mêmes foyers (d'affixes $+1$ et -1) et sont orthogonales.

CHAPITRE 8

POLYNÔMES. FRACTIONS RATIONNELLES

1. DÉFINITION

Un polynôme de degré n a la forme

$$A\ (x) = a_0 x^n + a_1 x^{n-1} + \ldots + a_{n-1} x + a_n$$

où a_0 au moins est différent de 0.

Ainsi écrit, on dit que A est ordonné suivant les puissances décroissantes de la variable $x \in \mathbb{R}$; nous nous limiterons à ce cas en remarquant cependant que x peut appartenir à un ensemble quelconque non nécessairement sous-ensemble de $\mathbb{R}$. Ainsi x peut représenter une matrice carrée pour laquelle nous verrons que sont parfaitement définies les opérations d'addition, de multiplication par un scalaire et de produit. Dans un tel cas $A(x)$ est alors lui-même une matrice.

L'ensemble des considérations et résultats qui vont suivre pourraient donc s'étendre au cas plus général où l'**indéterminée** x représente des êtres mathématiques assez divers, et donner une plus large portée à la théorie élémentaire.

Notation

La suite ordonnée des coefficients de A : $a_0, a_1, ..., a_n$ a au plus $n + 1$ termes non nuls.

On convient de noter

$$A = [a_0, a_1, \ldots, a_n]$$

Polynôme nul

Le polynôme nul est le polynôme dont tous les coefficients sont nuls.

On peut le noter

$$[0] = [0, 0, 0, \ldots]$$

2. ADDITION DES POLYNÔMES

Par définition la somme $A + B$ des polynômes

$$A = [a_0, a_1, a_2, \dots, a_p]$$
$$B = [b_0, b_1, b_2, \dots, b_q]$$

est le polynôme

$$A + B = [a_0 + b_0, a_1 + b_1, \dots, a_m + b_m, \dots]$$

On constate que cette définition implique que

$$d^0 (A + B) \leqslant \text{Sup}\, [d^0 (A), d^0 (B)]$$

en désignant par $d^0 (P)$ le degré du polynôme $P(x)$.

De la définition de la somme de A et B il est simple de déduire que l'addition des polynômes est une loi de composition interne associative et commutative. Elle possède un élément neutre le polynôme $[0] = [0, 0, \dots]$.

De plus le polynôme $A = [a_0, a_1, \dots, a_n]$ admet un opposé, le polynôme

$$- A = [- a_0, - a_1, \dots, - a_n]$$

Ainsi l'addition confère à l'ensemble des polynômes une structure de groupe abélien. On constate que $(A + B)(x) = A(x) + B(x)$.

3. MULTIPLICATION DES POLYNÔMES

On appelle produit des polynômes

$$A = [a_0, a_1, \dots, a_p]$$
$$B = [b_0, b_1, \dots, b_q]$$

le polynôme

$$C = A \,.\, B = [c_0, c_1, \dots, c_m]$$

tel que $c_0 = a_0 b_0$, $c_1 = a_1 b_0 + b_1 a_0$ et d'une façon générale

$$c_k = \sum_{i+j=k} a_i \,.\, b_j \text{ (*)}$$

En particulier le coefficient du terme de plus haut degré est

$$c_m = a_p b_q$$

ou

$$d^0 (A \,.\, B) = d^0 (A) + d^0 (B)$$

On peut ainsi vérifier que la multiplication des polynômes est associative et distributive par rapport à l'addition.

Muni des deux lois de composition que sont l'addition et la multiplication des polynômes, **l'ensemble des polynômes a une structure d'anneau commutatif.**

(*) On vérifie que $(AB)(x) = A(x)\, B(x)$.

4. MULTIPLICATION PAR UN SCALAIRE

Si $A = [a_0, a_1, \ldots, a_n]$ et $\lambda \in \mathbb{C}$ le produit λA est le polynôme $[\lambda a_0, \lambda a_1, \ldots, \lambda a_n]$. La loi de composition externe ci-dessus définie possède les propriétés :

$$\begin{cases} \lambda(\mu A) = (\lambda\mu) A \\ (\lambda + \mu) A = \lambda A + \mu A \\ 1 . A = A \\ \lambda . (A + B) = \lambda A + \lambda B \end{cases}$$

On en déduit que l'ensemble des polynômes relativement à l'addition et à la multiplication par un scalaire a une structure d'espace vectoriel

On voit d'ailleurs que les $(n + 1)$ monômes

$$1, x, x^2, \ldots, x^n$$

sont linéairement indépendants et constituent une base de dimension $n + 1$ pour l'espace vectoriel des polynômes de degré au plus égal à n.

5. POLYNÔME DÉRIVÉ

Définition

On appelle polynôme dérivé de

$$P(x) = a_0 x^n + a_1 x^{n-1} + \ldots + a_n$$

le polynôme

$$P'(x) = n a_0 x^{n-1} + (n - 1) a_1 x^{n-2} + \ldots + a_{n-1}$$

cette définition découlant de la notion de dérivée de l'application $x \to P(x)$, fonction de la variable réelle (ou complexe) x.

L'application $P(x) \to P'(x)$ vérifie les propriétés évidentes suivantes :

1) $(P + Q)' = P' + Q'$ (dérivée d'une somme)

2) $\forall k \in \mathbb{C}, \quad (kP)' = kP'$

3) $(PQ)' = P'Q + Q'P$

cette dernière propriété est simple à établir.

Si P et Q sont des monômes

$$P = ax^n \qquad Q = bx^p$$

$$(P . Q)' = ab\,[x^{n+p}]' = (n + p)\,abx^{n+p-1}$$

$$P'Q + Q'P = nabx^{n+p-1} + pabx^{n+p-1} = (PQ)'$$

Si P et Q sont des polynômes, leur produit est une somme de monômes, et on est ramené au cas précédent.

4) Le polynôme dérivé de P^n est $nP^{n-1}P'$.

Si $n = 2$, ce résultat découle de 3) et se généralise par récurrence sur n.

6. FORMULES DE MAC LAURIN ET DE TAYLOR

Le polynôme $P(x)$ ordonné suivant les puissances croissantes permet d'écrire

$$P(x) = \sum_{i=0}^{n} \alpha_i x^i$$

d'où

$$P'(x) = \sum_{i=1}^{n} i\alpha_i x^{i-1}$$

$$P''(x) = \sum_{i=2}^{n} i(i-1)\alpha_i x^{i-2}$$

$$\dots\dots\dots\dots\dots\dots\dots\dots\dots\dots$$

$$P^{(n)}(x) = \alpha_n$$

De ces égalités on tire

$$P(0) = \alpha_0$$

$$P'(0) = \alpha_1$$

$$P''(0) = 2\alpha_2$$

$$\dots\dots\dots\dots\dots\dots\dots\dots\dots\dots$$

$$P^{(n)}(0) = n(n-1)(n-2)\dots 1\,\alpha_n = n!\,\alpha_n$$

d'où

$$\boxed{P(x) = P(0) + x\frac{P'(0)}{1!} + x^2\frac{P''(0)}{2!} + \dots + x^n\frac{P^{(n)}(0)}{n!}} \qquad (1)$$

qui est la formule de Mac Laurin pour un polynôme.

Pour obtenir la formule de Taylor de $P(x)$ il suffit de poser

$$Q(x) = P(x+h).$$

La formule précédente de Mac Laurin pour $Q(x)$ donne

$$Q(x) = Q(0) + x\frac{Q'(0)}{1!} + x^2\frac{Q''(0)}{2!} + \dots + x^n\frac{Q^{(n)}(0)}{n!} \qquad (2)$$

et comme

$$Q(x) = P(x+h) = \alpha_0 + \alpha_1(h+x) + \dots + \alpha_n(h+x)^n$$

on tire

$$Q(0) = P(h)$$
$$Q'(x) = \alpha_1 + 2\alpha_2 (h + x) + \ldots + n\alpha_n (h + x)^{n-1}$$
$$Q'(0) = P'(h)$$
$$\ldots\ldots\ldots\ldots\ldots\ldots$$

enfin

$$Q^{(n)}(x) = n!\,\alpha_n \Rightarrow Q^{(n)}(0) = P^{(n)}(h)$$

soit en portant dans (2)

$$\boxed{P(x+h) = P(h) + \frac{x\,P'(h)}{1!} + x^2\frac{P''(h)}{2!} + \ldots + x^n\frac{P^{(n)}(h)}{n!}} \qquad (3)$$

qui est la formule de Taylor pour un polynôme.

Applications.

• *Formule du binôme*

La formule de Taylor appliquée au polynôme $P(x) = x^n$ conduit à

$$P'(x) = nx^{n-1}, \qquad P''(x) = n(n-1)\,x^{n-2}$$
$$P^{(p)}(x) = n(n-1)\ldots(n-p+1)\,x^{n-p}$$
$$P^{(n)}(x) = n!$$

Il en résulte pour $Q(x) = P(x+h) = (x+h)^n$

$$(x+h)^n = h^n + nh^{n-1}x + \frac{n(n-1)}{2!}x^2h^{n-2} + \ldots + \frac{n(n-1)\ldots(n-p+1)}{p!}x^ph^{n-p} + \ldots + x^n$$

qui, pour $x = a$ et $h = b$, redonne la formule classique du binôme de Newton :

$$(a+b)^n = a^n + na^{n-1}b + \frac{n(n-1)}{2!}a^{n-2}b^2 + \ldots + C_n^p\,a^{n-p}b^p + \ldots b^n$$

• *Ordre de multiplicité d'une racine.*

L'ordre de multiplicité d'une racine x_0 de $P(x)$ est le plus grand entier p tel que P soit divisible par $(x - x_0)^p$ $(p \leqslant n)$ (voir § 11).

La formule de Taylor donne le développement de $P(x)$

$$P(x_0) + P'(x_0)(x - x_0) + \ldots + \frac{P^{(p-1)}}{(p-1)!}(x - x_0)^{p-1}$$
$$+ (x - x_0)^p\left[\frac{P^{(p)}(x_0)}{p!} + \frac{P^{(p+1)}(x_0)}{(p+1)!}(x - x_0) + \ldots + \frac{P^{(n)}(x_0)}{n!}(x - x_0)^{n-p}\right]$$

Désignons par $r(x)$ la première ligne de ce développement de $P(x)$

$$r(x) = P(x_0) + P'(x_0)(x - x_0) + \dots + \frac{P^{(p-1)}(x_0)}{(p-1)!}(x - x_0)^{p-1}$$

Si x_0 est racine d'ordre p de $P(x)$, $r(x)$ est identiquement nul, et aussi $r(t)$, si l'on pose $t = x - x_0$:

$$r(t) = P(x_0) + P'(x_0)\, t + \cdots + \frac{P^{(p-1)}(x_0)}{(p-1)!}\, t^{p-1}$$

Tous les coefficients de ce polynôme sont nuls, donc

$$P(x_0) = P'(x_0) = \cdots = P^{(p-1)}(x_0) = 0.$$

Réciproquement, si

$$P(x_0) = P'(x_0) = \dots P^{(p-1)}(x_0) = 0$$

mais $P^{(p)}(x_0) \neq 0$ d'après l'écriture de $P(x)$ par la formule de Taylor, $P(x)$ est divisible par $(x - x_0)^p$ et admet x_0 comme racine d'ordre p.

7. DIVISION DES POLYNÔMES SUIVANT LES PUISSANCES DÉCROISSANTES OU DIVISION EUCLIDIENNE

Étant donné deux polynômes de degrés respectifs n et p

$$A = a_0x^n + a_1x^{n-1} + \dots + a_n$$
$$B = b_0x^p + b_1x^{p-1} + \dots + b_p$$

avec $p \leqslant n$, on appelle quotient et reste de la division de A par B deux autres polynômes Q et R tels que l'on ait l'identité

$$\boldsymbol{A = BQ + R} \qquad (4)$$

le degré de R étant inférieur à celui de B; A est le dividende et B le diviseur; on dit que A est divisible par B si $R = 0$. (R est le reste.)

Si Q et R existent ils sont **uniques.**

En effet, s'il existait deux autres polynômes Q' et R' vérifiant

$$A = BQ' + R' \qquad (5)$$

en rapprochant (4) et (5) on obtiendrait

$$BQ + R = BQ' + R'$$

soit
$$B(Q - Q') = R' - R \qquad (6)$$

les polynômes R' et R étant par hypothèse de degrés inférieurs à celui de B, il en est de même du polynôme $R' - R$.

Or le polynôme $B(Q - Q')$ est de degré au moins égal à celui de B et l'égalité (3) est impossible à moins que, $Q - Q' = 0$ et $R - R' = 0$ soit $Q = Q'$ et $R = R'$.

8. RECHERCHE DU QUOTIENT ET DU RESTE

Nous allons dégager la règle qui permet de déterminer le quotient Q et le reste R de la division de A par B.

Considérons les monômes de plus haut degré de A et B : a_0x^net b_0x^p.

Il existe un monôme q_1 tel que

$$a_0x^n = b_0x^p \cdot q_1$$

q_1 a pour degré $n - p$ (et se réduit à une constante si $n = p$).

Le polynôme

$$A_1 = A - Bq_1 \qquad (7)$$

est de degré inférieur à celui de A puisque les termes de degré n se détruisent dans A_1. Si le degré de A_1 est de plus inférieur à celui de B, alors $A = Bq_1 + A_1$ est de la forme $A = BQ + R$: le quotient est q_1 et le reste A_1. Si au contraire le degré de A_1 est supérieur ou égal à celui de B, on recommence l'opération : on divise le terme de plus haut degré de A_1 par celui de B. Soit q_2 le quotient. On obtient un nouveau polynôme A_2.

$$A_2 = A_1 - Bq_2$$

Si le degré de q_2 est inférieur à celui de B, l'opération est terminée, sinon on poursuit jusqu'à l'ordre k :

$$A_k = A_{k-1} - Bq_k$$

où le degré k est inférieur à p, degré du polynôme B. Alors

$$A = Bq_1 + A_1$$
$$A_1 = Bq_2 + A_2$$
$$\cdots\cdots\cdots\cdots\cdots\cdots$$
$$A_{k-1} = Bq_k + A_k$$

ce qui permet d'écrire en additionnant :

$$A = B(q_1 + q_2 + \ldots + q_k) + A_k$$

Le quotient est le polynôme

$$Q = q_1 + q_2 + \ldots + q_k$$

et le reste $R = A_k$. C'est sur ce principe que repose la recherche du quotient et du reste.

Pratiquement, on dispose le dividende et le diviseur comme dans une division arithmétique. On effectue la division du terme de degré n du polynôme A par celui de degré p du polynôme B. On obtient ainsi le premier terme q_1 du quotient. On multiplie le diviseur par q_1 et on retranche ce produit du dividende. La différence ainsi obtenue est le polynôme A_1 sur lequel on recommence l'opération jusqu'à ce qu'on arrive à une différence de degré inférieur à celui du diviseur. C'est cette dernière différence qui est le reste.

L'exemple qui suit concrétise les différentes phases :

Diviser $x^5 - 7x^3 + x - 6$ par $x^3 + x^2 - x - 1$

	$x^5 \quad - 7x^3 \quad + x - 6$	$x^3 + x^2 - x - 1$
	$-x^5 - x^4 + x^3 + x^2$	$x^2 - x - 5$
A₁	$-x^4 - 6x^3 + x^2 + x - 6$	
	$+x^4 + x^3 - x^2 - x$	
A₂	$-5x^3 \quad - 6$	
	$+5x^3 + 5x^2 - 5x - 5$	
Reste	$5x^2 - 5x - 11$	

Le quotient est $x^2 - x - 5$ et le reste $5x^2 - 5x - 11$ puisque de degré inférieur à celui du diviseur.

9. DIVISION SUIVANT LES PUISSANCES CROISSANTES

En ordonnant les polynômes suivant les puissances décroissantes on a obtenu une première division des polynômes.

D'une façon strictement identique, on procède à la division des polynômes suivant les puissances croissantes.

Si
$$A = a_0 + a_1x + \dots + a_nx^n$$
$$B = b_0 + b_1x + \dots + b_px^p$$

avec $b_0 \neq 0$, il existe un couple unique Q et R de polynômes tels que

$$\boldsymbol{A = BQ + x^{m+1}R} \qquad \textbf{avec degré de} \quad \boldsymbol{Q \leqslant m}$$

Q et R étant toujours le quotient et le reste de la division suivant les puissances croissantes de A et B à l'ordre m.

La définition précédente appelle une justification de possibilité.

Posons $Q = c_0 + c_1x + \dots + c_mx^m$ et montrons qu'on peut déterminer $(m + 1)$ coefficients de ce quotient de telle manière que les termes de degré $0, 1, 2, \dots, m$ dans la différence $A - BQ$ soient nuls. Nous obtenons les équations :

$$a_0 - b_0c_0 = 0$$
$$a_1 - b_1c_0 - b_0c_1 = 0$$

$$\dots\dots\dots\dots$$

$$a_m - b_m c_0 - \dots - b_0 c_m = 0$$

Moyennant la condition $b_0 \neq 0$, on peut calculer de proche en proche les coefficients de $Q(x)$ comme dans le cas de la division suivant les puissances décroissantes.

Sur le plan opératoire la méthode précédemment développée conduit au résultat, les calculs étant arrêtés lorsque le reste contient x^{m+1} en facteur. Les calculs se disposent de la même façon.

Notons qu'en cas de divisibilité le quotient obtenu est le même que celui obtenu suivant les puissances décroissantes.

Exemples.

La division à l'ordre 2 de $1 + x$ par $1 + x^2$ conduit à

$$\begin{array}{l|l} 1 + x & 1 + x^2 \\ \hline \quad + x - x^2 & 1 + x - x^2 \\ \qquad\qquad - x^2 - x^3 & \\ \qquad\qquad\quad - x^3 + x^4 & \end{array}$$

et nous avons l'identité

$$1 + x = (1 + x^2)(1 + x - x^2) + x^3(-1 + x)$$

montrant que le quotient et le reste sont

$$Q(x) = 1 + x - x^2$$

$$R(x) = x - 1$$

Ainsi la division de

$$A = 2 + 3x - 3x^3 - 10x^4 + 8x^5$$

par $B = 1 + x - 2x^2$ à l'ordre 3 conduit à

$$\begin{array}{l|l} 2 + 3x \qquad - 3x^3 - 10x^4 + 8x^5 & 1 + x - 2x^2 \\ \hline - 2 - 2x + 4x^2 & 2 + x + 3x^2 - 4x^3 \\ \hdashline \quad x + 4x^2 - 3x^3 & \\ \quad - x - x^2 + 2x^3 & \\ \hdashline \qquad 3x^2 - x^3 - 10x^4 & \\ \qquad - 3x^2 - 3x^3 + 6x^4 & \\ \hdashline \qquad\qquad - 4x^3 - 4x^4 + 8x^5 & \\ \qquad\qquad + 4x^3 + 4x^4 - 8x^5 & \\ \hdashline \qquad\qquad\qquad 0 & \end{array}$$

Ici $R = 0$ A est divisible par B.

10. PGCD DE POLYNÔMES

Notion d'idéal

Nous avons établi la structure d'anneau (§ 3) pour l'ensemble $K(x)$ des polynômes.

Si $\mathscr{I}$ est un sous-ensemble de $K(x)$ vérifiant les propriétés suivantes :

a) $A(x)$ et $B(x) \in \mathscr{I} \Rightarrow A(x) - B(x) \in \mathscr{I}$

b) $A(x) \in \mathscr{I}$ et $P(x) \in K(x) \Rightarrow A(x) \,.\, P(x) \in \mathscr{I}$.

$\mathscr{I}$ est appelé idéal de $K(x)$.

Conséquences de cette définition

- Le polynôme nul noté [0] est un idéal. L'anneau $K(x)$ est un idéal.
- Tout idéal de $K(x)$ non vide contient [0] car s'il contient $A(x)$ il contient $A(x) - A(x) = [0]$ d'après *a*).
- Si $A(x), B(x) \in \mathscr{I}$ alors $\forall\, P(x), Q(x) \in K(x)$

$$A \,.\, P + B \,.\, Q \in \mathscr{I}$$

En effet d'après *b*) il contient $A \,.\, P$ et $B \,.\, (-Q)$ donc

$$A \,.\, P - B \,.\, (-Q) = A \,.\, P + B \,.\, Q$$

Notion de polynôme unitaire ou normalisé

On appelle **polynôme unitaire ou normalisé** un polynôme dont le coefficient du terme de plus haut degré est l'unité.

Tout polynôme non identiquement nul est normalisé si on le divise par le coefficient de son terme de plus haut degré.

Si deux polynômes sont normalisés, leur produit l'est nécessairement (cela découle de la règle donnant le terme de plus haut degré du produit).

Théorème fondamental

Tout idéal $\mathscr{I}$ de $K(x)$ se compose

— ou bien du seul polynôme [0]

— ou bien de tous les multiples d'un polynôme A non nul.

Parmi les polynômes de $\mathscr{I}$, soit A l'un quelconque de degré minimum (*) et B l'un des polynômes de $\mathscr{I}$.

La division de B par A conduit à

$$B = AQ + R \qquad \text{avec} \quad d^0\,(R) < d^0\,(A)$$

(*) Ou représentant de la classe normalisée qu'ils constituent.

Or $R \in \mathscr{I}$ puisque $R = B - AQ$ et $B, A \in \mathscr{I}$ et R est nécessairement nul puisque, si tel n'était pas le cas, $\mathscr{I}$ contiendrait un polynôme de degré inférieur à celui de A, ce qui est contraire aux hypothèses d'où

$$B = AQ \qquad \forall\, B \in \mathscr{I}$$

Idéal engendré par deux polynômes *A* et *B*

Tout polynôme D diviseur commun de A et B est diviseur de $AU + BV$, où U, $V \in K(x)$. $\mathscr{I}$ ensemble des combinaisons linéaires $AU + BV$ est un idéal, comme on peut le vérifier rapidement.

Si $A \,.\, U + B \,.\, V \in \mathscr{I}$ et $A \,.\, U' + B \,.\, V' \in \mathscr{I}$ alors

$$(A \,.\, U + B \,.\, V) - (A \,.\, U' + B \,.\, V') = (U - U') \,.\, A + (V - V') \,.\, B$$

est une combinaison linéaire de A et B et appartient à $\mathscr{I}$.

Par ailleurs si

$$P \in K(x), \qquad P \,.\, (A \,.\, U + B \,.\, V) = A \,.\, (P \,.\, U) + B \,.\, (P \,.\, V)$$

appartient à $\mathscr{I}$ comme autre combinaison linéaire de A et B.

D'après le théorème fondamental précédent, si A et B ne sont pas tous deux nuls, $\mathscr{I}$ contient un polynôme $D \neq [0]$ de degré minimum dont tous les autres sont des multiples.

D divise en particulier A et B puisque

$$A = A \,.\, 1 + 0 \,.\, B \Rightarrow A \in \mathscr{I}$$
$$B = 0 \,.\, A + 1 \,.\, B \Rightarrow B \in \mathscr{I}$$

Si on pose $D = U_0 A + V_0 B$ tout diviseur D' de A et B divise D et le degré de D' est au plus égal à celui de D.

On en conclut :

Deux polynômes *A* et *B* admettent un plus grand commun diviseur (PGCD), *D*, défini à un facteur unitaire près. *D* est une combinaison linéaire de *A* et *B*. Tout diviseur commun à *A* et *B* divise *D* et réciproquement.

Polynômes premiers entre eux

Deux polynômes sont premiers entre eux si D est de degré 0 : leur PGCD normalisé est 1.

Théorème de Bezout

Si A et B sont premiers entre eux le polynôme normalisé 1 appartient à l'idéal engendré par A et B. Réciproquement si le polynôme normalisé 1 appartient à l'idéal engendré par A et B, il est nécessairement le polynôme de degré minimal de cet idéal.

Il existe dans $\mathscr{I}$ deux polynômes U_0 et V_0 tels que

$$\boxed{AU_0 + BV_0 = 1}$$

avec $d^0(U_0) < d^0(B)$ et $d^0(V_0) < d^0(A)$.

Propriété des polynômes premiers entre eux

Si $A(x)$ est un polynôme premier avec les polynômes $B(x)$ et $C(x)$ il est premier avec leur produit BC.

En effet, il existe dans $K(x)$ des polynômes U_1, V_1, U_2, V_2 tels que

$$\left.\begin{matrix} AU_1 + BV_1 = 1 \\ AU_2 + CV_2 = 1 \end{matrix}\right\} \Rightarrow A\,(AU_1U_2 + CU_1V_2 + BU_2V_1) + BC(V_1V_2) = 1$$

égalité qui montre que A et BC sont premiers entre eux.

On en déduit par récurrence que si A est premier avec les polynômes $B_1, B_2, \ldots, B_n$ il est premier avec $B_1 \,.\, B_2 \ldots B_n$ et donc, quels que soient les entiers $\alpha_1, \alpha_2, \ldots, \alpha_n$, il est premier avec $B_1^{\alpha_1} \,.\, B_2^{\alpha_2} \,.\, \ldots \,.\, B_n^{\alpha_n}$.

Théorème de Gauss

Si A est un polynôme premier avec le polynôme B et s'il divise le produit BC, A divise C.

Donc la condition nécessaire et suffisante pour que les polynômes $A(x), B(x) \in K(x)$ soient premiers entre eux est qu'il existe $U_0(x), V_0(x) \in K(x)$ tels que

$$AU_0 + BV_0 = 1$$

Plus précisément, on démontre que $A(x)$ et $B(x)$ étant donnés, s'ils sont premiers entre eux, il existe une infinité de polynômes $U(x)$ et $V(x)$ satisfaisant $A(x) \,.\, U(x) + B(x) \,.\, V(x) = 1$ mais un seul de ces couples vérifie simultanément l'identité de Bezout et la condition supplémentaire

$$\begin{cases} d^0\,[U(x)] < d^0\,[B(x)] \\ d^0\,[V(x)] < d^0\,[A(x)] \end{cases}$$

Il existe donc dans $K(x)$ des polynômes $U(x)$, $V(x)$ et $Q(x)$ tels que

$$AU + BV = 1 \qquad \text{et} \qquad BC = AQ$$

on en tire
$$AC \,.\, U + BC \,.\, V = C$$

d'où

$$A\,(CU + QV) = C$$

qui montre bien que A divise C.

Calcul pratique du PGCD

L'algorithme d'Euclide permettant de trouver le PGCD de deux nombres entiers est celui que nous généralisons ici au cas des polynômes.

Supposons que le degré de B, noté $d^0(B)$ vérifie $d^0(B) \geqslant d^0(A)$ on a

$$B = Aq + A_1 \quad \text{avec} \quad d^0(A_1) < d^0(A)$$
$$A = q_1A_1 + A_2 \quad \text{avec} \quad d^0(A_2) < d^0(A_1)$$
....
$$A_{n-1} = q_nA_n + A_{n+1} \quad \text{avec} \quad d^0(A_{n+1}) < d^0(A_n)$$
....

Les diviseurs communs à A et B divisent donc la suite des restes A_1, $A_2, \ldots, A_{n+1}$ et réciproquement tout diviseur de deux termes consécutifs de cette suite divise tous les autres.

Deux cas peuvent se présenter :

1) l'un des restes est nul : le PGCD est donc le dernier reste non nul;

2) on arrive à un reste de degré nul, soit une constante, les deux polynômes n'ont pas de PGCD, étant premiers entre eux (ou ont pour PGCD le polynôme normalisé 1).

11. DIVISION PAR $x - a$

Le reste de la division d'un polynôme $P(x)$ par $x - a$ est $P(a)$.

En effet, la division de $P(x)$ par $x - a$ s'écrit

$$P(x) = Q(x)(x-a) + R \qquad (8)$$

Si on fait $x = a$ dans l'égalité (8) il vient

$$P(a) = R$$

qui est bien une constante puisque le degré de R doit être inférieur à celui de $x - a$, c'est-à-dire de degré 0.

On peut donc dire que pour qu'un polynôme $P(x)$ soit divisible par $x - a$ il faut que $P(a) = 0$. Et réciproquement, si $P(a) = 0$, $P(x)$ est divisible par $x - a$. Ainsi $P(x) = x^m - a^m$ est bien divisible par $x - a$ puisque $P(a) = 0$.

Pour $m = 3$, $x^3 - a^3 = (x - a)(x^2 + ax + a^2)$

Pour $m = 4$, $x^4 - a^4 = (x - a)(x^3 + ax^2 + a^2x + a^3)$

Plus généralement

$$x^m - a^m = (x - a)(x^{m-1} + ax^{m-2} + \ldots + a^px^{m-p-1} + \ldots + a^{m-1})^*$$

et $P(x) - P(a) = (x - a)\,Q(x)$, $P(a) = 0 \Rightarrow P(x)$ divisible par $x - a$.

(*) Pour $P(x)$ quelconque, $P(a) = 0 \Rightarrow P(x) = \sum_1^n a_k(x^k - a^k)$, divisible par $x - a$.

D'une façon générale, on appelle racines d'un polynôme $P(x)$ les valeurs $x_1, x_2, ..., x_k$ pour lesquelles $P(x) = 0$.

P(x) se met donc sous la forme

$$P(x) = (x - x_1)(x - x_2) \dots (x - x_k)\, h(x) \tag{9}$$

si $x_1, x_2, \dots, x_k$ sont racines simples de $P(x) = 0$.

12. POLYNÔMES ET ÉQUATIONS SUR LE CORPS $\mathbb{C}$ DES NOMBRES COMPLEXES

Un polynôme non identiquement nul admet dans le corps $\mathbb{C}$ des nombres complexes un nombre de racines distinctes au plus égal à *n*.

Pour $n = 1$, c'est évident $az + b = 0 \Rightarrow z = -\dfrac{b}{a}$. Admettons que cette propriété reste vraie à l'ordre $p - 1$, et soit $P(z)$ un polynôme de degré p dont z_0 est une racine.

On a donc

$$P(z) = (z - z_0)\, Q(z)$$

et $Q(z)$ est un polynôme de degré $p - 1$. Une racine quelconque de $P(z)$ annule le produit $(z - z_0)\, Q(z)$ et conduit soit à $z = z_0$ soit à $Q(z) = 0$. Étant de degré $p - 1$, $Q(z)$ a au plus $p - 1$ racines distinctes, donc $P(z)$ a au plus $1 + (p - 1) = p$ racines distinctes, ce qui établit par récurrence la propriété.

Conséquences

• Si le nombre de racines de $P(z)$ est supérieur au degré de $P(z)$, $P(z)$ est identiquement nul.

• Si $P(z)$ et $Q(z)$ sont égaux pour un nombre de valeurs de z supérieur à leurs degrés, ils sont nécessairement identiques. En effet, leur différence est un polynôme qui s'annulera pour un nombre de valeurs de z supérieur à son degré et donc identiquement nul : les polynômes sont donc égaux.

13. THÉORÈME DE D'ALEMBERT

On admettra le théorème suivant :

Tout polynôme de degré supérieur ou égal à 1 admet au moins une racine dans $\mathbb{C}$.

Ceci conduit à :

Tout polynôme de degré $n \geqslant 1$ admet n racines réelles ou complexes distinctes ou confondues.

Si $P(z) = a_0 z^n + a_1 z^{n-1} + \dots + a_n$ avec $a_0 \neq 0$, $P(z)$ admet au moins une racine $z_1 \in \mathbb{C}$ donc $P(z) = (z - z_1) P_1(z)$ et il suffit de poursuivre pour $P_1(z)$.

14. RÉSOLUTION DES ÉQUATIONS ALGÉBRIQUES

L'équation du premier degré

$$az + b = 0 \qquad (a \neq 0) \tag{1}$$

a une racine $z = -ba^{-1}$.

L'équation du second degré

$$az^2 + bz + c = 0 \qquad (a \neq 0)$$

a deux racines réelles ou non, distinctes ou non, cas que nous avons rencontré au paragraphe 7 de ce chapitre.

L'équation du troisième degré

$$az^3 + bz^2 + cz + d = 0 \qquad (a \neq 0) \tag{a}$$

se résout par un changement de variable dont l'objet est de faire disparaître le terme de degré 2 ; posons $z = x - \dfrac{b}{3\,a}$ et divisons les deux membres de (1) par a :

$$\left(x - \frac{b}{3\,a}\right)^3 + \frac{b}{a}\left(x - \frac{b}{3\,a}\right)^2 + \frac{c}{a}\left(x - \frac{b}{3\,a}\right) + \frac{d}{a} = 0$$

il reste

$$x^3 + px + q = 0 \qquad \text{avec} \quad \left\{ \begin{aligned} p &= \frac{3\,ac - b^2}{3\,a^2} \\ q &= \frac{2\,b^3}{27\,a^3} - \frac{bc}{a^2} + \frac{d}{a} \end{aligned} \right. \tag{a)'$$

La méthode de résolution due à Cardan consiste à poser $x = u + v$; on obtient

$$u^3 + v^3 + (u + v)(3\,uv + p) + q = 0 \tag{b}$$

et l'égalité ci-dessus est vérifiée si

$$\left\{ \begin{aligned} u^3 + v^3 &= -q \\ uv &= -\frac{p}{3} \end{aligned} \right. \tag{c}$$

La dernière relation est équivalente à $u^3v^3 = -\frac{p^3}{27}$.

Connaissant la somme $u^3 + v^3$ et le produit u^3v^3, u^3 et v^3 sont racines de l'équation du second degré

$$t^2 + qt - \frac{p^3}{27} = 0. \qquad \text{(d)}$$

qui suivant les valeurs de $4\,p^3 + 27\,q^2$ aura des racines réelles ou non.

Dans le cas où p et q sont réels :

- si $4\,p^3 + 27\,q^2 > 0$, l'équation (d) a deux racines réelles distinctes, l'équation (a)′ a une racine x_1 réelle et deux racines x_2 et x_3 imaginaires conjuguées, la racine réelle étant

$$x_1 = \sqrt[3]{-\frac{q}{2} + \sqrt{\frac{q^2}{4} + \frac{p^3}{27}}} + \sqrt[3]{-\frac{q}{2} - \sqrt{\frac{q^2}{4} + \frac{p^3}{27}}}$$

(formule de Cardan)

- si $4\,p^3 + 27\,q^2 < 0$
  u^3 et v^3 sont imaginaires conjuguées ainsi que u et v puisque leur produit est réel. A chacune des déterminations de u et v correspondra une racine réelle $x = u + v$: il y a trois racines réelles.

- si $4\,p^3 + 27\,q^2 = 0$
  $u^3 = v^3$. Si u est réel et vaut α, $v = u = \alpha$; l'une des racines est $x = u + v = 2\,\alpha$ et on achève la résolution sans difficulté. $2\,\alpha$ est racine simple et $-\,\alpha$ est racine double, avec $\alpha = -\frac{3\,q}{2\,p}$.

L'équation du quatrième degré : méthode de Ferrari

Si $P(x) = 0$ où $P(x)$ est un polynôme du quatrième degré, on peut en normalisant (division par le coefficient du terme de plus haut degré) écrire l'équation du quatrième degré sous la forme

$$z^4 + az^3 + bz^2 + cz + d = 0 \qquad \text{(e)}$$

qu'on peut mettre sous la forme

$$\left(z^2 + \frac{a}{2}z + \lambda\right)^2 - \left[\left(2\,\lambda - b + \frac{a^2}{4}\right)z^2 + (a\lambda - c)\,z + \lambda^2 - d\right] = 0 \qquad \text{(f)}$$

Déterminant λ pour que l'expression entre crochets soit un carré parfait, nous sommes conduits à :

$$(a\lambda - c)^2 - 4\,(\lambda^2 - d)\left(2\,\lambda - b + \frac{a^2}{4}\right) = 0$$

équation du troisième degré, qu'on sait théoriquement et pratiquement résoudre. Pour chaque valeur de λ le premier membre de (f) est un produit de facteurs du second degré, et la résolution – laborieuse – est théoriquement possible. Il est évident que l'usage sur ordinateurs, de logiciels appropriés à la résolution d'équations $f(x) = 0$ est aujourd'hui très largement mis à profit.

15. TRANSFORMÉE D'UNE ÉQUATION PAR UN POLYNÔME

Définition

Soit $P(x)$ un polynôme de degré $n \geqslant 1$ et $\alpha_1, \alpha_2, \ldots \alpha_n$ les n racines, distinctes ou non de l'équation $P(x) = 0$

Pour toute fonction rationnelle $\varphi(x)$ définie sur $\{\alpha_1, \alpha_2, \ldots, \alpha_n\}$ on appelle transformée de l'équation (a) par φ l'équation :

$$[y - \varphi(\alpha_1)][y - \varphi(\alpha_2)] \cdots [y - \varphi(\alpha_n)] = 0 \qquad \text{(b)}$$

La transformée (b) a également pour degré n et pour chaque racine de multiplicité h de (a), $\varphi(\alpha)$ est racine de multiplicité $\geqslant h$ de (b)*.

Exemple

Soit l'équation

$$(x - 1)(x + 1)(x - 2) = 0$$

La fonction $\varphi(x) = \dfrac{1}{x} = y$ est définie sur $\{-1, 1, 2\}$, et la transformée par φ est définie, c'est

$$(2y - 1)(y + 1)(y - 1) = 0$$

Par contre la transformation par φ n'est pas définie pour $P(x) = x^3(x - 7)$.

Les transformées d'une équation dont le principe a été défini ci-dessus permettent de résoudre, dans certains cas, l'équation $P(x) = 0$ comme nous le verrons dans quelques exercices.

16. FACTORISATION D'UN POLYNÔME

L'écriture de $P(x)$ donnée par (9) constitue une factorisation d'un polynôme et reste valable quelle que soit la nature réelle ou complexe des racines. Si $x_1, x_2, \ldots, x_n$ sont les racines de $P(x)$ on aura

$$P(x) = k(x - x_1)(x - x_2) \ldots (x - x_n) \qquad (10)$$

(*) Cette multiplicité est h seulement si φ est injective.

et la valeur de k s'obtient en comparant (10) à

$$P(x) = a_0 x^n + a_1 x^{n-1} + \dots + a_n$$

Les termes de plus haut degré étant identiques $k = a_0$ et

$$P(x) = a_0 (x - x_1)(x - x_2) \dots (x - x_n) \qquad (11)$$

Pour plus de commodité, désignons par x une racine réelle et z une racine complexe. Les coefficients a_0, a_1, ..., a_n étant réels et $\bar{z}$ désignant le conjugué de z, on vérifie immédiatement, puisque

$$P(\bar{z}) = a_0 \bar{z}^n + a_1 \bar{z}^{n-1} + \dots + a_n$$

que $P(\bar{z})$ est le conjugué de $P(z)$

$$P(\bar{z}) = \overline{P(z)}$$

Il suffit pour s'en assurer de poser $z = p + iq$, alors $\bar{z} = p - iq$, et dans le développement de $P(\bar{z})$ comparé à celui de $P(z)$, seuls changent de signe les termes imaginaires purs.

On en conclut que si $P(z)$ admet z comme racine d'ordre β il admet également $\bar{z}$ comme racine d'ordre β.

En regroupant dans (11) les parenthèses identiques et tenant compte de la propriété ci-dessus concernant les racines complexes, on peut écrire

$$P(x) = a_0 (x - x_1)^{\alpha_1} (x - x_2)^{\alpha_2} \dots (x - x_i)^{\alpha_i}$$
$$\times [(x - z_1)(x - \bar{z}_1)]^{\beta_1} [(x - z_2)(x - \bar{z}_2)]^{\beta_2} \dots [(x - z_j)(x - \bar{z}_j)]^{\beta_j} \qquad (12)$$

$x_1, x_2 \dots x_i$ désignant les racines réelles d'ordre respectif $\alpha_1, \alpha_2 \dots \alpha_i$.
$z_1, z_2 \dots z_j$ désignant les racines complexes d'ordre respectif $\beta_1, \beta_2 \dots \beta_j$.

En écrivant $z = p + iq$, on explicite la partie réelle et la partie imaginaire de la racine complexe z; on peut regrouper les termes contenant z et son conjugué $\bar{z}$

$$(x - z)(x - \bar{z}) = (x - p - iq)(x - p + iq)$$
$$= (x - p)^2 + q^2$$

et (12) peut se mettre sous la forme

$$P(x) = a_0 (x - x_1)^{\alpha_1} (x - x_2)^{\alpha_2} \dots (x - x_i)^{\alpha_i}$$
$$\times [(x - p_1)^2 + q_1^2]^{\beta_1} \cdot [(x - p_2)^2 + q_2^2]^{\beta_2} \dots [(x - p_j)^2 + q_j^2]^{\beta_j}$$

avec $\alpha_1 + \alpha_2 + \dots + 2(\beta_1 + \beta_2 \dots) = n$

(d'après le théorème de D'Alembert) les termes entre crochets étant des trinômes du second degré.

Remarques.

L'expression (12) ci-dessus montre que les racines complexes d'un polynôme à coefficients réels sont toujours en nombre pair.

L'ordre de multiplicité de deux racines conjuguées est le même.

Donc tout polynôme de degré impair a au moins une racine réelle.

17. RELATIONS ENTRE COEFFICIENTS ET RACINES

L'expression (12) ci-dessus permet de mettre $P(x)$ sous la forme d'un produit de binômes normalisés du premier degré, aux racines réelles ou complexes $r_1, r_2, \ldots, r_n$ non nécessairement distinctes :

$$\begin{aligned} P(x) &= a_0x^n + a_1x^{n-1} + \ldots + a_n \\ &= a_0 (x - r_1)(x - r_2)(x - r_3)\ldots(x - r_n) \end{aligned} \qquad (13)$$

Les fonctions symétriques élémentaires des racines sont obtenues en identifiant les coefficients de même degré dans (13) :

$$S_1 = \sum_{i=1}^{n} r_i = r_1 + r_2 + \ldots + r_n = -\frac{a_1}{a_0}$$

$$S_2 = \sum_{1 \leqslant j_1 < j_2 \leqslant n} r_{j_1} \cdot r_{j_2} = r_1r_2 + r_1r_3 + \ldots + r_{n-1}r_n = \frac{a_2}{a_0}$$

....

de même S_p désignant la somme de C_n^p produits p à p des n racines

$$S_p = \sum_{1 \leqslant j_1 < j_2 \ldots < j_p \leqslant n} r_{j_1}r_{j_2}\ldots r_{jp} = (-1)^p \frac{a_p}{a_0}$$

et le produit des n racines

$$S_n = r_1r_2r_3\ldots r_n = (-1)^n \frac{a_n}{a_0}$$

18. FRACTIONS RATIONNELLES

Une fraction rationnelle se présente sous la forme $\dfrac{P(x)}{Q(x)}$. Si le degré de $P(x)$ est supérieur à celui de $Q(x)$ on peut effectuer la division de $P(x)$ par $Q(x)$ suivant les puissances décroissantes pour faire apparaître une partie entière, qui est un polynôme en x et une nouvelle fraction rationnelle $\dfrac{P_1}{Q}$ où le degré de Q est supérieur à celui de P_1. Nous allons donc supposer être dans un tel cas et étudier la décomposition de $\dfrac{P(x)}{Q(x)}$ avec degré de $Q(x) >$ degré de $P(x)$, les coefficients de $P(x)$ et $Q(x)$ étant réels.

Les valeurs qui annulent $Q(x)$, ou pôles de la fraction rationnelle, sont réelles ou complexes.

1. Décomposition d'une fraction rationnelle sur $\mathbb{R}$

Pôles réels : décomposition en éléments simples de première espèce

Si a est racine de $Q(x)$, $Q(a) = 0$ et $Q(x)$ pourra se mettre sous la forme $Q(x) = (x - a)^m Q_1(x)$, m étant l'ordre de multiplicité de la racine a.

Remplaçons $Q(x)$ par $(x - a)^m Q_1(x)$ dans $\dfrac{P(x)}{Q(x)}$.

$$\frac{P(x)}{Q(x)} = \frac{P(x)}{(x-a)^m Q_1(x)} \qquad \text{avec} \qquad Q_1(a) \neq 0$$

$P(a) \neq 0$, sinon $x - a$ serait facteur commun à $P(x)$ et $Q(x)$ ce qui est contraire à l'hypothèse $\dfrac{P(x)}{Q(x)}$ irréductible.

Partie principale relative à un pôle a d'ordre m

Si a est pôle d'ordre m de la fraction irréductible, et en posant $x - a = X$ ou $x = a + X$ on a

$$\frac{P(x)}{Q(x)} = \frac{P(a+X)}{X^m Q_1(a+X)}$$

On peut diviser le polynôme $P(a + X)$ par $Q_1(a + X)$ suivant les puissances croissantes de X à l'ordre m :

$$P(a+X) = (A_1 + A_2X + \ldots + A_mX^{m-1})\, Q_1(a+X) + X^mR(X) \tag{14}$$

et en divisant par $X^mQ_1(a + X)$

$$\frac{P(a+X)}{X^m Q_1(a+X)} = \frac{A_1}{X^m} + \frac{A_2}{X^{m-1}} + \ldots + \frac{A_m}{X} + \frac{R(X)}{Q_1(a+X)}$$

et en revenant à x

$$\frac{P(x)}{Q(x)} = \frac{A_1}{(x-a)^m} + \frac{A_2}{(x-a)^{m-1}} + \ldots + \frac{A_m}{x-a} + \frac{R(x-a)}{Q_1(x)} \tag{15}$$

$\dfrac{P(x)}{Q(x)}$ se présente sous la forme de la somme :

— d'un polynôme en $\dfrac{1}{x-a}$ de degré m sans terme constant, appelé partie principale relative au pôle a;

— d'une fraction rationnelle qui n'admet plus a comme pôle.

Réciproquement, supposons que $\frac{P(x)}{Q(x)}$ soit mise sous la forme (15) ci-dessus; en posant $x - a = X$ et en multipliant par X^m on obtient l'identité (14). Or cette dernière est l'expression de la division d'ordre $m - 1$ suivant les puissances croissantes de $P(a + X)$ par $Q_1(a + X)$, division dont le quotient est unique. Il y a donc unicité de la forme (15).

La détermination des coefficients $A_1, A_2, \ldots, A_m$ peut se faire de proche en proche

$$\frac{P(x)}{(x-a)^m Q_1(x)} = \frac{A_1}{(x-a)^m} + \frac{P_1(x)}{(x-a)^{m-1} Q_1(x)}$$

et en multipliant par $(x - a)^m$

$$\frac{P(x)}{Q_1(x)} = A_1 + \frac{P_1(x)(x-a)}{Q_1(x)}$$

et pour $x = a \quad A_1 = \frac{P(a)}{Q_1(a)}$

$$\frac{P_1(x)}{(x-a)^{m-1} Q_1(x)} = \frac{A_2}{(x-a)^{m-1}} + \frac{P_2(x)}{(x-a)^{m-2}}$$

et $A_2 = \frac{P_1(a)}{Q_1(a)}$ (obtenu après avoir multiplié par $(x - a)^{m-1}$ et en faisant $x = a$) et ainsi de suite...

De même aux racines b et c réelles d'ordre respectif p et q correspondront les suites

$$\frac{B_1}{(x-b)^p}, \frac{B_2}{(x-b)^{p-1}}, \ldots, \frac{B_p}{x-b}$$

ainsi que

$$\frac{C_1}{(x-c)^q}, \frac{C_2}{(x-c)^{q-1}}, \ldots, \frac{C_q}{x-c}$$

rentrant dans la décomposition de $\frac{P(x)}{Q(x)}$ et dénommées parties principales de $\frac{P}{Q}$ par rapport aux pôles b et c.

Si $\frac{P}{Q}$ n'a que des pôles réels, la forme la plus générale

$$\frac{P(x)}{Q(x)} = \left(\frac{A_1}{(x-a)^m} + \ldots + \frac{A_m}{x-a}\right) + \left(\frac{B_1}{(x-b)^p} + \ldots + \frac{B_p}{x-b}\right) + \ldots + \left(\frac{L_1}{(x-l)^r} + \ldots + \frac{L_r}{x-l}\right)$$

obtenue pour les différentes racines $a, b, c, \ldots, l$ d'ordre $m, p, q, \ldots, r$ s'appelle décomposition en éléments simples, et elle est unique comme on a pu le vérifier. Notons qu'en un pôle simple

$$a\ (m = 1),\ Q_1(a) = \lim_{(x \to a)} \frac{Q(x)}{x - a},$$

donc $Q_1(a) = Q'(a)$ et $A_1 = \dfrac{P(a)}{Q'(a)}$.

Pôles complexes : décomposition en éléments de seconde espèce

Si $Q(x)$ admet des racines complexes, elle sont conjuguées 2 à 2.

Deux racines conjuguées sont racines d'un trinôme du second degré $x^2 + px + q = 0$ avec $p^2 - 4q < 0$, alors $Q(x)$ est décomposable en produit de facteurs de la forme

$$(x^2 + px + q)^m\ R(x)$$

m étant l'ordre de multiplicité des deux racines considérées, et

$$\frac{P(x)}{Q(x)} = \frac{P(x)}{(x^2 + px + q)^m\ R(x)}$$

On peut trouver deux constantes M_1 et N_1 de sorte que

$$\frac{P(x)}{Q(x)} = \frac{P(x)}{(x^2 + px + q)^m\ R(x)} = \frac{M_1 x + N_1}{(x^2 + px + q)^m} + \frac{P_1(x)^{(1)}}{Q_1(x)}$$

L'existence de M_1 et N_1 et leur calcul découlent d'une simple identification.

Les coefficients M_1 et N_1 s'obtiennent en multipliant les membres de la dernière égalité par $(x^2 + px + q)^m$ et en faisant $x^2 + px + q = 0$ et ainsi de suite pour $\dfrac{P_1}{Q_1}$ égal à la différence

$$\frac{P(x)}{Q(x)} - \frac{M_1 x + N_1}{(x^2 + px + q)^m}$$

Le procédé opératoire reste le même que celui utilisé pour les racines réelles. Ainsi $\dfrac{P(x)}{Q(x)}$ donnera la décomposition suivante

$$\frac{P(x)}{Q(x)} = \frac{P(x)}{(x^2 + px + q)\ R(x)} = \frac{M_1 x + N_1}{(x^2 + px + q)^m} + \frac{M_2 x + N_2}{(x^2 + px + q)^{m-1}} + \ldots + \frac{M_m x + N_m}{x^2 + px + q} + \frac{P_m(x)}{R(x)}$$

(1) Avec $Q_1(x) = (x^2 + px + q)^{m-1}\ R(x)$.

D'une façon générale, si $Q(x)$ admet des racines réelles $a, b, c \ldots$ d'ordre $\alpha, \beta, \gamma \ldots$ et des racines complexes d'ordre $\delta, \lambda \ldots$ on aura

$$Q(x) = A_0(x-a)^\alpha (x-b)^\beta (x-c)^\gamma \ldots (x^2+px+q)^\delta (x^2+p'x+q')^\lambda \ldots$$

et la décomposition de $\dfrac{P(x)}{Q(x)}$ qui est **unique** prendra la forme de la somme la plus générale

$$\frac{P(x)}{Q(x)} = \frac{A_1}{(x-a)^\alpha} + \ldots + \frac{A_\alpha}{x-a} + \frac{B_1}{(x-b)^\beta} + \ldots + \frac{B_\beta}{x-b} + \frac{C_1}{(x-c)^\gamma} + \ldots + \frac{C_\gamma}{x-c} + \frac{M_1x+N_1}{(x^2+px+q)^\delta} + \ldots + \frac{M_\delta x + N_\delta}{x^2+px+q} + \frac{M'_1x+N'_1}{(x^2+p'x+q')^\lambda} + \ldots + \frac{M'_\lambda x+N'_\lambda}{x^2+p'x+q'}$$

Ces résultats seront utilisés lors de l'intégration des fractions rationnelles. A cette occasion de nombreuses décompositions seront effectuées à titre d'exercice. On en retrouvera quelques autres à la fin de ce chapitre.

2. Décomposition d'une fraction rationnelle sur $\mathbb{C}$

Au début du paragraphe 16 nous avons vu que pour un polynôme à coefficients réels

$$\overline{P(z)} = P(\bar{z})$$

Si nous considérons la fraction rationnelle $\dfrac{P}{Q}$ (où $d^0(P) < d^0(Q)$, cas auquel on est ramené si nécessaire après division de P par Q)

$$\frac{P}{Q} = \sum_i P_i\left(\frac{1}{x-a_i}\right)$$

a_i étant la racine complexe ou réelle d'ordre α_i (même raisonnement que pour des pôles tous réels), P_i étant un polynôme de degré α_i, sans terme constant.

De l'égalité $\overline{\left(\dfrac{P}{Q}\right)} = \dfrac{\overline{P}}{\overline{Q}}$ nous concluons que

$$\overline{\left(\frac{A_i}{(x-a_i)^\alpha}\right)} = \frac{\overline{A}_i}{(x-\overline{a}_i)^\alpha}$$

Ce qui montre que :

– si le pôle a_i est réel, l'unicité de la partie polaire relative à ce pôle prouve que A_i et $\overline{A}_i$ sont égaux, ou que A_i est réel ce que nous avons déjà vu précédemment ;

– si le pôle a_i est complexe, les numérateurs des éléments simples qui figurent dans la partie polaire relative à $\bar{a}_i$ sont conjugués des numérateurs des éléments simples qui figurent dans la partie polaire relative à a_i et la décomposition sur $\mathbb{C}$ est donnée par

$$\frac{P}{Q} = \sum_i P_i\left(\frac{1}{x - a_i}\right)$$

que a_i soit réel ou complexe.

Quelle que soit la forme de décomposition envisagée (sur $\mathbb{C}$ ou sur $\mathbb{R}$) le nombre de coefficients à déterminer dans les numérateurs des éléments simples est égal au degré du dénominateur $Q(x)$.

Exemple

Décomposition sur $\mathbb{C}$ de $\dfrac{1}{x^n - 1}$ où $n \in \mathbb{N}^*$.

Posons

$$f(x) = \frac{1}{x^n - 1}$$

$x^n - 1 = 0$ a n racines distinctes qui sont $\omega_k = e^{\frac{2ki\pi}{n}}$ avec $0 \leqslant k \leqslant n - 1$.

La décomposition de f est donc de la forme

$$f(x) = \sum_{k=0}^{n-1} \frac{A_k \cdot}{x - \omega_k}$$

De l'identité

$$x^n - \omega^n = (x^{n-1} + \omega x^{n-2} + \cdots + \omega^{n-2}\,x + \omega^{n-1})$$

on tire

$$\frac{x - \omega_k}{x^n - 1} = \frac{1}{x^{n-1} + \omega_k\,x^{n-2} + \cdots + \omega_k^{n-1}}$$

et par suite

$$A_k = \frac{1}{n\omega_k^{n-1}} = \frac{\omega_k}{n}$$

et

$$f(x) = \frac{1}{n} \sum_{k=0}^{n-1} \frac{\omega_k}{x - \omega_k} \qquad \text{avec } \omega_k = e^{\frac{2ki\pi}{n}}$$

Résumé du chapitre 8

- **Définition.**

Le polynôme $A = a_0x^n + a_1x^{n-1} + \ldots + a_{n-1}x + a_n$ est identifié par la suite ordonnée $[a_0, a_1, \ldots, a_n]$ de ses coefficients.

• **Égalité.**

Deux polynômes A et A' sont égaux si $a_i = a'_i \quad \forall\, i$

• **Somme.**

$$A + A' = [a_i + a'_i]$$

• **Produit par un scalaire.**

$$\lambda A = [\lambda a_i]$$

• **Produit de deux polynômes.**

$$AA' = [c_i] \qquad \text{où} \qquad c_i = \sum_{k=0}^{i} a_k a'_{i-k}$$

$K(x)$, ensemble des polynômes, a une structure d'anneau commutatif.

• **Division de polynômes.**

Si A est un polynôme de degré n et B un polynôme de degré inférieur à n l'égalité

$$A = BQ + R$$

définit d'une façon unique le quotient Q et le reste R de la division de A par B (avec degré de $R <$ degré de B).

Si $R = 0$ on dit que B divise A.

• **Division par $x - a$ d'un polynôme $P(x)$.**

$P(x)$ est divisible par $(x - a) \Leftrightarrow P(a) = 0$.

• **Division suivant les puissances croissantes.**

$$A,\ B \in K(x) \quad \text{et} \quad B(0) \neq 0$$

$\forall\, k \in \mathbb{N}$, il existe un et un seul couple de polynômes Q et R, quotient et reste de la division de A par B suivant les puissances croissantes à l'ordre k tel que

$$A = BQ + x^{k+1}R \qquad \text{avec} \qquad d^0\,(Q) \leqslant k$$

• **Notion d'idéal.**

$\mathscr{I}$ sous-ensemble de $K(x)$ vérifiant

$$A(x),\ B(x) \in \mathscr{I} \Rightarrow A(x) - B(x) \in \mathscr{I}$$

$$A(x) \in \mathscr{I} \quad \text{et} \quad P(x) \in K(x) \Rightarrow A(x)\,.\,P(x) \in \mathscr{I}$$

$\mathscr{I}$ est appelé idéal.

Théorème 1 : Idéal engendré par un polynôme.

Tout idéal $\mathscr{I}$ de l'anneau $K(x)$ est engendré par un polynôme $A(x)$, unique à un facteur multiplicatif près : $\forall\ B(x) \in K(x)$ B est divisible par $A(x)$.

Théorème 2 : Idéal engendré par deux polynômes.

Si $A(x), B(x) \in K(x)$ et ne sont pas tous deux nuls, l'ensemble

$$\{ A(x)\,U(x) + B(x)\,V(x) \}$$

où $U(x), V(x) \in K(x)$ est un idéal de $K(x)$ donc engendré par un polynôme $D(x)$ unique à un facteur multiplicatif près.

Tout diviseur de $A(x)$ et $B(x)$ divise $D(x)$ et réciproquement. $D(x)$ est le PGCD de $A(x)$ et $B(x)$.

Si $D(x)$ est de degré 0, A et B sont premiers entre eux.

- **Identité de Bezout.**

Si $A(x)$ et $B(x)$ sont premiers entre eux, il existe $U_0, V_0 \in K(x)$ tels que

$$AU_0 + BV_0 = 1$$

- **Calcul pratique du PGCD.**

Il se fait grâce à l'algorithme d'Euclide $B = Aq + A_1$ avec $d^0(A_1) < d^0(A)$.

Si $A_1 = 0$ A est le PGCD, sinon on divise A par A_1 et on recommence jusqu'à obtenir un reste nul ou de degré nul.

- **Racines d'un polynôme. Décomposition.**

Si $A(x)$ est de degré $n \in \mathbb{N}^*$ il admet au moins une racine sur $\mathbb{C}$. En comptant chaque racine multiple avec son ordre de multiplicité, il possède exactement n racines distinctes ou confondues.

Tout polynôme de $K(x)$ est décomposable en un produit de facteurs uniques à un facteur multiplicatif près.

- **Factorisation d'un polynôme.**

Si $z = p + iq$ est racine de $P(x) = 0$

$\bar{z} = p - iq$ est également racine de $P(x) = 0$,

avec le même ordre de multiplicité que z.

Si x_i est racine réelle d'ordre α_i et si z_i est racine complexe d'ordre β_i, $P(x)$ se met sous la forme :

$$K(x - x_1)^{\alpha_1}(x - x_2)^{\alpha_2} \ldots [(x - p_1)^2 + q_1]^{\beta_1} \cdot [(x - p_2)^2 + q_2]^{\beta_2} \ldots$$

- **Relation entre les coefficients et les racines.**

Si

$$P(x) = a_0x^n + a_1x^{n-1} + \dots + a_n$$
$$= a_0(x - r_1)(x - r_2)\dots(x - r_n)$$

où $r_1, r_2, \dots, r_n$ sont les n racines de $P(x)$ comptées avec leur ordre de multiplicité, on a

$$S_1 = \sum_{i=1}^{n} r_i = -\frac{a_1}{a_0}$$

$$S_2 = \sum_{i<j} r_ir_j = \frac{a_2}{a_0}$$

$$\dots\dots\dots\dots\dots\dots$$

$$S_n = r_1 \cdot r_2 \cdot \dots \cdot r_n = (-1)^n \frac{a_n}{a_0}$$

- **Décomposition d'une fraction rationnelle.**

Si $d^0(Q) > d^0(P)$, et α_i étant l'ordre de multiplicité de la racine réelle x_i, β_i celui des deux racines complexes conjuguées de $x^2 + px + q = 0$ avec $p^2 - 4q < 0$ alors :

$$\frac{P(x)}{Q(x)} = \sum \frac{A_i}{(x - x_i)^{\gamma_i}} + \sum \frac{M_ix + N_i}{[(x^2 + p_ix + q_i)]^{\delta_i}}$$

$$(1 \leqslant \gamma_i \leqslant \alpha_i,\ 1 \leqslant \delta_i \leqslant \beta_i)$$

les sommes étant prises pour chacune des racines réelles et complexes.

EXERCICES

ÉNONCÉS

■ **1.** Décomposer les fractions rationnelles suivantes, sur $\mathbb{R}$:

a) $\dfrac{1}{x^4 - x}$

b) $\dfrac{1}{x(x^2 + x + 1)^2}$

c) $\dfrac{x^5}{(x^2 - 5x + 6)(x - 1)^2}$

■ **2.** On considère la famille de polynômes définie par récurrence par

$$P_n(x) = (1 + nx)\, P_{n-1} + x\,(1 - x)\, P'_{n-1}(x) \quad \forall\, n \in \mathbb{N}^*$$

et $$P_0(x) = 1$$

1) Calculer P_1, P_2, P_3.

2) Quel est le terme de plus haut degré de P_n ?

3) Calculer $P_n(1)$ et $P_n(0)$.

4) Montrer que $P_n(x) = x^n\, P_n\left(\dfrac{1}{x}\right)$. En déduire que les racines de $P_n(x) = 0$ sont deux à deux inverses. Donner une racine commune à tous les P_n pour n impair.

■ **3.** $P(x)$ étant un polynôme de degré n ayant toutes ses racines réelles distinctes, montrer qu'il en est de même de P'. a étant différent de 0, montrer que $P^2 + a^2$ a toutes ses racines complexes simples.

■ **4.** Montrer que si x_0 est racine commune à $A(x)$ et $B(x)$ elle l'est également de leur PGCD et réciproquement.

En déduire les racines multiples de

$$A(x) = x^5 - x^3 - 4\,x^2 - 3\,x - 2$$

■ **5.** α, β, γ, δ, étant des entiers naturels on considère les deux polynômes

$$P(x) = x^{4\alpha+3} + x^{4\beta+2} + x^{4\gamma+1} + x^{4\delta}$$

et

$$Q(x) = x^3 + x^2 + x + 1$$

Montrer que P est divisible par Q.

■ **6.** Montrer que le polynôme

$$P(x) = 1 + \frac{x}{1\,!} + \frac{x^2}{2\,!} + \ldots + \frac{x^n}{n\,!}$$

n'admet pas de racines multiples.

■ **7.** Soit $x^n + \lambda_1 x^{n-1} + \lambda_2 x^{n-2} + \ldots + \lambda_n = 0$ où λ_i est entier $\forall\, i$.

Montrer que si cette équation a une racine rationnelle elle est nécessairement entière et divise λ_n.

En déduire les racines rationnelles de

$$x^4 - 4\,x^3 - 8\,x^2 + 13\,x + 10 = 0$$

■ **8.** Décomposer en éléments simples la fraction rationnelle

$$\frac{x^3 + x^2 + 2}{(x+1)(x^2+1)}$$

---

*■ **9.** On pose $A_\alpha(x) = x^2 + \alpha \qquad \alpha \in \mathbb{R}$

Montrer qu'il existe :

a) un seul polynôme B_α de degré $n = 4$ tel que

$$A_\alpha \circ B_\alpha = B_\alpha \circ A_\alpha$$

où $A_\alpha \circ B_\alpha = A_\alpha[B_\alpha(x)]$. On mettra $B_\alpha(x)$ sous la forme $H(x) + xK(x)$, H et K étant des polynômes pairs.

b) Montrer que pour deux valeurs différentes de α il existe deux polynômes $C_\alpha(x)$ de degré 3 tels que

$$A_\alpha(x) \circ C_\alpha(x) = C_\alpha(x) \circ A_\alpha(x)$$

---

*■ **10.** 1) $P(x)$ et $Q(x)$ étant deux polynômes à coefficients réels liés par la relation $(1 - x^2)\,Q^2(x) = 1 - P^2(x)$, trouver les couples P et Q vérifiant la relation précédente lorsque le degré p de $P(x)$ est inférieur à 3.

2) Pour $p > 1$ montrer que les racines de $Q(x)$ sont également racines de $P'(x)$.

3) Montrer que $P'(x) = \pm\, pQ(x)$.

4) Montrer qu'il existe un intervalle $]\alpha, \beta[\ \subset\ ]-1, 1[$ dans lequel

$$|P(x)| < 1 \qquad \text{et} \qquad |P(\alpha)| = |P(\beta)| = 1$$

---

*■ **11.** 1) $P(x)$ étant un polynôme vérifiant

$$P(x+1) + P(x) = 2\,x^n$$

donner le système permettant d'en calculer les coefficients.

2) En montrant que $Q(x+1) + Q(x) = 0$ où $Q(x)$ est un polynôme ne peut être satisfaite que par $Q(x)$ identiquement nul, en déduire que si on désigne par $E_k(x)$ le polynôme vérifiant

$$E_k(x+1) + E_k(x) = 2\,x^k \qquad k \in \mathbb{N}^*$$

on a

$$E'_n(x+1) = nE_{n-1}(x) \qquad \text{et} \qquad E_n(x) = (-1)^n\,E_n(1-x)$$

■ **12.** Décomposer en éléments simples la fraction rationnelle

$$P(x) = \frac{x^3 - x^2 + x}{(1 - x^2)(2x - 1)}$$

■ 13. Décomposer en éléments simples la fraction rationnelle

$$\frac{1}{x^{10} + x^6}$$

■ 14. Décomposer en éléments simples les fractions rationnelles :

$$\frac{x^6}{(x^2 + 1)^2 (x + 1)^2}$$

$$\frac{2x + 1}{(x^2 - 1)^2}$$

$$\frac{1}{x (x^3 - 1)}$$

$$\frac{1 - x + x^3}{(x - 1)^3 (2 x - 1)}$$

$$\frac{3 x^2 + 2 x + 1}{(x - 1)^2 (x + 1)^2}$$

$$\frac{1}{(x^2 - 1)^4 (x^2 + 1)}$$

$$\frac{n!}{x (x + 1) (x + 2) \dots (x + n)}$$

$$\frac{x^2}{x^4 - 2 x^2 \cos 2 a + 1}$$

■ 15. Décomposer en éléments simples sur $\mathbb{R}$ les fractions rationnelles

$$R_1(x) = \frac{(x^2 + 1)^2}{(x - 1)^6}$$

$$R_2(x) = \frac{x^4 + 1}{x^4 + x^2 + 1}.$$

***■ 16.** On définit une suite de polynômes $P_0(x)$, $P_1(x)$, ..., $P_n(x)$ de la manière suivante :

$P_0(x) \equiv 1$ et pour $n \geqslant 1$, on détermine $P_n(x)$ à partir de $P'_{n-1}(x)$ par

$$\begin{cases} P'_n(x) \equiv P_{n-1}(x) \\ P_n(1) + P_n(0) = 0. \end{cases}$$

1) Vérifier que ceci détermine bien les polynômes P_n et que P_n est de degré n. Calculer P_1, P_2, P_3, P_4.

2) Montrer que pour tout $n \geqslant 1$, on a la relation

$$P_n(x) + P_n(x+1) \equiv \frac{2\,x^n}{n\,!}. \qquad (1)$$

Montrer que pour tout n l'identité (1) suffit à déterminer complètement P_n.

3) Montrer que pour tout $n \geqslant 0$, on a la relation (2)

$$P_n(1-x) = (-1)^n\, P_n(x). \qquad (2)$$

Que peut-on en déduire suivant la parité de n pour les valeurs de $P_n\left(\frac{1}{2}\right)$ et celles de $P_n(0)$ et $P_n(1)$?

4) Etudier suivant les valeurs de n les variations de $P_n(x)$ pour $0 \leqslant x \leqslant 1$.

■ **17.** θ étant un réel donné, trouver le reste de division du polynôme

$$P(x) = (x \sin\theta + \cos\theta)^n \qquad \text{par } x^2 + 1 \qquad (n \in \mathbb{N})$$

■ **18.** Déterminer les entiers n tels que $(x+1)^n - x^n - 1$ soit divisible par $x^2 + x + 1$.

---

*■ **19.** Calculer le produit $P = \prod_{k=1}^{n-1} \sin \frac{k\pi}{n}$.

(Indication : on exprimera l'équation $\sin n\,\theta = 0$ en fonction de $x = \sin\theta$; on sera amené à distinguer deux cas suivant la parité de n).

---

*■ **20.** On appelle $\alpha_1, \alpha_2, \ldots, \alpha_{n-1}$ les racines $n^{\text{ièmes}}$ de l'unité, autres que 1.

Calculer la somme $S = \sum_{k=1}^{n-1} \frac{1}{\alpha_k - 1}$.

---

*■ **21.** On considère la suite de polynômes (P_n) définie par

$$P_0(x) = x\,; \qquad P_n = \frac{3 - P_{n-1}^2}{2}, \qquad \text{pour } n \geqslant 1.$$

1) Quel est le degré de P_n ? Calculer P_1, P_2, P_3 et leurs racines positives.

2) Démontrer que P_n a une seule racine positive α_n et que la suite (α_n) est croissante.

3) Exprimer α_n en fonction de α_{n-1} et trouver $\lim\limits_{n \to \infty} \alpha_n$.

■22. Soient $f(X)$ et $g(X)$ les deux polynômes à coefficients complexes :

$$f(X) = X^2 - 4X + 5,$$
$$g(X) = X^3 - (1 + 2i)X^2 - 3X + 2i - 1.$$

Montrer que $f(X)$ et $g(X)$ ont une racine commune α que l'on calculera.

En déduire la décomposition en éléments simples de la fraction rationnelle $\dfrac{f(X)}{g(X)}$ sur le corps des complexes.

***■23.** Soit l'équation

$$x^3 + ax^2 + bx + c = 0. \qquad (E)$$

Calculer, lorsqu'elle existe :

$$S = \sum \frac{x_i}{x_j + x_k}.$$

■24. Trouver un polynôme $P(x)$ du cinquième degré, tel que $P(x) + 1$ soit divisible par $(x - 1)^3$ et $P(x) - 1$ soit divisible par $(x + 1)^3$.

***■25.** Déterminer les valeurs de $\lambda \in \mathbb{C}$ pour lesquelles l'équation

$$f(x) = (x + 1)^n - x^n - \lambda = 0 \qquad (n \text{ entier} \geqslant 2)$$

admet une racine multiple.

■26. Peut-on déterminer $m, n, p \in \mathbb{C}$ pour que

$$x^6 + mx^4 + 10x^3 + nx + p = 0$$

admette une racine quadruple ? Résoudre alors l'équation.

EXERCICES SUPPLÉMENTAIRES

■27. Déterminer une condition nécessaire et suffisante pour que les images des racines de l'équation

$$z^3 + pz + q = 0 \qquad (1)$$

soient les sommets d'un triangle rectangle isocèle.

■ **28.** On donne l'équation $z^3 + az^2 + bz + c = 0$. Déterminer b et c en fonction de a pour que les images des racines et l'origine forment un carré. Application : déterminer b et c pour qu'il en soit ainsi dans l'équation

$$z^3 - 4\,iz^2 + bz + c = 0.$$

Résoudre alors l'équation.

---

*■ **29.** Montrer que le PGCD de $x^p - 1$ et $x^q - 1$ est $x^d - 1$ où d est le PGCD des deux entiers p et q.

■ **30.** A quelle condition l'équation $x^5 + px^2 + q = 0$ admet-elle une racine multiple ?

■ **31.** Déterminer $a \in \mathbb{C}$ pour que le polynôme

$$40\,x^5 - ax^2 + 84$$

admette deux racines inverses l'une de l'autre.

---

*■ **32.** Polynômes différence première.
Etant donné un polynôme $F(x)$, on appelle polynôme différence première de F et on note ΔF :

$$(\Delta F)(x) = F(x + 1) - F(x).$$

On se propose de résoudre l'équation (1) $\Delta F = f$, où f est un polynôme de degré n.

a) Montrer que l'application $F \to \Delta F$ est linéaire, et que d° $F = 1 +$ d° (ΔF). Montrer que si $\Delta F_0 = f$, alors toutes les solutions de (1) sont de la forme

$$F = F_0 + k \qquad (k \in \mathbb{R}).$$

b) On pose

$$C_x^p = \frac{x(x-1)\cdots(x-(p-1))}{p\,!}\,(p \in \mathbb{N}), \qquad \text{et} \qquad C_x^0 = 1 \quad (x \in \mathbb{R})$$

Que vaut ΔC_x^p ?

c) Montrer que $C_x^0, \cdots, C_x^n$ forment une base de l'e.v. des polynômes F de degré au plus n. En déduire la solution du problème proposé.

d) Applications : 1) $f = x^3 + 2\,x^2 + 3\,x + 4$,
2) $f = x^2$. En déduire la valeur de

$$S_n = 1^2 + 2^2 + \cdots + n^2.$$

2) On pose $\Delta^2 F = \Delta(\Delta F)$, etc. $\Delta^n F = \Delta(\Delta^{n-1} F)$. Montrer que

$$\Delta^n F(x) = \sum_{k=0}^{n} C_n^{n-k}(-1)^k F(x+n-k).$$

---

*■**33.** Soit $\alpha = e^{\frac{2i\pi}{2n+1}}$, $n \in \mathbb{R}$.

Calculer la somme

$$S_n = \frac{\alpha}{1+\alpha^2} + \frac{\alpha^2}{1+\alpha^4} + \dots + \frac{\alpha^n}{1+\alpha^{2n}} = \sum_{k=1}^{n} \frac{\alpha^k}{1+\alpha^{2k}}$$

(généralisation de l'exercice 11 du chapitre 7).

SOLUTIONS

■ **1.** *a*) $\frac{1}{x^4 - x} = \frac{1}{x(x-1)(x^2+x+1)} = \frac{A}{x} + \frac{B}{x-1} + \frac{Cx+D}{x^2+x+1}.$

En multipliant les deux membres par x et en faisant $x = 0$, on obtient $A = -1$.

En opérant de même pour $x - 1$, on obtient $B = \frac{1}{3}$ lorsqu'on donne à x la valeur 1.

En multipliant par x et en faisant tendre x vers $+\infty$ on obtient

$$A + B + C = 0 \quad \text{soit} \quad C = \frac{2}{3}$$

Enfin pour $x = -1$, on a

$$\frac{1}{2} = -A - \frac{B}{2} - C + D$$

soit
$$D = \frac{1}{3}$$

et
$$\frac{1}{x^4 - x} = -\frac{1}{x} + \frac{1}{3(x-1)} + \frac{1}{3}\,\frac{2x+1}{x^2+x+1}$$

b) La décomposition de $\frac{1}{x(x^2+x+1)^2}$ est de la forme

$$\frac{A}{x} + \frac{Bx+C}{x^2+x+1} + \frac{Dx+E}{(x^2+x+1)^2} = \frac{1}{x(x^2+x+1)^2}$$

La méthode vue dans *a*) donne A immédiatement : $A = 1$; on peut multiplier les deux membres par $(x^2+x+1)^2$ et faire $x = j$. Le plus simple reste ici la réduction au même dénominateur et l'identification :

$$A(x^2+x+1)^2 + (Bx+C)\,x(x^2+x+1) + x(Dx+E) = 1$$

On en tire alors

$$\begin{aligned} A &= 1 \\ A + B &= 0 \\ 2A + B + C &= 0 \\ 3A + B + C + D &= 0 \\ \text{enfin } 2A + C + E &= 0 \end{aligned} \qquad \begin{aligned} &\text{d'où :} \\ &B = -1 \\ &C = -1 \quad \text{et} \quad E = -1 \\ &D = E = -1 \end{aligned}$$

et $$\frac{1}{x(x^2+x+1)^2} = \frac{1}{x} - \frac{x+1}{x^2+x+1} - \frac{x+1}{(x^2+x+1)^2}$$

c) $x^2 - 5x + 6$ s'annule pour $x = 3$ et $x = 2$ d'où

$$x^2 - 5x + 6 = (x-3)(x-2)$$

On peut par ailleurs effectuer la division de x^5 par

$$(x^2 - 5x + 6)(x-1)^2.$$

La partie entière trouvée est $x + 7$. D'où

$$\frac{x^5}{(x^2-5x+6)(x-1)^2} = x + 7 + \frac{A}{x-3} + \frac{B}{x-2} + \frac{C}{x-1} + \frac{D}{(x-1)^2}$$

avec

$$A = \frac{3^5}{4} = \frac{243}{4} \qquad B = \frac{2^5}{-1} = -32 \qquad D = \frac{1}{(-2)(-1)} = \frac{1}{2}$$

valeurs calculées suivant la méthode exposée en *a*)

Pour C prenons comme valeur particulière $x = 0$ par exemple, on trouve

$$0 = 7 - \frac{3^4}{4} + \frac{32}{2} - C + \frac{1}{2}$$

d'où $C = \frac{13}{4}$, et

$$\frac{x^5}{(x^2-5x+6)(x-1)^2} = x + 7 + \frac{243}{4(x-3)} - \frac{32}{x-2} + \frac{13}{4(x-1)} + \frac{1}{2(x-1)^2}$$

■ **2.** 1) $P_1(x) = 1 + x$

$$P_2(x) = (1+2x)(1+x) + x(1-x) = x^2 + 4x + 1$$

$$P_3(x) = (1+3x)(x^2+4x+1) + x(1-x)(2x+4) = x^3 + 11x^2 + 11x + 1$$

2) On voit que le terme de plus haut degré de P_n est x^n pour $0 \leqslant i \leqslant 3$.

Supposons cette propriété vraie à l'ordre $n - 1$, soit que le polynôme P_{n-1} a pour premier terme x^{n-1}, alors de l'expression de P_n

$$P_n = (1 + nx)\, P_{n-1} + x\,(1 - x)\, P'_{n-1}(x)$$

on tire que P_n aura pour terme de plus haut degré

$$nx \,.\, x^{n-1} - x^2 \,.\, (n - 1)\, x^{n-2}$$

soit x^n.

3) $$P_n(1) = (1 + n)\, P_{n-1}(1) = (1 + n)\, n\, P_{n-2}(1) \ldots$$

or $$P_0(1) = 1 \qquad \text{et} \qquad P_1(1) = 2,$$

d'où $$P_n(1) = (n + 1)\,!$$

$$P_n(0) = P_{n-1}(0) = \ldots = P_1(0) = 1$$

4) $$P_1(x) = x\, P_1\left(\frac{1}{x}\right)$$

on peut aussi calculer $x^2 P_2\left(\frac{1}{x}\right)$ pour vérifier la propriété également à l'ordre 2.

Supposons que $x^{n-1} P_{n-1}\left(\frac{1}{x}\right) = P_{n-1}(x)$.

On aura alors

$$P'_{n-1}(x) = (n - 1)\, x^{n-2} P_{n-1}\left(\frac{1}{x}\right) - \frac{1}{x^2} \,.\, x^{n-1} P'_{n-1}\left(\frac{1}{x}\right)$$

$$P_n\,(x) = x^n\left(\frac{1}{x} + n\right) P_{n-1}\left(\frac{1}{x}\right) + \left[\left(\frac{1}{x} - 1\right)(n - 1)\right.$$

$$\left. P_{n-1}\left(\frac{1}{x}\right) + \frac{1}{x}\left(1 - \frac{1}{x}\right) P'_{n-1}\left(\frac{1}{x}\right)\right]$$

$$= x^n\, P_n\left(\frac{1}{x}\right)^*$$

5) Si x_0 est racine de $P_n(x) = 0$ alors

$$x_0^n\, P_n\left(\frac{1}{x_0}\right) = 0$$

Or x_0 ne peut être égal à 0 puisque $P_n(0) = 1$ donc $\frac{1}{x_0}$ est également racine.

---

* Ceci se traduit par $a_0 = a_n$, $a_1 = a_{n-1}$, ..., $a_p = a_{n-p}$, $\forall\, p = 0, 1, 2, ..., n$. Un tel polynôme est dit réciproque.

Pour $n = 2p + 1$ on voit immédiatement que

$$P_{2p+1}(-1) = (-1)^{2p+1} P_{2p+1}(-1)$$

d'où

$$P_{2p+1}(-1) = 0 \qquad \forall p$$

et -1 est la racine commune.

■ **3.** Soit $x_1, x_2, \ldots, x_n$ les n racines réelles et distinctes de $P(x)$ avec $x_p > x_{p-1}$.

D'après le théorème de Rolle (chap. 14) sur chacun des intervalles $]x_{p-1}, x_p[$, $P'(x)$ a au moins une racine. Or ces intervalles étant au nombre de $n-1$ et $P'(x)$ de degré $n-1$ cela implique que chacun des intervalles ne contient qu'une seule des racines de $P'(x)$. Donc $P'(x)$ a bien $(n-1)$ racines réelles et distinctes.

Par ailleurs, $P^2 + a^2 \geqslant a^2 > 0$ sur $\mathbb{R}$ donc toutes les racines de $P^2 + a^2 = 0$ sont complexes. Or une racine double complexe serait aussi racine de $\frac{\mathrm{d}}{\mathrm{d}x}(P^2 + a^2) = 0$ soit de $PP' = 0$ et, d'après ce qui précède, il y a impossibilité, les racines de P et de P' étant réelles.

Donc $P^2(x) + a^2 = 0$ a toutes ses racines simples.

■ **4.** Si D est le PGCD de A et B, on a $A = DA_1$ et $B = DA_2$.

Si $D(x_0) = 0$ $A(x_0) = D(x_0) \,.\, A_1(x_0) = 0$ et de même $B(x_0) = D(x_0) \,.\, B_1(x_0) = 0$.

Réciproquement si x_0 est racine de $A(x)$ et $B(x)$, d'après le théorème de Bezout il existe deux polynômes U et V tels que

$$D = AU + BV$$

et

$$D(x_0) = A(x_0)\,U(x_0) + B(x_0)\,V(x_0) = 0$$

Si x_0 est racine multiple de $A(x) = x^5 - x^3 - 4x^2 - 3x - 2$ elle est racine de $A'(x) = 5x^4 - 3x^2 - 8x - 3$.

Cherchons le PGCD de A et A' par l'algorithme d'Euclide.

$$A = A' \,.\, \frac{x}{5} - \frac{2}{5}(x^3 + 6x^2 + 6x + 5)$$

$$A' = (x^3 + 6x^2 + 6x + 5)(5x - 30) + 147(x^2 + x + 1)$$

$$x^3 + 6x^2 + 6x + 5 = (x^2 + x + 1)(x + 5)$$

le reste étant nul le PGCD est $x^2 + x + 1$.

Le polynôme A admet comme racines multiples celles de $x^2 + x + 1$ c'est-à-dire

$$j = \frac{-1 + i\sqrt{3}}{2} \quad \text{et} \quad j^2 = \frac{-1 - i\sqrt{3}}{2}$$

Ces racines sont d'ordre au moins égal à 2 donc A est divisible par $(x^2 + x + 1)^2$ qui est de degré 4; A étant de degré 5 il ne peut y en avoir d'autres. La racine simple est $x = 2$.

■ **5.** Calculons $P - Q$:

$$P - Q = x^3 (x^{4\alpha} - 1) + x^2 (x^{4\beta} - 1) + x (x^{4\gamma} - 1) + (x^{4\delta} - 1)$$

$x^4 - 1$ divise tout polynôme de la forme $x^{4m} - 1$ car

$$x^{4m} - 1 = (x^4 - 1) [x^{4(m-1)} + x^{4(m-2)} + \dots + 1]$$

On en conclut que $x^4 - 1$ divise $P - Q$. Or

$$x^4 - 1 = (x - 1)(x^3 + x^2 + x + 1)$$
$$= (x - 1)\ Q(x)$$

Donc $Q(x)$ divise $x^4 - 1$ et, de ce fait, divise $P - Q$, donc divise P.

On pouvait aussi écrire

$$Q(x) = (x + 1)(x - i)(x + i)$$

et vérifier

$$P(-1) = P(i) = P(-i) = 0$$

■ **6.** Si $P(x)$ admettait une racine multiple x_0 on aurait $P(x_0) = 0$ et de même $P'(x_0) = 0$.

Or $P(x_0) - P'(x_0) = \dfrac{x_0^n}{n!}$ ne s'annule que pour $x_0 = 0$, valeur qui n'annule pas $P(x)$: donc il n'y a pas de racine multiple.

■ **7.** Soit $\dfrac{a}{b}$ la racine rationnelle de l'équation

$$\frac{a^n}{b^n} + \lambda_1 \frac{a^{n-1}}{b^{n-1}} + \dots + \frac{a}{b} \lambda_{n-1} + \lambda_n = 0 \qquad (1)$$

soit

$$\frac{a^n}{b} = -\lambda_1 a^{n-1} - \lambda_2 a^{n-2} b - \dots - \lambda_{n-1} a b^{n-2} - \lambda_n b^{n-1}$$

a^n ainsi que le second membre étant entiers, l'égalité ci-dessus implique $b = \pm 1$; si on porte dans (1) la valeur $b = 1$:

$$a^n + \lambda_1 a^{n-1} + \dots + \lambda_{n-1} a = -\lambda_n$$

le premier membre étant divisible par $\pm a$ il en est de même de λ_n. Résultat analogue pour $b = -1$.

Les racines rationnelles de l'équation proposée sont les diviseurs de 10, soit au signe près 1, 2 et 5. Une simple vérification directe montre que seuls conviennent -2 et $+5$.

La factorisation qui s'ensuit est

$$x^4 - 4x^3 - 8x^2 + 13x + 10 = (x+2)(x-5)(x^2 - x - 1)$$

et le trinôme du second membre admet pour racines $\dfrac{1 \pm \sqrt{5}}{2}$ qui sont réelles et irrationnelles.

■ 8. On peut procéder par identification à partir de

$$\frac{x^3 + x^2 + 2}{(x+1)(x^2+1)} = E + \frac{A}{x+1} + \frac{Bx + C}{x^2+1}$$

La partie entière est égale à 1.

A s'obtient en multipliant par $x + 1$ et en faisant $x = -1$: on trouve $A = 1$.

De même en multipliant par $x^2 + 1$ et en faisant $x = i$

$$\frac{i^3 + i^2 + 2}{i + 1} = Bi + C \quad \text{d'où} \quad B = -1 \quad \text{et} \quad C = 0$$

et

$$\frac{x^3 + x^2 + 2}{(x+1)(x^2+1)} = 1 + \frac{1}{x+1} - \frac{x}{x^2+1}$$

***■ 9.** *a*) Pour $B_\alpha(x) = H(x) + xK(x)$, H et K polynômes pairs, $H(x)$ ne peut être nul puisque $B_\alpha(x)$ est de degré 4. D'autre part

$$A_\alpha(x) = A_\alpha(-x),$$

d'où

$$B_\alpha[A_\alpha(x)] = B_\alpha[A_\alpha(-x)]$$

L'hypothèse $A_\alpha \circ B_\alpha = B_\alpha \circ A_\alpha$ conduit donc à

$$A_\alpha[B_\alpha(x)] - A_\alpha[B_\alpha(-x)] = 0$$

soit

$$[H(x) + xK(x)]^2 + \alpha^2 - [H(x) - xK(x)]^2 - \alpha^2 = 0$$

ou

$$H(x) \cdot K(x) = 0$$

De ce qui précède on conclut

$$K(x) = 0 \quad \text{et} \quad B_\alpha(x) = a_0x^4 + a_1x^2 + a_2$$

avec $a_0 \neq 0$.

En identifiant à partir de

$$a_0(x^2 + \alpha)^4 + a_1(x^2 + \alpha)^2 + a_2 = (a_0x^4 + a_1x^2 + a_2)^2 + \alpha$$

on trouve

$$a_0 = 1$$

$$a_1 = 2\alpha$$

$$a_2 = \alpha(\alpha + 1)$$

et

$$B_\alpha(x) = x^4 + 2\alpha x^2 + \alpha(\alpha + 1)$$

b) Posons $C_\alpha(x) = H(x) + xK(x)$ comme précédemment avec $K \neq 0$ et H et K impairs.

Puisque $C_\alpha(x) = - C_\alpha(-x)$ $H(x)$ est nécessairement nul. Le polynôme cherché est de la forme

$$C_\alpha = a_0 x^3 + a_1 x \qquad \text{avec} \quad a_0 \neq 0$$

L'identification (analogue à celle de *a*) conduit à $a_0 = 1$ et $a_1 = \frac{3\alpha}{2}$ avec $\alpha(\alpha + 2) = 0$

$$C_\alpha(x) = x^3 + \frac{3\alpha}{2}x$$

soit $C_0 = x^3$ et $C_{-2} = x^3 - 3x$ auxquels correspondent $A_0 = x^2$ et $A_{-2} = x^2 - 2$.

***■10.** 1) Pour $p = 0$ on a nécessairement $Q(x) = 0$ d'où $P(x) = \pm 1$.

Pour $p = 1$, posons $P(x) = ax + b$ avec $a \neq 0$.

De la relation liant P et Q on déduit pour le degré de $Q(x)$, $d^0(Q) = d^0(P) - 1$, donc $Q(x) = \text{constante} = c$

$$1 - (ax + b)^2 = c^2(1 - x^2)$$

d'où $$a^2 = c^2 \qquad 2ab = 0 \quad \text{et} \quad 1 - b^2 = c^2$$

soit $$b = 0 \qquad a = \pm 1 \qquad c = \pm 1$$

Pour $p = 2$ $P(x) = ax^2 + bx + c$ avec $a \neq 0$

$$Q(x) = dx + f$$

L'identification conduit à

$$1 - (ax^2 + bx + c)^2 = (1 - x^2)(dx + f)^2$$

soit encore

$$1 - a^2x^4 - 2abx^3 - x^2(b^2 + 2ac) - 2bcx - c^2 = - d^2x^4 - 2dfx^3 + x^2(d^2 - f^2) + 2dfx + f^2$$

d'où on déduit

$$d^2 = a^2; \quad ab = df; \quad b^2 + 2ac = f^2 - d^2;$$
$$bc = -df \quad \text{et} \quad 1 - c^2 = f^2$$

On en tire successivement

$$b = f = 0 \quad a = -2 \quad c = \pm 2,$$

soit

$$P(x) = \pm(1 - 2x^2) \quad Q(x) = \pm 2x$$

2) La relation $(1 - x^2)Q^2(x) = 1 - P^2(x)$ donne après dérivation

$$-2xQ^2(x) + 2(1 - x^2)Q(x)Q'(x) = -2P(x)P'(x)$$

Toute racine x_0 de $Q(x)$ conduit à $P(x_0) = \pm 1$ et $P(x_0)P'(x_0) = 0$ d'où $P'(x_0) = 0$.

3) Si $x_1, \ x_2, \ldots, x_k$ sont les racines distinctes de $Q(x)$ avec les ordres de multiplicité $n_1, n_2, \ldots, n_k$ on a

$$n_1 + n_2 + \ldots + n_k = d^0(Q) = p - 1 \tag{1}$$

x_j est racine d'ordre $n_j - 1$ de $Q'(x)$
donc d'ordre $\geqslant n_j + (n_j - 1) = 2\,n_j - 1 > 0$ de $Q(x) \cdot Q'(x)$, donc de P' d'après 2).

On en conclut que

$$(2\,n_1 - 1) + (2\,n_2 - 1) + \ldots + (2\,n_k - 1) \leqslant d^0(P') = p - 1$$

soit encore

$$2\,(n_1 + n_2 + \ldots + n_k) - k \leqslant p - 1$$

Or

$$k \leqslant n_1 + n_2 + \ldots + n_k = p - 1 \tag{2}$$

et (1) et (2) impliquent $k = p - 1$.

Par conséquent $n_1 = n_2 = \ldots = n_k = 1$: les racines de $Q(x)$ sont donc nécessairement simples et, comme elles sont également racines de $P'(x)$ de même degré que $Q(x)$, on a $P'(x) = aQ(x)$ où a est une constante.

Or si le terme de plus haut degré de $P(x)$ est a_0x^p celui de $Q(x)$ de degré $p - 1$ sera b_0x^{p-1}. L'égalité des termes de plus haut degré qui découle de $1 - P^2(x) = (1 - x^2)\,Q^2(x)$ conduit alors à $a_0^2 = b_0^2$.

La même égalité des termes de plus haut degré déduite de $P' = aQ(x)$ conduit à $pa_0 = ab_0$ soit $a = p\,\dfrac{a_0}{b_0}$ ou encore $a = p\,.\,(\pm\,1)$ et

$$P'(x) = \pm\,p\,Q(x)$$

4) De $(1 - x^2)\,Q(x) = 1 - P^2(x)$ on conclut que

$$1 - P^2(1) = 1 - P^2(-1) = 0.$$

1 et -1 étant des zéros de $1 - P^2(x)$ qui a un nombre de racines fini, on peut donc trouver un intervalle $]\alpha, \beta[\ \subset\ ]-1, +1[$ dans lequel $1 - P^2(x) \neq 0$ et $1 - P^2(\alpha) = 1 - P^2(\beta) = 0$; or pour $x \in\ ]\alpha, \beta[$ $1 - x^2 > 0$ donc $1 - P^2(x) = (1 - x^2)\,Q^2(x) > 0$ soit $|\,P(x)\,| < 1$.

***■11.** 1) Si p est le degré du polynôme $P(x)$, on a nécessairement

$$2\,a_px^p = 2\,x^n$$

d'où $p = n$ et $a_p = 1$

Si $P(x) = a_nx^n + a_{n-1}x^{n-1} + \ldots + a_1x + a_0$

$$P(x + 1) = a_n(x + 1)^n + a_{n-1}(x + 1)^n + \ldots + a_1(x + 1) + a_0$$

et l'égalité $P(x) + P(x + 1) = 2\,x^n$ conduit à

$$2\,a_n = 2$$

$$C_n^1a_n + 2\,a_{n-1} = 0$$

$$C_n^2 a_n + C_{n-1}^1 a_{n-1} + 2\,a_{n-2} = 0$$

....

$$C_n^j a_n + C_{n-1}^{j-1} a_{n-1} + C_{n-2}^{j-2} a_{n-2} + \ldots + 2\,a_{n-j} = 0$$

....

$$a_n + a_{n-1} + a_{n-2} + \ldots + a_0 = 0$$

système qui peut être résolu de proche en proche.

Remarquons que le système linéaire précédent a une solution unique puisque le déterminant associé au système

$$\begin{vmatrix} 2 & 0 & 0 & \cdots & \\ C_n^1 & 2 & 0 & \cdots & \\ C_n^2 & C_{n-1}^1 & 2 & \cdots & \\ \cdots & \cdots & \cdots & \cdots & \cdots \\ 1 & 1 & 1 & \cdots & 2 \end{vmatrix}$$

a pour valeur évidente 2^{n+1} (il suffit de développer suivant la première ligne), et le système est de Cramer.

2) L'égalité $Q(x) + Q(x+1) = 0$ conduirait à un système d'équation homogène n'admettant que la solution banale

$$a_n = a_{n-1} = a_{n-2} = \ldots = a_0 = 0$$

on obtient par ailleurs en dérivant

$$E_n'(x+1) + E_n'(x) = 2\,nx^{n-1}$$

or $$E_{n-1}(x+1) + E_{n-1}(x) = 2\,x^{n-1}$$

L'élimination de $2\,x^{n-1}$ conduit à

$$[E_n'(x+1) - nE_{n-1}(x+1)] + [E_n'(x) - nE_{n-1}(x)] = 0$$

et en appliquant à $E_n' - nE_{n-1}$ les résultats trouvés pour $Q(x)$ on a nécessairement

$$E_n'(x) = nE_{n-1}(x)$$

Par ailleurs en changeant x en $-x$ dans

$$E_n(x) + E_n(x+1) = 2\,x^n$$

il vient $$E_n(-x) + E_n(1-x) = (-1)^n \cdot 2\,x^n$$

et en éliminant $2x^n$ entre ces deux égalités :

$$[E_n(x) - (-1)^n E_n(1-x)] + [E_n(x+1) - (-1)^n E_n(-x)] = 0$$

qui est de la forme $Q(x) + Q(x+1) = 0$ d'où

$$E_n(x) = -(-1)^n E_n(1-x)$$

■ 12. La partie entière s'obtient en divisant suivant les puissances décroissantes, c'est $-\frac{1}{2}$

$$P(x) = -\frac{1}{2} + \frac{A}{1+x} + \frac{B}{1-x} + \frac{C}{2x-1}$$

$$A = \lim_{x \to -1} (1+x) P(x) = \frac{1}{2}$$

$$B = \lim_{x \to 1} (1-x) P(x) = \frac{1}{2}$$

$$C = \lim_{x \to \frac{1}{2}} (2x-1) P(x) = \frac{1}{2}$$

■ 13. On a l'égalité

$$\frac{1}{x^{10} + x^6} = \frac{1}{x^6 (x^4+1)} = \frac{1}{x^6 (x^2 + 1 + x\sqrt{2})(x^2 + 1 - x\sqrt{2})}$$

dont la décomposition est de la forme

$$\frac{A_1}{x} + \frac{A_2}{x^2} + \frac{A_3}{x^3} + \frac{A_4}{x^4} + \frac{A_5}{x^5} + \frac{A_6}{x^6} + \frac{Bx + C}{x^2 + 1 + x\sqrt{2}} + \frac{Dx + E}{x^2 + 1 - x\sqrt{2}}$$

$\frac{1}{x^{10} + x^6}$ étant paire, il s'ensuit que $A_1 = A_3 = A_5 = 0$ et de plus $B = -D$ et $C = E$.

Pour obtenir les coefficients restants effectuons la division suivant les puissances croissantes de 1 par $1 + x^4$

$$\frac{1}{1+x^4} = 1 - x^4 + \frac{x^8}{1+x^4}$$

d'où $A_6 = 1$, $A_2 = -1$ et $A_4 = 0$.

Dans l'égalité

$$\frac{x^2}{1+x^4} = \frac{Bx + C}{x^2 + 1 + x\sqrt{2}} - \frac{Bx - C}{x^2 + 1 - x\sqrt{2}}$$

$x = 0 \Rightarrow C = 0$, ce qui permet pour une valeur quelconque de x de tirer B. Par exemple $x = 1$ conduit à $B = -\frac{1}{2\sqrt{2}}$.

On en conclut

$$\frac{1}{x^{10}+x^6} = -\frac{1}{x^2} + \frac{1}{x^6} - \frac{\frac{1}{2\sqrt{2}}x}{x^2+1+x\sqrt{2}} + \frac{\frac{1}{2\sqrt{2}}x}{x^2+1-x\sqrt{2}}$$

14. *R.* : $1 - \dfrac{1}{x+1} + \dfrac{1}{4(x+1)^2} + \dfrac{x}{2(x^2+1)^2} - \dfrac{4x+1}{4(x^2+1)}$

R. : $\dfrac{3}{4(x-1)^2} - \dfrac{1}{4(x-1)} - \dfrac{1}{4(x+1)^2} + \dfrac{1}{4(x+1)}$

R. : $-\dfrac{1}{x} + \dfrac{1}{3(x-1)} + \dfrac{2x+1}{3(x^2+x+1)}$

R. : $\dfrac{5}{1-2x} + \dfrac{3}{x-1} + \dfrac{1}{(x-1)^3}$

R. : $\dfrac{7}{4(x-1)^2} + \dfrac{1}{2(x-1)} + \dfrac{1}{2(x+1)^2} - \dfrac{1}{x+1}$

R. : $-\dfrac{35}{x+1} + \dfrac{12}{(x+1)^2} - \dfrac{4}{(x+1)^3} + \dfrac{1}{(x+1)^4} + \dfrac{1}{16(x^2+1)} + \dfrac{35}{x-1} + \dfrac{12}{(x-1)^2} + \dfrac{4}{(x-1)^3} + \dfrac{1}{(x-1)^4}$

R. : $\dfrac{1}{x} - \dfrac{n}{x+1} + \dfrac{n(n-1)}{2(x+2)} + \ldots + (-1)^p \dfrac{C_n^p}{x+p} + \ldots + (-1)^n \dfrac{C_n^n}{x+n}$

R. : $\dfrac{1}{4\cos a}\left[\dfrac{x}{x^2-2x\cos a+1} - \dfrac{x}{x^2+2x\cos a+1}\right] \quad \left(a \neq \dfrac{\pi}{2} + k\pi\right)$

15. $R_1(x) = \dfrac{1}{(x-1)^2} + \dfrac{4}{(x-1)^3} + \dfrac{8}{(x-1)^4} + \dfrac{8}{(x-1)^5} + \dfrac{4}{(x-1)^6}$.

$$R_2(x) = 1 + \frac{-\frac{1}{2}x}{x^2 - x + 1} + \frac{\frac{1}{2}x}{x^2 + x + 1}.$$

---

* **16.** 1) $P_0(x) = 1$ est connu (et de degré zéro).

Supposons $P_{n-1}(x)$ connu et de degré $(n-1)$

$$P_{n-1}(x) = a_{n-1}\, x^{n-1} + a_{n-2}\, x^{n-2} + \cdots + a_1\, x + a_0.$$

$P'_n(x) = P_{n-1}(x)$ donc

$$P_n(x) = a_{n-1}\frac{x^n}{n} + a_{n-2}\frac{x^{n-1}}{n-1} + \cdots + a_1\frac{x^2}{2} + a_0\, x + \lambda.$$

Montrons que la 2e condition permet de déterminer λ, $\forall\, n$

$$P_n(1) + P_n(0) = 0 = \frac{a_{n-1}}{n} + \cdots + \frac{a_1}{2} + a_0 + 2\,\lambda, \text{ d'où } \lambda.$$

Donc P_n est effectivement de degré n et complètement déterminé (puisqu'on connaît P_0).

On peut ajouter que le terme de plus haut degré de P_n est $\alpha_n = \dfrac{\alpha_{n-1}}{n}$ (α_{n-1} terme de plus haut degré de P_{n-1}).

Donc $\alpha_n = \dfrac{1}{n\,!}\alpha_0 = \dfrac{1}{n\,!}$ puisque $\alpha_0 = 1$.

Calcul de P_1, P_2, P_3, P_4.

$$P'_1 = P_0 = 1 \qquad P_1 \equiv x + K$$

$$P_1(0) + P_1(1) = 0 = 1 + 2\,K \qquad P_1 \equiv x - \frac{1}{2}$$

$$P'_2 \equiv P_1 \equiv x - \frac{1}{2} \qquad P_2 \equiv \frac{x^2}{2} - \frac{x}{2} + K$$

$$P_2(0) + P_2(1) = 0 = 2\,K \qquad P_2 \equiv \frac{x^2}{2} - \frac{x}{2}.$$

On trouvera de même

$$P_3 \equiv \frac{x^3}{6} - \frac{x^2}{4} + \frac{1}{24}$$

et

$$P_4 \equiv \frac{x^4}{24} - \frac{x^3}{12} + \frac{x}{24}.$$

2) La relation (1) :

$$P_n(x) + P_n(x+1) \equiv \frac{2\,x^n}{n\,!}$$

est vérifiée pour P_1 :

$$P_1(x) + P_1(x+1) = \left(x - \frac{1}{2}\right) + \left(x + 1 - \frac{1}{2}\right) = \frac{2\,x^1}{1\,!}$$

Supposons-la vérifiée pour P_{n-1} et démontrons qu'elle l'est pour P_n. Supposons que

$$P_{n-1}(x) + P_{n-1}(x+1) = \frac{2\,x^{n-1}}{(n-1)\,!}$$

soit
$$P'_n(x) + P'_n(x+1) = \frac{2\,x^{n-1}}{(n-1)\,!}$$

Prenons une primitive de chaque membre

$$P_n(x) + P_n(x+1) = \frac{2\,x^n}{n\,!} + K.$$

Faisons $x = 0$ dans la relation précédente. Il vient $K = 0$ et (1) est démontrée. Partons maintenant de la relation de récurrence :

$$P_n(x+1) + P_n(x) = \frac{2\,x^n}{n\,!}. \tag{1}$$

(1) suffit à déterminer *une* suite de polynômes, les polynômes $P_n(x)$ de la première question qui sont des solutions de (1).

Supposons maintenant qu'existe une deuxième suite de polynômes $Q_n(x)$ vérifiant aussi (1). On aurait

$$\begin{cases} P_n(x) + P_n(x+1) \equiv \dfrac{2\,x^n}{n\,!} \\[2ex] Q_n(x) + Q_n(x+1) \equiv \dfrac{2\,x^n}{n\,!}. \end{cases}$$

P_n et Q_n vérifient donc

$$P_n(0) + P_n(1) = 0$$

et

$$Q_n(0) + Q_n(1) = 0$$

[on fait $x = 0$].

Alors

$$P_n(x) + P_n(x+1) \equiv Q_n(x) + Q_n(x+1)$$

et

$$P_n(x+1) - Q_n(x+1) \equiv Q_n(x) - P_n(x).$$

Appelons $\varphi_n(x) = P_n(x) - Q_n(x)$. L'égalité précédente devient

$$\varphi_n(x+1) = -\varphi_n(x).$$

Mais ceci est vrai pour tout x et $\varphi_n(x) = -\varphi_n(x-1)$.

Donc

$$\varphi_n(x+1) = \varphi_n(x-1)$$

et $$\varphi_n(x+1) = \varphi_n(x-1) = \varphi_n(x-3) = \varphi_n(x-5) = \cdots$$

φ_n étant un polynôme de degré n au plus, et cette égalité ayant lieu pour une *infinité de valeurs de* x, on en conclut que φ_n *est constant*. En effet φ_n de degré n prend $n+1$ fois au moins la valeur K, c'est-à-dire la même valeur que le polynôme constant K. φ_n est donc identique à K.

Donc $P_n(x) - Q_n(x) = K$. Prenons $x = 0$ et $x = 1$ pour calculer K.

$$K = P_n(0) - Q_n(0) = P_n(1) - Q_n(1) = \frac{1}{2}[(P_n(0) - Q_n(0)) + (P_n(1) - Q_n(1))]$$

$$= 0$$

car

$$P_n(0) + P_n(1) = Q_n(0) + Q_n(1) = 0.$$

Donc

$$P_n(x) \equiv Q_n(x).$$

3) La relation (2) est vraie pour $n = 0$ et $n = 1$

$$P_0(1-x) = 1 = (-1)^0 P_0(x)$$
$$P_1(1-x) = (1-x) - \frac{1}{2} = -x + \frac{1}{2} = (-1)^1 P_1(x).$$

Supposons-la vraie pour P_{n-1}

$$P_{n-1}(1-x) = (-1)^{n-1} P_{n-1}(x)$$
$$P'_n(1-x) = (-1)^{n-1} P'_n(x).$$

Une primitive de $P'_n(1-x)$ sera $-P_n(1-x)$ (théorème sur la dérivée d'une fonction composée) et l'on a :

$$-P_n(1-x) = (-1)^{n-1} P_n(x) + K$$

Soit

$$P_n(1-x) = (-1)^n P_n(x) + K$$

Calculons K en faisant successivement $x = 0$ et $x = 1$

$$P_n(1) = (-1)^n P_n(0) + K$$
$$P_n(0) = (-1)^n P_n(1) + K$$

Soit en ajoutant

$$P_n(1) + P_n(0) = (-1)^n [P_n(0) + P_n(1)] + 2K$$
$$K = 0 \qquad \text{(c.q.f.d.)}$$

Calcul de $P_n\left(\frac{1}{2}\right)$, $P_n(0)$ et $P_n(1)$:

Faisons $x = \frac{1}{2}$ dans (2)

$$P_n\left(\frac{1}{2}\right) = (-1)^n P_n\left(\frac{1}{2}\right)$$

relation triviale pour n pair et qui donne

$$P_n\left(\frac{1}{2}\right) = 0 \text{ pour } n \textit{ impair.}$$

Faisons $x = 0$ dans (2)

$$P_n(1) = (-1)^n P_n(0)$$

relation triviale pour n impair (compte tenu de la relation de l'énoncé $P_n(0) + P_n(1) = 0$)
et qui donne

$$P_n(0) = P_n(1) = 0 \qquad \text{pour } n \textit{ pair.}$$

4) Etudions la suite des quatre premiers polynômes P_1, P_2, P_3, P_4

x	0		$\frac{1}{2}$		1
$P_1(x) \equiv x - \frac{1}{2}$		− ↗	0	+ ↗	$\frac{1}{2}$
$P_2(x)$	0	↘ −		− ↗	0
$P_3(x)$		+ ↘	0	− ↘	
$P_4(x)$	0	+ ↗		+ ↘	0
$P_5(x)$		↗	0	↗	

$P_5(x)$ a une variation identique à celle de P_1, P_6 à celle de P_2, etc. On est conduit à une périodicité d'ordre 4, que l'on étudie sur le tableau ci-dessous.

Les résultats ont été obtenus à partir du fait que chaque polynôme est la dérivée de celui qui le suit, et qu'il suffit donc d'avoir le signe (et donc les racines) de chacun, qui sont fournis par les relations de la fin de la 3ᵉ question.

Nous ferons comme hypothèse de récurrence que $\underline{P_{4K+1}}$ est *croissant* (comme P_1). On en déduit le tableau

x	0		$\frac{1}{2}$		1
P_{4K+1}		− ↗	0	+ ↗	
P_{4K+2}	0	↘ −		− ↗	0
P_{4K+3}		+ ↘	0	− ↘	
P_{4K+4}	0	+ ↗		+ ↘	0
P_{4K+5}		↗	0	↗	

et P_{4K+5} est bien croissant. La récurrence est bien établie.

Graphes. — Pour tracer les graphes ci-après on a utilisé le fait que (2) s'écrit $P_n(x) = P_n(1 - x)$ pour *n pair* et traduit une symétrie par *rapport à la droite* $x = \frac{1}{2}$.

Si n est *impair* $P_n(x) = - P_n(1 - x)$. C'est une symétrie *par rapport au point* $\left(\frac{1}{2}, 0\right)$.

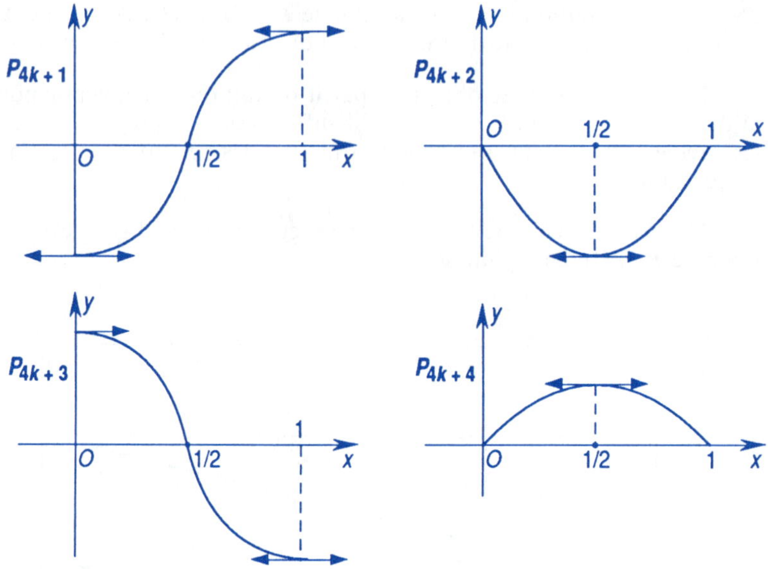

■17. Pour $n = 0$ et pour $n = 1$, d° $P <$ d° $(x^2 + 1)$ et le reste est $P(x)$.
Pour $n \geqslant 2$, on a

$$P(x) = (x^2 + 1)\, Q(x) + R(x), \qquad \text{d}^\circ R < \text{d}^\circ (x^2 + 1),$$

donc d° $R \leqslant 1$. $R(x)$ est donc de la forme $ax + b$, ainsi

$$P(x) = (x \sin\theta + \cos\theta)^n = (x^2 + 1)\, Q(x) + ax + b, \qquad a \in \mathbb{R},\ b \in \mathbb{R}.$$

Pour éliminer $Q(x)$ qui ne nous est pas demandé, donnons à x la valeur i qui annule $x^2 + 1$:

$$P(i) = (i \sin\theta + \cos\theta)^n = ai + b,$$

donc

$$b + ia = \cos n\theta + i \sin n\theta, \qquad b = \cos n\theta, \qquad a = \sin n\theta.$$

Le reste cherché est donc $R(x) = x \sin n\theta + \cos n\theta$.

On constate aisément que cette expression est encore valable pour $n = 0$ et pour $n = 1$, elle l'est donc pour tout n.

■18. Soit $P(x) = (x + 1)^n - x^n - 1$.

Pour $n = 0$, $P(x) = -1$, non divisible par $x^2 + x + 1$.

Pour $n = 1$, $P(x) = 0$, divisible par $x^2 + x + 1$.

Pour $n \geqslant 2$, il suffit d'exprimer que $P(x)$ s'annule pour $x = \alpha$, et $x = \beta$, racines du polynôme $x^2 + x + 1$. Ces racines sont j et $j^2 = \bar{j}$, complexes conjugués. Comme P est à coefficients réels, les restes $R_n = P(j)$ et $R'_n = P(j^2)$ sont conjugués et la condition sur n se réduit à $P(j) = 0$.

Or

$$P(j) = (j+1)^n - j^n - 1 = (-j^2)^n - j^n - 1 = (-1)^n j^{2n} - j^n - 1$$

Comme $j^{3k+r} = j^r$ et que la parité de n intervient, nous envisagerons 6 cas :

$n \equiv 0 \pmod 6$,
soit $n = 6k$, $R_n = j^{12k} - j^{6k} - 1 = 1 - 1 - 1 = -1 \neq 0$.
$n \equiv 1 \pmod 6$,
soit $n = 6k+1$, $R_n = -j^{12k+2} - j^{6k+1} - 1 = -j^2 - j - 1 = 0$.
$n \equiv 2 \pmod 6$,
soit $n = 6k+2$, $R_n = j^{12k+4} - j^{6k+2} - 1 = j - j^2 - 1 = 2j \neq 0$.
$n \equiv 3$, $\pmod 6$,
soit $n = 6k+3$, $R_n = -j^{12k+6} - j^{6k+3} - 1 = -3 \neq 0$.
$n \equiv 4 \pmod 6$,
soit $n = 6k+4$, $R_n = j^{12k+8} - j^{6k+4} - 1 = 2j^2 \neq 0$.
$n \equiv 5 \pmod 6$,
soit $n = 6k+5$, $R_n = -j^{12k+10} - j^{6k+5} - 1 = -j - j^2 - 1 = 0$.

En conclusion, la condition cherchée peut s'écrire $n \equiv \pm 1 \pmod 6$.

---

* **■ 19.** L'équation $\sin n\theta = 0$ a pour racines $\theta = \dfrac{k\pi}{n}$, $k \in \mathbb{Z}$, donc, si nous l'exprimons en fonction de $\sin\theta = x$, elle aura pour racines les diverses valeurs de $\sin\dfrac{k\pi}{n}$. On a

$$\sin n\theta = \operatorname{Im}(\cos\theta + i\sin\theta)^n = \operatorname{Im}\left(\sum C_n^k \cos^{n-k}\theta \, i^k \sin^k\theta\right)$$

donc

$$\sin n\theta = C_n^1 \cos^{n-1}\theta \sin\theta - C_n^3 \cos^{n-3}\theta \sin^3\theta + \cdots + (-1)^p C_n^{2p+1} \cos^{n-2p-1}\theta \sin^{2p+1}\theta$$

avec $p = E\left(\dfrac{n-1}{2}\right)$. ($E(x)$ = plus grand entier $\leqslant x$, partie entière de x).

Comme $\cos^2\theta = 1 - \sin^2\theta = 1 - x^2$, $\sin n\theta$ sera un polynôme en x si et seulement si $n-1, n-3, \cdots, n-2p-1$ sont pairs, donc si n est impair. D'où les deux cas à envisager.

***a) n* impair = 2 *p* + 1 :**

$$\sin(2p+1)\theta = C_{2p+1}^1 (1-x^2)^p x - C_{2p+1}^3 (1-x^2)^{p-1} x^3 + \cdots + (-1)^p C_{2p+1}^{2p+1} x^{2p+1}$$
$$= x\,Q_p(x)$$

En débarrassant l'équation $\sin(2p+1)\theta = 0$ de la racine $x=0=\sin 0$, il reste l'équation

$$Q_p(x) = C_{2p+1}^1 (1-x^2)^p - C_{2p+1}^3 x^2 (1-x^2)^{p-1} + \cdots + (-1)^p C_{2p+1}^{2p+1} x^{2p} = 0$$

dont les racines, deux à deux opposées (polynôme pair) sont

$$\pm \sin \frac{\pi}{2p+1}, \pm \sin \frac{2\pi}{2p+1}, \ldots, \pm \sin \frac{p\pi}{2p+1} \text{ (2 } p \text{ racines)}$$

On nous demande le produit $P = \sin \dfrac{\pi}{2p+1} \sin \dfrac{2\pi}{2p+1} \cdots$ $\sin \dfrac{2p\pi}{2p+1}$, dans lequel les facteurs extrêmes et les facteurs équidistants des extrêmes sont deux à deux égaux, puisque $\sin(\pi - \alpha) \equiv \sin \alpha$.

Les facteurs de P, positifs, sont les valeurs absolues des $2p$ racines de $Q_p(x)$; il suffit donc de calculer le produit de ces racines, qui est égal à $(-1)^{2p} \dfrac{a_{2p}}{a_0}$, a_0 et a_{2p} étant respectivement le premier et le dernier coefficient de $Q_p(x)$ ordonné suivant les puissances décroissantes :

a_0, coefficient de x^{2p}, est égal à

$$(-1)^p (C^1_{2p+1} + C^3_{2p+1} + \ldots + C^{2p+1}_{2p+1},$$

a_{2p}, terme constant, est égal à $C^1_{2p+1} = 2p + 1$. Donc $P = \dfrac{2p+1}{|a_0|}$.

$|a_0|$ peut être obtenu en utilisant

$$(1+1)^n = 2^n = C^0_n + C^1_n + C^2_n + \cdots + C^n_n$$
$$(1-1)^n = 0 = C^0_n - C^1_n + C^2_n - \cdots + (-1)^n C^n_n.$$

d'où par différence

$$2^n = 2(C^1_n + C^3_n + C^5_n + \cdots), \quad C^1_n + C^3_n + C^5_n + \cdots = 2^{n-1}.$$

Donc

$$|a_0| = 2^{2p}, \qquad P = \frac{2p+1}{2^{2p}} = \frac{n}{2^{n-1}}$$

***b*) *n* pair = 2 *p* + 2.**

$$\sin(2p+2)\theta = \sin\theta \cos\theta\, (C^1_{2p+2} \cos^{2p}\theta - C^3_{2p+2} \cos^{2p-2}\theta \sin^2\theta + \cdots)$$
$$= \varepsilon x \sqrt{1-x^2}\, R_p(x), \qquad \text{avec } \varepsilon = \pm 1.$$

Le polynôme $R_p(x)$, de même forme que $Q_p(x)$ dans (*a*), s'écrit encore

$$R_p(x) = C^1_{2p+2}(1-x^2)^p - C^3_{2p+2}(1-x^2)^{p-1} x^2 + \cdots + (-1)^p C^{2p+1}_{2p+2} x^{2p}$$

Les racines sont $\pm \sin \dfrac{\pi}{2p+2}$, $\pm \sin \dfrac{2\pi}{2p+2}$, ..., $\pm \sin \dfrac{p\pi}{2p+2}$.

L'adjonction d'un facteur $\sin \dfrac{(p+1)\pi}{2p+2} = 1$ ne change rien, et ici encore le produit P est la valeur absolue du produit des racines de $R_p(x)$, soit, avec les notations du (*a*),

$$P = \left| \frac{a_{2p}}{a_0} \right| = \frac{C^1_{2p+2}}{C^1_{2p+2} + C^3_{2p+2} + \cdots + C^{2p+1}_{2p+2}} = \frac{2p+2}{2^{2p+1}} = \frac{n}{2^{n-1}}$$

Nous arrivons donc, quelle que soit la parité de n, à la formule unique

$$\prod_{k=1}^{n-1} \sin \frac{k\pi}{n} = \frac{n}{2^{n-1}}$$

---

*■**20.** Les α_k sont les racines de l'équation $x^{n-1} + x^{n-2} + \cdots + x^2 + x + 1 = 0$ (1). La somme S peut être considérée comme la somme des racines d'une équation dont les racines sont les nombres $\beta_k = \dfrac{1}{\alpha_k - 1}$, tous définis puisque $\alpha_k \neq 1$.

Cette équation se déduit de (1) par la transformation $y = \dfrac{1}{x-1}$, ($y \neq 0$). Soit $x = 1 + \dfrac{1}{y} = \dfrac{y+1}{y}$, elle s'écrit

$$\left(\frac{y+1}{y}\right)^{n-1} + \left(\frac{y+1}{y}\right)^{n-2} + \cdots + \frac{y+1}{y} + 1 = 0$$

ou encore

$$(y+1)^{n-1} + y(y+1)^{n-2} + \cdots + y^{n-2}(y+1) + y^{n-1} = 0$$

On a donc $S = -\dfrac{a_1}{a_0}$, si a_0 et a_1 sont les deux premiers coefficients de ce polynôme ordonné suivant les puissances décroissantes : le coefficient a_0 de y^{n-1} est égal à n ; celui de y^{n-2}, a_1, s'obtient en sommant les seconds coefficients des termes $y^k(y+1)^{n-k-1}$ développés, donc

$$a_1 = C_{n-1}^1 + C_{n-2}^1 + \cdots + C_2^1 + C_1^1$$
$$= 1 + 2 + 3 + \ldots + (n-1) = \frac{n(n-1)}{2}$$

d'où on déduit

$$S = -\frac{n(n-1)}{2n}, \; S = \frac{1-n}{2}$$

---

*■**21.** 1) On a $d^0 P_n = 2\, d^0 P_{n-1} = 2^2\, d^0 P_{n-2} = \cdots = 2^n\, d^0 P_0 = 2^n$, puisque $d^0 P_0 = 1$.

$P_1(x) = \dfrac{3 - x^2}{2}$ a pour unique racine positive $\alpha_1 = \sqrt{3}$.

et $P_2(x) = \dfrac{3 - P_1^2(x)}{2} = \dfrac{[\sqrt{3} - P_1(x)]\,[\sqrt{3} + P_1(x)]}{2}$, où $P_1(x) \leqslant \dfrac{3}{2}$, donc $\sqrt{3} - P_1(x) > 0$ et

$P_2(x) = 0 \Leftrightarrow P_1(x) = -\sqrt{3}, \quad 3 - x^2 = -2\sqrt{3}, \quad x^2 = 3 + 2\sqrt{3}$

La seule racine positive est

$$\alpha_2 = \sqrt{3 + 2\sqrt{3}}$$

$P_3(x) = \frac{1}{2}[\sqrt{3} - P_2(x)]\,[\sqrt{3} + P_2(x)]$, où $P_2 = \frac{3 - P_1^2}{2} \leqslant \frac{3}{2}$,

donc $\sqrt{3} - P_2(x) > 0$ et

$P_3(x) = 0 \Leftrightarrow P_2(x) = -\sqrt{3}$, $\quad 3 - \left(\frac{3 - x^2}{2}\right)^2 = -2\sqrt{3}$

$\left(\frac{3 - x^2}{2}\right)^2 = 3 + 2\sqrt{3}$, $\quad 3 - x^2 = 2\,\varepsilon\sqrt{3 + 2\sqrt{3}}$,

$$x^2 = 3 - 2\,\varepsilon\sqrt{3 + 2\sqrt{3}} \quad (\varepsilon = \pm 1).$$

$\varepsilon = 1$ est à rejeter car donnant $x^2 < 0$, il reste la seule racine positive

$$\alpha_3 = \sqrt{3 + 2\sqrt{3 + 2\sqrt{3}}}$$

Si on note que $P_0(x) = x$ a pour seule racine $\alpha_0 = 0$, on observe que

$$0 \leqslant \alpha_0 < \alpha_1 < \alpha_2 < \alpha_3$$

2) Raisonnons par récurrence, et supposons que P_k admet une seule racine positive pour $k \leqslant n - 1$ et que $0 < \alpha_1 < \cdots < \alpha_{n-1}$.

Etudions le signe de P_n sur $\mathbb{R}^+$. Comme $P_n = \frac{3 - P_{n-1}^2}{2}$, on a

$$d^0\, P_{n-1} = 2^{n-1},\ P_{n-1}(x) \underset{x \to +\infty}{\to} \pm\infty,\ P_{n-1}^2(x) \underset{x \to +\infty}{\to} +\infty \text{ et } P_n(x) \underset{x \to +\infty}{\to} -\infty$$

Cherchons le signe de $P_n(0)$: on vérifie que $P_0(0) = 0$, $P_1(0) > 0$, $P_2(0) > 0$, $P_3(0) > 0$.

Si nous supposons $P_{n-1}(0) > 0$, comme $P_n = \frac{3 - P_{n-1}^2}{2} \leqslant \frac{3}{2} < \sqrt{3}$, on a $P_{n-1}^2(0) < 3$ et $P_n(0) > 0$. Il en résulte que P_n s'annule au moins une fois sur $]0, +\infty[$.

En outre $P_n = \frac{1}{2}(\sqrt{3} - P_{n-1})\,(\sqrt{3} + P_{n-1})$, et $\sqrt{3} - P_{n-1} > 0$, donc

$$\operatorname{sgn} P_n = \operatorname{sgn}(\sqrt{3} + P_{n-1})$$

Comme P_{n-1} par hypothèse, s'annule une seule fois, en α_{n-1}, sur $]0, +\infty[$, et que $P_{n-1}(0) > 0$, $P_{n-1}(+\infty) < 0$, on a $\sqrt{3} + P_{n-1} > 0$ pour $0 \leqslant x \leqslant \alpha_{n-1}$, donc P_n ne peut s'annuler que pour $x > \alpha_{n-1}$. Il reste à montrer que P_n s'annule une seule fois. Pour cela étudions ses variations sur $]\alpha_{n-1}, +\infty[$.

On a

$$P'_n(x) = -P_{n-1}(x)\,P'_{n-1}(x)$$
$$P'_{n-1}(x) = -P_{n-2}(x)\,P'_{n-2}(x)$$
$$\ldots\ldots$$

$$P'_2(x) = -P_1(x)\,P'_1(x)$$
$$P'_1(x) = -P_0(x) = -x$$

Par reports successifs, on obtient
$$P'_n(x) = (-1)^n\,x\,P_1(x)\,P_2(x)\cdots P_{n-1}(x)$$

Sur $\mathbb{R}^+$, P'_n s'annule donc pour la suite de valeurs croissantes 0, α_1, $\alpha_2, \dots, \alpha_{n-1}$ et reste de signe constant, donc négatif (puisque $P_n(+\infty) = -\infty$) pour $x > \alpha_{n-1}$. P_n est donc décroissant sur $]\alpha_{n-1}, +\infty[$, s'annule une fois et une seule sur cet intervalle, pour $x = \alpha_n > \alpha_{n-1}$. En d'autres termes, P_n a une seule racine positive α_n, et la suite (α_n) est croissante.

Remarquons que nous avons aussi obtenu l'étude des variations de P_n sur $\mathbb{R}^+$.

3) Au 1er, nous avons trouvé
$$\alpha_0 = 0,\ \alpha_1 = \sqrt{3},\ \alpha_2 = \sqrt{3 + 2\sqrt{3}},\ \alpha_3 = \sqrt{3 + 2\sqrt{3 + 2\sqrt{3}}}.$$

On observe que
$$\alpha_2 = \sqrt{3 + 2\,\alpha_1} \text{ et } \alpha_3 = \sqrt{3 + 2\,\alpha_2},$$
et aussi d'ailleurs $\alpha_1 = \sqrt{3 + 2\,\alpha_0}$. Il est donc plausible que $\alpha_n = \sqrt{3 + 2\,\alpha_{n-1}}$.

Cherchons donc à établir que si $P_{n-1}(\alpha_{n-1}) = 0$, $\alpha_{n-1} > 0$, alors $P_n(\sqrt{3 + 2\,\alpha_{n-1}}) = 0$, et plus généralement considérons le polynôme $P_n(y)$, où $y = \sqrt{3 + 2\,x}$, $x \geqslant 0$. Envisageons tout d'abord $n = 1$, $n = 2$, $n = 3$:

$$P_1(y) = \frac{3 - P_0^2(y)}{2} = \frac{3 - y^2}{2} = \frac{3 - (3 + 2\,x)}{2} = -x = -P_0(x)$$

$$P_2(y) = \frac{3 - P_1^2(y)}{2} = \frac{3 - P_0^2(x)}{2} = P_1(x)$$

$$P_3(y) = \frac{3 - P_2^2(y)}{2} = \frac{3 - P_1^2(x)}{2} = P_2(x)$$

Il semble que $P_n(y) = P_{n-1}(x)$, pour $n \geqslant 2$. Ici encore, faisons une hypothèse de récurrence.
$$P_{n-1}(y) = P_{n-2}(x) \quad \text{(vrai pour } n = 3 \text{ et } n = 4\text{)}.$$

Alors on aura
$$P_n(y) = \frac{3 - P_{n-1}^2(y)}{2} = \frac{3 - P_{n-2}^2(x)}{2} = P_{n-1}(x),$$
relation ainsi démontrée $\forall\, n \geqslant 2$.

Donc, en particulier, si
$$P_{n-1}(\alpha_{n-1}) = 0,\ P_n(\sqrt{3 + 2\,\alpha_{n-1}}) = P_{n-1}(\alpha_{n-1}) = 0$$
Comme α_n est la seule racine positive de P_n, on a bien $\alpha_n = \sqrt{3 + 2\,\alpha_{n-1}}$.

L'étude de cette suite récurrente, où $\alpha_0 = 0$, est classique. Nous avons déjà vu qu'elle est croissante, cela se retrouve en écrivant

$$\alpha_{n+1} - \alpha_n = \frac{\alpha_{n+1}^2 - \alpha_n^2}{\alpha_{n+1} + \alpha_n} = \frac{2(\alpha_n - \alpha_{n-1})}{\alpha_{n+1} + \alpha_n},$$

qui est du signe de $\alpha_n - \alpha_{n-1}$, donc de $\alpha_{n-1} - \alpha_{n-2}$, $\cdots$, donc de $\alpha_1 - \alpha_0$, c'est-à-dire positif.

Sa limite ℓ, si elle existe, est positive et vérifie $\ell = \sqrt{3 + 2\ell}$, donc

$$\ell^2 - 2\ell - 3 = 0, \text{ d'où } \ell = 3.$$

Enfin, $\alpha_n - \ell = \dfrac{\alpha_n^2 - \ell^2}{\alpha_n + \ell} = \dfrac{2(\alpha_{n-1} - \ell)}{\alpha_n + \ell}$, du signe de $\alpha_0 - \ell = -3$, donc négatif.

Ainsi la suite (α_n) est croissante, majorée par 3, donc convergente et sa limite est égale à 3.

■ 22. On trouve que la racine $\alpha = 2 + i$ de $f(X) = 0$, vérifie aussi $g(\alpha) = 0$.

En divisant, on trouve :

$$g(X) = [X - (2 + i)]\,[X^2 + (1 - i)X - i]$$

et

$$g(X) = [X - (2 + i)]\,(X - i)\,(X + 1).$$

D'où

$$\frac{f(X)}{g(X)} = \frac{2i}{X - i} + \frac{1 - 2i}{X + 1}.$$

***■ 23.** S est une fonction symétrique des racines. On a

$$\frac{x_i}{x_j + x_k} = \frac{x_i}{x_i + x_j + x_k - x_i} = \frac{x_i}{-a - x_i}$$

S est donc la somme des racines de l'équation du troisième degré (E') qui admet

$$-\frac{x_1}{a + x_1},\ -\frac{x_2}{a + x_2},\ -\frac{x_3}{a + x_3}$$

pour racines. (*) (E') est la transformée de E par $y = \dfrac{-x}{a + x}$. Pour obtenir E', il suffira donc d'éliminer x entre :

et
$$\begin{cases} x^3 + ax^2 + bx + c = 0 \\ (a + x)\,y + x = 0 \end{cases}$$

(*) On voit ici que le problème proposé n'aura de sens que si (E) n'admet pas la racine $(-a)$, donc que $ab \neq c$.

La seconde fournit immédiatement $x = -\dfrac{ay}{y+1}$ et, en substituant :

$$-a^3y^3 + a^3y^2(y+1) - aby(y+1)^2 + c(y+1)^3 = 0$$

dont la somme des racines vaut

$$\frac{2ab - 3c - a^3}{c - ab}$$

■24. Si $P(x) + 1$ est divisible par $(x-1)^3$ alors : $(P(x)+1)' = P'(x)$ est divisible par $(x-1)^2$. De même $P'(x)$ est divisible par $(x+1)^2$; ces deux facteurs étant premiers entre eux, $P'(x)$ est divisible par leur produit et comme $P'(x)$ est de degré 4, alors

$$P'(x) = A(x+1)^2(x-1)^2 = A(x^2-1)^2,\ A \in \mathbb{R}.$$

Donc
$$P(x) = A\left[\frac{x^5}{5} - \frac{2x^3}{3} + x\right] + B$$

(condition nécessaire).

Ecrivons alors que :

$$P(1) + 1 = 0 \quad P(-1) - 1 = 0$$

$$P(1) = A\left[\frac{1}{5} - \frac{2}{3} + 1\right] + B = -1$$

$$P(-1) = A\left[-\frac{1}{5} + \frac{2}{3} - 1\right] + B = 1$$

On trouve
$$B = 0 \text{ et } A = -\frac{15}{8}$$

$$P(x) = -\frac{15}{8}\left(\frac{x^5}{5} - \frac{2x^3}{3} + x\right):$$

*** ■25.** Une racine multiple x vérifiera

$$f(x) = f'(x) = 0$$

soit

$$n(x+1)^{n-1} - nx^{n-1} = 0(*) \Rightarrow \left(\frac{x+1}{x}\right)^{n-1} = 1 = \left(1 + \frac{1}{x}\right)^{n-1}. \qquad (1)$$

(*) $x = 0$ ne peut être solution, ce qui justifie la suite.

Donc $1 + \frac{1}{x}$ est l'une des racines $(n-1)$-ième de l'unité, autre que 1 :

$$1 + \frac{1}{x} = \cos\frac{2k\pi}{n-1} + i\sin\frac{2k\pi}{n-1} \quad k \in \{0, 1, 2, \dots n-2\}$$

et
$$\frac{1}{x} = \cos\frac{2k\pi}{n-1} - 1 + i\sin\frac{2k\pi}{n-1}$$

$$= 2\sin\frac{k\pi}{n-1}\left[-\sin\frac{k\pi}{n-1} + i\cos\frac{k\pi}{n-1}\right]$$

$$= 2i\sin\frac{k\pi}{n-1}\left[\cos\frac{k\pi}{n-1} + i\sin\frac{k\pi}{n-1}\right]$$

et

$$x_k = \frac{-i}{2\sin\frac{k\pi}{n-1}}\left[\cos\frac{k\pi}{n-1} - i\sin\frac{k\pi}{n-1}\right] = \frac{1}{2\sin\frac{k\pi}{n-1}}\, e^{-i\left[\frac{k\pi}{n-1} + \frac{\pi}{2}\right]}$$

On déterminera donc λ par

$$\lambda_k = (x_k + 1)^n - (x_k)^n = (x_k + 1)^{n-1}(x_k + 1) - (x_k)^n$$

mais d'après (1) $\lambda_k = (x_k)^{n-1}(x_k + 1) - (x_k)^n = (x_k)^{n-1}$

et
$$\lambda_k = \frac{1}{\left(2\sin\frac{k\pi}{n-1}\right)^{n-1}}\, e^{-i\left[k\pi + (n-1)\frac{\pi}{2}\right]}$$

Remarque : on a aussi

$$\lambda_k = \frac{(-1)^{k+n-1}\, i^{n-1}}{\left(2\sin\frac{k\pi}{n-1}\right)^{n-1}}$$

■26. Soit
$$f(x) = x^6 + mx^4 + 10x^3 + nx + p.$$

Une racine quadruple x devra vérifier

$$f(x) = f'(x) = f''(x) = f'''(x) = 0$$

soit
$$6x^5 + 4mx^3 + 30x^2 + n = 0 \qquad (1)$$

$$30x^4 + 12mx^2 + 60x = 0 \Rightarrow 5x^4 + 2mx^2 + 10x = 0 \qquad (2)$$

et
$$10x^3 + 2mx + 5 = 0. \qquad (3)$$

La racine $x = 0$ de (2) ne peut être solution de (3). Donc la racine vérifiera nécessairement

$$5x^3 + 2mx + 10 = 0$$

$$10x^3 + 2mx + 5 = 0$$

ou encore, en faisant la différence :

$$5x^3 - 5 = 0. \qquad (4)$$

Notons que l'équation $f(x) = 0$ ne peut admettre une racine purement complexe comme racine quadruple (elle admettrait la racine conjuguée et devrait donc être de degré 8). D'après (4) la seule racine quadruple, *si elle existe*, est donc

$$x = 1$$

On devra donc avoir

$$\begin{aligned} 1 + m + 10 + n + p &= 0 \\ 6 + 4m + 30 + n &= 0 \\ 5 + 2m + 10 &= 0 \end{aligned}$$

soit $m = -\dfrac{15}{2}$; $n = -6$; $p = \dfrac{5}{2}$.

On a alors

$$x^6 + mx^4 + 10x^3 + nx + p = (x-1)^4 (x^2 + \alpha x + \beta)$$

et, par identification :

$$\beta = \frac{5}{2} \qquad \text{et } \alpha = 4$$

et donc les deux autres racines

$$-2 \pm \sqrt{\frac{3}{2}}.$$

EXERCICES SUPPLÉMENTAIRES

■ **27.** En appelant z_1, z_2, z_3 les racines de (1) la condition demandée s'écrit

$$z_3 - z_1 = i(z_2 - z_1).$$

Compte tenu des relations entre coefficients et racines, on trouve

$$z_2 = \frac{3i - 1}{2} z_1 \quad \text{et} \quad z_3 = -z_1 \frac{1 + 3i}{2},$$

soit

$$\frac{5}{2} z_1^3 = -q \quad \text{et} \quad \frac{3}{2} z_1^2 = p$$

et en éliminant z_1 : $50p^3 - 27q^2 = 0$.

■ **28.** On a les conditions $z_3 = iz_1$ et $z_2 = z_1 + z_3$ qui expriment la propriété ; on en tire $z_2 = (1 + i)\, z_1$ et en utilisant les relations entre les coefficients et les racines $3\,a^2 - 8\,b = 0$ et $a^3 - 16\,c = 0$; pour l'application :

$$b = -6 \text{ et } c = 4\,i\,;\ z_1 = 1 + i\,;\ z_2 = 2\,i\,;\ z_3 = -1 + i.$$

---

* ■ **29.** On explicitera les racines de $x^p - 1 = 0$ et $x^q - 1 = 0$.

■ **30.** On trouve $3\,125\,q^3 + 108\,p^5 = 0$, ou bien $q = 0$.

■ **31.** On écrira

$$40\,x^5 - ax^2 + 84 = (x^2 - \alpha x + 1)\,(40\,x^3 + \beta x^2 + \gamma x + 84)$$

et on identifiera α, β, γ ; on trouve

$$10\,\alpha^2 - 21\,\alpha - 10 = 0 \quad \text{et} \quad a = 84\,\alpha^2 - 40\,\alpha - 84$$

d'où $a = \dfrac{1\,364}{10}\alpha$ et $\alpha_1 = \dfrac{5}{2}$ d'où $a_1 = 341$ et $x_1 = 2 = \dfrac{1}{x_2}$

ou bien $\alpha_2 = -\dfrac{2}{5}$ et $a_2 = -\dfrac{1\,364}{35}$ avec $x = -\dfrac{1}{5} \pm \dfrac{2\,i}{5}\sqrt{6}$.

---

* ■ **32.** *a*) L'application $F \to \Delta F$ présente des similitudes avec la dérivation.

b)
$$\Delta C_x^p = C_x^{p-1},$$

c) On décompose f sur la base

$$f = a_0\,C_x^0 + a_1\,C_x^1 + \cdots + a_n\,C_x^n.$$

Donc

$$F = a_0\,C_x^1 + \cdots + a_n\,C_x^{n+1} + k.$$

d) 1)
$$F = \frac{x^4}{4} + \frac{x^3}{6} + \frac{3\,x^2}{4} + \frac{17\,x}{6} + k.$$

2)
$$F = \frac{x(x-1)\,(2\,x-1)}{6} + k \quad \text{et} \quad S_n = \frac{n(n+1)\,(2\,n+1)}{6}.$$

---

* ■ **33.**

$$S_n = \frac{1}{4}\left(\sum_{k=0}^{2n} \frac{1}{\cos \dfrac{2\,k\,\pi}{2\,n+1}}\right) - \frac{1}{4},$$

On exprime l'équation $\cos (2n + 1)\theta = 1$ en fonction de $\cos \theta = x$, d'où une équation $P(x) = 0$ dont les racines sont les $\cos \dfrac{2k\pi}{2n+1}$: on écrit la transformée de cette équation par $x = \dfrac{1}{y}$ et on obtient suivant que n est pair ou impair :

$$S_{2p} = p, \quad S_{2p+1} = -(p+1).$$

CHAPITRE 9

FONCTIONS D'UNE VARIABLE RÉELLE LIMITES. CONTINUITÉ

1. INTERVALLES, VOISINAGE

a et b étant deux réels, l'ensemble des réels x tels que $a < x < b$ est l'intervalle ouvert $]a, b[$; a et b sont les bornes de l'intervalle.

L'ensemble $\{ x/a \leqslant x \leqslant b \}$ est l'intervalle fermé $[a, b]$ (bornes comprises).

Les intervalles $]a, b]$ $(a < x \leqslant b)$ et $[a, b[$ $(a \leqslant x < b)$ sont semi-ouverts (ou semi-fermés). De tels intervalles sont finis.

On dit encore que $[a, b]$ est un compact. Par extension :

$$x \in [a, +\infty[\Leftrightarrow x \geqslant a$$

$$x \in]a, +\infty[\Leftrightarrow x > a$$

$$x \in]-\infty, a] \Leftrightarrow x \leqslant a$$

$$x \in]-\infty, a[\Leftrightarrow x < a$$

Notons que $]-\infty + \infty[$ se confond avec $\mathbb{R}$. De tels intervalles sont évidemment ouverts, et non compacts.

Rappelons que, a étant un réel, on appelle voisinage de a tout intervalle ouvert de $\mathbb{R}$ contenant a. Ainsi, $\forall \alpha > 0$, $]a - \alpha, a + \alpha[$ est un voisinage de a.

2. FONCTION

En principe, on appelle fonction une application de $\mathbb{R}$ dans $\mathbb{R}$: l'ensemble de définition d'une fonction f est une partie D* de $\mathbb{R}$ telle que

$$\forall x \in D, \exists y = f(x)$$

* Noté souvent D_f.

image de x par f. Cependant, dans la pratique, l'usage s'est établi de réserver le nom de fonction au cas où D est un intervalle ou une union d'intervalles. D est alors le domaine de définition de f. $f(D)$, ensemble d'arrivée de l'application f, ou image de D par f, est le plus souvent un domaine ; mais il n'en est pas toujours ainsi, par exemple pour la fonction « partie entière » telle que $E(x) = n$ (plus grand entier relatif inférieur ou égal à x), $D = \mathbb{R}$, et $f(D) = \mathbb{Z}$.

3. GRAPHE

Le graphe de la fonction f dans un repère cartésien (Ox, Oy), le plus souvent orthonormé, est l'ensemble des points de coordonnées $(x, y = f(x))$, où $x \in D$, domaine de définition de f. Ce graphe est encore appelé courbe représentative de f.

4. LIMITES

Soit f définie sur D, et x_0 un réel appartenant soit à D, soit à sa frontière (c'est-à-dire à l'ensemble des bornes des intervalles constituant D)*. On dit que $f(x)$ tend vers ℓ lorsque $x \to x_0$ si,

$$\forall \varepsilon > 0, \exists \alpha > 0 \, / \, | x - x_0 | < \alpha \Rightarrow | f(x) - \ell | < \varepsilon$$

On note

$$\lim_{x \to x_0} f(x) = \ell, \quad \text{ou} \quad f(x) \underset{x \to x_0}{\to} \ell, \quad \text{ou encore} \lim_{x_0} f(x) = \ell .$$

Parfois il y a lieu de distinguer entre limites « à droite » et « à gauche », on écrit

$$f(x) \underset{x \to x_0^+}{\to} \ell \quad \text{lorsque } \forall \varepsilon > 0, \ \exists \alpha > 0 \, / \, 0 < x - x_0 < \alpha \Rightarrow | f(x) - \ell | < \varepsilon$$

$$f(x) \underset{x \to x_0^-}{\to} \ell \quad \text{lorsque } \forall \varepsilon > 0, \exists \alpha > 0 \, / \, - \alpha < x - x_0 < 0 \Rightarrow | f(x) - \ell | < \varepsilon.$$

On emploie abusivement, mais couramment, le terme de limite infinie dans les cas suivants :

$$f(x) \underset{x \to x_0}{\to} + \infty \Leftrightarrow \forall A > 0, \exists \alpha > 0 \, / \, | x - x_0 | < \alpha \Rightarrow f(x) > A$$

$$f(x) \underset{x \to +\infty}{\to} + \infty \Leftrightarrow \forall A > 0, \exists B > 0 \, / \, x > B \Rightarrow f(x) > A$$

---

* L'union de D et de ces points se note habituellement $\bar{D}$, adhérence de D.

On définit de façon analogue les expressions

$$f(x) \underset{x \to -\infty}{\longrightarrow} -\infty\,, \quad f(x) \underset{x \to -\infty}{\longrightarrow} +\infty$$

et quelques autres... Dans ces divers cas le point $M\ (x, f(x))$ s'éloigne « à l'infini », on dit que le graphe de f présente une branche infinie.

5. RELATIONS ENTRE LIMITES DE SUITES ET LIMITES DE FONCTIONS

On peut ramener l'étude des limites de fonctions à celle des limites de suites par le théorème suivant :

Pour qu'une fonction f, définie sur D, ait une limite en $x_0 \in \overline{D}$, il faut et il suffit que, pour toute suite (U_n) convergeant vers x_0, la suite $(f(U_n))$ soit convergente.

Démonstration

Si $f(x) \underset{x \to x_0}{\longrightarrow} \ell$, on a évidemment $f(U_n) \underset{U_n \to x_0}{\longrightarrow} \ell$, la condition est donc nécessaire.

Réciproquement, tout d'abord nous allons montrer que la limite de $f(U_n)$, si elle existe, est indépendante de la suite (U_n) choisie. En effet supposons

$$U_n \to x_0,\ V_n \to x_0, f(U_n) \to \ell \quad \text{et} \quad f(V_n) \to \lambda \neq \ell\ .$$

Si nous posons $z_{2n} = U_n$, $z_{2n+1} = V_n$, la suite (z_n) converge vers x_0, et la suite $f(z_n)$ ne converge pas, nous arrivons à une contradiction.

Appelons donc ℓ la limite commune de toutes les suites $f(U_n)$. Si ℓ n'était pas la limite de f en x_0, il existerait $\alpha > 0$ tel que, $\forall\, \varepsilon > 0$, $\exists\, x \in D$ tel que

$$|\,x - x_0\,| < \varepsilon \quad \text{et} \quad |\,f(x) - \ell\,| \geqslant \alpha$$

En donnant à ε une suite de valeurs ε_n convergeant vers 0, on obtiendrait une suite (U_n) telle que

$$|\,U_n - x_0\,| < \varepsilon_n \quad \text{et} \quad |\,f(U_n) - \ell\,| \geqslant \alpha, \forall\, n,$$

donc une suite (U_n) convergeant vers x_0 et telle que $f(U_n)$ ne converge pas vers ℓ, d'où contradiction.

Ainsi la condition $f(U_n) \to \ell$, $\forall\,(U_n)$ de limite x_0 est suffisante pour que $\ell = \lim\limits_{x_0} f(x)$. Le théorème est donc démontré.

6. PROPRIÉTÉS DES LIMITES

a) En cas de limites finies, on sait que

$$\lim_{x \to x_0} [\,f(x) + g(x)\,] = \lim_{x \to x_0} f(x) + \lim_{x \to x_0} g(x) \qquad (1)$$

$$\lim_{x \to x_0} [f(x)\, g(x)] = \lim_{x \to x_0} f(x) \times \lim_{x \to x_0} g(x) \qquad (2)$$

$$\text{et, si } \lim_{x \to x_0} g(x) \neq 0, \quad \lim_{x \to x_0} \frac{f(x)}{g(x)} = \frac{\lim_{x \to x_0} f(x)}{\lim_{x \to x_0} g(x)} \qquad (3)$$

(ceci restant d'ailleurs exact en remplaçant x_0 par $+\infty$ ou $-\infty$).

En cas particulier de (2),

$$\lim_{x \to x_0} [\lambda f(x)] = \lambda \lim_{x \to x_0} f(x), \quad \forall \lambda \in \mathbb{R}.$$

b) En dehors des cas précédents peuvent apparaître soit des cas immédiats, par exemple

$$f(x) \underset{x \to x_0}{\to} +\infty \quad \text{et} \quad g(x) \underset{x \to x_0}{\to} +\infty \Rightarrow f(x) + g(x) \underset{x \to x_0}{\to} +\infty$$

ou encore

$$f(x) \underset{x \to +\infty}{\to} a \neq 0, g(x) \underset{x \to +\infty}{\to} 0$$

$$\Rightarrow \frac{f(x)}{g(x)} \to +\infty \quad \text{ou } -\infty \text{ (suivant les signes).}$$

soit des « formes indéterminées » $\infty - \infty$, $0 \times \infty$, $\frac{\infty}{\infty}$, $\frac{0}{0}$. Les limites correspondantes peuvent être obtenues parfois très élémentairement, souvent par des méthodes plus élaborées telles que les développements limités (Chap. 14).

7. CONTINUITÉ

a) Si f est définie sur D, si $x_0 \in D$ et si $\lim_{x \to x_0} f(x) = f(x_0)$, on dit que f est continue pour $x = x_0$, ou « en x_0 ». **Une somme, un produit, un quotient de fonctions continues en x_0 sont des fonctions continues en x_0 (sauf si un dénominateur est nul en x_0).**

Une fonction f continue $\forall x_0 \in [a, b]$ est continue sur $[a, b]$. Si f est non continue en x_0, il peut arriver que $\lim_{x \to x_0^+} f(x) = f(x_0)$ et $\lim_{x \to x_0^-} f(x) \neq f(x_0)$, f est alors continue à droite. De même elle peut être continue à gauche.

Si f est définie sur $]a, b[$, sauf en $x_0 \in]a, b[$, et si f admet une même limite ℓ quand $x \to x_0^+$ et $x \to x_0^-$, on peut poser par convention $f(x_0) = \ell$, f se trouve ainsi « prolongée par continuité » en x_0.

Ainsi, pour $f(x) = \dfrac{\sin x}{x}$, on peut poser $f(0) = 1$.

Enfin, si f, définie ou non en x_0, est telle que

$$f(x) \underset{x \to x_0^+}{\to} \ell_1 \quad \text{et} \quad f(x) \underset{x \to x_0^-}{\to} \ell_2 \neq \ell_1,$$

on dit que f présente en x_0 une discontinuité de première espèce, et subit un saut

$$s(x_0) = \ell_1 - \ell_2.$$

C'est le cas par exemple de $f(x) = \dfrac{\sin x}{|x|}$ au point $x = 0 : s(0) = 2$.

b) Autres caractérisations d'une fonction continue

Le théorème du paragraphe 5 entraîne immédiatement celui-ci : **pour que f soit continue en x_0 il faut et il suffit que, pour toute suite (U_n) convergeant vers x_0, la suite $(f(U_n))$ converge vers $f(x_0)$.**

D'autre part on peut établir que f est continue en x_0 si et seulement si l'image réciproque de tout ouvert de $f(D)$ contenant $f(x_0)$ est un ouvert.

8. PROPRIÉTÉS DES FONCTIONS CONTINUES

a) Soit f continue sur $[a, b]$ et telle que $f(a) < 0 < f(b)$. Montrons qu'il existe α tel que $f(\alpha) = 0$.

Soit A l'ensemble des x de $[a, b]$ tels que $f(t) < 0 \ \forall \, t \in [a, x]$, A est non vide, majoré par b, donc admet une borne supérieure α. On ne peut avoir $f(\alpha) > 0$ puisque $f(t) < 0 \ \forall \, t \in [a, \alpha[$, et f continue en α.

Si $f(\alpha) < 0$, la continuité de f en α montre que α n'est pas la borne supérieure de A. Donc $f(\alpha) = 0$. Ce résultat se retrouve graphiquement (Figure 1).

Plus généralement si f est continue sur $[a, b]$, elle prend au moins une fois toute valeur c comprise entre $f(a)$ et $f(b)$: ceci résulte du théorème précédent appliqué à la fonction $f(x) - c$.

b) Toute fonction f continue sur $[a, b]$ est bornée, et atteint sa borne supérieure.

En effet si f n'était pas bornée il existerait une suite (U_n) d'éléments de $[a, b]$ tels que $|f(U_n)| \geqslant n$, donc, d'après le théorème de Bolzano-Weierstrass, une sous-suite $(U_{n_1}, U_{n_2}, ..., U_{n_k} ...)$ convergeant vers une limite $\alpha \in [a, b]$. f étant continue, la suite $|f(U_{n_k})|$ converge vers $f(\alpha)$ qui est fini, ce qui est contradictoire avec $|f(U_{n_k})| \geqslant n_k$. f est donc bornée, soit M sa borne supérieure : il existe une suite (V_n) telle que $f(V_n) \geqslant M - \frac{1}{n}$, donc une sous-suite (V_{n_k}) convergeant vers c, et la continuité de f entraîne

$$f(c) = \lim f(V_{n_k}) = M$$

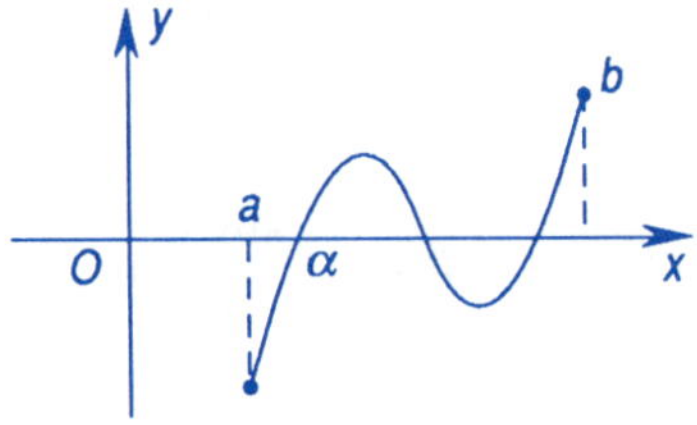

Figure 1

9. CONTINUITÉ UNIFORME. FONCTION LIPSCHITZIENNE

Par définition, une fonction f définie sur D est uniformément continue sur D si, $\forall \varepsilon > 0$, $\exists \alpha > 0$ tel que, x et y étant deux éléments quelconques de D vérifiant $|x - y| < \alpha$, on ait $|f(x) - f(y)| < \varepsilon$.

Il est bien évident qu'une telle fonction est continue sur D, car si $y_0 \in D$, $|x - y_0| < \alpha \Rightarrow |f(x) - f(y_0)| < \varepsilon$ et f est continue en y_0. La réciproque, dans le cas général, est fausse : une fonction continue sur D n'est pas nécessairement uniformément continue (*cf.* exercice 4).

Une catégorie importante de fonctions uniformément continues est celle des fonctions lipschitziennes. Rappelons qu'on appelle ainsi une fonction f telle que, pour tout couple (x, y) d'éléments de D, on ait

$$|f(x) - f(y)| \leqslant k\,|x - y|$$

où k est une constante positive. f est alors lipschitzienne de rapport k. Comme

$$|x - y| < \frac{\varepsilon}{k} \quad \Rightarrow \quad |f(x) - f(y)| < \varepsilon$$

f est bien uniformément continue sur D.

Pour conclure sur ces notions fondamentales de limite et de continuité, observons que tout ce qui précède reste valable sur un espace métrique quelconque en remplaçant les expressions du type $|x - y|$ par la distance $d(x, y)$, x et y étant deux éléments de l'espace envisagé.

10. FONCTION PAIRE, FONCTION IMPAIRE, FONCTION PÉRIODIQUE

Une fonction définie sur $]-a, +a[$, ou sur $\mathbb{R}$, est paire si $f(-x) = f(x)$, impaire si $f(-x) = -f(x)$. La fonction $f(x) = x^n$ est paire pour n pair, impaire pour n impair. Les graphes correspondants, dans un repère orthonormé présentent une symétrie par rapport à l'axe des y ou par rapport à O.

S'il existe T, plus petit nombre positif tel que

$$f(x + T) = f(x), \forall x \in D_f$$

f est une fonction périodique de période T, ou encore $T -$ périodique. Sa connaissance sur un intervalle de longueur T, $[a, a + T]$, suffit à la définir, son graphe est invariant par toute translation de vecteur (kT, O), $k \in \mathbb{Z}$.

Les fonctions $\sin x$, $\operatorname{tg} x$, $\cos \alpha x$ $(\alpha > 0)$, $x - E(x)$ sont périodiques, de périodes respectives 2π, π, $\frac{2\pi}{\alpha}$, 1 (*cf.* exercice 2).

11. FONCTION CROISSANTE, DÉCROISSANTE, MONOTONE, CONSTANTE, THÉORÈME DES VALEURS INTERMÉDIAIRES

Une fonction f est croissante sur D si

$$x_1 \leqslant x_2 \Rightarrow f(x_1) \leqslant f(x_2)$$

elle est strictement croissante sur D si

$$x_1 < x_2 \Rightarrow f(x_1) < f(x_2)$$

f est décroissante sur D si

$$x_1 \leqslant x_2 \Rightarrow f(x_1) \geqslant f(x_2)$$

strictement décroissante si

$$x_1 < x_2 \Rightarrow f(x_1) > f(x_2)$$

Une fonction croissante ou décroissante sur un domaine D est dite monotone sur D.

Enfin une fonction est constante sur D si

$$\forall (x_1, x_2) \in D^2, f(x_1) = f(x_2).$$

D'après la propriété (8, a) des fonctions continues, toute fonction strictement monotone et continue sur $[a, b]$ prend une fois, et une seule, toute valeur y_0 comprise entre $f(a)$ et $f(b)$. C'est le **« théorème des valeurs intermédiaires »**.

12. FONCTION INVERSE OU RÉCIPROQUE

On dit que f, définie sur D, admet une fonction inverse, ou réciproque, si $\forall\, y \in f(D)$, $\exists\, x$ unique (ou $\exists\,!\, x) \in D$ tel que $y = f(x)$. On écrit alors $x = f^{-1}(y)$, et par définition

$$x = f^{-1}(y) \Leftrightarrow y = f(x)$$

Dans tout intervalle $[a, b]$ où f est continue et strictement monotone, on peut définir sa fonction réciproque f^{-1}, en effet

$$\forall\, y \in [f(a), f(b)],\ \exists\,!\, x/y = f(x)$$

alors

$$x = f^{-1}(y).$$

Ainsi

$$y = f(x) = x^3 \Leftrightarrow x = f^{-1}(y) = \sqrt[3]{y} = y^{\frac{1}{3}}$$

Les graphes, dans un repère orthonormé, de deux fonctions inverses, sont symétriques par rapport à la première bissectrice.

13. FONCTIONS ÉQUIVALENTES

On dit que deux fonctions f et g sont équivalentes en x_0 si $\lim\limits_{x \to x_0} \dfrac{f(x)}{g(x)} = 1$. Cette relation s'écrit

$$f(x) \underset{x \to x_0}{\sim} g(x)$$

et est une « relation d'équivalence » au sens général du terme, puisqu'elle est :

réflexive : $f(x) \underset{x \to x_0}{\sim} f(x)$,

symétrique : $f(x) \underset{x \to x_0}{\sim} g(x) \Rightarrow g(x) \underset{x \to x_0}{\sim} f(x)$

et transitive : $f(x) \underset{x \to x_0}{\sim} g(x)$, $g(x) \underset{x \to x_0}{\sim} h(x) \Rightarrow f(x) \underset{x \to x_0}{\sim} h(x)$.

Si f et g ont des limites en x_0, $f(x) \underset{x \to x_0}{\sim} g(x)$ implique que ces limites soient les mêmes (finies ou infinies). Il va de soi que

$$\lim_{x \to x_0} f(x) = \lim_{x \to x_0} g(x) \neq 0 \Rightarrow f(x) \underset{x \to x_0}{\sim} g(x).$$

Ceci n'est plus vrai pour des limites nulles ou infinies. Par exemple $\cos x \underset{0}{\sim} 1+x$, mais $\sin x$ et x^2 ne sont pas équivalents : on a $\sin x \underset{0}{\sim} x$. Notons que $f(x) \sim 0$ n'a pas de sens.

La notion d'équivalence permet de résoudre certains problèmes simples de limites, et d'alléger l'écriture dans leur recherche, en utilisant la propriété suivante, immédiate à démontrer : on peut, dans un produit ou un quotient, remplacer un facteur ou un terme par un équivalent, et obtenir ainsi une fonction équivalente à celle de départ. Par contre

$$f(x) \underset{x \to x_0}{\sim} g(x) \quad \text{et} \quad h(x) \underset{x \to x_0}{\sim} \varphi(x) \not\Rightarrow f(x) + h(x) \sim g(x) + \varphi(x)$$

Exemple

Cherchons $\lim\limits_{x \to +\infty} (\sqrt{x^2+x} - x)$ (forme $\infty - \infty$).

Bien que $x^2 + x \underset{+\infty}{\sim} x^2$ *et* $\sqrt{x^2+x} \underset{+\infty}{\sim} x$, il serait aberrant d'écrire $\sqrt{x^2+x} - x \sim x - x = 0$.

Par contre, si l'on multiplie et divise par l'expression conjuguée, on obtient :

$$f(x) = \frac{(\sqrt{x^2+x} - x)(\sqrt{x^2+x} + x)}{\sqrt{x^2+x} + x} = \frac{x}{\sqrt{x^2+x} + x} \sim \frac{x}{2x} = \frac{1}{2}$$

donc

$$\lim_{+\infty} f(x) = \frac{1}{2}$$

Résumé du chapitre 9

Nota : Nous nous limitons ici aux notions nouvelles par rapport au programme des classes terminales.

- **Relations entre limites de suites et limites de fonctions**

Pour qu'une fonction f, définie sur D, ait une limite en $x_0 \in \bar{D}$ (adhérence de D), il faut et il suffit que, pour toute suite (U_n) convergeant vers x_0, la suite $(f(U_n))$ soit convergente.

- **Continuité uniforme**

Une fonction f, définie sur D, est uniformément continue sur D si, $\forall \varepsilon > 0, \exists \alpha > 0$ tel que

$$x \in D, y \in D, |x - y| < \alpha \Rightarrow |f(x) - f(y)| < \varepsilon.$$

Tel est le cas en particulier d'une fonction lipschitzienne, c'est-à-dire telle que

$$\forall\, x \in D, y \in D, \quad \text{on ait} \quad |f(x) - f(y)| \leqslant k\,|x - y|,$$

k étant une constante.

- **Fonction inverse ou réciproque**

f, définie sur D, admet une fonction inverse ou réciproque, notée f^{-1}, si

$$\forall\, y \in f(D), \exists\,!\, x \in D \text{ tel que } y = f(x).$$

Alors

$$x = f^{-1}(y)$$

Toute fonction continue et strictement monotone sur $[a, b]$ admet une fonction réciproque.

- **Deux fonctions sont équivalentes en x_0**, soit $f(x) \underset{x \to x_0}{\sim} g(x)$, si

$$\lim_{x \to x_0} \frac{f(x)}{g(x)} = 1$$

Dans la recherche de la limite d'un produit ou d'un quotient, on peut remplacer un facteur ou un terme par un équivalent.

EXERCICES

ÉNONCÉS

■ **1.** Trouver les limites des fonctions suivantes, aux points indiqués :

$$f(x) = \frac{\sqrt{x} - 2}{x^2 - 5x + 4}, \quad x \to 4$$

$$g(x) = \frac{x^3 - 3x + 2}{x^2 - 4}, \quad x \to -2$$

$$h(x) = \sqrt[3]{x^3 + x^2 - 1} - x, \quad x \to +\infty$$

■ **2. a)** Etudier et représenter graphiquement la fonction $f(x) = x - E(x)$.

b) Pour quelles valeurs du réel a la fonction

$$g(x) = [x - E(x)]\,[x - E(x) - a]$$

est-elle continue sur $\mathbb{R}$? Quel est alors son graphe ?

---

*■ **3.** Soit f et g deux fonctions continues sur $[a, b]$ et telles que $f(x) = g(x)$ pour tout x rationnel de $[a, b]$. Peut-on en conclure que $f = g$?

---

*■ **4.** Parmi les fonctions $f(x) = \sqrt{x}$, $g(x) = x^2$, $h(x) = \cos x^2$, lesquelles sont uniformément continues sur $\mathbb{R}^+$?

■ **5.** Soit $E \subset \mathbb{R}$ et $f : E \to \mathbb{R}$ une fonction continue.

Soit $(x_n)_{n \in N}$ une suite de E.

Montrer que, si $\lambda \in E$ est une valeur d'adhérence de la suite x_n, alors, $f(\lambda)$ est une valeur d'adhérence de la suite $f(x_n)$.

SOLUTIONS

■ **1.**

a) $$f(x) = \frac{(\sqrt{x} - 2)(\sqrt{x} + 2)}{(x - 1)(x - 4)(\sqrt{x} + 2)} = \frac{1}{(x - 1)(\sqrt{x} + 2)} \underset{x \to 4}{\to} \frac{1}{12}$$

b) $x^3 - 3x + 2$, comme $x^2 - 4$, s'annulent pour $x = -2$: on factorise $x + 2$; la division euclidienne de $x^3 - 3x + 2$ par $x + 2$ donne

$$x^3 - 3x + 2 = (x + 2)(x^2 - 2x + 1)$$

donc

$$g(x) = \frac{(x + 2)(x^2 - 2x + 1)}{(x + 2)(x - 2)} = \frac{x^2 - 2x + 1}{x - 2} \underset{x \to -2}{\to} -\frac{9}{4}$$

c) En remarquant que $a - b = \dfrac{a^3 - b^3}{a^2 + ab + b^2}$

$$h(x) = \frac{x^3 + x^2 - 1 - x^3}{(\sqrt[3]{x^3 + x^2 - 1})^2 + x\sqrt[3]{x^3 + x^2 - 1} + x^2} \underset{+\infty}{\sim} \frac{x^2}{3x^2} = \frac{1}{3}$$

$$\text{donc} \quad \lim_{x \to +\infty} h(x) = \frac{1}{3}.$$

■ **2. a)** Si $n = E(x)$, plus grand entier relatif inférieur ou égal à x, on a, $\forall x$,

$$E(x + 1) = n + 1 = E(x) + 1,$$

donc

$$f(x + 1) = x + 1 - E(x) - 1 = f(x).$$

1 est donc une période de f, c'est la plus petite valeur de T telle que $f(x+T) = f(x)$, puisque pour $T \in]0, 1[$ on peut avoir $E(x+T) = E(x)$, donc $f(x+T) \neq f(x)$. f est donc une fonction 1 − périodique, et son étude peut être réduite à l'intervalle $[0, 1[$.

Sur $[0, 1[$, $E(x) = 0$, $f(x) = x$ et le graphe de f est le segment semi-ouvert $0 \leqslant x < 1$ de la première bissectrice. Le reste du graphe s'obtient par des translations $(k, 0)$, où k est entier relatif. Il s'ensuit que f est continue sur $\mathbb{R}$ privée des points $x = n, n \in \mathbb{Z}$: en ces points il y a continuité à droite, mais pas à gauche.

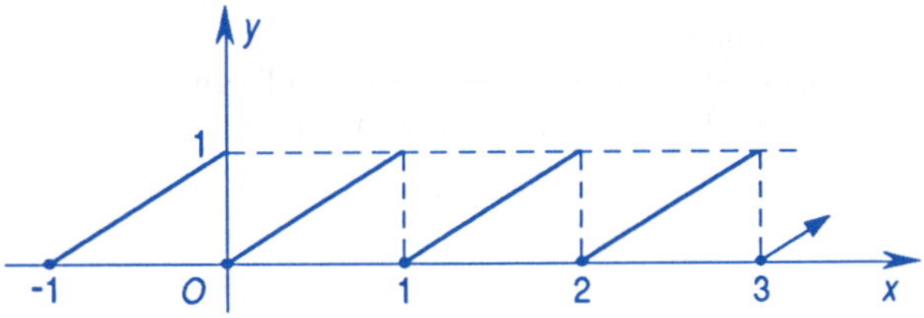

Figure 2

b) Les deux fonctions $x - E(x)$ et $x - E(x) - a$ sont continues $\forall x$ non entier, leur produit l'est aussi. Il y a donc lieu d'étudier la continuité en un point d'abscisse entière, et comme $y(x)$ est 1 − périodique, il suffit d'envisager $x_0 = 1$.

Envisageons un voisinage $]1 - \alpha, 1 + \alpha[$ de 1, avec $\alpha \in]0, 1[$. On a :
$g(1) = 0$,
$g(1 + \alpha) = (1 - \alpha - 1)\,(1 - \alpha - 1 - a) = \alpha(a + \alpha) \underset{\alpha \to 0}{\to} 0$, donc g est continue à droite,
$g(1 - \alpha) = (1 - \alpha - 0)\,(1 - \alpha - 0 - a) = (1 - \alpha)\,(1 - \alpha - a) \underset{\alpha \to 0}{\to} 1 - a$,
donc si $a \neq 1$ g n'est pas continue à gauche en $x = 1$.

Le seul cas où g est continue sur $\mathbb{R}$ est $a = 1$,

$$g(x) = [x - E(x)]\,[x - E(x) - 1]$$

Sur $[0, 1[$, son graphe est l'arc de parabole

$$y = g(x) = x(x - 1),$$

dont le tracé est immédiat ; on le complète par des translations $(k, 0)$ et on obtient la courbe continue ci-dessous :

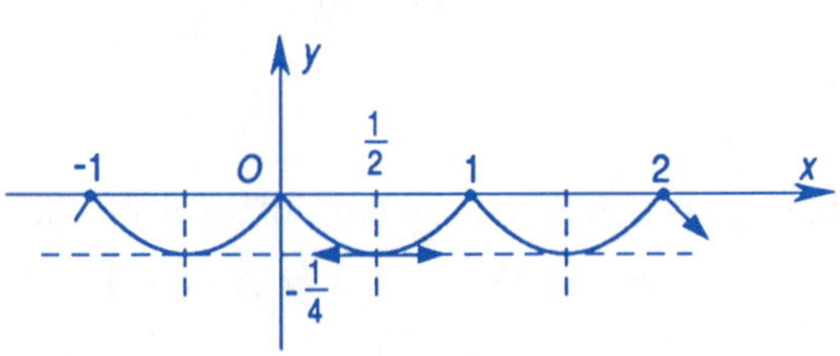

Figure 3

Notons à ce propos que le produit de deux fonctions discontinues en x_0 peut être continu en x_0.

---

*■ **3.** Soit x_0 non rationnel $\in]a, b]$, soit α sa valeur décimale approchée à 10^{-n} près par défaut, ($n \in \mathbb{N}$) ; il existe un $n_0 \in \mathbb{N}$ tel que, pour $n \geqslant n_0$, $\alpha \in]a, b]$.

On peut écrire

$$f(x_0) - g(x_0) = f(x_0) - f(\alpha) - [g(x_0) - g(\alpha)]$$

puisque $g(\alpha) = f(\alpha)$, α étant rationnel. On a donc

$$|(f(x_0) - g(x_0)| \leqslant |f(x_0) - f(\alpha)| + |g(x_0) - g(\alpha)| \qquad (1)$$

Or $|x_0 - \alpha| < 10^{-n}$, donc, $\forall \varepsilon > 0$, $\exists n_1 \in \mathbb{N}$ tel que

$$n \geqslant n_1 \Rightarrow |f(x_0) - f(\alpha)| < \frac{\varepsilon}{2} \quad \text{et} \quad |g(x_0) - g(\alpha)| < \frac{\varepsilon}{2}$$

(continuité de f et g en α).

On a donc, d'après (1),

$$|f(x_0) - g(x_0)| < \varepsilon,$$

si petit soit ε. Comme 0 est le seul élément commun à tous les intervalles $]-\varepsilon, +\varepsilon[$, il en résulte $f(x_0) = g(x_0)$.

Le raisonnement précédent s'adapte à $x_0 = a$, si $a \notin \mathbb{Q}$, en considérant les valeurs approchées de a par excès à 10^{-n} près, donc $f(a) = g(a)$. En conclusion, $f = g$.

---

*■ **4.** Dans les trois cas on peut supposer $0 \leqslant y < x$ et voir si $|f(x) - f(y)| < \varepsilon$ est réalisé dès que $x - y < \alpha$.

a) Ecrivons $\sqrt{x} - \sqrt{y} = \dfrac{x - y}{\sqrt{x} + \sqrt{y}} < \dfrac{x - y}{2\sqrt{y}}$, si $y > 0$.

Pour que $\sqrt{x} - \sqrt{y}$, qui est positif, soit inférieur à ε, il suffit que $x - y < 2\varepsilon\sqrt{y}$; or si l'on impose $y \geqslant y_0 > 0$, y_0 étant fixe, il suffira encore pour cela que $x - y < 2\varepsilon\sqrt{y_0}$, qui est la valeur α cherchée. Il y a donc continuité uniforme sur $[y_0, +\infty[$.

En outre, f étant continue, elle est uniformément continue sur le compact $[0, y_0]$. On peut aussi considérer que si $y = 0 < x$,

$$\sqrt{x} - \sqrt{y} = \sqrt{x} < \varepsilon \Leftrightarrow x < \varepsilon^2,$$

soit

$$x - y < \varepsilon^2 = \alpha.$$

En conclusion f est uniformément continue sur $[0, +\infty[$(*).

(*) On aurait aussi pu observer que sur $[y_0, +\infty[$, f est lipschitzienne donc uniformément continue.

b) De façon analogue, $x^2 - y^2 = (x - y)(x + y) > 2y(x - y)$.

Comme y et x ne sont pas bornés, on conçoit que même si $x - y$ est « petit », $x^2 - y^2$ peut ne pas l'être. De façon précise, si petit que soit α, $x - y < \alpha$ ne suffit pas pour que $x^2 - y^2 < \varepsilon$, puisque par exemple

$$x - y = \frac{\alpha}{2}, y > \frac{1}{\alpha} \Rightarrow x^2 - y^2 > 1.$$

g n'est donc pas uniformément continue sur $[0, +\infty[$.

Remarquons que nier la continuité uniforme de g a consisté à montrer que, pour A donné positif, si petit que soit α, $\exists\, x, y$ tels que

$$|x - y| < \alpha \quad \text{et} \quad |g(x) - g(y)| > A.$$

c) La fonction h est non monotone, bornée, et ne se prête plus à aucun des deux raisonnements précédents. Mais la répartition des maxima et minima successifs de h peut nous donner une idée

$$\cos x^2 = 1 \text{ pour } x^2 = 2k\pi, x = \sqrt{2k\pi} = x_k, k \in \mathbb{N}.$$

De même

$$\cos x^2 = -1 \text{ pour } x^2 = (2k+1)\pi, x = \sqrt{(2k+1)\pi} = x'_k$$

Quand k devient grand, $x'_k - x_k$ devient de plus en plus petit sans qu'il en soit ainsi de $|h(x'_k) - h(x_k)|$. Précisément

$$x'_k - x_k = \frac{(2k+1)\pi - 2k\pi}{\sqrt{(2k+1)\pi} + \sqrt{2k\pi}} < \frac{\pi}{\sqrt{2k\pi}} \underset{k\to\infty}{\to} 0,$$

et

$$|h(x'_k) - h(x_k)| = 2.$$

On retrouve la négation de la continuité uniforme telle qu'elle a été formulée plus haut : $\forall \alpha > 0$, $\exists\, x, y$ tels que $|x - y| < \alpha$ et $|h(x) - h(y)| > A$ avec par exemple ici, $A = 1$. h n'est donc pas uniformément continue sur $[0, +\infty[$.

Observons que les graphes de f, g, h rendent compte intuitivement de ces résultats, en anticipant sur le chapitre suivant : ce qui importe pour la continuité uniforme de f, ce n'est pas que f soit bornée, mais que f', si elle existe, le soit. Ceci pourrait être établi rigoureusement par le théorème des accroissements finis.

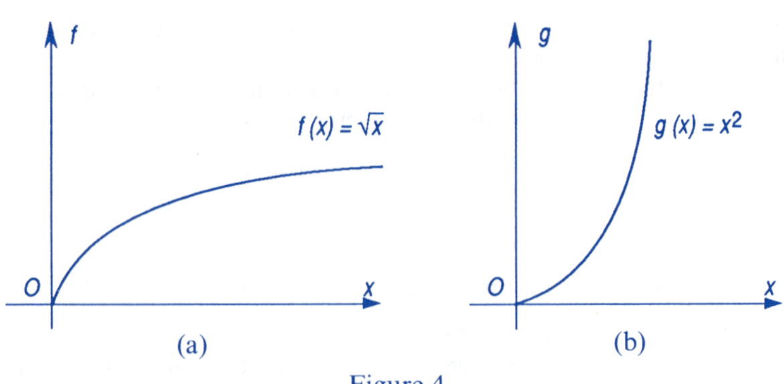

(a) (b)

Figure 4

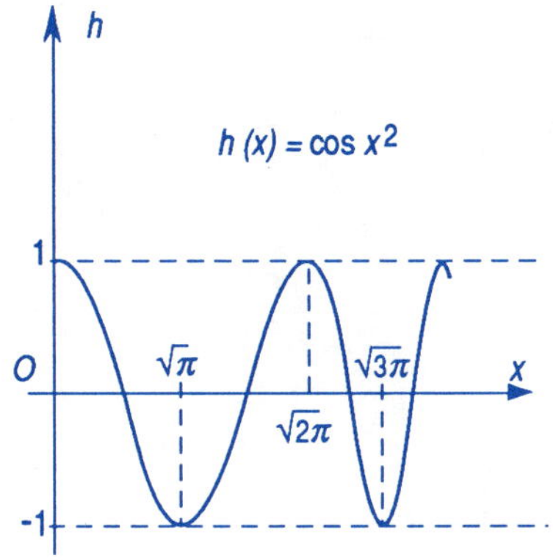

(c)

Figure 4 (suite)

■ **5.** Si λ est une valeur d'adhérence de la suite x_n, alors il existe une suite y_p extraite de x_n,

$$y_p = x_{\varphi(p)}$$

telle que

$$\lambda = \lim y_p.$$

On en déduit, puisque f est continue dans E, que

$$f(\lambda) = \lim f(y_p),$$

et comme $f(y_p)$ est une suite extraite de $f(x_n)$, on a le résultat.

CHAPITRE 10

DÉRIVÉE ET DIFFÉRENTIELLE

1. RAPPELS

Dérivée

Définition

$$f'(x_0) = \lim_{x \to x_0} \frac{f(x) - f(x_0)}{x - x_0}$$

Signification géométrique

$f'(x_0)$ mesure la pente de la tangente au point d'abscisse x_0 du graphe représentant $f(x)$.

Dérivée de la somme, du quotient et du produit de 2 fonctions

$$y(x) = u(x) + v(x) \Rightarrow y'(x) = u'(x) + v'(x)$$

$$y(x) = \frac{u(x)}{v(x)} \Rightarrow y'(x) = \frac{v(x)\,u'(x) - u(x)\,v'(x)}{[v(x)]^2}$$

$$y(x) = u(x)\,.\,v(x) \Rightarrow y'(x) = v'(x)\,u(x) + u'(x)\,v(x)$$

Dérivée d'une fonction composée

$$y = f(u) \quad \text{avec} \quad u = \varphi(x) \Rightarrow y'_x = f'_u\,.\,u'_x$$

Différentielle

$$\mathrm{d}f = f'(x)\,\mathrm{d}x$$

La différentielle est invariante par le changement de variable $x = \varphi(t)$.

Différentielle de la somme, du produit, du quotient de 2 fonctions :

$$y = u(x) + v(x) \Rightarrow \mathrm{d}y = \mathrm{d}u + \mathrm{d}v$$
$$y = u(x) \times v(x) \Rightarrow \mathrm{d}y = v\,\mathrm{d}u + u\,\mathrm{d}v$$
$$y = \frac{u(x)}{v(x)} \Rightarrow \mathrm{d}y = \frac{v\,\mathrm{d}u - u\,\mathrm{d}v}{v^2}$$

Dérivées des fonctions usuelles

$$y = x^n \qquad y' = nx^{n-1}$$
$$y = \sin x \qquad y' = \cos x$$
$$y = \cos x \qquad y' = -\sin x$$
$$y = \operatorname{tg} x \qquad y' = 1 + \operatorname{tg}^2 x = \frac{1}{\cos^2 x}$$
$$y = u^n(x) \qquad y' = nu^{n-1}\,u'(x)$$

2. RELATION LIANT LES DÉRIVÉES DE DEUX FONCTIONS RÉCIPROQUES

Soit $y = f(x)$ une fonction continue et strictement monotone, et $x = g(y)$ sa fonction réciproque.

Si $y = f(x)$ admet une dérivée f'_x, la dérivée de $g(y)$ sera :

$$x'_y = g'(y) = \frac{1}{f'_x}.$$

En effet, donnons à x un accroissement Δx, et soit Δy l'accroissement correspondant de y. Puisqu'on suppose y strictement monotone, pour $\Delta x \neq 0$, Δy sera différent de 0, d'où

$$\frac{\Delta x}{\Delta y} = \frac{1}{\dfrac{\Delta y}{\Delta x}}$$

lorsque $\Delta x \to 0$, Δy tendra également vers 0 puisque y est continue, et

$$\lim_{\Delta y \to 0} \frac{\Delta x}{\Delta y} = \frac{1}{y'_x}.$$

Remarque.

Nous avons vu que les graphes représentant $f(x)$ et $g(x)$ rapportées à un même système d'axes orthonormés sont symétriques par rapport à la bissectrice $y = x$ de l'angle xOy. En deux points correspondants M et M', les tangentes à ces courbes seront symétriques par rapport à la droite $y = x$.

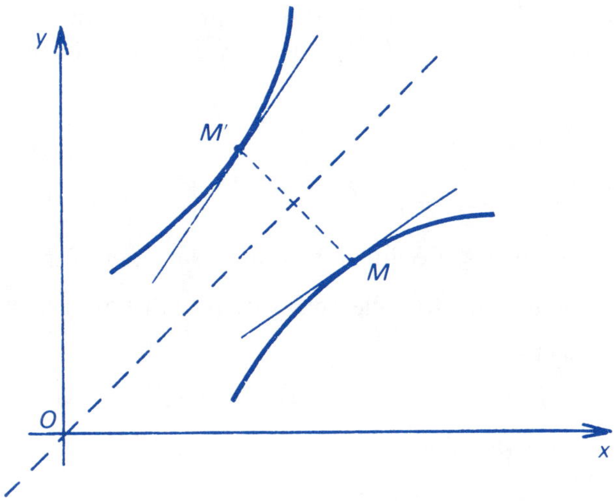

Figure 1.

Applications.

Dérivée de $y = x^{1/n}$ *pour n entier.*

La fonction réciproque de y est $x = y^n$

$$x'_y = ny^{n-1} = n(x^{1/n})^{n-1} = nx^{\frac{n-1}{n}}$$

d'où

$$y'_x = \frac{1}{nx^{\frac{n-1}{n}}} = \frac{1}{n}x^{1/n-1}$$

Dérivée de $y = x^p$ *pour p rationnel.*

Soit $p = \frac{m}{n}$, m et n étant entiers. Posons $x^{1/n} = u$, alors $y = u^m$ d'où

$$\begin{aligned} y'_x &= mu^{m-1}u'_x \\ &= mx^{\frac{m-1}{n}} . \frac{1}{n}x^{1/n-1} \\ &= \frac{m}{n}x^{m/n-1/n} . x^{1/n-1} \\ &= \frac{m}{n}x^{m/n-1} = px^{p-1}. \end{aligned}$$

la relation $x'_y = \frac{1}{y'_x}$ s'écrit encore

$$\boxed{(f^{-1})' = \frac{1}{f' \circ f^{-1}}}$$

Sur le plan pratique, f étant monotone sur $I \subset \mathscr{D}$, au point d'abscisse $c \in I$, $\gamma = f(c)$ équivaut à $c = f^{-1}(\gamma)$; le taux d'accroissement τ de $f(x)$ est défini par

$$\begin{cases} \tau(x) = \dfrac{f(x) - f(c)}{x - c} & \text{si } x \neq c \\ \tau(c) = f'(c) \end{cases}$$

$\tau(x)$ ne s'annule pas, f étant monotone , sauf peut-être en c.

Par conséquent, pour tout élément y de $f(I)$ différent de γ, le rapport

$$\frac{f^{-1}(y) - f^{-1}(\gamma)}{y - \gamma} \quad \text{vaut} \quad \frac{x - c}{f(x) - f(c)} = \frac{1}{\tau(x)}$$

et tend vers $\dfrac{1}{f'(c)}$ si $f'(c) \neq 0$,
et tend vers $+\infty$ si $f'(c) = 0$ et f croissante,
et tend vers $-\infty$ si $f'(c) = 0$ et f décroissante.

Donc si $f'(c)$ n'est pas nul

$$(f^{-1})'(\gamma) = \frac{1}{f'(c)}$$

ou

$$(f^{-1})'(f(c)) = \frac{1}{f'(c)}$$

3. FONCTIONS DÉRIVÉES SUCCESSIVES. FORMULE DE LEIBNIZ

La fonction $f'(x)$ dérivée de $f(x)$ peut elle-même être dérivable, sa dérivée notée $f''(x)$ est la dérivée d'ordre 2 de $f(x)$ ou dérivée seconde de $f(x)$.

On définit ainsi de proche en proche la dérivée $n^{\text{ième}}$ ou d'ordre n de $f(x)$ qu'on note $f^{(n)}(x)$, comme étant la dérivée de $f^{(n-1)}(x)$.

Formule de Leibniz

Si f et g sont deux fonctions n fois dérivables, la règle de dérivations successives du produit conduit à

$$[f \cdot g]' = f'g + g'f$$
$$[fg]'' = f''g + 2\,f'g' + g''f$$
$$[fg]''' = f'''g + 3\,f''g' + 3\,f'g'' + fg'''$$

La loi de formation des coefficients rappelle la formule du binôme : vérifions cette propriété par récurrence.

Supposons que

$$[fg]^{(n-1)} = f^{(n-1)}g + C_{n-1}^{1} f^{(n-2)}g' + \dots + C_{n-1}^{p-1} f^{(n-p)}g^{(p-1)} + C_{n-1}^{p} f^{(n-p-1)}g^{(p)} + \dots + f g^{(n-1)}$$

Nous obtenons par dérivation

$$\begin{aligned}[f \cdot g]^{(n)} &= [f^{(n)}g + f^{(n-1)}g'] + C_{n-1}^{1} [f^{(n-1)}g' + f^{(n-2)}g''] + \dots + C_{n-1}^{p-1} [f^{(n-p+1)} g^{(p-1)} + f^{(n-p)}g^{(p)}] + \dots + [f'g^{(n-1)} + f g^{(n)}] \\ &= f^{(n)}g + (1 + C_{n-1}^{1}) f^{(n-1)}g' + \dots + (C_{n-1}^{p-1} + C_{n-1}^{p}) f^{(n-p)}g^{(p)} + \dots + f g^{(n)} \\ &= f^{(n)}g + C_{n}^{1} f^{(n-1)}g' + \dots + C_{n}^{p} f^{(n-p)}g^{(p)} + \dots + f g^{(n)}\end{aligned}$$

Cette égalité, appelée formule de Leibniz, est valable pour tout entier $n \in \mathbb{N}$.

En résumé

$$\boxed{(fg)^{(n)} = \sum_{p=0}^{p=n} C_n^p f^{(n-p)} g^{(p)}} \qquad \text{(avec la convention } f^{(0)} = f\text{)}$$

Rappelons qu'une fonction possédant n dérivées successives continues, sur D, est dite de classe C^n.

4. FONCTION CONVEXE

On dit qu'une fonction f, définie sur $[a, b]$, est convexe sur $[a, b]$, si pour tout couple (x_1, x_2) d'éléments de $[a, b]$, et pour tout $\lambda \in [0, 1]$,

$$f(\lambda x_1 + (1 - \lambda) x_2) \leqslant \lambda f(x_1) + (1 - \lambda) f(x_2) \tag{1}$$

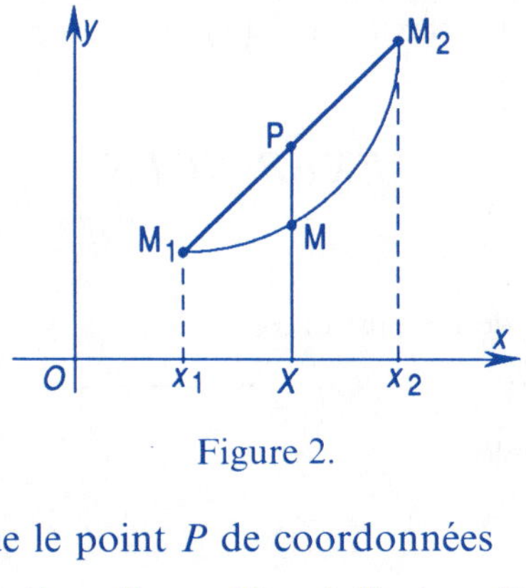

Figure 2.

En observant que le point P de coordonnées

$$X = \lambda x_1 + (1 - \lambda) x_2, \; Y = \lambda f(x_1) + (1 - \lambda) f(x_2)$$

n'est autre que le barycentre des points M_1 $(x_1, f(x_1))$, M_2 $(x_2, f(x_2))$ affectés des coefficients λ et $1 - \lambda$, point d'abscisse X sur la droite M_1M_2, on voit que la relation (1) s'écrit

$$f(X) \leqslant Y$$

et exprime que l'arc $\widehat{M_1M_2}$ est au-dessous de la corde M_1M_2 (Figure 2). On dit encore que l'arc $\widehat{M_1M_2}$ est concave vers les $y > 0$.

Si f est dérivable sur $[a, b]$, f' est alors croissante, et f'', si elle existe, est positive.

Réciproquement $f''(x) \geqslant 0 \ \forall\, x \in [a, b] \Rightarrow f$ convexe sur $[a, b]$. Ainsi pour qu'une fonction de classe C^2 soit convexe sur $[a, b]$, il faut et il suffit que f'' soit positive.

5. PLAN D'ÉTUDE D'UNE FONCTION

Rappelons que l'étude classique des variations d'une fonction f se décompose comme suit :

— Détermination du domaine de définition, et éventuellement du domaine d'étude « utile » en tenant compte de symétries, de la périodicité.

— Étude des limites de f aux bornes du ou des intervalles de définition ; le cas échéant, étude des branches infinies : en dehors du cas immédiat où l'une des coordonnées a une limite finie, on sera amené à chercher $\lim\limits_{\pm\infty} \dfrac{f(x)}{x} = a$, puis $\lim\limits_{\pm\infty} (f(x) - ax) = b$, puis, lorsque b est fini, le signe de $f(x) - ax - b$ (direction asymptotique, asymptote, position de la courbe par rapport à l'asymptote).

— Étude du sens de variations, habituellement par l'étude du signe de la dérivée, pouvant conduire à l'étude d'une fonction auxiliaire ; tableau de variations.

— Tracé du graphe, qui pourra être précisé par la concavité (signe de $f''(x)$), les points d'inflexion ($f''(x) = 0$ avec changement de signe), etc.

EXERCICES

ÉNONCÉS

■ **1.** Calculer la dérivée de $y = \sin^n x \,.\, \cos^p x$.

■ **2.** Calculer la dérivée de

$$y = \sqrt{\frac{1 + \sin\sqrt{x}}{1 - \sin\sqrt{x}}}$$

■ **3.** Montrer que la dérivée d'ordre n de $\sin x$ est $\sin\left(x + n\frac{\pi}{2}\right)$.

Calculer la dérivée d'ordre n de $y = x^3 \sin x$.

---

*■ **4.** *a*) Calculer les dérivées successives de $f(x) = x^n$, n entier relatif non nul.

b) Trouver la dérivée d'ordre p de $g(x) = \dfrac{x^n}{(x+1)^n}$, $n \in \mathbb{N}$.

■ **5.** n étant entier positif, trouver la dérivée d'ordre n de $f(x) = (x^2 - 1)^n$. A l'aide du terme de plus haut degré de cette dérivée, donner une expression simple de la somme

$$S = \sum_{p=0}^{n} (C_n^p)^2$$

---

*■ **6.** a, b, c, d étant quatre réels et f une fonction de $\mathbb{R}$ dans $\mathbb{R}$, de classe C^3 sur D, on pose

$$g = \frac{af + b}{cf + d}, \quad \Phi(f) = 2\frac{f'''}{f'} - 3\left(\frac{f''}{f'}\right)^2$$

Vérifier que $\Phi(g) = \Phi(f)$.

SOLUTIONS

■ **1.** Posons $u = \sin^n x \quad v = \cos^p x$

$$y = u(x) \,.\, v(x) \quad y' = vu' + uv'$$

$$u' = n \sin^{n-1} x \,.\, \cos x, \quad v' = -p \cos^{p-1} x \sin x$$

$$y' = n \sin^{n-1} x \cos^{p+1} x - p \cos^{p-1} x \,.\, \sin^{n+1} x$$

$$= \sin^{n-1} x \cos^{p-1} x \,(n \cos^2 x - p \sin^2 x)$$

■ **2.** y est de la forme $\sqrt{u}$:

$$y' = \frac{u'}{2\sqrt{u}}$$

$$u' = \frac{\dfrac{(1 - \sin\sqrt{x})\cos\sqrt{x}}{2\sqrt{x}} + \dfrac{(1 + \sin\sqrt{x})\cos\sqrt{x}}{2\sqrt{x}}}{(1 - \sin\sqrt{x})^2}$$

$$= \frac{\cos\sqrt{x}}{\sqrt{x}\,(1 - \sin\sqrt{x})^2}$$

$$y' = \frac{\cos\sqrt{x}}{2\sqrt{x}\,(1 - \sin\sqrt{x})\sqrt{\cos^2\sqrt{x}}}$$

La valeur de y' dépend du signe de $\cos\sqrt{x}$, si

$$0 \leqslant \sqrt{x} < \frac{\pi}{2} \quad \text{ou} \quad \frac{3\pi}{2} < \sqrt{x} \leqslant 2\pi \quad (\text{mod } 2\pi)$$

$$y' = \frac{1}{2(1 - \sin\sqrt{x})\sqrt{x}}$$

si

$$\frac{\pi}{2} < \sqrt{x} \leqslant \frac{3\pi}{2} \quad (\text{mod } 2\pi)$$

$$y' = \frac{-1}{2(1 - \sin\sqrt{x})\sqrt{x}}$$

■ **3.** $(\sin x)' = \cos x = \sin\left(x + \dfrac{\pi}{2}\right)$, puis récurrence.

La formule de Leibniz donne

$$y^{(n)} = x\,[x^2 - 3n(n-1)]\sin\left(x + n\frac{\pi}{2}\right)$$
$$- n\,[3x^2 - (n-1)(n-2)]\,.\cos\left(x + n\frac{\pi}{2}\right)$$

---

*■ **4.** *a*) f est définie et indéfiniment dérivable (classe C^∞) sur $\mathbb{R}$ pour $n > 0$, sur $\mathbb{R}^*$ pour $n < 0$.

On a $f'(x) = nx^{n-1}$,

$f''(x) = n(n-1)\,x^{n-2}$, ...

$f^{(p)}(x) = n(n-1)\cdots(n-p+1)\,x^{n-p}$

Si $n > 0$, et si $p \leqslant n$, $f^{(p)}(x) = \dfrac{n\,!}{(n-p)\,!}\,x^{n-p}$; pour $p \geqslant n+1$, $f^{(p)}(x) = 0$.

Si $n < 0$, posons $n = -m$:

$$f^{(p)}(n) = (-m)(-m-1)\cdots(-m-p+1)\,x^{-m-p}$$
$$= (-1)^p\, m\,(m+1)\cdots(m+p-1)\,x^{-m-p}$$
$$= (-1)^p \frac{(m+p-1)\,!}{(m-1)\,!}\,x^{-m-p} = (-1)^p \frac{(p-n-1)\,!}{(-n-1)\,!}\,x^{n-p}$$

b) On peut écrire $g(x) = x^n(x+1)^{-n}$ et appliquer la formule de Leibniz en observant que

$$((x+1)^{-n})^{(p)} = (-1)^p\,\frac{(n+p-1)\,!}{(n-1)\,!}\,(x+1)^{-n-p}. \text{ (rappelons } O\,! \doteq 1)$$

On peut aussi, plus simplement, utiliser le changement de variable $x + 1 = t$, d'où

$$f(x) = \frac{(t-1)^n}{t^n} = \frac{t^n - C_n^1\, t^{n-1} + C_n^2\, t^{n-2} - \cdots + (-1)^n}{t^n}$$
$$= 1 - C_n^1\, t^{-1} + C_n^2\, t^{-2} - \cdots + (-1)^k\, C_n^k\, t^{-k} + \cdots + (-1)^n\, t^{-n}$$

ou encore

$$f(x) = 1 - C_n^1\,(x+1)^{-1} + C_n^2\,(x+1)^{-2} - \cdots$$
$$+ (-1)^k\, C_n^k\,(x+1)^{-k} + \cdots + (-1)^n\,(x+1)^{-n}$$

Il en résulte

$$f^{(p)}(x) = (-1)^{p+1}\, p\,!\, C_n^1\,(x+1)^{-p-1}$$
$$+ (-1)^{p+2}\,(p+1)\,!\, C_n^2\,(x+1)^{-p-2} + \cdots$$
$$+ (-1)^{p+k}\,\frac{(k+p-1)\,!}{(k-1)\,!}\, C_n^k\,(x+1)^{-p-k} + \cdots$$
$$+ (-1)^{p+n}\,\frac{(n+p-1)\,!}{(n-1)\,!}\,(x+1)^{-p-n}$$

En observant que $\dfrac{(k+p-1)\,!}{(k-1)\,!} = p\,!\, C_{k+p-1}^p$, on obtient l'expression

$$f^{(p)}(x) = (-1)^{p+1}\, p\,!\,(x+1)^{-p} \sum_{k=1}^{k=n} (-1)^{k-1}\, C_n^k\, C_{k+p-1}^p\,(x+1)^{-k}$$

■ **5.** En écrivant $f(x) = (x+1)^n\,(x-1)^n$ et utilisant une partie des résultats précédents, on obtient

$$f^{(n)}(x) = \sum_{p=0}^{n} C_n^p\,\frac{n\,!}{(n-p)\,!}\,(x+1)^{n-p}\,\frac{n\,!}{p\,!}\,(x-1)^p$$

(formule de Leibniz).

Or $C_n^p = \dfrac{n\,!}{p\,!\,(n-p)\,!}$, donc

$$f^{(n)}(x) = n\,! \sum_{p=0}^{n} (C_n^p)^2 (x+1)^{n-p} (x-1)^p \tag{1}$$

f étant un polynôme de degré $2\,n$, sa dérivée $n^{\text{ième}}$ est de degré n et son terme de plus haut degré, calculé dans (1), est

$$A = n\,! \sum_{p=0}^{n} (C_n^p)^2\, x^n.$$

C'est aussi la dérivée $n^{\text{ième}}$ de x^{2n}, terme de plus haut degré de $(x^2-1)^n$, donc

$$A = \frac{(2\,n)\,!}{n\,!}\, x^n$$

Par identification de ces deux valeurs on obtient

$$S = \frac{(2\,n)\,!}{(n\,!)^2} \quad \text{ou encore} \quad S = C_{2n}^n$$

---

*■ **6.** Calculons $g' = (ad - bc)\dfrac{f'}{(cf+d)^2}$,

$$g'' = (ad-bc)\,[\,f''\,(cf+d)^{-2} - 2\,cf'^2\,(cf+d)^{-3}\,]$$

d'où

$$\frac{g''}{g'} = \frac{f''}{f'} - 2\,c\,\frac{f'}{cf+d} \tag{1}$$

Dérivons (1) :

$$\frac{g'''}{g'} - \frac{g''^2}{g'^2} = \frac{f'''}{f'} - \frac{f''^2}{f'^2} - 2\,c\,\frac{f''}{cf+d} + 2\,c^2\,\frac{f'^2}{(cf+d)^2} \tag{1}$$

Eliminons l'expression $\dfrac{c}{cf+d}$ en la tirant de (1) :

$$\frac{c}{cf+d} = \frac{1}{2}\left(\frac{f''}{f'^2} - \frac{g''}{f'\,g'}\right)$$

Reportant dans (1) on obtient :

$$\frac{g'''}{g'} - \frac{g''^2}{g'^2} = \frac{f'''}{f'} - \frac{f''^2}{f'^2} + f''\left(\frac{g''}{f'\,g'} - \frac{f''}{f'^2}\right) + \frac{1}{2}f'^2\left(\frac{g''}{f'\,g'} - \frac{f''}{f'^2}\right)^2$$

Après développement et simplification,

$$\frac{g'''}{g'} - \frac{3}{2}\,\frac{g''^2}{g'^2} = \frac{f'''}{f'} - \frac{3}{2}\,\frac{f''^2}{f'^2},$$

c'est bien la relation demandée $\Phi(g) = \Phi(f)$.

CHAPITRE 11

FONCTIONS TRIGONOMÉTRIQUES RÉCIPROQUES

1. INTRODUCTION

Nous avons vu que toute fonction définie, continue et strictement monotone sur un intervalle $[a, b]$ admet une fonction inverse ou réciproque. Il n'en est pas ainsi des fonctions trigonométriques sur $\mathbb{R}$, aussi nous envisagerons des restrictions de ces fonctions à des intervalles convenables et pourrons définir quatre fonctions « trigonométriques réciproques », qui se ramènent en fait à deux, arc sinus et arc tangente, dont l'importance provient du fait que leurs dérivées sont algébriques, d'où leur apparition fréquente dans le calcul des primitives.

2. FONCTION Arc sin *x*

Soit $x = \sin y$. Cette fonction est définie et continue sur $\mathbb{R}$, 2π-périodique et prend ses valeurs sur $[-1, +1]$. Elle prend une fois et une seule chaque valeur de $[-1, +1]$ sur tout intervalle $\left[\frac{\pi}{2} + k\pi, \frac{\pi}{2} + (k+1)\pi\right]$, en particulier sur $\left[-\frac{\pi}{2}, +\frac{\pi}{2}\right]$. Ainsi il existe un y et un seul tel que

$$\sin y = x \quad \text{et} \quad y \in \left[-\frac{\pi}{2}, +\frac{\pi}{2}\right]$$

Par définition, ce nombre y est appelé « arc sinus x », et noté Arc sin x.

(On désigne parfois par arc sin x l'un quelconque des nombres dont le sinus est x, ainsi $\text{Arc sin}\,\frac{1}{2} = \frac{\pi}{6}$, alors que $\text{arc sin}\,\frac{1}{2} = \frac{\pi}{6} + 2k\pi$ ou $\frac{5\pi}{6} + 2k\pi$).

En résumé

$$y = \text{Arc}\sin x \Leftrightarrow x = \sin y, \quad y \in \left[-\frac{\pi}{2}, +\frac{\pi}{2}\right]$$

Cette fonction Arc sin x est, par sa construction même, définie, continue et impaire sur $[-1, +1]$.

Son graphe est le symétrique, par rapport à la première bissectrice du repère orthonormé (Ox, Oy), de celui de $y = \sin x$, limité à $-\frac{\pi}{2} \leqslant x \leqslant \frac{\pi}{2}$.

Sa dérivée se calcule immédiatement, par la formule

$$(f^{-1})' = \frac{1}{f' \circ f^{-1}}$$

ainsi avec $y = \text{Arc}\sin x$, $x = \sin y$, $y \in \left[-\frac{\pi}{2}, +\frac{\pi}{2}\right]$, nous avons

$y'(x) = \dfrac{1}{(\sin y)'} = \dfrac{1}{\cos y}$ ou $\cos^2 y = 1 - \sin^2 y = 1 - x^2$, et $\cos y \geqslant 0$, donc

$$y'(x) = \frac{1}{\sqrt{1 - x^2}}, \text{ définie sur }]-1, +1[$$

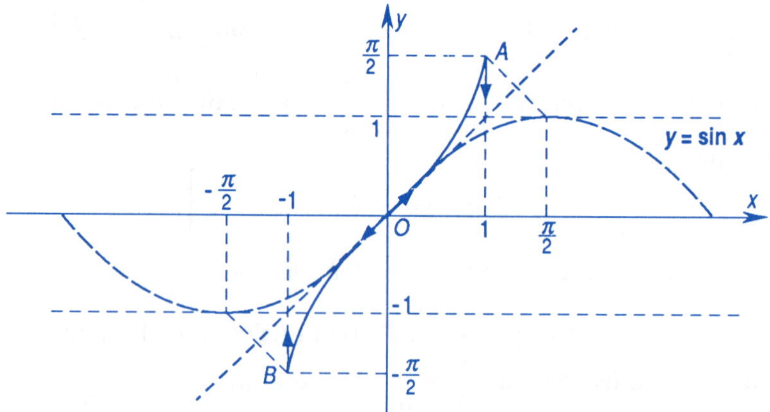

Figure 1.

Aux points A et B d'abscisses 1 et -1, la tangente au graphe est parallèle à l'axe des y. Nous retiendrons

$$(\text{Arc sin } x)' = \frac{1}{\sqrt{1-x^2}}, \; |x| < 1.$$

3. FONCTION Arc cos *x*

Par le même processus, partant de $x = \cos y$ définie, continue, 2π- périodique et prenant ses valeurs sur $[-1, +1]$, nous définissons

$$y = \text{Arc cos } x \Leftrightarrow x = \cos y, \; y \in [0, \pi].$$

Son graphe est symétrique, par rapport à la première bissectrice, de l'arc $y = \cos x$, $0 \leqslant x \leqslant \pi$.

Sa dérivée est

$$y'(x) = \frac{1}{(\cos y)'} = -\frac{1}{\sin y} = -\frac{1}{\sqrt{1-x^2}},$$

car $\quad \sin^2 y = 1-x^2, \quad$ et $\quad \sin y \geqslant 0.$

On observe que

$$(\text{Arc sin } x)' + (\text{Arc cos } x)' = 0, \quad \forall \, x \in \,]-1, +1[$$

donc

$$\text{Arc sin } x + \text{Arc cos } x = k, \text{ constante}, \quad \forall \, x \in \,]-1, +1[$$

et aussi, par continuité, pour $x = \pm 1$. Cette constante se calcule en prenant $x = 0$,

$$\text{Arc sin } 0 = 0, \text{ Arc cos } 0 = \frac{\pi}{2}, \quad \text{donc } k = \frac{\pi}{2}$$

Ainsi

$$\text{Arc sin } x + \text{Arc cos } x = \frac{\pi}{2} \qquad \forall \, x \in [-1, +1]$$

Les graphes de ces deux fonctions sont symétriques par rapport à la droite $y = \frac{\pi}{4}$.

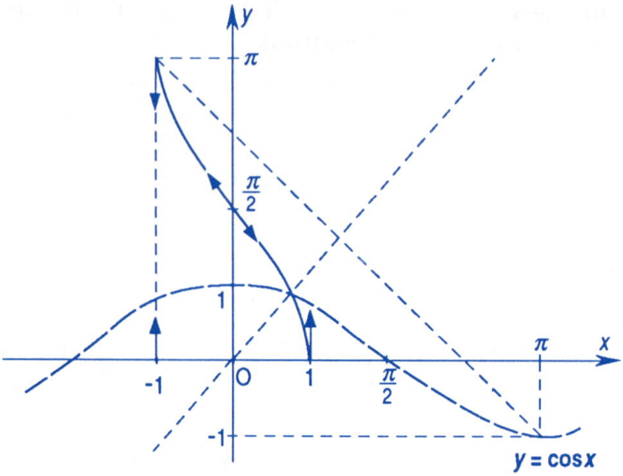

Figure 2.

4. FONCTION Arc tg x

$x = \text{tg}\, y$ est définie, continue, croissante sur chacun des intervalles $\left]\frac{\pi}{2} + k\pi, \frac{\pi}{2} + (k+1)\pi\right[$, et prend une fois et une seule toute valeur réelle, en particulier sur $\left]-\frac{\pi}{2}, +\frac{\pi}{2}\right[$. Donc,

$$\forall\, x \in \mathbb{R}, \exists\, y \in \left]-\frac{\pi}{2}, +\frac{\pi}{2}\right[\quad \text{tel que} \quad \text{tg}\, y = x.$$

Par définition, nous disons que $y = \text{Arc tg}\, x$. Autrement dit,

$$\boxed{y = \text{Arc tg}\, x \Leftrightarrow x = \text{tg}\, y,\ y \in \left]-\frac{\pi}{2}, +\frac{\pi}{2}\right[}$$

Son graphe est le symétrique, par rapport à la première bissectrice, de l'arc $y = \text{tg}\, x$, $-\frac{\pi}{2} < x < \frac{\pi}{2}$.

Sa dérivée est $y'(x) = \dfrac{1}{(\text{tg}\, y)'} = \dfrac{1}{1 + \text{tg}^2\, y} = \dfrac{1}{1 + x^2}$, nous retiendrons donc

$$\boxed{(\text{Arc tg}\, x)' = \frac{1}{1 + x^2}}$$

C'est une fonction impaire, la courbe présente à l'origine un point d'inflexion.

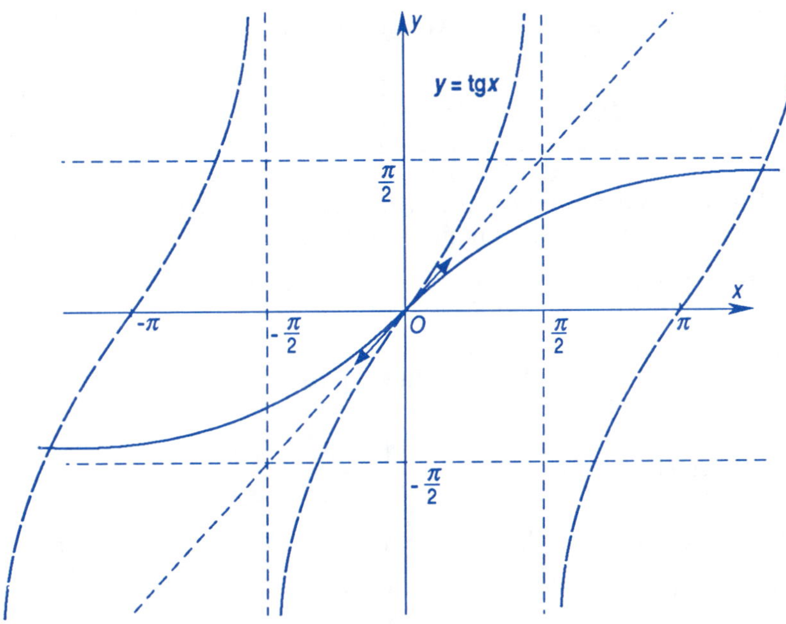

Figure 3.

5. FONCTION Arc cotg x

Assez peu usitée, cette fonction se définit, $\forall\, x \in \mathbb{R}$, par

$$y = \text{Arc cotg}\, x \Leftrightarrow x = \text{cotg}\, y,\ y \in\,]0, \pi[.$$

$$y' = \frac{1}{(\text{cotg}\, y)'} = -\frac{1}{1 + \text{cotg}^2\, y} = -\frac{1}{1 + x^2} = -(\text{Arc tg}\, x)'$$

d'où on déduit facilement

$$\boxed{\text{Arc tg}\, x + \text{Arc cotg}\, x = \frac{\pi}{2}}$$

Notons encore que pour $y \in \left]0, \frac{\pi}{2}\right[$, $\text{tg}\, y = \dfrac{1}{\text{cotg}\, y}$: d'où $\forall\, x > 0$, $\text{Arc cotg}\, x = \text{Arc tg}\, \dfrac{1}{x}$. Comme en outre la fonction Arc tg est impaire, on en déduit la relation importante

$$\text{Arc tg}\, x + \text{Arc tg}\, \frac{1}{x} = \frac{\pi}{2}, \quad x > 0$$

$$\text{Arc tg}\, x + \text{Arc tg}\, \frac{1}{x} = -\frac{\pi}{2}, \quad x < 0$$

Remarque sur les notations : beaucoup d'ouvrages étrangers, notamment américains notent les fonctions précédentes $\sin^{-1} x$, $\cos^{-1} x$, $\text{tg}^{-1} x$, à ne pas confondre avec $\frac{1}{\sin x}$, $\frac{1}{\cos x}$, $\text{cotg}\, x$.

Résumé du chapitre 11

• $y = \text{Arc sin}\, x \Leftrightarrow x = \sin y,\ y \in \left[-\frac{\pi}{2}, +\frac{\pi}{2}\right]$

Fonction impaire, définie, continue, croissante sur $[-1, +1]$, dérivable sur $]-1, +1[$. $(\text{Arc sin}\, x)' = \frac{1}{\sqrt{1-x^2}}$.

• $y = \text{Arc cos}\, x \Leftrightarrow x = \cos y,\ y \in [0, \pi]$

Fonction définie, continue, décroissante sur $[-1, +1]$, dérivable sur $]-1, +1[$. $(\text{Arc cos}\, x)' = -\frac{1}{\sqrt{1-x^2}}$.

$$\forall x \in [-1, +1],\ \text{Arc sin}\, x + \text{Arc cos}\, x = \frac{\pi}{2}$$

• $y = \text{Arc tg}\, x \Leftrightarrow x = \text{tg}\, y,\ y \in \left]-\frac{\pi}{2}, +\frac{\pi}{2}\right[$

Fonction impaire, définie, continue, croissante, dérivable sur $\mathbb{R}$.

$$(\text{Arc tg}\, x)' = \frac{1}{1+x^2}$$

$$\forall x > 0,\quad \text{Arc tg}\, x + \text{Arc tg}\, \frac{1}{x} = \frac{\pi}{2},$$

$$\forall x < 0,\quad \text{Arc tg}\, x + \text{Arc tg}\, \frac{1}{x} = -\frac{\pi}{2}.$$

EXERCICES

ÉNONCÉS

■ **1.** Simplifier les expressions

$$y_1 = \cos(3 \operatorname{Arc\,tg} x)$$

$$y_2 = \cos^2\left(\frac{1}{2} \operatorname{Arc\,tg} x\right)$$

■ **2.** Variation et graphe de $y = \operatorname{Arc\,tg}(\operatorname{tg} x)$.

■ **3.** Montrer que

$$2 \operatorname{Arc\,tg}(\sqrt{1 + x^2} - x) + \operatorname{Arc\,tg} x = \frac{\pi}{2}$$

■ **4.** Étudier la fonction $y = \operatorname{Arc\,tg}(x + \sqrt{x^2 - 1})$ et définir sa fonction réciproque.

■ **5.** Étudier les variations de la fonction

$$y_1 = \operatorname{Arc\,sin} \frac{2\sqrt{x}}{1 + x}$$

Quel lien y a-t-il entre y_1 et

$$y_2 = 2 \operatorname{Arc\,tg} \sqrt{x}\ ?$$

■ **6.** Résoudre dans $\mathbb{R}$ l'équation

$$\operatorname{Arc\,sin} x = \operatorname{Arc\,cos} 2x$$

---

*■ **7.** Soit $a > b > 0$, $\sqrt{a^2 - b^2} = c$. Comparer les deux fonctions

$$y(x) = \operatorname{Arc\,tg} \frac{c \sin x}{b + a \cos x}, \quad z(x) = \operatorname{Arc\,cos} \frac{b + a \cos x}{a + b \cos x}$$

---

*■ **8.** Démontrer que, pour $x > 0$, la dérivée d'ordre n de $y(x) = \operatorname{Arc\,tg} x$ est

$$y^{(n)}(x) = (-1)^{n-1} (n-1)!\,(x^2 + 1)^{-\frac{n}{2}} \sin\left(n \operatorname{Arc\,tg} \frac{1}{x}\right) \quad (n \in \mathbb{N}^*) \qquad (1)$$

---

*■ **9.** Etudier et représenter graphiquement la fonction

$$f(x) = \text{Arc sin}\, \frac{(x+1)^2}{2\,(x^2+1)}$$

■ **10.** Dans l'équation (1) $x^3 + px + q = 0$, où p et q sont réels, on cherche les racines réelles sous la forme $x = k \cos \theta$, k et θ étant des réels.

Montrer que, moyennant un choix convenable de k et des conditions sur p et q, l'équation se ramène à la forme $\cos 3\,\theta = a$ et admet trois racines réelles, que l'on calculera effectivement pour $p = -3$, $q = 1$.

SOLUTIONS

■ **1.** *a*) Soit $y_1 = \cos\,(3 \text{ Arc tg } x)$. Nous exprimerons d'abord $\cos 3\,u$ en fonction de $\cos u$, c'est-à-dire y, en fonction de $\cos\,(\text{Arc tg } x)$, puis $\cos u$ en fonction de

$$\text{tg } u = \text{tg}\,(\text{Arc tg } x) = x$$

$$\cos 3\,u = 4 \cos^3 u - 3 \cos u$$

$$y_1 = 4\,[\cos\,(\text{Arc tg } x)]^3 - 3 \cos\,(\text{Arc tg } x)$$

on a

$$\cos^2 u = \frac{1}{1 + \text{tg}^2\, u} \quad \text{soit} \quad \cos u = \frac{\pm 1}{\sqrt{1 + \text{tg}^2\, u}}$$

Mais $u = \text{Arc tg } x$ est compris entre $-\frac{\pi}{2}$ et $+\frac{\pi}{2}$. Donc $\cos u > 0$ et

$$\cos\,(\text{Arc tg } x) = \frac{+1}{\sqrt{1 + \text{tg}^2\,[\text{Arc tg } x]}} = \frac{1}{\sqrt{1 + x^2}}.$$

Donc

$$y_1 = \frac{4}{(1+x^2)^{3/2}} - \frac{3}{(1+x^2)^{1/2}} = \frac{1}{\sqrt{1+x^2}}\left[\frac{4}{1+x^2} - 3\right]$$

$$y_1 = \frac{1 - 3\,x^2}{(1+x^2)^{3/2}}$$

b)
$$y_2 = \cos^2\left(\frac{1}{2} \text{ Arc tg } x\right)$$

On a

$$\cos^2 z = \frac{1 + \cos 2\,z}{2}$$

$$y_2 = \frac{1 + \cos\,(\text{Arc tg } x)}{2} = \frac{1 + \dfrac{1}{\sqrt{1+x^2}}}{2} \text{ (voir plus haut)}$$

$$y_2 = \frac{\sqrt{1 + x^2} + 1}{2\sqrt{1 + x^2}}$$

■ **2.** Rappelons que

$$z = \text{Arc tg } x \Leftrightarrow x = \text{tg } z \qquad \text{et} \qquad \frac{-\pi}{2} < z < \frac{\pi}{2}$$

Soit donc $y = \text{Arc tg } (\text{tg } x)$ d'où $\text{tg } y = \text{tg } x$ soit $y = x + K\pi$.

$$\text{et } \frac{-\pi}{2} < y < \frac{\pi}{2}$$

La double inégalité précédente déterminera donc K, suivant l'intervalle de variation de x, de façon que y reste compris entre $-\frac{\pi}{2}$ et $+\frac{\pi}{2}$.

Par exemple si $\frac{-\pi}{2} < x < \frac{\pi}{2}$ $\quad K = 0 \quad$ et $\quad y = x$

si $\frac{\pi}{2} < x < \frac{3\pi}{2}$ $\quad K = -1 \quad$ et $\quad y = x - \pi$

si $\frac{3\pi}{2} < x < \frac{5\pi}{2}$ $\quad K = -2 \quad$ et $\quad y = x - 2\pi$

etc. on obtient le graphe suivant (Fig. 4) :

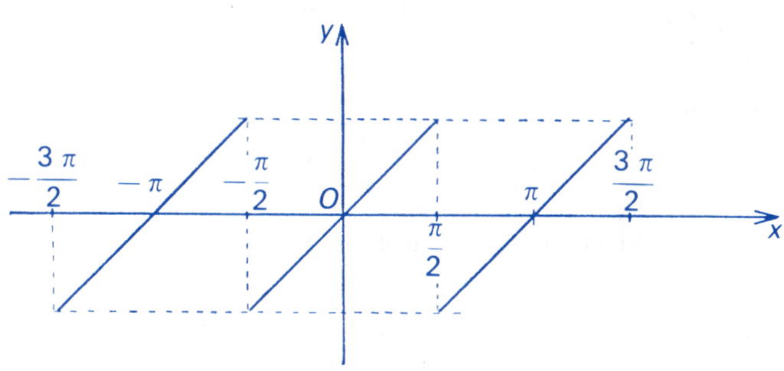

Figure 4.

On obtient comme on pouvait s'y attendre le graphe d'une fonction périodique, de période π.

On pourra, à titre d'exercice similaire, étudier la fonction

$$z = \text{Arc tg} \sqrt{\frac{1 - \cos x}{1 + \cos x}}$$

■ **3.** Posons $u = \sqrt{1 + x^2} - x$

$$2 \text{ Arc tg } u = \text{Arc tg } \frac{2u}{1 - u^2} + n\pi \qquad \text{pour } u \neq \pm 1, \text{ donc } x \neq 0$$

$$= \text{Arc tg } \frac{2\sqrt{1 + x^2} - 2x}{1 - (1 + x^2 + x^2 - 2x\sqrt{1 + x^2})} + n\pi$$

$$= \text{Arc tg } \frac{1}{x} + n\pi$$

Si $x > 0$ $\quad n = 0.$
Si $x < 0$ $\quad n = 1.$

Or $\quad \text{Arc tg } x + \text{Arc tg } \dfrac{1}{x} = \varepsilon \dfrac{\pi}{2} \begin{cases} \varepsilon = +1 \text{ si } x > 0 \\ \varepsilon = -1 \text{ si } x < 0 \end{cases}$

On vérifie dans les deux cas que

$$2 \text{ Arc tg } (\sqrt{1 + x^2} - x) + \text{Arc tg } x = \frac{\pi}{2}$$

(vérification directe pour $x = 0$)

Remarque.

Une autre méthode consiste à dériver la quantité

$$y = 2 \text{ Arc tg } (\sqrt{1 + x^2} - x) + \text{Arc tg } x$$

dans l'intervalle $]-\infty, +\infty[$. On déterminera alors la valeur constante de y en faisant $x = 0$.

■ **4.** Arc tg x étant définie $\forall x \in \mathbb{R}$, y est défini pour $x^2 - 1 \geqslant 0$ soit pour $x \notin]-1, +1[$.

La dérivée de y est

$$y' = \frac{x + \sqrt{x^2 - 1}}{\sqrt{x^2 - 1}} \times \frac{1}{2x(x + \sqrt{x^2 - 1})}$$

$x + \sqrt{x^2 - 1}$ n'étant jamais nul, ce résultat se réduit à

$$y' = \frac{1}{2x\sqrt{x^2 - 1}} \begin{cases} y' > 0 & \text{pour } x > 1, \\ y' < 0 & \text{pour } x < -1. \end{cases}$$

Lorsque $x \to +\infty$, $x + \sqrt{x^2 - 1} \to +\infty$ et $y \to \dfrac{\pi}{2}$ et la droite $y = \dfrac{\pi}{2}$ est asymptote au graphe, lorsque $x \to +\infty$. Lorsque $x \to -\infty$, y est indéterminé de la forme $\infty - \infty$ mais

$$x + \sqrt{x^2 - 1} = \frac{x^2 - (x^2 - 1)}{x - \sqrt{x^2 - 1}} = \frac{1}{x - \sqrt{x^2 - 1}}$$

quantité qui tend vers 0 lorsque $x \to -\infty$ et l'axe ox est asymptote au graphe.

Lorsque $x \to (+1)_+$, $y' \to +\infty$, et pour $x \to (-1)_-$, $y' \to -\infty$: pour ces valeurs, les tangentes sont parallèles à l'axe Oy.

Tableau de variation.

x	$-\infty$		-1		1		$+\infty$
y'		$-$	$-\infty$	//////	$+\infty$	$+$	
y	0	↘	$-\dfrac{\pi}{4}$	//////	$\dfrac{\pi}{4}$	↗	$\dfrac{\pi}{2}$

Graphe.

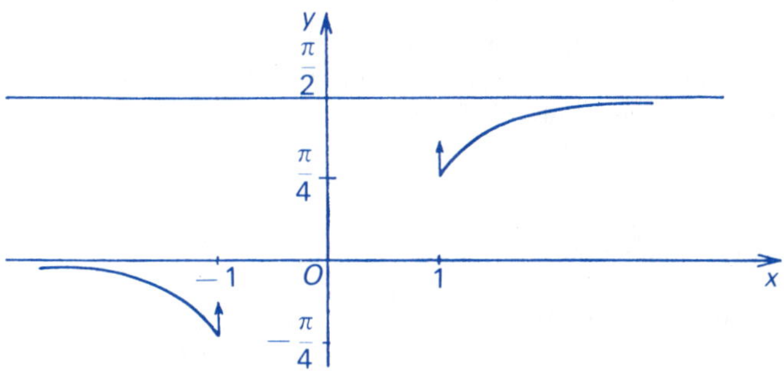

Figure 5.

Déterminer la fonction réciproque revient à chercher d'une part pour quelles valeurs de y, x est défini et d'autre part l'expression de x en fonction de y. Le graphe précédent montre que :

pour $y < -\dfrac{\pi}{4}$ x n'est pas défini

pour $\dfrac{-\pi}{4} \leqslant y < 0$ $x \leqslant -1$

pour $0 < y < \dfrac{\pi}{4}$ x n'est pas défini

pour $\dfrac{\pi}{4} \leqslant y < \dfrac{\pi}{2}$ $x \geqslant +1$

D'autre part

$$y = \operatorname{Arc\,tg}(x + \sqrt{x^2 - 1}) \Leftrightarrow \begin{cases} x + \sqrt{x^2 - 1} = \operatorname{tg} y, \\ \text{avec } \dfrac{-\pi}{2} < y < +\dfrac{\pi}{2} \end{cases}$$

Dans les mêmes conditions nous avons

$$\sqrt{x^2 - 1} = \operatorname{tg} y - x$$

soit en élevant au carré, à condition que $\operatorname{tg} y - x \geqslant 0$

$$x^2 - 1 = \text{tg}^2\, y - 2\,x\, \text{tg}\, y + x^2 \quad \text{et puisque} \quad \text{tg}\, y \neq 0$$

$$x = \frac{\text{tg}^2\, y + 1}{2\, \text{tg}\, y} = \frac{1}{\sin 2\,y}$$

Remarquons d'une part que

$$\text{tg}\, y - x = \text{tg}\, y - \frac{1}{\sin 2\,y} = \frac{2 \sin^2 y - 1}{\sin 2\,y} \text{ est bien positif}$$

pour

$$\frac{-\pi}{4} \leqslant y < 0 \quad \text{et} \quad \frac{\pi}{4} \leqslant y < \frac{\pi}{2}$$

et que d'autre par la fonction Arc tg $(x + \sqrt{x^2 - 1})$ admet dans les deux intervalles où elle est monotone et continue deux fonctions réciproques de même expression mathématique.

---

5. y_1 est définie pour $x > 0$.

y'_1 se calcule en posant $u = \dfrac{2\sqrt{x}}{1 + x}$

$$y'_1 = \frac{du}{dx} \cdot \frac{1}{\sqrt{1 - u^2}} = \frac{(1 + x)\dfrac{1}{\sqrt{x}} - 2\sqrt{x}}{(1 + x)^2} \cdot \frac{1}{\sqrt{1 - \dfrac{4\,x}{(1 + x)^2}}}$$

$$= \frac{1 - x}{\sqrt{x}\,(1 + x)\,|\,1 - x\,|} = \frac{\varepsilon}{\sqrt{x}\,(1 + x)}$$

avec $\varepsilon = +1$ si $1 - x > 0$ soit $x < 1$

$\varepsilon = -1$ si $1 - x < 0$ soit $x > 1$

Il y a pour $x = 1$ une discontinuité pour la dérivée y'_1, mais non pour $y_1(x)$: en $x = 1$ nous aurons donc un point anguleux.

Le tableau de variation est donc :

x	0		1		$+\infty$
y'	∞	$+$	$+\frac{1}{2}$ ‖ $-\frac{1}{2}$	$-$	
y	0	↗	$\frac{\pi}{2}$	→	0

et le graphe correspondant

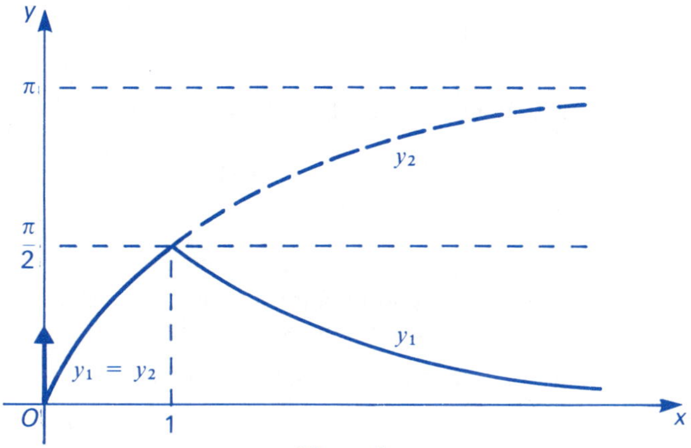

Figure 6.

$$y'_2 = \frac{1}{\sqrt{x}\,(1 + x)} = \varepsilon y'_1$$

On en déduit $y_1 = y_2$ pour $x < 1$ et

$y_1 = \pi - y_2$ pour $x > 1$

On pouvait d'ailleurs retrouver directement ces résultats en remarquant que

$$\sin y_1 = \frac{2\sqrt{x}}{1 + x}$$

et

$$\operatorname{tg} \frac{y_2}{2} = \sqrt{x}$$

■ **6.** Soit y une valeur commune possible de Arc sin x et Arc cos $2\,x$: il faut

$$y \in \left[-\frac{\pi}{2}, +\frac{\pi}{2}\right] \quad \text{et} \quad y \in [0, \pi], \text{ donc } y \in \left[0, \frac{\pi}{2}\right].$$

En outre Arc sin x est définie sur $[-1, +1]$ et Arc cos $2\,x$ sur $\left[-\frac{1}{2}, \frac{1}{2}\right]$, et, tenant compte de $y \geqslant 0$, il faut $x \in \left[0, \frac{1}{2}\right]$. Or

$$\alpha = \beta \Leftrightarrow \cos \alpha = \cos \beta, \quad 0 \leqslant \alpha \leqslant \pi, \quad 0 \leqslant \beta \leqslant \pi.$$

Exprimons $\cos y = 2\,x = \cos(\text{Arc sin } x) = \sqrt{1 - x^2}$. L'équation donnée équivaut donc à

$$2\,x = \sqrt{1 - x^2}, 0 \leqslant x \leqslant \frac{1}{2}$$

En élevant au carré,

$$4x^2 = 1 - x^2, \quad x^2 = \frac{1}{5}, \quad \text{d'où} \quad x = \frac{1}{\sqrt{5}},$$

la valeur négative étant à rejeter. La solution unique est donc

$$x = \frac{1}{\sqrt{5}} \simeq 0{,}447.$$

---

*■ **7.** Ces deux fonctions sont l'une impaire, l'autre paire, et toutes deux 2π-périodiques. Il suffit donc de les comparer sur $[0, \pi]$.

Etudions tout d'abord leurs domaines de définition :

• si $u(x) = \dfrac{c \sin x}{b + a \cos x}$, u est définie pour $\cos x \neq -\dfrac{b}{a}$ qui $\in]-1, 0[$, donc

$$x \neq \alpha = \text{Arc}\cos\left(-\frac{b}{a}\right) \quad \left(\text{qui} \in \left]\frac{\pi}{2}, \pi\right[\right)$$

Il en est de même de $y(x)$, puisque la fonction Arc tg est définie sur $\mathbb{R}$.

• $v(x) = \dfrac{b + a \cos x}{a + b \cos x}$ est définie $\forall\, x$, car $\cos x = -\dfrac{a}{b} < -1$ est impossible.

Mais il faut $v(x) \in [-1, +1]$. Comme $a + b \cos x > 0$, ceci équivaut à

$$-a - b\cos x \leqslant b + a \cos x \leqslant a + b \cos x$$

soit

$$-a - b \leqslant (a + b) \cos x$$

et

$$(a - b) \cos x \leqslant a - b,$$

ce qui est toujours vrai. $z(x)$ est donc définie $\forall\, x$.

Les deux fonctions $y(x)$ et $z(x)$ étant dérivables sur $[0, \alpha[\cup]\alpha, \pi]$, nous pouvons comparer leurs dérivées.

$$y'(x) = \frac{u'}{1 + u^2} = \frac{c \cos x\,(b + a \cos x) - c \sin x\,(-a \sin x)}{(b + a \cos x)^2} \times \frac{(b + a \cos x)^2}{(b + a \cos x)^2 + c^2 \sin^2 x}$$

$$= \frac{c\,(a + b \cos x)}{b^2 + 2ab \cos x + a^2 \cos^2 x + (a^2 - b^2) \sin^2 x}$$

$$= \frac{c\,(a + b\cos x)}{a^2 + b^2\cos^2 x + 2\,ab\cos x}$$

$$= \frac{c}{a + b\cos x}, \quad \text{pour } x \neq \alpha$$

$$z'(x) = -\frac{v'}{\sqrt{1 - v^2}},$$

$$\text{avec } v' = \frac{-a\sin x\,(a + b\cos x) + b\sin x\,(b + a\cos x)}{(a + b\cos x)^2}$$

$$= \frac{-c^2\sin x}{(a + b\cos x)^2}$$

$$1 - v^2 = 1 - \frac{(b + a\cos x)^2}{(a + b\cos x)^2}$$

$$= \frac{(a + b\cos x - b - a\cos x)\,(a + b\cos x + b + a\cos x)}{(a + b\cos x)^2}$$

$$= \frac{(a - b)\,(1 - \cos x)\,(a + b)\,(1 + \cos x)}{(a + b\cos x)^2} = \frac{c^2\sin^2 x}{(a + b\cos x)^2}$$

Comme $\sin x \geqslant 0$ puisque $x \in [\,0, \pi\,]$, $\sqrt{1 - v^2} = \dfrac{c\sin x}{a + b\cos x}$, et

$$z' = \frac{c^2\sin x}{(a + b\cos x)^2}\;\frac{a + b\cos x}{c\sin x} = \frac{c}{a + b\cos x} = y', \quad \forall\, x \in [0, \pi] - \{\alpha\}$$

On a donc sur chacun des intervalles où y et z sont dérivables, $y - z = \mathrm{c^{te}}$.

Pour $x \in [0, \alpha[$, $y(x) - z(x) = C_1 = y(0) - z(0) = 0 - 0 = 0$.

Pour $x \in]\alpha, \pi]$, $y(x) - z(x) = C_2 = y(\pi) - z(\pi) = 0 - \pi = -\pi$.

Il en résulte

$$y(x) = z(x), \text{ sur } [0, \alpha[$$

$$y(x) = z(x) - \pi, \text{ sur }]\alpha, \pi].$$

Compte tenu des parités,

$$y(x) = -y(-x) = -z(-x) = -z(x), \text{ sur }]-\alpha, 0]$$

$$y(x) = -y(-x) = -z(-x) + \pi = \pi - z(x), \text{ sur } [-\pi, -\alpha[$$

Ces relations sont les mêmes sur chacun des intervalles déduits des précédents par translation de $2\,k\pi$, k entier relatif.

*■ **8.** Vérifions cette relation pour $n = 1$, puis nous ferons un raisonnement par récurrence.

$$y'(x) = \frac{1}{x^2+1} = (-1)^0\, 0\,!\,(x^2+1)^{-\frac{1}{2}} \sin\left(\text{Arc tg}\,\frac{1}{x}\right)$$

ce qui est exact puisque $\sin\left(\text{Arc tg}\,\frac{1}{x}\right) = \dfrac{\frac{1}{x}}{\sqrt{1+\frac{1}{x^2}}} = \dfrac{1}{\sqrt{x^2+1}}$.

La relation (1) étant vraie pour $n = 1$, supposons la vraie pour un certain $n \geqslant 1$, et calculons $y^{(n+1)}$:

$$y^{(n+1)} = (-1)^{n-1}(n-1)\,!\left[-\frac{n}{2}(x^2+1)^{-\frac{n}{2}-1}(2x)\sin\left(n\,\text{Arc tg}\,\frac{1}{x}\right) + (x^2+1)^{-\frac{n}{2}}\cos\left(n\,\text{Arc tg}\,\frac{1}{x}\right).\frac{n}{1+\frac{1}{x^2}}\left(-\frac{1}{x^2}\right)\right]$$

$$= (-1)^{n-1}\,n\,!\,(x^2+1)^{-\frac{n}{2}-1}\left[-x\sin\left(n\,\text{Arc tg}\,\frac{1}{x}\right) - \cos\left(n\,\text{Arc tg}\,\frac{1}{x}\right)\right]$$

$$= (-1)^n\,n\,!\,(x^2+1)^{-\frac{n+1}{2}}\left[\frac{x}{\sqrt{x^2+1}}\sin\left(n\,\text{Arc tg}\,\frac{1}{x}\right) + \frac{1}{\sqrt{x^2+1}}\cos\left(n\,\text{Arc tg}\,\frac{1}{x}\right)\right]$$

Or si $\alpha = \text{Arc tg}\,\frac{1}{x}$, on a

$$\sin\alpha = \frac{1}{\sqrt{x^2+1}},\ \cos\alpha = \frac{\sin\alpha}{\text{tg}\,\alpha} = \frac{x}{\sqrt{x^2+1}},$$

de sorte que l'expression entre crochets devient

$$\sin n\alpha\cos\alpha + \cos n\alpha\sin\alpha = \sin(n+1)\,\alpha$$

et que

$$y^{(n+1)} = (-1)^n\,n\,!\,(x^2+1)^{-\frac{n+1}{2}}\sin\left[(n+1)\,\text{Arc tg}\,\frac{1}{x}\right]$$

C'est bien la relation (1) adaptée à l'ordre $n + 1$. (1) est donc vraie $\forall\, n \in \mathbb{N}^*$.

*■ **9.** Domaine de définition : exprimons $\frac{(x+1)^2}{2(x^2+1)} \in [-1, +1]$; comme cette expression est positive ceci revient à

$$(x+1)^2 \leqslant 2(x^2+1), \quad (x-1)^2 \geqslant 0,$$

vrai $\forall x \in \mathbb{R}$. f est donc définie et continue sur $\mathbb{R}$.

Si

$$u(x) = \frac{(x+1)^2}{2(x^2+1)}, f'(x) = \frac{u'}{\sqrt{1-u^2}}$$

$$u' = \frac{1}{2}\frac{2(x+1)(x^2+1)-(x+1)^2\, 2x}{(x^2+1)^2} = \frac{(x+1)(1-x)}{(x^2+1)^2}$$

$$1-u^2 = 1 - \frac{(x+1)^4}{4(x^2+1)^2} = \frac{[2(x^2+1)]^2-(x+1)^4}{4(x^2+1)^2}$$

$$= \frac{(x-1)^2(3x^2+2x+3)}{4(x^2+1)^2}$$

$$\sqrt{1-u^2} = \frac{|x-1|\sqrt{3x^2+2x+3}}{2(x^2+1)}$$

D'où

$$f'(x) = \frac{(x+1)(1-x)}{(x^2+1)^2} \quad \frac{2(x^2+1)}{|1-x|\sqrt{3x^2+2x+3}}$$

$$= 2\frac{x+1}{(x^2+1)\sqrt{3x^2+2x+3}}\frac{1-x}{|1-x|}$$

Comme $3x^2+2x+3 > 0 \quad \forall x$, f est dérivable $\forall x \neq 1$.

Pour $x < 1$, $\frac{1-x}{|1-x|} = 1$, $f'(x) = \frac{2(x+1)}{(x^2+1)\sqrt{3x^2+2x+3}}$, du signe de $x+1$.

Pour

$$x > 1, \frac{1-x}{|1-x|} = -1, \quad f'(x) = -\frac{2(x+1)}{(x^2+1)\sqrt{3x^2+2x+3}} < 0.$$

Quand $x \to 1^+$, $f'(x) \to -\frac{1}{\sqrt{2}} \simeq -0{,}707$; $x \to 1^-$, $f'(x) \to \frac{1}{\sqrt{2}}$ (point anguleux).

Quand $x \to \pm\infty$, $f(x) \to \text{Arc sin}\,\frac{1}{2} = \frac{\pi}{6}$. $f(1) = \text{Arc sin}\,1 = \frac{\pi}{2}$,

$$f(-1) = \text{Arc sin}\,0 = 0,$$

$$f(0) = \text{Arc sin}\,\frac{1}{2} = \frac{\pi}{6},$$

$$f'(0) = \frac{2}{\sqrt{3}} \simeq 1,13.$$

D'où le tableau de variations et le graphe

x	$-\infty$		-1		1		$+\infty$
$f'(x)$		$-$	0	$+$	‖	$-$	
$f(x)$	$\frac{\pi}{6}$	↘	0	↗	$\frac{\pi}{2}$	↘	$\frac{\pi}{6}$

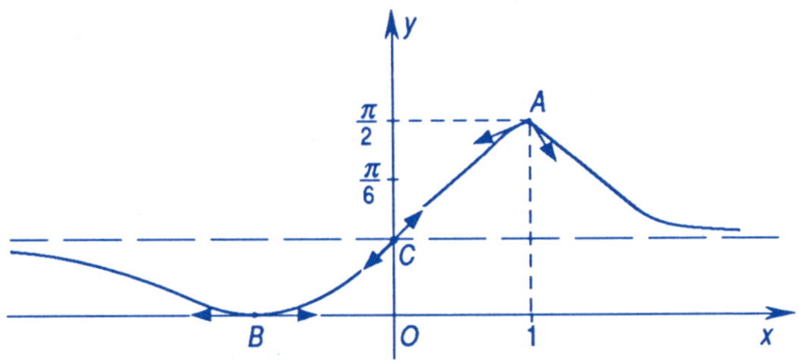

Figure 7.

Le calcul de $f''(x)$, assez pénible, donne

$$f''(x) = 4\,\varepsilon \frac{(3\,x^2 + 2\,x + 3)^{-\frac{3}{2}}}{(x^2 + 1)^2} (3\,x^4 + 6\,x^3 + 4\,x^2 + x - 1)$$

(avec $\varepsilon = 1$ si $x > 1$, $\varepsilon = -1$ si $x < 1$).

Une étude sommaire de la fonction

$$\varphi(x) = 3\,x^4 + 6\,x^3 + 4\,x^2 + x - 1$$

($\varphi''(x) > 0$, $\varphi'(x)$ s'annule une seule fois) montre l'existence d'un point d'inflexion pour $x < -1$ et d'un autre pour $0 < x < 1$ (arc $\widehat{CA}$).

■ 10. Le changement d'inconnue indiqué conduit à

$$k^3 \cos^3 \theta + pk \cos \theta + q = 0. \qquad (2)$$

En rapprochant ceci de la formule $\cos 3\,\theta = 4 \cos^3 \theta - 3 \cos \theta$, on voit que (2) s'identifie à $\cos 3\,\theta = a$, si l'on a

$$\frac{k^3}{4} = \frac{pk}{-3}, \text{ soit } k^2 = -\frac{4\,p}{3},$$

ce qui est possible pour $p \leqslant 0$ et donne par exemple $k = 2\sqrt{-\frac{p}{3}}$.

Alors (2) s'écrit

$$\cos^3\theta - \frac{3}{4}\cos\theta + \frac{q}{k^3} = 0, \quad \text{ou} \quad \cos 3\theta = -\frac{4q}{k^3} = \frac{3q\sqrt{3}}{2p\sqrt{-p}} = a$$

(Le cos où $p = 0$ est immédiat, donnant $x = \sqrt[3]{-q}$).

Elle admet des solutions si $|a| \leqslant 1$, donc $\left(\frac{3q\sqrt{3}}{2p\sqrt{-p}}\right)^2 \leqslant 1$

ou encore $4p^3 + 27q^2 \leqslant 0$, condition qui renferme celle déjà posée, $p \leqslant 0$.

On écarte donc ainsi le cas $4p^3 + 27q^2 > 0$ où la méthode de Cardan, vue en cours, conduit à une seule racine réelle.

• Précisément, si $4p^3 + 27q^2 = 0$, (2) s'écrit $\cos 3\theta = 1$ (ou -1) et donne

$$3\theta = 2k\pi \quad \text{ou} \quad 3\theta = \pi + 2k\pi$$

on vérifiera que cela conduit à une racine double $-\frac{3q}{2p}$ et une racine simple $\frac{3q}{p}$, ce qui a été vu.

• Pour $4p^3 + 27q^2 < 0$, on a $|a| < 1$, et en posant $\alpha = \text{Arc}\cos a$, on obtient

$$\cos 3\theta = \cos\alpha, \quad 3\theta = \pm\alpha + 2k\pi, \quad \theta = \pm\frac{\alpha}{3} + k\frac{2\pi}{3},$$

ce qui, compte tenu de la parité de la fonction cosinus, donne bien pour (1) trois racines

$$x_1 = 2\sqrt{-\frac{p}{3}}\cos\frac{\alpha}{3}, \quad x_2 = 2\sqrt{-\frac{p}{3}}\cos\left(\frac{\alpha}{3} + \frac{2\pi}{3}\right),$$

$$x_3 = 2\sqrt{-\frac{p}{3}}\cos\left(\frac{\alpha}{3} - \frac{2\pi}{3}\right).$$

Pour $p = -3$, $q = 1$, on obtient $a = -\frac{1}{2}$, $\alpha = \frac{2\pi}{3}$:

$$x_1 = 2\cos\frac{2\pi}{9} \simeq 1{,}532 \quad x_2 = 2\cos\frac{8\pi}{9} \simeq -1{,}879$$

$$x_3 = 2\cos\frac{4\pi}{9} \simeq 0{,}347$$

Remarquons que $x_1 + x_2 + x_3 = 0$, le calcul de deux racines suffisait. On retrouve la relation

$$\cos \varphi + \cos\left(\varphi + \frac{2\pi}{3}\right) + \cos\left(\varphi - \frac{2\pi}{3}\right) = 0,$$

qui résulte de

$$e^{i\varphi} + e^{i\left(\varphi + \frac{2\pi}{3}\right)} + e^{i\left(\varphi - \frac{2\pi}{3}\right)} = 0,$$

c'est-à-dire de $1 + j + j^2 = 0$.

CHAPITRE 12

PRIMITIVES FONCTIONS EXPONENTIELLES ET LOGARITHMIQUES

Le présent chapitre contient les rappels succints mais indispensables portant sur les notions de primitive, de fonctions exponentielles et logarithmiques, largement étudiées dans les classes terminales.

1. PRIMITIVES

$F(x)$ est une primitive de $f(x)$, fonction continue, si :

$$F'(x) = f(x).$$

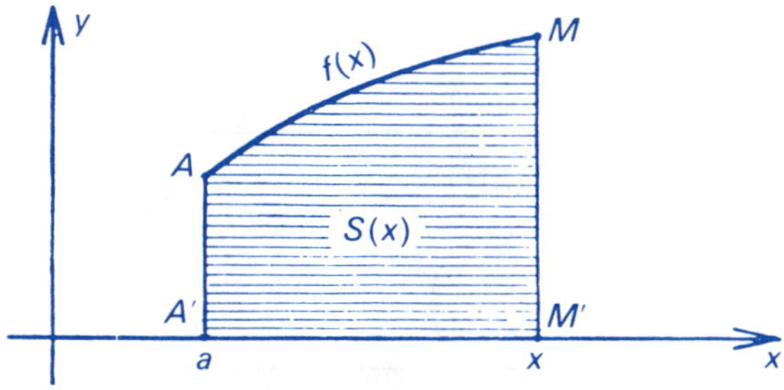

Figure 1.

L'aire $S(x)$ limitée par le graphe de $y = f(x)$, les droites d'abscisses a et x et l'axe des x, est la primitive de $f(x)$ qui s'annule pour $x = a$.

Toute primitive $F(x)$ de $f(x)$ vérifie la relation :

$$\begin{aligned} S(x) &= F(x) - F(a) \\ &= [F(t)]_a^x \end{aligned}$$

2. FONCTIONS EXPONENTIELLES

$y = a^x$ ($a > 0$)

Fonction définie et continue quel que soit $x \in \mathbb{R}$

$a > 1$

x	$-\infty$		0		1		$+\infty$
a^x	0	↗	1	↗	a	↗	$+\infty$

$0 < a < 1$

x	$-\infty$		0		1		$+\infty$
a^x	$+\infty$	↘	1	↘	a	↘	0

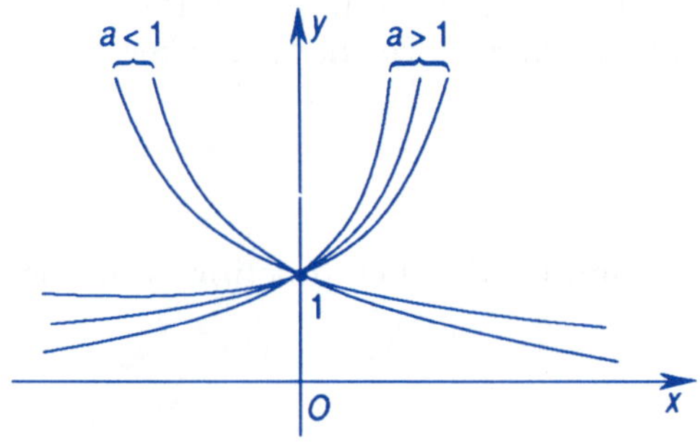

Figure 2.

Propriétés

$$(a^{x_1})^{x_2} = a^{x_1 x_2}$$
$$a^{x_1} \cdot a^{x_2} = a^{x_1 + x_2}$$
$$\left(\frac{1}{a}\right)^x = a^{-x}$$

Dérivée de $y = a^x$

$$y' = a^x \ln a$$

Rappel des propriétés du nombre e et de l'exponentielle $y = e^x$

e est la limite, lorsque n tend vers l'infini, de la somme :

$$1 + \frac{1}{1} + \frac{1}{1.2} + \frac{1}{1.2.3} + \frac{1}{1.2.3.4} + \cdots + \frac{1}{n\,!}$$

On a $$e \simeq 2{,}718\ 28$$

L'exponentielle $y = e^x$ est caractérisée par la propriété :

$$\frac{\mathrm{d}}{\mathrm{d}x}(e^x) = \frac{\mathrm{d}^2(e^x)}{\mathrm{d}x^2} = \cdots = \frac{\mathrm{d}^n(e^x)}{\mathrm{d}x^n} = e^x$$

L'expression $\left(1 + \frac{1}{n}\right)^n$ tend vers e lorsque n tend vers l'infini par valeurs positives ou négatives, entières ou fractionnaires.

De même $\left(1 + \frac{x}{n}\right)^n$ tend vers e^x lorsque $n \to \infty$ ainsi que nous aurons à le voir dans l'étude des développements limités.

$y = \log_a x \quad a > 0, a \neq 1$.

C'est la fonction réciproque de $y = a^x$.

$$\boxed{y = \log_a x \Leftrightarrow x = a^y}$$

Elle est définie et continue pour $x > 0$.

$a > 1$

x	0		1		a		∞
$\log_a x$	$-\infty$	↗	0	↗	1	↗	$+\infty$

$0 < a < 1$

x	0		a		1		∞
$\log_a x$	$+\infty$	↘	1	↘	0	↘	$-\infty$

Dérivée de $y = \log_a x$

$$\boxed{y' = \frac{1}{x \ln a}}$$

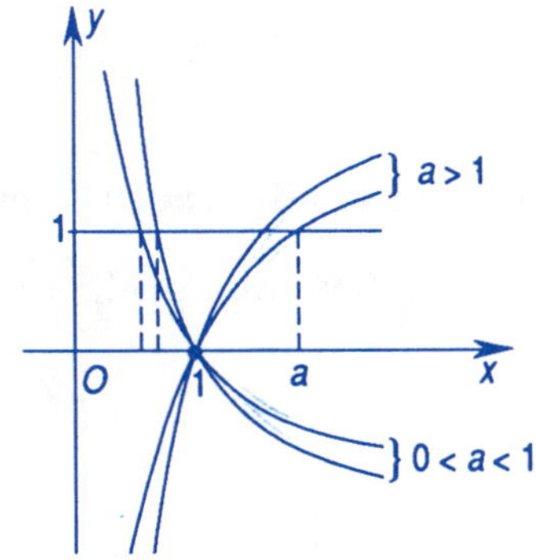

Figure 3.

Propriétés

$$\log_a a = 1$$
$$\log_a (x_1 x_2) = \log_a x_1 + \log_a x_2$$
$$\log_a x^n = n \log_a x$$
$$\log_a b.\log_b a = 1$$
$$\log_b x = \frac{\log_a x}{\log_a b}$$
$$\log_a x = \frac{\ln x}{\ln a}$$

3. LES LOGARITHMES NÉPÉRIENS

Logarithmes à base $e = 2{,}718\,28$, désignés par ln (on omet de préciser la base e).

La fonction logarithme népérien est la fonction réciproque de l'exponentielle à base e, il s'ensuit :

$$e^{\ln x} = x$$
$$\ln (e^x) = x$$

Logarithmes décimaux (base 10)

Désignés par log (l minuscule)

$$\log x = M \ln x \qquad M = \log e \simeq 0{,}434\ 29$$

$$\ln x = \frac{1}{M} \log x \qquad \frac{1}{M} = \ln 10 \simeq 2{,}302\ 59$$

Dérivée et différentielle logarithmiques

Si $y = f(x)$, on appelle dérivée logarithmique de y la dérivée de $\ln f(x)$, soit :

$$\frac{y'}{y} = \frac{f'(x)}{f(x)}$$

De même la différentielle logarithmique est $\dfrac{\mathrm{d}y}{y} = \dfrac{f'(x).\mathrm{d}x}{f(x)} = \dfrac{\mathrm{d}f}{f}$

y	Dérivée logarithmique	Différentielle logarithmique
$\dfrac{u(x)}{v(x)}$	$\dfrac{u'}{u} - \dfrac{v'}{v}$	$\dfrac{du}{u} - \dfrac{dv}{v}$
$u(x) \cdot v(x)$	$\dfrac{u'}{u} + \dfrac{v'}{v}$	$\dfrac{du}{u} + \dfrac{dv}{v}$
$[\, u(x)\,]^n$	$\dfrac{nu'}{u}$	$n\dfrac{du}{u}$
$\dfrac{[u(x)\,]^m}{[\,v(x)\,]^p}$	$m\dfrac{u'}{u} - p\dfrac{v'}{v}$	$m\dfrac{du}{u} - p\dfrac{dv}{v}$

4. FONCTION PUISSANCE

$$y = x^m \text{ avec } m \text{ quelconque} \in \mathbb{R}$$

$$\boxed{y = x^m = e^{m \ln x}}$$

Fonction définie et continue pour $x > 0$

$$\boxed{y' = mx^{m-1}}$$

$m < 0$

x	0		1		$+\infty$
y	$+\infty$	↘	1	↘	0

$m > 0$

x	0		1		$+\infty$
y	0	↗	1	↗	$+\infty$

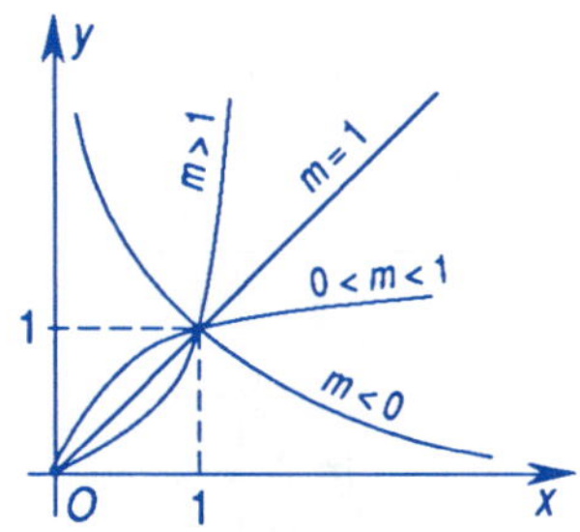

Figure 4.

Propriété

$$(x_1\, x_2)^m = x_1^m \,.\, x_2^m$$

Comparaison de croissance des fonctions a^x, x^m, $\log_a x$
Pour $a > 1$ *et* $m > 0$:

$$\lim_{x \to \infty} \frac{a^x}{x^m} = +\infty \qquad \lim_{x \to \infty} \frac{x^m}{\log_a x} = +\infty$$

En particulier :

$\frac{\ln x}{x}$ tend vers 0 lorsque x tend vers $+\infty$
$x \ln x$ tend vers zéro lorsque $x \to 0$
$\frac{e^x}{x^m}$ tend vers $+\infty$ lorsque x tend vers $+\infty$, $\forall\, m$
$\frac{x^m}{(\log_a x)^n}$ tend vers l'infini $\forall\, m > 0$
lorsque $x \to \infty$

EXERCICES

ÉNONCÉS

■ **1.** Calculer les dérivées de :

$$y_1 = \ln\left(\operatorname{tg}\frac{x}{2}\right)$$

$$y_2 = \ln\left(x + \sqrt{x^2+1}\right)$$

$$y_3 = x^{x^2}$$

■ **2.** Calculer la dérivée de

$$y = \ln \frac{\sqrt{1 + x^2} - 1}{\sqrt{1 + x^2} + 1}$$

■ **3.** n étant un entier $\geqslant 1$, on pose $f_n(x) = x^{n-1} \ln x$ ($x > 0$). Démontrer que la dérivée d'ordre n de cette fonction est $f_n^{(n)}(x) = \dfrac{(n-1)!}{x}$.

■ **4.** Calculer la dérivée de $y = x^x$.

■ **5.** Calculer la dérivée de $y = e^{-\frac{x}{2}} \ln \sin x$.

■ **6.** Sachant que $y^x = x^y$, calculer y'_x.

---

* ■ **7.** $f(x)$ est une fonction continue vérifiant $\forall\, x, y \in \mathbb{R}$,

$$f(x) \neq 0 \qquad (1)$$

$$f(x + y) = f(x) \cdot f(y) \qquad (2)$$

1) calculer $f(0)$,

2) montrer que $f(1) > 0$ et calculer $f(n)$ pour tout entier n relatif, en fonction de $f(1)$.

3) calculer $f(\alpha)$, α étant un nombre rationnel de signe quelconque,

4) montrer que la relation ci-dessus caractérise la fonction exponentielle.

■ **8.** Calculer la dérivée de

$$y = \frac{(2x - 1)^5}{3(x^2 + 2)^3}$$

■ **9.** Calculer la dérivée de $y = e^{\cos \sqrt{x}}$.

■ **10.** ***Calculer les dérivées des fonctions***

$$y = \frac{x}{1 + e^{\frac{1}{x}}}$$

$$y = x\, e^{-\frac{1}{x}}$$

$$y = \text{Arc}\cos e^{\sqrt{x}}$$

$$y = (\sin x)^{\sin x}$$

$$y = x^{\sin x}$$

$$y = e^{\frac{1}{x}} \sqrt{x(x + 2)}$$

---

*■ **11.** Etudier suivant les valeurs du paramètre a les différentes formes de la courbe d'équation

$$\ln x \,.\, \ln y = a \quad (C_a) \quad (a \neq 0)$$

Discuter suivant a l'existence de points d'inflexion, et trouver la courbe ensemble de ces points.

---

*■ **12.** Soit $f(x) = e^{x^2}$.

a) Calculer $f'(x)$, $f''(x)$, $f'''(x)$. Démontrer que $f^{(n)}(x)$ est de la forme $e^{x^2} P_n(x)$, où P_n est un polynôme dont on précisera degré et parité.

b) Trouver une relation linéaire entre P_n, P_{n-1}, P_{n-2} $(n \geqslant 2)$ et une autre relation linéaire entre P_n, P'_n et P''_n.

---

*■ **13.** Calculer, pour $n \in \mathbb{N}^*$, la dérivée d'ordre n de $f_n(x) = x^{n-1} e^{\frac{1}{x}}$ $(x \neq 0)$.

---

*■ **14.** Soit p et q deux réels positifs tels que $\dfrac{1}{p} + \dfrac{1}{q} = 1$. Démontrer que, pour tout couple (x, y) de nombres positifs, $x\,y \leqslant \dfrac{x^p}{p} + \dfrac{y^q}{q}$.

SOLUTIONS

■ **1.**

$$y_1 = \frac{\left(\operatorname{tg}\dfrac{x}{2}\right)'}{\operatorname{tg}\dfrac{x}{2}} = \frac{1}{2}\,\frac{1}{\cos^2\dfrac{x}{2}}\,\frac{1}{\operatorname{tg}\dfrac{x}{2}} = \frac{1}{2\sin\dfrac{x}{2}\cos\dfrac{x}{2}} = \frac{1}{\sin x},\ x \neq k\pi$$

$$y'_2 = \frac{1 + \dfrac{x}{\sqrt{x^2+1}}}{x + \sqrt{x^2+1}} = \frac{1}{\sqrt{x^2+1}}$$

Pour calculer la dérivée de y_3, partons de $\ln y_3 = x^2 \ln x$, $x > 0$

$$\frac{y'_3}{y_3} = x^2\,\frac{1}{x} + 2\,x \ln x$$

$$= x\,(1 + 2 \ln x)$$

et

$$y'_3 = x^{x^2}\,x\,(1 + 2\ln x)$$

$$= x^{x^2+1}\,(1 + 2 \ln x)$$

■ **2.** Posons

$$U = \frac{\sqrt{1 + x^2} - 1}{\sqrt{1 + x^2} + 1} = \frac{u}{v} \quad (x \neq 0)$$

$$\frac{\mathrm{d}y}{\mathrm{d}x} = \frac{\mathrm{d}U}{\mathrm{d}x} \cdot \frac{1}{U} = \frac{vu' - uv'}{v^2 \cdot U}$$

$$u' = \frac{x}{\sqrt{1 + x^2}} \qquad v' = \frac{x}{\sqrt{1 + x^2}}$$

d'où

$$\frac{\mathrm{d}y}{\mathrm{d}x} = \frac{\dfrac{x}{\sqrt{1 + x^2}}(\sqrt{1 + x^2} + 1 - \sqrt{1 + x^2} + 1)}{(\sqrt{1 + x^2} + 1)^2 \dfrac{\sqrt{1 + x^2} - 1}{\sqrt{1 + x^2} + 1}}$$

$$= \frac{2\,x}{x^2 \sqrt{1 + x^2}} = \frac{2}{x \sqrt{1 + x^2}}$$

■ **3.** On vérifie immédiatement que $f_1'(x) = \dfrac{1}{x} = \dfrac{0\,!}{x}$ et que $f_2''(x) = \dfrac{1}{x} = \dfrac{1\,!}{x}$.

Raisonnons par récurrence et supposons que $f_{n-1}^{(n-1)}(x) = \dfrac{(n-2)\,!}{x}$, $n \geqslant 2$.

Comme on a $f_n(x) = x\ f_{n-1}(x)$, la formule de Leibniz permet d'écrire

$$f_n^{(n)}(x) = x\ f_{n-1}^{(n)}(x) + C_n^1\ f_{n-1}^{(n-1)}(x)$$

$$= x\left[-\frac{(n-2)\,!}{x^2}\right] + n \cdot \frac{(n-2)\,!}{x} = \frac{(n-1)(n-2)\,!}{x} = \frac{(n-1)\,!}{x}$$

Il en résulte que la formule proposée est bien exacte pour tout n entier $\geqslant 1$.

■ **4.** On peut écrire $\ln y = x \ln x$.
Dérivons les deux membres de l'égalité précédente :

$$\frac{y'}{y} = \ln x + 1$$

d'où $y' = y(\ln x + 1) = x^x(\ln x + 1)$.

■ **5.** $y = u(x)\,v(x)$ avec $u = e^{-\frac{x}{2}}$ et $v = \ln \sin x$

$$\frac{\mathrm{d}u}{\mathrm{d}x} = -\frac{1}{2} e^{-\frac{x}{2}}$$

Pour calculer $\dfrac{dv}{dx}$, posons $w = \sin x$

$$\frac{dv}{dx} = \frac{dv}{dw}\,\frac{dw}{dx} = \frac{1}{\sin x}\cos x = \operatorname{cotg} x$$

d'où

$$y' = \operatorname{cotg} x \, . \, e^{-\frac{x}{2}} - \frac{1}{2} e^{-\frac{x}{2}} . \ln \sin x$$

$$= e^{-\frac{x}{2}}\left(\operatorname{cotg} x - \frac{\ln \sin x}{2}\right)$$

■ **6.** La relation précédente est équivalente à

$$x \ln y = y \ln x$$

Dérivons les deux membres de cette égalité :

$$\ln y + \frac{xy'}{y} = \frac{y}{x} + y' \ln x$$

on en tire

$$y' = \frac{\ln y - \dfrac{y}{x}}{\ln x - \dfrac{x}{y}}$$

---

*■ **7.** 1) Faisons $x = y = 0$, il vient :

$$f(0) = [f(0)]^2$$

et puisque $f(0) \neq 0$, $f(0) = 1$.

2) Pour $x = y = \dfrac{1}{2}$, nous obtenons

$$f(1) = \left[f\left(\frac{1}{2}\right)\right]^2 \quad \text{et puisque} \quad f\left(\frac{1}{2}\right) \neq 0, \quad f(1) > 0$$

Posons $f(1) = a$

$$f(2) = [f(1)]^2 = a^2$$

$$f(3) = f(2) \, . \, f(1) = a^3$$

il est aisé de généraliser par récurrence :

$$f(n) = a^n.$$

De même $f(-1) = \left[f\left(-\dfrac{1}{2}\right)\right]^2 > 0$

$$f(0) = 1 = f(-1) \, . \, f(1)$$

$$f(-1) = \frac{1}{f(1)} = \frac{1}{a}$$

$$f(-2) = [f(-1)]^2 = \frac{1}{a^2}$$

plus généralement quel que soit le signe de n

$$f(n) = a^n.$$

3) D'après la relation (2) on voit que :

$$f(nx) = [f(x)]^n$$

α étant rationnel on a $\alpha = \frac{p}{q}$ (p, q entiers)

$$f\left(q \cdot \frac{p}{q}\right) = a^p = \left[f\left(\frac{p}{q}\right)\right]^q$$

et

$$f\left(\frac{p}{q}\right) = a^{\frac{p}{q}}$$

4) Les relations (1) et (2) caractérisent bien la fonction exponentielle car pour tout x irrationnel il existe une suite α_n de nombres rationnels ayant x pour limite. $f(x)$ étant supposée continue

$$\lim_{n \to \infty} f(\alpha_n) = \lim_{n \to \infty} a^{\alpha_n} = a^x \quad \text{(voir aussi exercice 3, chap. 9)}$$

■ **8.** La dérivée logarithmique de y est

$$\frac{y'}{y} = 5\,\frac{2}{2x-1} - 3\,\frac{2x}{x^2+2}$$

$$= \frac{10(x^2+2) - 6x(2x-1)}{(2x-1)(x^2+2)}$$

$$= \frac{-2x^2+6x+20}{(2x-1)(x^2+2)}$$

On en tire y' :

$$y' = \frac{-2(x^2-3x-10)(2x-1)^4}{3(x^2+2)^4}$$

■ **9.** Prenons les logarithmes des deux membres, nous obtenons :

$$\ln y = \cos\sqrt{x}$$

Posons $\sqrt{x} = u$

et $\cos\sqrt{x} = v$

$$\frac{dv}{dx} = \frac{dv}{du}\,\frac{du}{dx} = -\sin\sqrt{x}\;\frac{1}{2\sqrt{x}}$$

$$\frac{d}{dx}(\ln y) = \frac{y'}{y} = -\sin\sqrt{x}\,\frac{1}{2\sqrt{x}}$$

et

$$y' = -\frac{e^{\cos\sqrt{x}}\sin\sqrt{x}}{2\sqrt{x}}$$

■10. ***Réponses***

$$y' = \frac{1 + e^{\frac{1}{x}}\left(1 + \frac{1}{x}\right)}{(1 + e^{\frac{1}{x}})^2} \quad (x \neq 0)$$

$$y' = e^{-\frac{1}{x}}\left(\frac{x+1}{x}\right) \quad (x \neq 0)$$

$$y' = -\frac{e^{\sqrt{x}}}{2\sqrt{x(1 - e^{2\sqrt{x}})}} \quad (x > 0)$$

$$y' = (\sin x)^{\sin x}\cos x\,(1 + \ln\sin x) \quad (x \in 0, \pi, \bmod \pi)$$

$$y' = x^{\sin x}\left(\frac{\sin x}{x} + \cos x \ln x\right) \quad (x > 0)$$

$$y' = e^{\frac{1}{x}}\;\frac{x^2 - 2}{x\sqrt{x(x+2)}} \quad (x \notin [-2, 0])$$

***■11.** L'équation de la courbe étant invariante par échange de x et y, la courbe C_a est symétrique par rapport à la première bissectrice. Résolue par rapport à y, elle s'écrit

$$y = e^{\frac{a}{\ln x}}$$

Cette fonction $y(x)$ est définie sur $]0,1[\cup]1, +\infty[$. L'étude des limites conduit à distinguer deux cas suivant le signe de a :

- si $a > 0$, $\lim\limits_{0^+} y = 1^-$, $\lim\limits_{+\infty} y = 1^+$, $\lim\limits_{1^+} y = +\infty$, $\lim\limits_{1^-} y = 0^+$;
- Si $a < 0$, $\lim\limits_{0^+} y = 1^+$, $\lim\limits_{+\infty} y = 1^-$, $\lim\limits_{1^+} y = 0^+$, $\lim\limits_{1^-} y = +\infty$.

La dérivation fait apparaître la même discussion

$$y' = e^{\frac{a}{\ln x}}\left(-\frac{a}{x(\ln x)^2}\right)$$

ou encore $y' = -\dfrac{a}{x\ln^2 x}\,y$, du signe de $-a$.

D'où deux tableaux de variations

$a > 0$

x	0		1		$+\infty$
y'	$-\infty$	$-$	0^- ‖	$-$	
y	1	↘	0 ‖ $+\infty$	↘	1

$a < 0$

x	0		1		$+\infty$
y'	$+\infty$	$+$	‖ 0^+	$+$	
y	1	↗	$+\infty$ ‖ 0	↗	1

Les limites en 0 indiquées pour y' se justifient par $x\ln^2 x \underset{x\to 0^+}{\to} 0^+$.

Celles en 1 en résultent par symétrie, puisque les points $A\,(0,1\,)$ et $B\,(1,\ 0)$ et leurs tangentes sont symétriques par rapport à la première bissectrice.

Ces deux tableaux font penser à deux formes de courbes, mais il peut y avoir encore des différences de concavité. Partant de $y' = -\dfrac{a}{x\ln^2 x}\,y$, calculons y'' :

$$y'' = \frac{a}{x^2\ln^4 x}\left(\ln^2 x + x\,\frac{2\ln x}{x}\right) y - \frac{a}{x\ln^2 x}\left(-\frac{a}{x\ln^2 x}\,y\right)$$

$$= \frac{a}{x^2\ln^4 x}\,(\ln^2 x + 2\ln x + a)$$

La discussion du signe de $t^2 + 2t + a$, où $t = \ln x$, est immédiate : $\Delta' = 1 - a$, d'où, si $a \geqslant 1$, y'' de signe constant (celui de a, donc > 0).

Si $a < 1$, y'' s'annule pour $t = \ln x = -1 \pm \sqrt{1-\mathrm{a}}$; soit

$$x_1 = e^{-1+\sqrt{1-a}}, \qquad x_2 = e^{-1-\sqrt{1-a}},$$

auxquels correspondent

$$y_1 = e^{-1-\sqrt{1-a}}, \qquad y_2 = e^{-1+\sqrt{1-a}}$$

(soit par calculs directs, soit par symétrie).

Il y a donc alors deux points d'inflexion $I_1\,(x_1,\ y_1)$, $I_2\,(x_2,\ y_2)$, tous deux sur l'arc $\widehat{AB}$ puisque $0 < x_2 < x_1 < 1$, pour $0 < a < 1$.

Notons que pour $a = 1$, y'' s'annule sans changer de signe pour $x = \frac{1}{e}$, il y a en $\left(\frac{1}{e}, \frac{1}{e}\right)$ un « point méplat » (voir plus loin), mais pas d'inflexion. D'où les trois formes de courbes.

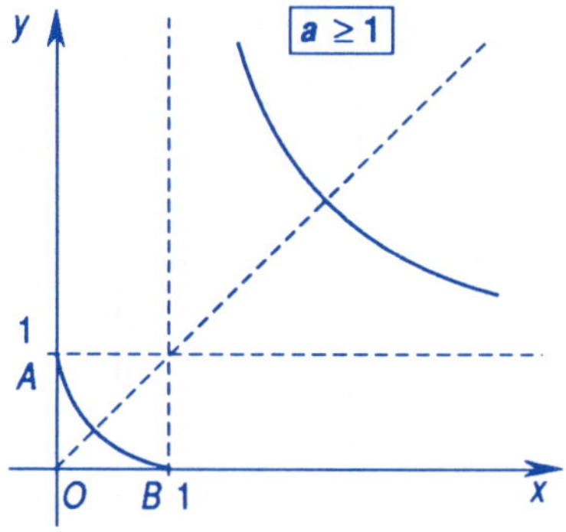

(*a*)

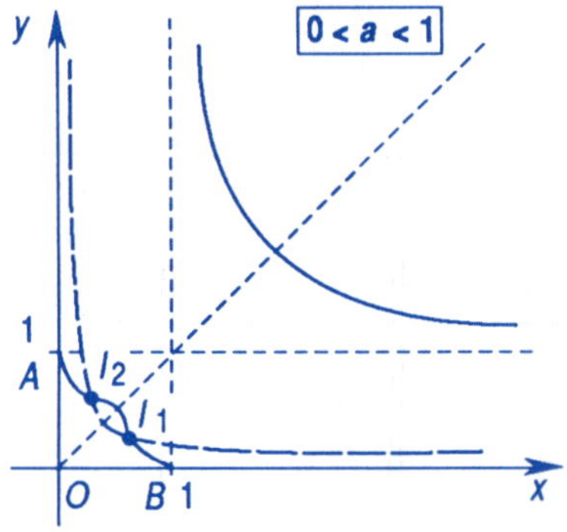

(*b*)

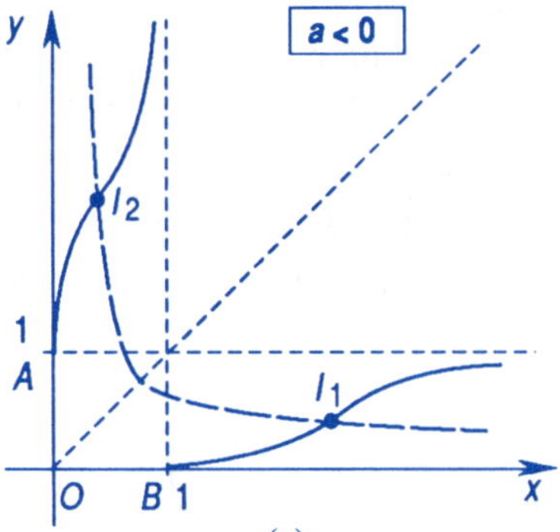

(*c*)

Figure 5.

Les points de la première bissectrice correspondent à

$$y = x, \quad \ln x = \pm\sqrt{a}, \quad x = y = e^{\pm\sqrt{a}}, \quad a > 0.$$

L'ensemble des points d'inflexion s'obtient en éliminant a entre les équations

$$\ln^2 x + 2 \ln x + a = 0, \qquad \ln x \ln y = a$$

d'où

$$\ln x \ln y = -\ln x (\ln x + 2)$$

et en éliminant la solution étrangère $\ln x = 0$

$$\ln x + \ln y = -2, \qquad xy = e^{-2}$$

On obtient la branche $x > 0$ de l'hyperbole équilatère

$$y = \frac{e^{-2}}{x}$$

On pouvait aussi constater que $x_1 \, y_1 = x_2 \, y_2 = e^{-2}$.

---

* ■ **12. a)**

$$f'(x) = 2\,x\,e^{x^2} = 2\,x\,f(x) = P_1(x)\,e^{x^2}$$

$$f''(x) = 2\,f(x) + 2\,x\,f'(x) = 2\,f(x) + 4\,x^2 f(x) = (4\,x^2 + 2)\,e^{x^2} = P_2(x)\,e^{x^2}$$

$$f'''(x) = 8\,x\,f(x) + (4\,x^2 + 2)\,f'(x) = 8\,x\,f(x) + 2\,x\,(4\,x^2 + 2)\,f(x) = (8\,x^3 + 12\,x)\,e^{x^2} = P_3(x)\,e^{x^2}$$

Comme $f^{(0)}(x) = e^{x^2} = P_0(x)\,e^{x^2}$, *où* $P_0(x) = 1$, on constate que pour $n = 0$, $n = 1$, $n = 2$, $n = 3$, $f^{(n)}(x) = P_n(x)\,e^{x^2}$, *où* P_n est un polynôme de degré n et de la parité de n (c'est-à-dire pair si n est pair, impair si n est impair).

Vérifions le par récurrence : l'hypothèse étant $f^{(n)}(x) = P_n(x) e^{x^2}$, P_n = polynôme de degré n et de la parité de n, on en déduit

$$f^{(n+1)}(x) = P_n'(x)\,e^{x^2} + P_n(x)\,2\,x\,e^{x^2} = e^{x^2}\,P_{n+1}(x)$$

où

$$P_{n+1}(x) = 2\,x\,P_n(x) + P_n'(x) \tag{1}$$

$2\,x\,P_n(x)$ est de degré $n+1$, $P_n'(x)$ de degré $n-1$, tous deux de la parité de $n+1$, et il en est de même de $P_{n+1}(x)$. La propriété envisagée est donc vraie pour tout entier naturel n.

Remarquons qu'une récurrence très simple permet aussi d'établir que le terme de plus haut degré de $P_n(x)$ est $2^n\,x^n$.

b) Pour établir une relation entre P_n, P_{n-1}, P_{n-2}, dérivons à l'ordre $n-1$ la relation $f'(x) = 2\,x\,f(x)$, en appliquant la formule de Leibniz. On obtient

$$f^{(n)}(x) = 2\,x\,f^{(n-1)}(x) + C_{n-1}^1\,(2\,x)'\,f^{(n-2)}(x) + \ldots$$

Mais seuls les deux premiers termes sont non nuls et il reste

$$P_n(x)\,e^{x^2} = 2\,x\,P_{n-1}(x)\,e^{x^2} + 2(n-1)\,P_{n-2}(x)\,e^{x^2}$$

soit

$$P_n(x) = 2\,x\,P_{n-1}(x) + 2\,(n-1)\,P_{n-2}(x) \tag{2}$$

Comparons cette relation à celle déduite de (1).

$$P_n(x) = 2\,x\,P_{n-1}(x) + P'_{n-1}(x) \tag{3}$$

Il vient

$$P'_{n-1}(x) = 2\,(n-1)\,P_{n-2}(x), \quad \text{soit}\, P'_n(x) = 2\,n\,P_{n-1}(x) \tag{4}$$

Dérivons (4)

$$P''_n(x) = 2\,n\,P'_{n-1}(x)$$

Alors (3) $\Rightarrow$

$$P'_{n-1}(x) = P_n(x) - 2\,x\,P_{n-1}(x) = P_n(x) - 2\,x\,\frac{P'_n(x)}{2\,n}$$

Il en résulte

$$P''_n(x) = 2\,n\,\left(P_n(x) - \frac{x}{n}\,P'_n(x)\right)$$

donc

$$P''_n(x) + 2\,x\,P'_n(x) - 2\,n\,P_n(x) = 0$$

C'est la relation cherchée. Elle a été établie en supposant $n \neq 0$, mais elle est évidente pour $n = 0$ puisque $P_0(x) = 1$. Elle est donc valable pour tout n.

---

*■ **13.** On ne peut ici appliquer « brutalement » la formule de Leibniz, car les dérivées successives de $\dfrac{1}{e^x}$ ne sont pas simples. D'ailleurs il ne s'agit pas de la dérivée p^{ieme}, p quelconque, mais du cas particulier $p = n$. Commençons donc par $n = 1$, $n = 2$, $n = 3$:

$$f_1(x) = e^{\frac{1}{x}},\ f'_1(x) = -\frac{1}{x^2}\,e^{\frac{1}{x}}$$

$$f_2(x) = xe^{\frac{1}{x}},\ f'_2(x) = e^{\frac{1}{x}} - \frac{1}{x}\,e^{\frac{1}{x}},\ f''_2(x) = \frac{1}{x^3}\,e^{\frac{1}{x}}$$

$$f_3(x) = x^2\,e^{\frac{1}{x}},\ f'_3(x) = 2\,xe^{\frac{1}{x}} - e^{\frac{1}{x}}, f''_3(x) = \left(2 - \frac{2}{x} + \frac{1}{x^2}\right)e^{\frac{1}{x}},$$

$$f'''_3(x) = -\frac{1}{x^4}\,e^{\frac{1}{x}}$$

Il semble que

$$f_n^{(n)}(x) = (-1)^n\,x^{-n-1}\,e^{\frac{1}{x}} \tag{1}$$

Admettons le pour l'ordre n et remarquons que $f_{n+1}(x) = x\,f_n(x)$. La formule de Leibniz à l'ordre $n + 1$ donne

$$\begin{aligned} f_{n+1}^{(n+1)}(x) &= x\,f_n^{(n+1)}(x) + C_{n+1}^1\,f_n^{(n)}(x) \\ &= x\left[(-1)^n\,(-n-1)\,x^{-n-2}\,e^{\frac{1}{x}} + (-1)^n\,x^{-n-1}\left(-\frac{1}{x^2}\right)e^{\frac{1}{x}}\right] \\ &\qquad + (n+1)\,(-1)^n\,x^{-n-1}\,e^{\frac{1}{x}} \\ &= (-1)^{n+1}\,x^{-n-2}\,e^{\frac{1}{x}} \end{aligned}$$

Cette récurrence a donc permis de démontrer (1) pour tout $n \geqslant 1$.

---

* ■ **14.** Cette inégalité fait penser à celle de la convexité d'une fonction.

Posons $x^p = u$, $y^q = v$, d'où $x = u^{\frac{1}{p}}$, $y = v^{\frac{1}{q}}$, il s'agit d'établir

$$\frac{u}{p} + \frac{v}{q} \geqslant u^{\frac{1}{p}} v^{\frac{1}{q}} \qquad (1)$$

Comme $\frac{1}{p} + \frac{1}{q} = 1$, posons $\frac{1}{p} = \lambda$, alors $1 - \lambda = \frac{1}{q}$, et $\lambda \in]0, 1[$.

(1) devient

$$\lambda u + (1 - \lambda) v \geqslant u^{\lambda} v^{1-\lambda},$$

ce qui est équivalent à

$$\ln [\lambda u + (1 - \lambda) v] \geqslant \lambda \ln u + (1 - \lambda) \ln v$$

Or cette inégalité exprime la concavité de la fonction $f(x) = \ln x$, laquelle se justifie par $f''(x) = -\frac{1}{x^2} < 0$. La relation (1), ainsi que celle de l'énoncé, se trouvent ainsi démontrées.

CHAPITRE 13

FONCTIONS HYPERBOLIQUES DIRECTES ET INVERSES

1. FONCTIONS HYPERBOLIQUES DIRECTES

Par définition on appelle cosinus hyperbolique de x, qu'on note ch x la quantité

$$\boxed{\operatorname{ch} x = \frac{e^x + e^{-x}}{2}}$$

de même le sinus hyperbolique de x est

$$\boxed{\operatorname{sh} x = \frac{e^x - e^{-x}}{2}}$$

On constate que

$$\operatorname{ch} x + \operatorname{sh} x = e^x$$

et que

$$\operatorname{ch} x - \operatorname{sh} x = e^{-x}$$

par conséquent

$$\boxed{\operatorname{ch}^2 x - \operatorname{sh}^2 x = 1} \qquad (1)$$

Par analogie avec les lignes trigonométriques la tangente hyperbolique de x est

$$\operatorname{th} x = \frac{\operatorname{sh} x}{\operatorname{ch} x} = \frac{e^x - e^{-x}}{e^x + e^{-x}} = \frac{e^{2x} - 1}{e^{2x} + 1}$$

On utilise parfois

$$\operatorname{coth} x = \frac{1}{\operatorname{th} x} = \frac{\operatorname{ch} x}{\operatorname{sh} x}$$

Il résulte de (1) les relations $\dfrac{1}{\operatorname{ch}^2 x} = 1 - \operatorname{th}^2 x$

$$\frac{1}{\operatorname{sh}^2 x} = \operatorname{coth}^2 x - 1$$

2. ÉTUDE DES FONCTIONS HYPERBOLIQUES

Étude de la fonction $f(x) = \text{ch } x$

$$\text{ch } x = \frac{e^x + e^{-x}}{2}$$

L'étude précédente des fonctions exponentielles montre que $f(x)$ est définie et continue sur $\mathbb{R}$.

Par ailleurs $f(-x) = f(x)$ l'intervalle d'étude peut être réduit à $\mathbb{R}^+$.

Sens de variation.

$$f'(x) = \frac{e^x - e^{-x}}{2} \qquad \text{donc} \qquad \boxed{(\text{ch } x)' = \text{sh } x}$$

Or pour $x > 0$, $e^x > 1$ donc $e^{-x} = \dfrac{1}{e^x} < 1$ *et* $f'(x) > 0$, la fonction ch x est monotone croissante sur $\mathbb{R}^+$.

Tableau de variation.

x	0		$+\infty$
y'	0	$+$	
$y = \text{ch } x$	1	$\nearrow$	$+\infty$

Branches infinies.

Si $x \to +\infty$

$$\text{ch } x = \frac{e^x + e^{-x}}{2} \to +\infty$$

et
$$\frac{\text{ch } x}{x} = \frac{e^x + e^{-x}}{2x} = \frac{e^x}{2x} + \frac{1}{2e^x \cdot x} \to +\infty$$

La courbe représentative de $y = \text{ch } x$ admet donc une branche parabolique dans la direction de Oy.

Par ailleurs on peut écrire

$$\text{ch } x = \frac{e^x}{2}(1 + e^{-2x})$$

qui montre que ch x et $\dfrac{e^x}{2}$ sont deux infiniment grands équivalents lorsque $x \to \infty$.

La différence $\text{ch}\, x - \frac{e^x}{2} = \frac{e^{-x}}{2}$ tend vers 0 par valeurs positives lorsque $x \to \infty$, ce qui permet de tracer le graphe de $y = \text{ch}\, x$ asymptotique de $\frac{e^x}{2}$, (fig. 1).

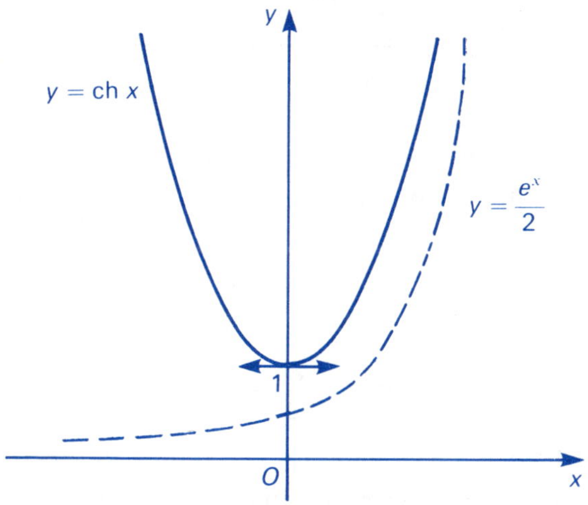

Figure 1.

Remarque.

En mécanique, on démontre que la position prise par un fil souple et inextensible suspendu entre deux points peut être décrite par une équation de la forme $y = a\, \text{ch}\, \frac{x}{a}$, si les axes sont convenablement choisis, ce qui justifie l'appellation de **chaînette** donnée à la courbe représentant le cosinus hyperbolique. Par le changement d'unités $y = aY$, $x = aX$, cette équation se ramène à $Y = \text{ch}\, X$.

Fonction sinus hyperbolique $f(x) = \text{sh}\, x = \frac{e^x - e^{-x}}{2}$

La fonction sinus hyperbolique est par construction même définie et continue sur $\mathbb{R}$, $\text{sh}\,(-x) = -\text{sh}\,(x)$ donc c'est une fonction impaire dont l'intervalle d'étude est $\mathbb{R}^+$

Sens de variation.

$$(\text{sh}\, x)' = \frac{e^x - (-e^{-x})}{2}$$

soit

$$\boxed{(\text{sh}\, x)' = \text{ch}\, x}$$

De ch $x > 0$, nous déduisons que $f(x)$ est monotone croissante.

Tableau de variation.

x	0		$+\infty$
y'	1	$+$	
$y = \text{sh } x$	0	$\nearrow$	$+\infty$

Étude des branches infinies.

$$\text{Si } x \to +\infty, \frac{\text{sh } x}{x} = \frac{e^x - e^{-x}}{2x} = \frac{e^x}{2x} - \frac{1}{2e^x \cdot x} \to +\infty$$

$$\text{sh } x \sim \frac{e^x}{2}$$

et

$$\text{sh } x - \frac{e^x}{2} = -\frac{1}{2e^x}$$

tend vers 0 par valeurs négatives.

Le graphe de $y = \text{sh } x$ s'ensuit, admettant O comme centre de symétrie, la tangente en O ayant pour pente $+1$ (fig. 2).

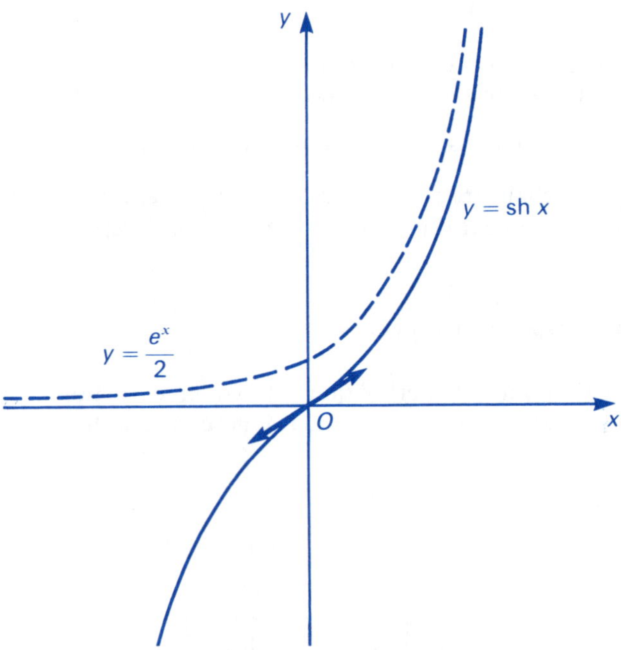

Figure 2.

On remarquera que $y'(O) = 1$ entraîne que

$$\boxed{\lim_{x \to 0} \frac{\text{sh } x}{x} = 1}$$

Fonction tangente hyperbolique th $x = \dfrac{\text{sh } x}{\text{ch } x}$

Comme ch $x > 0$, th x est définie et continue sur $\mathbb{R}$. De plus sh x étant impaire et ch x paire, th x est une fonction impaire de x et sera étudiée sur $\mathbb{R}^+$.

Sens de variation.

$$(\text{th } x)' = \left(\frac{\text{sh } x}{\text{ch } x}\right)' = \frac{\text{ch}^2 x - \text{sh}^2 x}{\text{ch}^2 x} = \frac{1}{\text{ch}^2 x} = 1 - \text{th}^2 x > 0$$

et th x est une fonction monotone croissante.

On voit de plus que lorsque $x \to +\infty$

$$\text{th } x = \frac{e^x - e^{-x}}{e^x + e^{-x}} = \frac{1 - e^{-2x}}{1 + e^{-2x}} \text{ tend vers 1.}$$

Tableau de variation.

x	0	$+\infty$
y'	1 $+$	
$y = \text{th } x$	$0 \nearrow$	1

Du fait que O est un centre de symétrie puisque th x est une fonction impaire, les doites $y = 1$ et $y = -1$ sont les deux asymptotes de $y = \text{th } x$. Pour $x = 0$, $y = 0$ et $y' = 1$ qui nous donne la pente à l'origine, ce qui montre que $\lim_{x \to 0} \dfrac{\text{th } x}{x} = 1$.

Il s'ensuit le graphe figure 3.

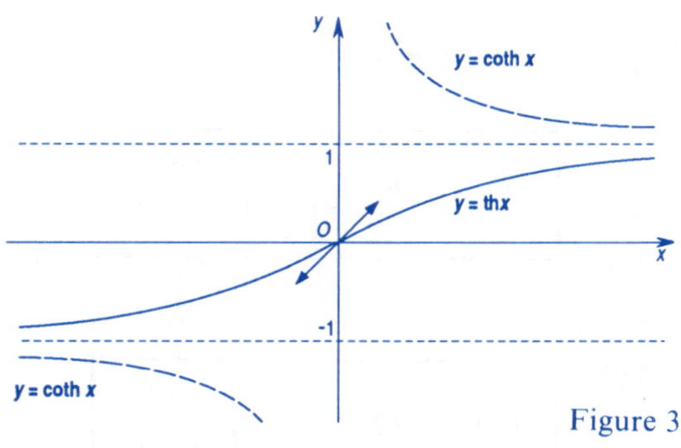

Figure 3.

Le graphe de coth x s'en déduit aisément.

3. RELATIONS ENTRE LES FONCTIONS HYPERBOLIQUES

Des égalités établies au paragraphe 1

$$e^{a} = \text{ch}\, a + \text{sh}\, a$$

$$e^{-a} = \text{ch}\, a - \text{sh}\, a$$

on tire

$$e^{a+b} = (\text{ch}\, a + \text{sh}\, a)(\text{ch}\, b + \text{sh}\, b)$$

$$e^{-(a+b)} = (\text{ch}\, a - \text{sh}\, a)(\text{ch}\, b - \text{sh}\, b)$$

soit en additionnant membre à membre et divisant par 2 :

$$\boxed{\text{ch}\,(a+b) = \text{ch}\, a\, \text{ch}\, b + \text{sh}\, a\, \text{sh}\, b}$$

d'où

$$\boxed{\text{ch}\,(a-b) = \text{ch}\, a\, \text{ch}\, b - \text{sh}\, a\, \text{sh}\, b}$$

et en soustrayant membre à membre après division par 2

$$\boxed{\text{sh}\,(a+b) = \text{sh}\, a\, \text{ch}\, b + \text{ch}\, a\, \text{sh}\, b}$$

et

$$\boxed{\text{sh}\,(a-b) = \text{sh}\, a\, \text{ch}\, b - \text{ch}\, a\, \text{sh}\, b}$$

et en divisant sh $(a + b)$ par ch $(a + b)$

$$\boxed{\text{th}\,(a+b) = \frac{\text{th}\, a + \text{th}\, b}{1 + \text{th}\, a\, \text{th}\, b}}$$

d'où

$$\boxed{\text{th}\,(a-b) = \frac{\text{th}\, a - \text{th}\, b}{1 - \text{th}\, a\, \text{th}\, b}}$$

Remarque : Transformation des sommes en produit.

En posant $a + b = p$ et $a - b = q$ les formules d'addition précédentes peuvent s'exprimer comme suit

$$\text{ch}\, p + \text{ch}\, q = 2\, \text{ch}\, \frac{p+q}{2}\, \text{ch}\, \frac{p-q}{2}$$

$$\text{ch}\, p - \text{ch}\, q = 2\, \text{sh}\, \frac{p+q}{2}\, \text{sh}\, \frac{p-q}{2}$$

$$\text{sh}\, p + \text{sh}\, q = 2\, \text{sh}\, \frac{p+q}{2}\, \text{ch}\, \frac{p-q}{2}$$

$$\text{sh}\, p - \text{sh}\, q = 2\, \text{sh}\, \frac{p-q}{2}\, \text{ch}\, \frac{p+q}{2}$$

On trouve également, après réduction au même dénominateur

$$\text{th}\, p + \text{th}\, q = \frac{\text{sh}\,(p+q)}{\text{ch}\, p \,.\, \text{ch}\, q}$$

$$\text{th}\, p - \text{th}\, q = \frac{\text{sh}\,(p-q)}{\text{ch}\, p \,.\, \text{ch}\, q}$$

4. FORMULES DE MULTIPLICATION OU DE DIVISION PAR 2

En faisant $b = a$ dans les formules précédentes nous obtenons

$$\boxed{\text{ch}\, 2\,a = \text{ch}^2\, a + \text{sh}^2\, a}$$

$$\boxed{\text{sh}\, 2\,a = 2\, \text{sh}\, a\, \text{ch}\, a}$$

$$\boxed{\text{th}\, 2\,a = \frac{2\, \text{th}\, a}{1 + \text{th}^2\, a}}$$

Et tenant compte de l'égalité

$$\text{ch}^2\, a - \text{sh}^2\, a = 1$$

$$\boxed{\begin{array}{l} \text{ch}\, 2\,a = 1 + 2\, \text{sh}^2\, a \\ \text{ch}\, 2\,a = 2\, \text{ch}^2\, a - 1 \end{array}}$$

ou $$1 + \text{ch}\,2a = 2\,\text{ch}^2 a$$
et $$1 - \text{ch}\,2a = -\,2\,\text{sh}^2 a$$

5. EXPRESSIONS DES FONCTIONS HYPERBOLIQUES DE *a* EN FONCTION DE th $\frac{a}{2} = t$

Si dans la formule donnant sh 2 a on remplace a par $\frac{a}{2}$ nous obtenons

$$\text{sh}\,a = 2\,\text{sh}\,\frac{a}{2}\,\text{ch}\,\frac{a}{2}$$

On ne change rien en divisant par $\text{ch}^2\,\frac{a}{2} - \text{sh}^2\,\frac{a}{2}$ qui est égal à 1 d'où

$$\text{sh}\,a = \frac{2\,\text{sh}\,\frac{a}{2}\,\text{ch}\,\frac{a}{2}}{\text{ch}^2\,\frac{a}{2} - \text{sh}^2\,\frac{a}{2}}$$

soit en divisant par $\text{ch}^2\,\frac{a}{2}$ et avec $\text{th}\,\frac{a}{2} = t$

$$\boxed{\text{sh}\,a = \frac{2t}{1 - t^2}}$$

De même

$$\text{ch}\,a = \frac{\text{ch}^2\,\frac{a}{2} + \text{sh}^2\,\frac{a}{2}}{\text{ch}^2\,\frac{a}{2} - \text{sh}^2\,\frac{a}{2}}$$

ou $$\boxed{\text{ch}\,a = \frac{1 + t^2}{1 - t^2}}$$

et $$\boxed{\text{th}\,a = \frac{2t}{1 + t^2}}$$

On rapprochera toutes ces formules de celles qui concernent les lignes trigonométriques.

6. FONCTIONS HYPERBOLIQUES INVERSES OU RÉCIPROQUES

Définition de la fonction Argument cosinus hyperbolique

La fonction inverse du cosinus hyperbolique se note Arg ch x et se définit par l'équivalence

$$\left.\begin{array}{l} y = \text{Arg ch } x \\ \text{avec } x \geqslant 1 \end{array}\right| \Leftrightarrow \left|\begin{array}{l} x = \text{ch } y \\ \text{avec } y \geqslant 0 \end{array}\right.$$

Arg ch x est continue et croissante et réalise une bijection de $[1, +\infty[$ sur $[0, +\infty[$.

Calcul de la dérivée.

$$y'_x = \frac{1}{x'_y} = \frac{1}{\text{sh } y} = \frac{1}{\sqrt{\text{ch}^2 y - 1}}$$

$$\boxed{(\text{Arg ch } x)' = \frac{1}{\sqrt{x^2 - 1}}}$$

Remarque.

Si on choisit $y \leqslant 0$, la fonction inverse est $-$ Arg ch x, définie elle aussi pour $x \geqslant 1$ et sa dérivée est

$$\frac{-1}{\sqrt{x^2 - 1}}$$

Courbe représentative.

Les courbes représentatives de ch x et de Arg ch x sont symétriques par rapport à la première bissectrice, d'où les graphes les représentant :

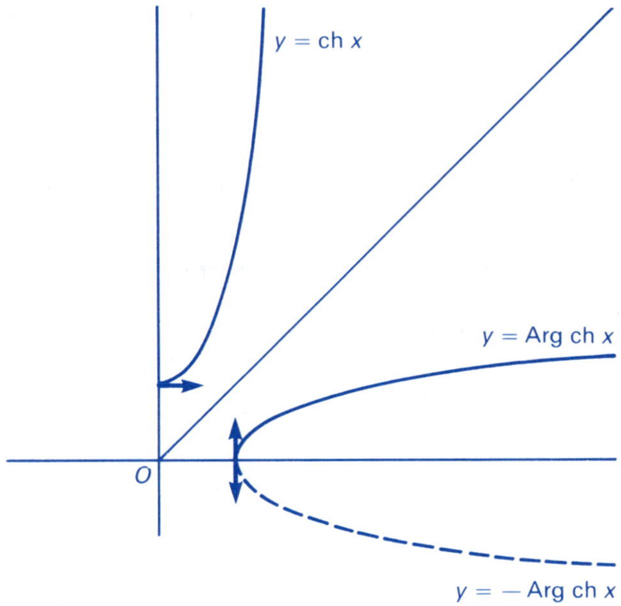

Figure 4.

Expression logarithmique de l'argument ch x

De l'expression $\begin{cases} y = \text{Arg ch } x \\ x \geqslant 1 \end{cases} \Leftrightarrow \begin{cases} x = \text{ch } y \\ y \geqslant 0 \end{cases}$

on tire $2\,x = e^y + e^{-y}$

soit en posant $Y = e^y$, $Y^2 - 2\,x\,Y + 1 = 0$.

Le discriminant de cette équation du second ordre en Y est positif ou nul puisque $x \geqslant 1$. Le produit des racines est 1, la somme est $2\,x > 0$, seule est à conserver la racine supérieure à 1 pour représenter $Y = e^y$

$$Y = x + \sqrt{x^2 - 1}$$

soit
$$\boxed{\text{Arg ch } x = \ln\,(x + \sqrt{x^2 - 1})}$$

Fonction inverse du sinus hyperbolique

sh x, définie quel que soit x, réalise une bijection de $\mathbb{R}$ sur $\mathbb{R}$, sa fonction inverse, argument sinus hyperbolique notée Arg sh x, est définie $\forall\ x$ par

$$\boxed{y = \text{Arg sh } x \Leftrightarrow x = \text{sh } y}$$

Calcul de la dérivée.

$$y'_x = \frac{1}{x'_y} = \frac{1}{\text{ch } y}$$

$$\text{ch}^2\, y = 1 + \text{sh}^2\, y$$

$$\text{ch } y = \sqrt{1 + x^2}$$

puisque ch $y > 0$

$$\boxed{\text{Arg sh } x = \frac{1}{\sqrt{x^2 + 1}}}$$

Courbe représentative.

Les courbes représentatives de sh x et Arg sh x sont symétriques par rapport à la première bissectrice, le point O étant un centre de symétrie.

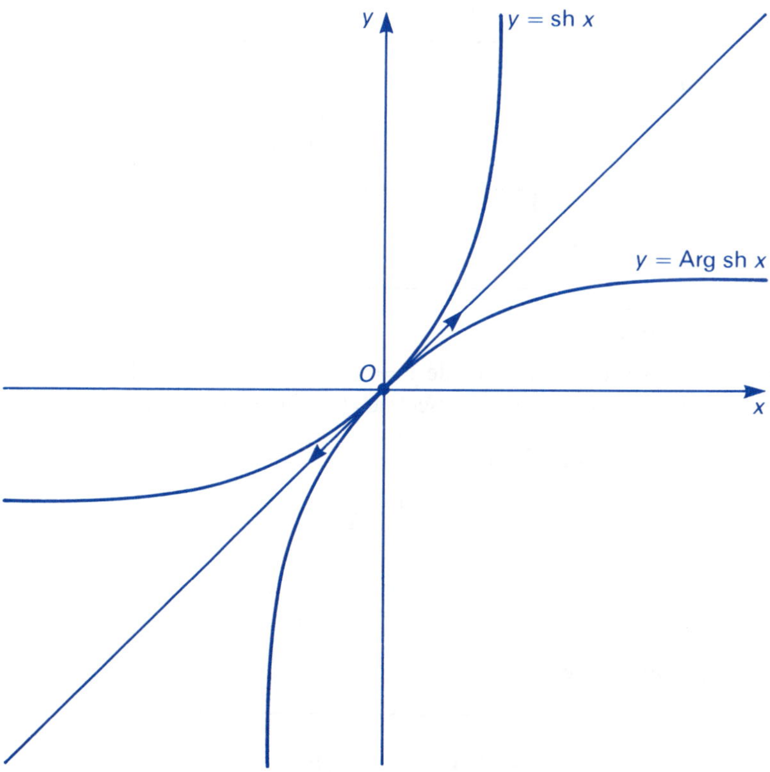

Figure 5.

Expression logarithmique de Arg sh x

$$y = \text{Arg sh}\, x \Leftrightarrow x = \text{sh}\, y$$

soit $2\,x = e^y - e^{-y}$

en posant $Y = e^y$, $Y^2 - 2\,x\,Y - 1 = 0$

et en ne conservant que la racine positive

$$Y = x + \sqrt{x^2 + 1}$$

soit
$$\boxed{y = \text{Arg sh}\, x = \ln\,(x + \sqrt{x^2 + 1})}$$

Fonction inverse de la tangente hyperbolique

La fonction inverse de la tangente hyperbolique est la fonction Argument tangente hyperbolique notée Arg th et est définie par

$$\boxed{\begin{array}{l} y = \text{Arg th}\, x \Leftrightarrow x = \text{th}\, y \\ -1 < x < 1 \end{array}}$$

Calcul de la dérivée.

$$y'_x = \frac{1}{x'_y} = \frac{1}{1 - \text{th}^2\, y}$$

$$\boxed{(\text{Arg th}\, x)' = \frac{1}{1 - x^2}}$$

Courbe représentative.

Les courbes représentatives de $y = \text{th}\, x$ et de $y = \text{Arg th}\, x$ sont symétriques par rapport à la première bissectrice (cf. fig. 6, ci-contre).

Expression logarithmique de Arg th x

$$\left\{\begin{array}{l} y = \text{Arg th}\, x \\ -1 < x < 1 \end{array}\right. \Leftrightarrow x = \text{th}\, y$$

soit
$$x = \frac{e^y - e^{-y}}{e^y + e^{-y}} = \frac{e^{2y} - 1}{e^{2y} + 1}$$

d'où on tire comme précédemment

$$\boxed{y = \text{Arg th}\, x = \frac{1}{2} \ln \frac{1 + x}{1 - x}}$$

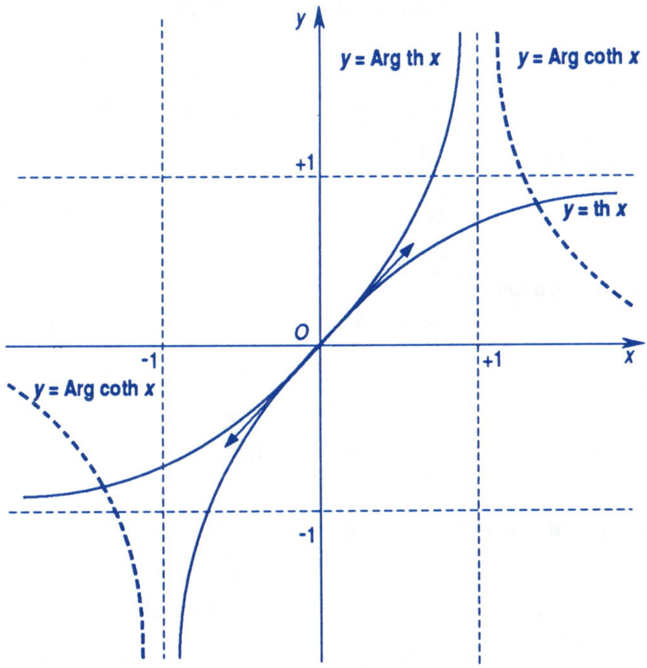

Figure 6.

Enfin on définit Arg coth x par

$$y = \text{Arg coth}\, x \Leftrightarrow x = \coth y, \, |x| > 1$$

On vérifie aisément

$$(\text{Arg coth}\, x)' = \frac{1}{1 - x^2},$$

ainsi que

$$\text{Arg coth}\, x = \frac{1}{2} \ln \frac{x + 1}{x - 1}$$

Il en résulte qu'une primitive de $\frac{1}{1 - x^2}$ est

$$\frac{1}{2} \ln \left| \frac{x + 1}{x - 1} \right|,$$

égale à Arg th x pour $|x| < 1$ et à Arg coth x pour $|x| > 1$. L'ensemble des trois arcs de courbe $y = \text{Arg th}\, x$, $y = \text{Arg coth}\, x$ constitue le graphe de cette fonction $\frac{1}{2} \ln \left| \frac{x + 1}{x - 1} \right|$.

Résumé du chapitre 13

- **Définitions.**

$$\text{ch}\, x = \frac{e^x + e^{-x}}{2} \qquad \text{sh}\, x = \frac{e^x - e^{-x}}{2}$$

$$\text{th}\, x = \frac{e^x - e^{-x}}{e^x + e^{-x}}$$

- **Relations fondamentales.**

$$\text{ch}\, x + \text{sh}\, x = e^x$$

$$\text{ch}\, x - \text{sh}\, x = e^{-x}$$

$$\text{ch}^2\, x - \text{sh}^2\, x = 1$$

$$\frac{1}{\text{ch}^2\, x} = 1 - \text{th}^2\, x$$

- **Formules d'additions.**

$$\text{ch}\,(a + b) = \text{ch}\, a\, \text{ch}\, b + \text{sh}\, a\, \text{sh}\, b$$

$$\text{ch}\,(a - b) = \text{ch}\, a\, \text{ch}\, b - \text{sh}\, a\, \text{sh}\, b$$

$$\text{sh}\,(a + b) = \text{sh}\, a\, \text{ch}\, b + \text{sh}\, b\, \text{ch}\, a$$

$$\text{sh}\,(a - b) = \text{sh}\, a\, \text{ch}\, b - \text{sh}\, b\, \text{ch}\, a$$

$$\text{th}\,(a + b) = \frac{\text{th}\, a + \text{th}\, b}{1 + \text{th}\, a\, \text{th}\, b}$$

$$\text{th}\,(a - b) = \frac{\text{th}\, a - \text{th}\, b}{1 - \text{th}\, a\, \text{th}\, b}$$

- **Transformations de sommes en produits.**

$$\text{ch}\, p + \text{ch}\, q = 2\, \text{ch}\, \frac{p + q}{2}\, \text{ch}\, \frac{p - q}{2}$$

$$\text{ch}\, p - \text{ch}\, q = 2\, \text{sh}\, \frac{p + q}{2}\, \text{sh}\, \frac{p - q}{2}$$

$$\text{sh}\, p + \text{sh}\, q = 2\, \text{sh}\, \frac{p + q}{2}\, \text{ch}\, \frac{p - q}{2}$$

$$\text{sh}\, p - \text{sh}\, q = 2\, \text{sh}\, \frac{p - q}{2}\, \text{ch}\, \frac{p + q}{2}$$

$$\text{th}\, p + \text{th}\, q = \frac{\text{sh}\,(p + q)}{\text{ch}\, p \,.\, \text{ch}\, q}$$

$$\text{th}\, p - \text{th}\, q = \frac{\text{sh}\,(p - q)}{\text{ch}\, p \,.\, \text{ch}\, q}$$

- **Formules de multiplication par 2.**

$$\begin{aligned}\text{ch}\,2a &= \text{ch}^2 a + \text{sh}^2 a\\ &= 2\,\text{ch}^2 a - 1\\ &= 2\,\text{sh}^2 a + 1\\ &= \frac{1+\text{th}^2 a}{1-\text{th}^2 a}\end{aligned}$$

$$\begin{aligned}\text{sh}\,2a &= 2\,\text{sh}\,a\,\text{ch}\,a\\ &= \frac{2\,\text{th}\,a}{1-\text{th}^2 a}\end{aligned}$$

$$\text{th}\,2a = \frac{2\,\text{th}\,a}{1+\text{th}^2 a}$$

- **Fonctions hyperboliques inverses.**

$$\left\{\begin{aligned}&y = \text{Arg ch}\,x \Leftrightarrow x = \text{ch}\,y \quad \begin{cases}x \geqslant 1\\ y \geqslant 0\end{cases}\\ &y' = \frac{1}{\sqrt{x^2-1}}\\ &y = \ln\left(x + \sqrt{x^2-1}\right)\end{aligned}\right.$$

$$\left\{\begin{aligned}&y = \text{Arg sh}\,x \Leftrightarrow x = \text{sh}\,y,\ \forall x\\ &y' = \frac{1}{\sqrt{x^2+1}}\\ &y = \ln\left(x + \sqrt{x^2+1}\right)\end{aligned}\right.$$

$$\left\{\begin{aligned}&y = \text{Arg th}\,x \Leftrightarrow x = \text{th}\,y,\ |x| < 1\\ &y' = \frac{1}{1-x^2}\\ &y = \frac{1}{2}\ln\frac{1+x}{1-x}\end{aligned}\right.$$

EXERCICES

ÉNONCÉS

■ **1.** θ étant compris entre $-\dfrac{\pi}{2}$ et $+\dfrac{\pi}{2}$, exprimer sh x, ch x et th x en fonction de lignes trigonométriques de θ, sachant que :

$$x = \ln \text{tg}\left(\frac{\theta}{2} + \frac{\pi}{4}\right)$$

Exprimer θ en fonction de x.

■ **2.** Étudier la fonction

$$y = \text{Arc sin}\,(\text{Arg sh}\, x).$$

Graphe.

■ **3.** Résoudre le système

$$(\text{I})\begin{cases} \text{ch}\, x + \text{ch}\, y = a\, \text{ch}\, \alpha \\ \text{sh}\, x + \text{sh}\, y = a\, \text{sh}\, \alpha \end{cases} \qquad a, \alpha \in \mathbb{R}$$

■ **4.** Calculer les dérivées de

$$y = \text{Arc tg}\,(\text{th}\, x)$$

et

$$z = \text{Arc tg}\,(\text{sh}\, 2\, x)$$

puis en déduire la relation liant y et z.

Trouver une relation analogue liant

$$u = \text{Arg th}\,(\text{tg}\, x)$$

et

$$v = \text{Arg th}\,(\sin 2\, x)$$

■ **5.** Pour quelles valeurs de la variable réelle x les fonctions 2 Arg ch x et Arg ch $(2\, x^2 - 1)$ sont-elles définies ?

Quelles sont les dérivées de ces fonctions ? Conclusion ?

■ **6.** Etudier et représenter graphiquement la fonction $f(x) = \ln \text{ch}\, x$.

---

*■ **7.** Etudier la fonction $f(x) = (1 - x)\, e^{\text{sh} x}$. Construire son graphe.

En déduire que pour $0 < x < 1$, $1 + x < e^{\text{sh} x} < \dfrac{1}{1 - x}$.

En déduire $\lim\limits_{n \to \infty} \left(\sum\limits_{k=1}^{n} \text{sh}\, \dfrac{1}{n + k} \right)$

---

*■ **8.** Résoudre dans $\mathbb{R}^n$ le système d'équations :

$$x_1 = \frac{2\, x_2}{1 + x_2^2}, \quad x_2 = \frac{2\, x_3}{1 + x_3^2}, \ldots,$$

$$x_k = \frac{2\, x_{k+1}}{1 + x_{k+1}^2}, \ldots, \quad x_n = \frac{2\, x_1}{1 + x_1^2}\ (n \in \mathbb{N}^*)$$

SOLUTIONS

■ **1.** Posons

$$\operatorname{tg}\frac{\theta}{2} = t, \quad \text{alors} \quad x = \ln\frac{1+t}{1-t}$$

ou

$$e^x = \frac{1+t}{1-t}$$

$$\operatorname{sh} x = \frac{e^x - e^{-x}}{2} = \frac{1}{2}\left(\frac{1+t}{1-t} - \frac{1-t}{1+t}\right) = \frac{2t}{1-t^2} = \operatorname{tg}\theta$$

$$\operatorname{ch} x = \frac{e^x + e^{-x}}{2} = \frac{1}{2}\left(\frac{1+t}{1-t} + \frac{1-t}{1+t}\right) = \frac{1+t^2}{1-t^2} = \frac{1}{\cos\theta}$$

$$\operatorname{th} x = \frac{\operatorname{sh} x}{\operatorname{ch} x} = \frac{\operatorname{tg}\theta}{\dfrac{1}{\cos\theta}} = \sin\theta.$$

Comme $\frac{\theta}{2} + \frac{\pi}{4} \in \left]-\frac{\pi}{2}, +\frac{\pi}{2}\right[$, on peut écrire successivement

$$\operatorname{tg}\left(\frac{\theta}{2} + \frac{\pi}{4}\right) = e^x,$$

$$\frac{\theta}{2} + \frac{\pi}{4} = \operatorname{Arc\,tg} e^x$$

$$\theta = 2\operatorname{Arc\,tg} e^x - \frac{\pi}{2}$$

Les deux fonctions $x(\theta)$ et $\theta(x)$, inverses l'une de l'autre, sont respectivement appelées « amplitude hyperbolique de θ », et « gudermannien de x ».

■ **2.** Arc sin u est définie pour $-1 \leqslant u \leqslant 1$. Donc y est définie pour

$$-1 \leqslant \operatorname{Arg\,sh} x \leqslant 1$$

soit :

$$-\operatorname{sh} 1 \leqslant x \leqslant \operatorname{sh} 1$$

Par ailleurs Arc sin u et Arg sh u sont impaires. Donc y est elle-même impaire. Nous prendrons donc $[0, \operatorname{sh} 1]$ pour intervalle d'étude.

La variation de y est immédiate car Arc sin et Arg sh sont deux fonctions croissantes. y est donc elle-même croissante. D'où le tableau de variation

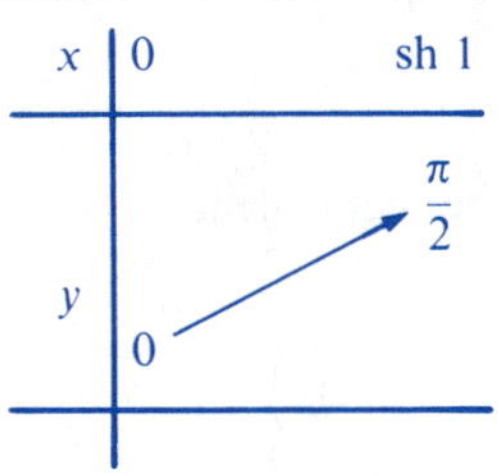

$$y' = \frac{1}{\sqrt{1 - (\operatorname{Arg\,sh} x)^2}} \times \frac{1}{\sqrt{1+x^2}}.$$

Le calcul de y' permet de placer les tangentes pour $x = 0$ (qui est $y = x$) et $x = \text{sh } 1$ (parallèle à Oy). D'où le graphe :

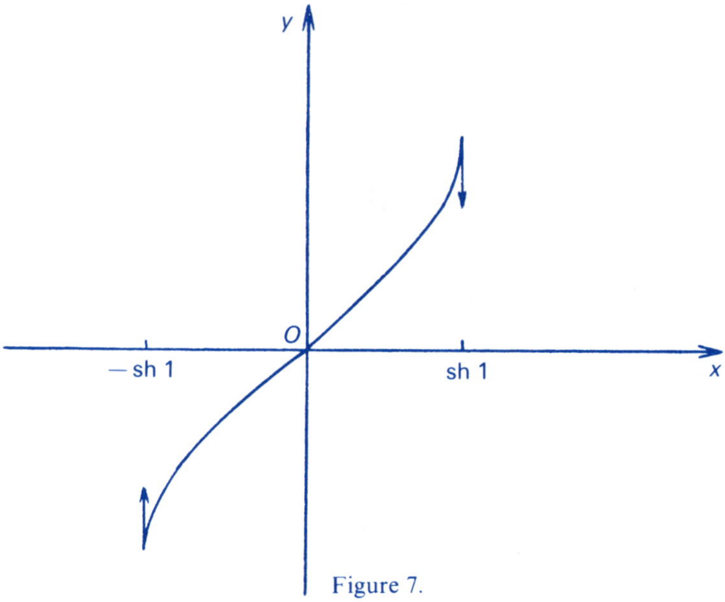

Figure 7.

■ **3.** On sait que

$$\text{ch } x + \text{ch } y = 2 \text{ ch } \frac{x+y}{2} \text{ ch } \frac{x-y}{2} \tag{1}$$

$$\text{sh } x + \text{sh } y = 2 \text{ ch } \frac{x-y}{2} \text{ sh } \frac{x+y}{2} \tag{2}$$

En élevant au carré et en soustrayant membre à membre, on a :

$$4 \text{ ch}^2 \left(\frac{x-y}{2}\right) = a^2$$

ce qui implique

$$\frac{a^2}{4} \geqslant 1 \tag{3}$$

Mais la première équation du système implique $a > 0$ donc (3) se réduit à $a \geqslant 2$ et

$$a = 2 \text{ ch } \frac{x-y}{2}$$

Le système I a pour équivalent II :

$$\text{II} \begin{cases} \text{ch } \dfrac{x+y}{2} = \text{ch } \alpha \\ \text{sh } \dfrac{x+y}{2} = \text{sh } \alpha \\ 2 \text{ ch } \dfrac{x-y}{2} = a \end{cases}$$

soit

$$\begin{cases} x + y = 2\,\alpha \\ x - y = 2 \text{ Arg ch } \dfrac{a}{2} = 2 \ln\left(\dfrac{a}{2} + \sqrt{\dfrac{a^2}{4} - 1}\right) \end{cases}$$

d'où

$$\begin{cases} x = \alpha + \ln \dfrac{1}{2}(a + \sqrt{a^2 - 4}) \\ y = \alpha - \ln \dfrac{1}{2}(a + \sqrt{a^2 - 4}) \quad \text{et} \quad a \geqslant 2 \end{cases}$$

■ **4.**

$$y' = \frac{(\text{th } x)'}{1 + \text{th}^2 x} = \frac{1 - \text{th}^2 x}{1 + \text{th}^2 x} = \frac{1}{\text{ch } 2\,x}$$

$$z' = \frac{(\text{sh } 2\,x)'}{1 + \text{sh}^2 2\,x} = \frac{2 \text{ ch } 2\,x}{\text{ch}^2 2\,x} = \frac{2}{\text{ch } 2\,x}$$

On voit ainsi que

$$z' = 2\,y' \qquad \text{ce qui entraîne} \qquad z = 2\,y + K.$$

$\forall\, x$ réel, car y et z sont définies et continues sur $\mathbb{R}$.
Mais pour $x = 0$, $y = z = 0$ d'où $K = 0$.
Donc Arc tg (sh $2\,x$) = 2 Arc tg (th x), $\forall\, x \in \mathbb{R}$.

De même

$$u' = \frac{1 + \text{tg}^2 x}{1 - \text{tg}^2 x} = \frac{1}{\cos 2\,x}$$

$$v' = \frac{2 \cos 2\,x}{1 - \sin^2 2\,x} = \frac{2}{\cos 2\,x}$$

$v' = 2\,u'$.

Mais $u(x)$ et $v(x)$ ne sont pas définies sur $\mathbb{R}$: il faut $|\text{tg } x| < 1$ et $|\sin 2\,x| < 1$, et comme la période commune à u et v est π, nous retiendrons le domaine de définition commun à u et v : $\left]-\dfrac{\pi}{4}, +\dfrac{\pi}{4}\right[$ (mod. π).

Sur cet intervalle, u et v sont continues, donc $v = 2\,u + \lambda$, λ étant une constante.

$x = 0$ fournit $\lambda = 0$, donc

$$\text{Arg th } (\sin 2\,x) = 2 \text{ Arg th } (\text{tg } x),$$

$$\forall\, x \in \left]-\frac{\pi}{4} + k\pi, \frac{\pi}{4} + k\pi\right[, \qquad k \text{ entier.}$$

■ **5.** *a*) $f(x) = 2$ Arg ch x est définie pour $x \geqslant 1$.

$g(x) =$ Arg ch $(2\,x^2 - 1)$ est définie pour $2\,x^2 - 1 \geqslant 1$,

c'est-à-dire $x \geqslant 1$ et $x \leqslant -1$.

b)
$$f'(x) = \frac{2}{\sqrt{x^2 - 1}}$$

$$g'(x) = \frac{4x}{\sqrt{(2x^2 - 1)^2 - 1}} = \frac{4x}{\sqrt{4x^2(x^2 - 1)}}$$
$$= \frac{4x}{2|x|\sqrt{x^2 - 1}} = \frac{2x}{|x|\sqrt{x^2 - 1}}$$

si $x \geqslant 1$ $\quad g'(x) = \dfrac{2}{\sqrt{x^2 - 1}}$, si $x \leqslant -1$ $\quad g'(x) = \dfrac{-2}{\sqrt{x^2 - 1}}$

et donc pour $x \geqslant 1$ ($f(x)$ et $g(x)$ sont alors toutes deux définies)

$$f'(x) = g'(x) \quad \text{soit} \quad f(x) - g(x) = K.$$

Pour calculer K prenons $x = 1$.

$$K = f(1) - g(1) = 2 \text{ Arg ch } 1 - \text{Arg ch } 1 = \text{Arg ch } 1 = 0.$$

Donc pour $x \geqslant 1$

$$2 \text{ Arg ch } x = \text{Arg ch } (2x^2 - 1).$$

Ce résultat se retrouve, sans utiliser la dérivation, en posant $\text{Arg ch } x = y$: alors $x = \text{ch } y$,

$$2x^2 - 1 = 2 \text{ ch}^2 y - 1 = \text{ch } 2y,$$

et $g(x) = \text{Arg ch } (\text{ch } 2y) = 2y$ puisque $y \geqslant 0$.

■ **6.** Fonction définie sur $\mathbb{R}$, paire, à étudier sur $[0, +\infty[$.

$$f'(x) = \frac{\text{sh } x}{\text{ch } x} = \text{th } x > 0 \ \forall x > 0, f'(0) = 0.$$

$$f(x) \underset{x \to +\infty}{\to} +\infty, \frac{f(x)}{x} = \frac{\ln(e^x + e^{-x}) - \ln 2}{x} = \frac{\ln e^x + \ln(1 + e^{-2x}) - \ln 2}{x}$$
$$= 1 + \frac{\ln(1 + e^{-2x}) - \ln 2}{x} \underset{x \to +\infty}{\to} 1$$

$$f(x) - x = \ln(1 + e^{-2x}) - \ln 2 \underset{x \to +\infty}{\to} (-\ln 2)^+,$$

d'où une asymptote $y = x - \ln 2$, la courbe étant au-dessus de l'asymptote.

$f''(x) = \dfrac{1}{\text{ch}^2 x} > 0 \ \forall x$, la courbe est donc concave vers les y positifs. D'où la courbe ci-contre.

On a placé les points A et A',

$$x = \pm \ln 2, y = \ln \frac{5}{4} \simeq 0{,}247.$$

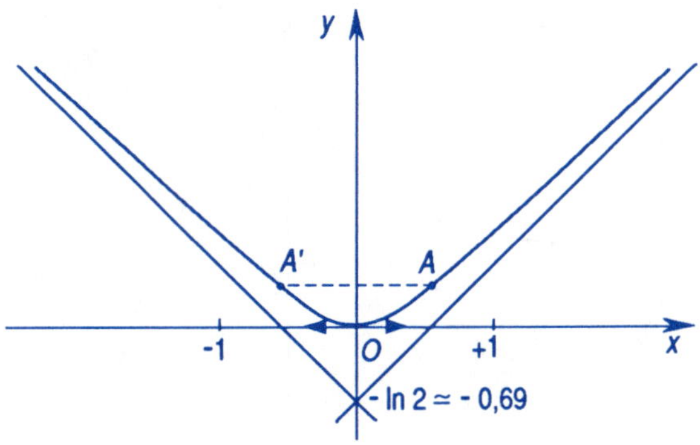

Figure 8.

*** ■ 7.** f est définie sur $\mathbb{R}$, ni paire ni impaire.

Quand $x \to +\infty$, $f(x) \to -\infty$, $\dfrac{f(x)}{x} \sim -e^{\text{sh}\,x} \to -\infty$, d'où une branche parabolique de direction Oy.

Quand $x \to -\infty$, $1 - x \to +\infty$, $e^{\text{sh}\,x} \to O^+$, il y a indétermination ; en posant $x = -t$, $t \to +\infty$ et $f(x) = \dfrac{1+t}{e^{\text{sh}\,t}} < \dfrac{1+t}{e^t} \sim \dfrac{t}{e^t} \to 0$, (car sh $t > t$) d'où une asymptote $x'x$.

$$f'(x) = -e^{\text{sh}\,x} + (1-x)\,e^{\text{sh}\,x}\,\text{ch}\,x = e^{\text{sh}\,x}\,[(1-x)\,\text{ch}\,x - 1]$$

ch x étant toujours positif, $f'(x)$ est sûrement négative pour $x \geqslant 1$.

Pour $x < 0$, $1 - x > 1$, ch $x > 1$, $f'(x) > 0$, $f'(0) = 0$.

Sur $]0, 1[$, le signe n'est pas évident, nous sommes amenés à étudier la fonction auxiliaire

$$\varphi(x) = (1-x)\,\text{ch}\,x - 1 : \varphi'(x) = -\text{ch}\,x + (1-x)\,\text{sh}\,x$$
$$= -\text{ch}\,x\,[1 - (1-x)\,\text{th}\,x]$$

Comme $1 - x \in]0, 1[$ et th $x \in]0,1[$, $(1-x)$ th $x < 1$ et $\varphi'(x) < 0$. φ est donc monotone, $\varphi(0) = 0$ et $\varphi(1) = -1$, donc $\varphi(x) < 0$ et $f'(x) < 0$ sur $]0, 1[$.

D'où le tableau de variations et le graphe :

x	$-\infty$		0		1		$+\infty$
$f'(x)$		$+$	0	$-$		$-$	
$f(x)$	0	↗	1	↘	0	↘	$-\infty$

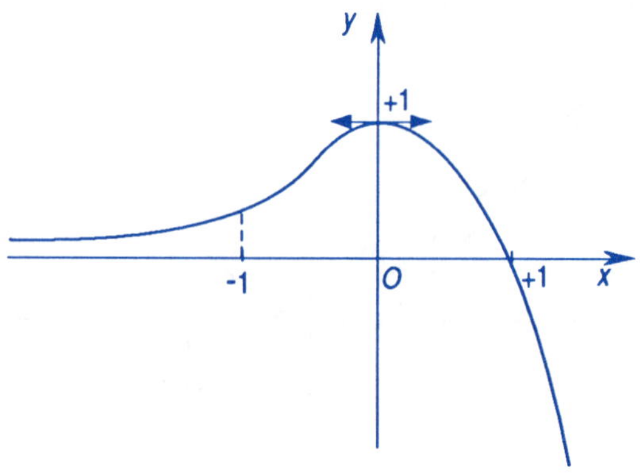

Figure 9.

Nous ne chercherons pas ici les points d'inflexion. Cette étude montre que pour $x \neq 0$ et $|x| < 1$, $f(x) < 1$ et $(1-x)\,e^{\text{sh}x} < 1$, donc

$$e^{\text{sh}x} < \frac{1}{1-x}.$$

Cette relation reste vraie si on change x en $-x$, donc

$$e^{-\text{sh}x} < \frac{1}{1-x}, \quad e^{\text{sh}x} > 1+x,$$

d'où l'encadrement

$$1 + x < e^{\text{sh}x} < \frac{1}{1-x}, \quad \text{pour } x \in]0, 1[\tag{1}$$

En posant $U_n = \sum_{k=1}^{n} \text{sh}\frac{1}{n+k}$, cette somme comportant pour $n \to +\infty$ une infinité de termes tendant vers 0, nous sommes amenés à former

$$e^{U_n} = \prod_{k=1}^{k=n} e^{\text{sh}\frac{1}{n+k}}$$

(la notation Π désignant un produit comme la notation Σ désigne une somme).

Chacun des $\frac{1}{n+k}$ étant compris entre 0 et 1, la double inégalité (1) s'applique :

$$1 + \frac{1}{n+k} < e^{\text{sh}\frac{1}{n+k}} < \frac{1}{1 - \frac{1}{n+k}}$$

ou encore

$$\frac{n+k+1}{n+k} < e^{\operatorname{sh}\frac{1}{n+k}} < \frac{n+k}{n+k-1}$$

Par multiplication membre à membre de ces inégalités pour $k = 1, 2, \ldots, n$ (permise puisque tous les termes sont positifs), on obtient

$$\frac{n+2}{n+1}\frac{n+3}{n+2}\cdots\frac{n+k+1}{n+k}\cdots\frac{2n+1}{2n} < e^{U_n} < \frac{n+1}{n}\frac{n+2}{n+1}\cdots\frac{n+k}{n+k-1}\cdots\frac{2n}{2n-1}$$

soit

$$\frac{2n+1}{n+1} < e^{U_n} < 2$$

Pour $n \to +\infty$, $\dfrac{2n+1}{2n} \to 2$, $e^{U_n} \to 2$ et $\lim\limits_{+\infty} U_n = \ln 2$.

---

*■ **8.** L'expression $\dfrac{2x_2}{1+x_2^2}$ et les suivantes font penser à $\dfrac{2t}{1+t^2}$, expression de th $2a$ en fonction de th $a = t$. D'où l'idée de poser $x_k = \operatorname{th} y_k$, mais ceci n'est possible que si $|x_k| < 1$. On est donc amené à discuter les positions possibles des x_k vis-à-vis de 1 et -1, et tout d'abord celles de x_1.

Or $x_1 = 1 \Rightarrow x_n = 1 \Rightarrow x_{n-1} = 1 \Rightarrow \cdots \Rightarrow x_2 = 1$, on a bien alors $x_1 = \dfrac{2x_2}{1+x_2^2}$ et $(1, 1, \ldots, 1)$ est une solution du système.

On vérifie de même que $(-1, -1, \ldots, -1)$ est une autre solution.

Envisageons $|x_1| < 1$, on peut alors poser $x_1 = \operatorname{th} y_1$ et $y_1 = \operatorname{Arg\,th} x_1$; alors

$$x_n = \frac{2x_1}{1+x_1^2} = \operatorname{th} 2y_1, \quad x_{n-1} = \frac{2x_n}{1+x_n^2} = \operatorname{th} 4y_1,$$

$$x_{n-2} = \frac{2x_{n-1}}{1+x_{n-2}^2} = \operatorname{th} 8y_1,$$

et de proche en proche on arrive à

$$x_2 = \operatorname{th}(2^{n-1}y_1), x_1 = \operatorname{th}(2^n y_1).$$

Mais, la fonction th étant bijective,

$$\operatorname{th}(2^n y_1) = \operatorname{th} y_1 \Rightarrow 2^n y_1 = y_1, \Rightarrow y_1 = 0$$

D'où $x_1 = 0$, $x_n = 0$, ..., $x_2 = 0$, et la solution $(0, 0, \ldots, 0)$ d'ailleurs évidente à priori.

Si on envisage $|x_1| > 1$, on peut poser

$$x_1 = \coth z_1, x_n = \frac{2\coth z_1}{1+\coth^2 z_2} = \frac{2\operatorname{th} z_1}{1+\operatorname{th}^2 z_1} = \operatorname{th} 2z_1$$

d'où $x_{n-1} = \text{th}\, 4\, z_1 \ldots, x_1 = \text{th}\,(2^n z_1)$, incompatible avec $x_1 = \coth z_1$ puisque $|\coth z_1| > 1$ et $|\text{th}\,(2^n z_1)| < 1$. Ainsi, pas de nouvelles solutions.

Le système proposé n'admet donc que les trois solutions :

$x_k = 0, \forall\, k = 1, 2, \ldots, n$;
$x_k = 1, \forall\, k = 1, 2, \ldots, n$; $x_k = -1, \forall\, k = 1, 2, \ldots, n$.

CHAPITRE 14

FORMULE DE TAYLOR DÉVELOPPEMENTS LIMITÉS APPLICATIONS

1. THÉORÈME DE ROLLE

Soit $f(x)$ une fonction de x vérifiant les conditions suivantes :

– $f(x)$ est définie et continue sur l'intervalle fermé $[a, b]$, (compact de $\mathbb{R}$),

– $f(x)$ possède une dérivée pour toute valeur de l'intervalle ouvert $]a, b[$,

– $f(x)$ est telle que $f(a) = f(b) = 0$.

Alors, il existe au moins une valeur c de l'intervalle ouvert $]a, b[$ pour laquelle la dérivée est nulle : $f'(c) = 0$.

La figure 1 illustre graphiquement le théorème de Rolle. Il existe au moins un point C de la courbe où la tangente est parallèle à Ox.

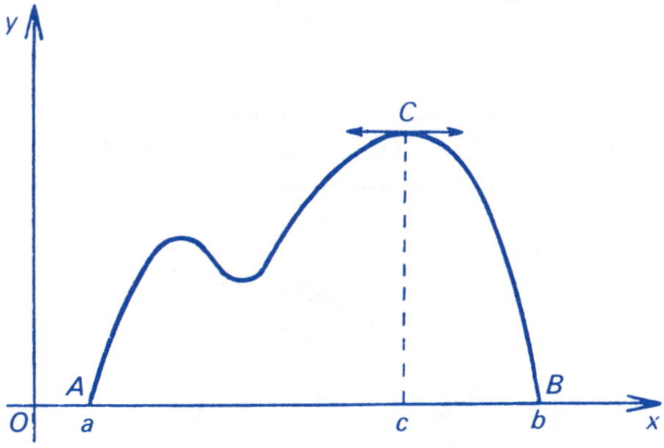

Figure 1.

Ce théorème s'établit comme suit :

Si $f(x)$ est constante sur $[a, b]$, alors $\forall\, c \in [a, b]$ $f'(c) = 0$ et la propriété est bien vérifiée.

Dans le cas général, $f(x)$ admet sur $[a, b]$ une borne inférieure m et une borne supérieure M. On peut supposer que l'une au moins de ces bornes, M par exemple, est distincte de $f(b)$ car autrement $f(x)$ se réduirait à une constante.

La fonction $f(x)$ étant continue, elle atteint pour au moins une valeur c de la variable la valeur M avec $c \in]a, b[$.

Or la dérivée $f'(c)$ qui existe nécessairement est la limite de

$$\frac{f(c + h) - f(c)}{h}$$

quand h tend vers 0 d'une manière quelconque.

Or $f(c) = M$, borne supérieure de $f(x)$ sur $[a, b]$

$$f(c + h) - f(c) < 0$$

si $h > 0$, $\dfrac{f(c + h) - f(c)}{h} < 0 \Rightarrow f'(c) \leqslant 0$

si $h < 0$, $\dfrac{f(c + h) - f(c)}{h} > 0 \Rightarrow f'(c) \geqslant 0$

donc $f'(c) = 0$.

2. THÉORÈME DES ACCROISSEMENTS FINIS

Supposons que la fonction $f(x)$ est définie et continue sur l'intervalle fermé $[a, b]$ et qu'elle admet une dérivée finie $f'(x)$ sur l'intervalle ouvert $]a, b[$.

Dans ces conditions, il existe au moins une valeur $c \in]a, b[$ telle que

$$\boxed{f(b) - f(a) = (b - a)\, f'(c)}$$

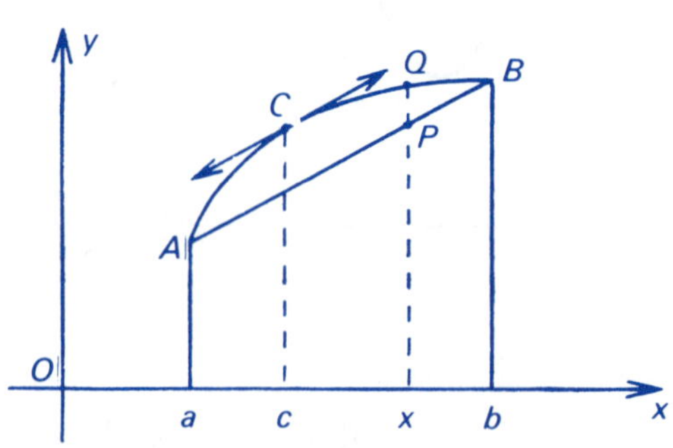

Figure 2.

L'interprétation graphique de cette formule apparaît sur la figure 2 : en un point C de l'arc $\widehat{AB}$ la tangente est parallèle à la corde AB

$$f'(c) = \frac{f(b) - f(a)}{b - a}$$

Démonstration.

Considérons la fonction

$$\varphi(x) = \overline{PQ} = f(x) - f(a) - \frac{f(b) - f(a)}{b - a}(x - a)$$

$\varphi(x)$ mesure la différence des ordonnées du point Q sur l'arc $\widehat{AB}$ et du point P de la corde AB, tous deux d'abscisse x.

Nous remarquons que :

$$\varphi(a) = 0$$
$$\varphi(b) = 0$$

La fonction $\varphi(x)$ vérifie les conditions du théorème de Rolle : il existe une valeur $c \in]a, b[$ telle que $\varphi'(c) = 0$. Or

$$\varphi'(c) = f'(c) - \frac{f(b) - f(a)}{b - a} = 0$$

soit

$$f'(c) = \frac{f(b) - f(a)}{b - a}$$

ce qui démontre la formule.

Autres notations : si $b - a = h$, $b = a + h$, $c = a + \theta h$, où $0 < \theta < 1$, on obtient la forme très usuelle :

$$\boxed{f(a + h) - f(a) = h\, f'(a + \theta h),} \quad \theta \in]0, 1[$$

Théorème des accroissements finis généralisés

Si f et g sont deux fonctions continues sur $[a, b]$, dérivables sur $]a, b[$ et si $g'(x)$ ne s'annule pas sur $]a, b[$, il existe une valeur c de $]a, b[$ telle que

$$\frac{f(b) - f(a)}{g(b) - g(a)} = \frac{f'(c)}{g'(c)}$$

Introduisons la fonction auxiliaire

$$\varphi(x) = f(x) - f(a) - \lambda\,[g(x) - g(a)]$$

avec
$$\lambda = \frac{f(b) - f(a)}{g(b) - g(a)}$$

on vérifie aisément que

$$\varphi(a) = \varphi(b) = 0$$

Les hypothèses requises par le théorème de Rolle sont vérifiées pour $\varphi(x)$.

Il existe donc $c \in]a, b[$ telle que $\varphi'(c) = 0$.

Or $$\varphi'(c) = f'(c) - \lambda g'(c)$$

d'où $$\frac{f(b) - f(a)}{g(b) - g(a)} = \frac{f'(c)}{g'(c)} \qquad (1)$$

Règle de L'Hospital

Supposons $f(a) = g(a) = 0$.
Si $x \in]a, b[$, on a d'après (1)

$$\frac{f(x)}{g(x)} = \frac{f'(c)}{g'(c)} \quad (c \in]a, x[)$$

et si lorsque $x \to a$, $\dfrac{f'(x)}{g'(x)}$ tend vers une limite ℓ alors cette limite n'est autre que celle de $\dfrac{f(x)}{g(x)}$ lorsque $x \to a$.

Donc si $\lim\limits_{x \to a} \dfrac{f'(x)}{g'(x)}$ existe, alors

$$\boxed{\lim_{x \to a} \frac{f(x)}{g(x)} = \lim_{x \to a} \frac{f'(x)}{g'(x)}}$$

La réciproque n'est cependant pas vérifiée. Il se peut en effet que $\dfrac{f(x)}{g(x)}$ admette une limite, sans que $\dfrac{f'(x)}{g'(x)}$ en admette.

3. APPLICATIONS AUX VARIATIONS DE FONCTIONS

1. Si une fonction $y = f(x)$ est constante dans un intervalle, sa dérivée est nulle dans cet intervalle, car on a $\Delta y = 0$ et il s'ensuit que $\dfrac{\Delta y}{\Delta x} = 0$.

2. Si une fonction $f(x)$ est croissante dans un intervalle, sa dérivée est positive ou exceptionnellement nulle dans cet intervalle. En effet $\dfrac{\Delta y}{\Delta x}$ étant positif, sa limite $f'(x)$ quand $\Delta x \to 0$, est positive ou nulle.

3. Si une fonction $f(x)$ est décroissante dans un intervalle, sa dérivée est négative ou exceptionnellement nulle (même raisonnement que précédemment).

Réciproquement :

Soit x_1 et x_2 deux valeurs de x appartenant à l'intervalle $[a, b]$ où $f(x)$ est définie.

La formule des accroissements finis permet d'écrire :

$$f(x_2) - f(x_1) = (x_2 - x_1) f'(c). \quad c \in]a, b[$$

1) Si $f'(x) = 0$ dans l'intervalle $[a, b]$, $f'(c) = 0$ et $f(x_2) = f(x_1)$. La fonction $f(x)$ est constante dans l'intervalle $[a, b]$,

2) Si $f'(x) > 0$ dans l'intervalle $[a, b]$ en particulier $f'(c) > 0$ d'où

$$\frac{f(x_2) - f(x_1)}{x_2 - x_1} > 0 \qquad \text{et } f(x) \text{ est croissante.}$$

3) Si $f'(x) < 0$ $f(x)$ est décroissante (même raisonnement que précédemment).

Les conclusions 2) et 3) restent valables lorsque $f'(x) \geqslant 0$ et $f'(x) \leqslant 0$, respectivement, si $f'(x)$ ne s'annule qu'en des points isolés x_0, c'est-à-dire si pour chacun de ces points il existe un voisinage $v(x_0)$ sur lequel x_0 est la seule racine de l'équation $f'(x) = 0$.

4. FORMULE DE TAYLOR

Théorème.

Si une fonction $y = f(x)$ est définie et continue sur $[a, b]$, ainsi que ses n premières dérivées, et si elle admet dans l'intervalle $]a, b[$ une dérivée d'ordre $n + 1$, il existe une valeur $c \in]a, b[$ pour laquelle :

$$f(b) = f(a) + (b - a) f'(a) + \frac{(b-a)^2}{2!} f''(a) + \frac{(b-a)^3 f'''(a)}{3!} + \dots + \frac{(b-a)^n}{n!} f^{(n)}(a) + \frac{(b-a)^{n+1}}{(n+1)!} f^{(n+1)}(c)$$

égalité qu'on peut encore écrire avec $b - a = h$:

$$f(a + h) = f(a) + hf'(a) + \dots + \frac{h^n}{n!} f^{(n)}(a) + \frac{h^{n+1}}{(n+1)!} f^{(n+1)}(a + \theta h)^{(1)}$$

avec $0 < \theta < 1$.

(1) La forme $R_n = \dfrac{h^{n+1}}{(n+1)!} f^{(n+1)}(a + \theta h)$ est le « reste de Lagrange ».

Démonstration.

Posons

$$\varphi(x) = f(b) - f(x) - (b-x)\,f'(x) - \dots - \frac{(b-x)^n}{n\,!}\,f^{(n)}(x) - \frac{(b-x)^{n+1}\,A}{(n+1)\,!}$$

où A est une constante définie par $\varphi(a) = 0$.

$\varphi(x)$ satisfait aux hypothèses du théorème de Rolle :

– $\varphi(x)$ est continue sur $[a, b]$ puisque les n premières dérivées de $f(x)$ sont continues sur $[a, b]$.

– $\varphi(a) = \varphi(b) = 0$;

– φ est dérivable sur $]a, b[$.

Il existe donc une valeur $c \in]a, b[$ telle que

$$\varphi'(c) = 0$$

calculons $\varphi'(x)$: on obtient successivement en dérivant chaque terme

$$\begin{array}{ll}
0 & -\ f'(x) \\
+\ f'(x) & -\ (b-x)\,f''(x) \\
+\ (b-x)\,f''(x) & -\ \dfrac{(b-x)^2}{2\,!}\,f'''(x) \\
\vdots & \vdots \\
+\ \dfrac{(b-x)^{n-2}}{(n-2)\,!}\,f^{(n-1)}(x) & -\ \dfrac{(b-x)^{n-1}}{(n-1)\,!}\,f^{(n)}(x) \\
+\ \dfrac{(b-x)^{n-1}}{(n-1)\,!}\,f^{(n)}(x) & -\ \dfrac{(b-x)^{n}}{n\,!}\,f^{(n+1)}(x) \\
+\ \dfrac{(b-x)^{n}}{n\,!}\,A. &
\end{array}$$

Après simplification il reste :

$$\varphi'(x) = \frac{(b-x)^n}{n\,!}\left[A - f^{(n+1)}(x)\right]$$

et puisque $\varphi'(c) = 0$ on a nécessairement

$$A = f^{(n+1)}(c)$$

5. FORMULE DE MACLAURIN

Dans le cas particulier où $0 \in [a, b]$ on a pour tout $x \in [a, b]$

$$f(x) = f(0) + \frac{x\,f'(0)}{1\,!} + \frac{x^2\,f''(0)}{2\,!} + \dots + \frac{x^n\,f^{(n)}(0)}{n\,!} + \frac{x^{n+1}\,f^{(n+1)}(\theta x)}{(n+1)\,!}$$

avec $0 < \theta < 1$

où la quantité

$$R_n = \frac{x^{n+1}}{(n+1)!} f^{(n+1)}(\theta x)$$

est appelée reste de Lagrange.

Cette formule est un cas particulier de celle de Taylor dans laquelle on prend $a = 0$ et $b = x$.

Cas particulier

Si f est un polynôme de degré n, $f^{(n+1)}$ est la fonction nulle, le reste est donc nul ; pour $f(x) = (1 + x)^n$

$$f^{(k)}(x) = \frac{n!}{(n-k)!}(1+x)^{n-k}, \quad \frac{f^{(k)}(0)}{k!} = \frac{n!}{k!(n-k)!} = C_n^k$$

et on retrouve la formule du binôme de Newton :

$$(1+x)^n = \sum_{k=0}^{n} C_n^k x^k$$

En outre, lorsque $x \to 0$, le reste R_n du cas général peut s'écrire $R_n = x^n \varepsilon(x)$, où $\varepsilon(x) \to 0$ lorsque $x \to 0$. C'est le « reste de Young ».

6. NOTIONS SUR LES DÉVELOPPEMENTS LIMITÉS

Une fonction $f(x)$ définie au voisinage de $x = x_0$ admet un développement limité d'ordre n, s'il existe un polynôme de degré n

$$P_n(x) = a_0 + a_1(x - x_0) + \ldots + a_n(x - x_0)^n$$

tel que

$$f(x) = P_n(x) + \varepsilon \cdot (x - x_0)^n$$

où ε tend vers 0 lorsque $x \to x_0$.

$P_n(x)$ est la partie régulière du développement, $\varepsilon(x - x_0)^n$ est le terme complémentaire ou reste, qu'on peut noter $o((x - x_0)^n)$ [1] (notation de Landau).

Remarque.

Posons $X = x - x_0$. Lorsque $x \to x_0$, $X \to 0$. On peut donc se ramener à un développement limité au voisinage de 0. Aussi nous limiterons-nous dans la suite à la considération de développements limités au voisinage de 0.

---

[1] $o((x - x_0)^n)$ est infiniment petit par rapport à $(x - x_0)^n$.

Propriétés des développements limités

1) *Unicité.*

Une fonction ne peut admettre qu'un seul développement limité d'ordre n donné.

2) *Somme.*

Si $f(x)$ et $g(x)$ admettent des développements limités d'ordre n, $f(x) + g(x)$ admet un développement limité dont la partie régulière est la somme des parties régulières de $f(x)$ et $g(x)$.

3) *Produit.*

La partie régulière du développement limité à l'ordre n de $f(x) . g(x)$ se compose des termes de degré au plus égal à n du produit des parties régulières de $f(x)$ et $g(x)$.

4) *Quotient.*

La partie régulière du développement limité à l'ordre n de $\frac{f(x)}{g(x)}$ s'obtient en divisant suivant les puissances croissantes la partie régulière du développement de $f(x)$ par celle de $g(x)$ jusqu'à l'ordre n (en supposant $g(0) \neq 0$).

Justifions succinctement ces quatre propriétés.

1) Si $f(x)$ admettait deux développements limités à l'ordre n

$$a_0 + a_1x + a_2x^2 + \dots + a_nx^n + o(x^n)$$

et

$$b_0 + b_1x + b_2x^2 + \dots + b_nx^n + o(x^n)$$

nous aurions

$$\lim_{x \to 0} f(x) = a_0 = b_0$$

donc

$$a_1x + \dots + a_nx^n + o(x^n) = b_1x + \dots + b_nx^n + o(x^n)$$

en divisant par x les deux termes de cette égalité et en faisant tendre x vers 0 il vient $a_1 = b_1$.

De proche en proche on montre ainsi que les coefficients de même rang sont égaux.

2) Si $$f(x) = a_0 + a_1x + \dots + a_nx^n + o(x^n)$$

et $$g(x) = b_0 + b_1x + \dots + b_nx^n + o(x^n)$$

$$f(x) + g(x) = a_0 + b_0 + (a_1 + b_1)x + \dots + (a_n + b_n)x^n + o(x^n)$$

3) $A(x)$ et $B(x)$ étant les parties régulières des développements de $f(x)$ et $g(x)$ on a :

$$f(x) = A(x) + \circ(x^n)$$
$$g(x) = B(x) + \circ(x^n)$$

$$f(x) \,.\, g(x) = A(x) \,.\, B(x) + \circ(x^n)$$

Isolons dans le produit $A(x) \,.\, B(x)$ la partie de degré au plus égal à n, $C(x)$:

$$A(x) \,.\, B(x) = C(x) + \circ(x^n)$$

et en remplaçant $A(x) \,.\, B(x)$ dans l'expression de $f(x) \,.\, g(x)$ nous obtenons :

$$f(x) \,.\, g(x) = C(x) + \circ(x^n).$$

4) Supposons $b_0 \neq 0$.

Soit $Q(x)$ le quotient de degré n de $A(x)$ par $B(x)$, suivant les puissances croissantes. Le reste commence par x^{n+1}

$$A(x) = B(x) \,.\, Q(x) + x^{n+1} \,.\, R(x) \quad (R = \text{polynôme})$$

$R(x)$ peut être nul si la division se fait exactement. L'expression ci-dessus s'écrit encore

$$f(x) = g(x)\, Q(x) + \circ(x^n)$$

ou

$$\frac{f(x)}{g(x)} = Q(x) + \circ(x^n)$$

Formation théorique d'un développement limité

La formule de Maclaurin relative à une fonction $f(x)$ satisfaisant aux conditions de Taylor et dans un intervalle contenant 0 est :

$$f(x) = f(0) + x f'(0) + \frac{x^2 f''(0)}{2\,!} + \ldots + \frac{x^n}{n\,!} f^{(n)}(0) + \frac{x^{n+1}}{(n+1)\,!} f^{(n+1)}(\theta x)$$

avec $0 < \theta < 1$.

Or le reste

$$R_n = \frac{x^{n+1}}{(n+1)\,!} f^{(n+1)}(\theta x)$$

peut s'écrire :

$$R_n = x^n \left[\frac{x}{n+1} f^{(n+1)}(\theta x) \right] = x^n \varepsilon(x)$$

et puisque $f^{(n+1)}(\theta x)$ est borné, la quantité entre crochets tend vers 0 avec x. La formule de Maclaurin donne donc le développement limité à l'ordre n de $f(x)$; et $x^n\, \varepsilon(x)$, où $\lim\limits_{x \to 0} \varepsilon(x) = 0$, est le reste de Young.

Développements limités des fonctions usuelles

1. *Développements limités de* sin x *et* cos x

$$f(x) = \sin x \qquad f(0) = 0$$

$$f'(x) = \cos x = \sin\left(x + \frac{\pi}{2}\right) \qquad f'(0) = 1$$

$$f''(x) = -\sin x = \sin(x + \pi) \qquad f''(0) = 0$$

$$f'''(x) = -\cos x = \sin\left(x + \frac{3\pi}{2}\right) \qquad f'''(0) = -1$$

. . . .

$$f^{(n)}(x) = \sin\left(x + n\frac{\pi}{2}\right); \qquad f^{(n)}(0)\begin{cases} = 0, & \text{si } n = 2p \text{ est pair} \\ = (-1)^p & \text{si } n = 2p + 1 \text{ est impair}\end{cases}$$

d'où

$$\boxed{\sin x = x - \frac{x^3}{3!} + \frac{x^5}{5!} - \ldots + (-1)^p \frac{x^{2p+1}}{(2p+1)!} + o(x^{2p+2})}$$

Par la même méthode on obtient

$$\boxed{\cos x = 1 - \frac{x^2}{2!} + \frac{x^4}{4!} - \ldots + (-1)^p \frac{x^{2p}}{(2p)!} + o(x^{2p+1})}$$

2. Appliquons la formule de Maclaurin à $(h + x)^m$ et déduisons les développements limités de :

$$\sqrt{1+x}, \sqrt{1-x}, \frac{1}{\sqrt{1+x}}, \frac{1}{\sqrt{1-x}}, \frac{1}{1+x^2}$$

à l'ordre 3.

$$f(x) = (h + x)^m \qquad f(0) = h^m$$

$$f'(x) = m(h + x)^{m-1} \qquad f'(0) = mh^{m-1}$$

$$f''(x) = m(m-1)(h + x)^{m-2} \qquad f''(0) = m(m-1)h^{m-2}$$

. . . .

$$f^{(p)}(x) = m(m-1)(m-2)\ldots(m-p+1)(h+x)^{m-p}$$

$$\text{et} \qquad f^{(p)}(0) = m(m-1)\ldots(m-p+1)h^{m-p}.$$

D'où

$$(h + x)^m = h^m + mh^{m-1}x + \frac{m(m-1)h^{m-2}x^2}{2!} + \ldots$$

$$+ \frac{m(m-1)(m-2)\ldots(m-p+1)}{p!}h^{m-p}x^p + o(x^p) \qquad (1)$$

où $o(x^p)$ est un infiniment petit par rapport à x^p.

Pour $h = 1$ et en donnant successivement à m les valeurs $\frac{1}{2}$ et $-\frac{1}{2}$ il vient :

$$\sqrt{1+x} = 1 + \frac{x}{2} - \frac{x^2}{8} + \frac{x^3}{16} + o(x^3)$$

$$\frac{1}{\sqrt{1+x}} = 1 - \frac{x}{2} + \frac{3}{8}x^2 - \frac{5}{16}x^3 + o(x^3).$$

Le changement de x en $-x$ donne :

$$\sqrt{1-x} = 1 - \frac{x}{2} - \frac{x^2}{8} - \frac{x^3}{16} + o(x^3)$$

$$\frac{1}{\sqrt{1-x}} = 1 + \frac{x}{2} + \frac{3}{8}x^2 + \frac{5}{16}x^3 + o(x^3).$$

Enfin pour $m = -1$ et en remplaçant x par x^2

$$\frac{1}{1+x^2} = 1 - x^2 + o(x^3)$$

D'une façon générale (1) conduit à

$$\boxed{(1+x)^\alpha = 1 + \alpha x + \frac{\alpha(\alpha-1)}{2!}x^2 + \dots + \frac{\alpha(\alpha-1)(\alpha-2)\dots(\alpha-p+1)}{p!}x^p + o(x^p)}$$

formule valable $\forall \alpha \in \mathbb{R}$.

On admettra les trois résultats suivants concernant les développements limités :

Développement limité d'une fonction composée

Si $f(u)$ admet un développement limité d'ordre n au voisinage de u_0, et si $u = g(x)$ admet un développement limité d'ordre $p \leqslant n$ au voisinage de x_0, u_0 étant égal à $g(x_0)$ alors la fonction $y = f[g(x)]$ admet un développement limité d'ordre p pour $x = x_0$.

Intégration d'un développement limité

Si $f(x)$ continue dans $[a, b]$ admet un développement limité d'ordre n pour $x_0 \in [a, b]$ la fonction $\int_{x_0}^{x} f(t)\,dt$ admet pour $x \in [a, b]$ un développement limité d'ordre $n + 1$ dont la partie entière est obtenue en intégrant la partie entière du développement de $f(x)$.

Dérivation d'un développement limité

Si $f(x)$ est indéfiniment dérivable sur $[a, b]$ et si $0 \in [a, b]$, $f'(x)$ admet un développement limité d'ordre $(n - 1)$ qui s'obtient par dérivation terme à terme de celui de $f(x)$ à l'ordre n.

Développements limités usuels (suite)

Développements limités de e^x, sh x, ch x, tg x, th x, ln $(1 - x)$, ln $(1 + x)$, Arc tg x, Arg sh x, Arc sin x

Par application de la formule de Maclaurin à l'origine, on obtient pour e^x

$$e^x = 1 + x + \frac{x^2}{2!} + \ldots + \frac{x^n}{n!} + \circ(x^n)$$

En opérant de même pour sh x et ch x, les dérivées $n^{\text{ième}}$ pour $x = 0$ se calculent immédiatement :

$$\operatorname{sh} x = x + \frac{x^3}{3!} + \frac{x^5}{5!} + \ldots + \frac{x^{2p+1}}{(2p+1)!} + \circ(x^{2p+2})$$

$$\operatorname{ch} x = 1 + \frac{x^2}{2!} + \frac{x^4}{4!} + \ldots + \frac{x^{2p}}{(2p)!} + \circ(x^{2p+1})$$

Le développement limité de tg x s'obtient par division du développement de sin x par celui de cos x

$$\operatorname{tg} x = \frac{\sin x}{\cos x} = \frac{x - \dfrac{x^3}{6} + \dfrac{x^5}{120} + \circ(x^6)}{1 - \dfrac{x^2}{2} + \dfrac{x^4}{24} - \dfrac{x^6}{720} + \circ(x^7)}$$

$$\operatorname{tg} x = x + \frac{x^3}{3} + \frac{2}{15}x^5 + \circ(x^6)$$

Il en est de même pour celui de th x

$$\operatorname{th} x = \frac{\operatorname{sh} x}{\operatorname{ch} x} = x - \frac{x^3}{3} + \frac{2}{15}x^5 + \circ(x^6)$$

En partant de la formule (1) du binôme généralisé, et pour $h = 1$, on obtiendra par intégration [1] les développements limités de ln $(1 - x)$, ln $(1 + x)$, Arc tg x, Arg sh x, Arc sin x.

Pour $m = -1$ on a :

$$\frac{1}{1+x} = 1 - x + x^2 - x^3 + \ldots + (-1)^n x^n + \circ(x^n) \qquad (2)$$

[1] La constante d'intégration s'identifie pour $x = 0$.

Or si $f(x) = \ln(1+x)$, $f(0) = 0$, donc

$$\boxed{\ln(1+x) = x - \frac{x^2}{2} + \frac{x^3}{3} \cdots + (-1)^n \frac{x^{n+1}}{n+1} + \circ(x^{n+1})}$$

le changement de x en $-x$ donne :

$$\ln(1-x) = -\left(x + \frac{x^2}{2} + \frac{x^3}{3} + \ldots + \frac{x^{n+1}}{n+1} + \circ(x^{n+1})\right)$$

En remplaçant x par x^2 dans (2) et en intégrant on obtient

$$\boxed{\text{Arc tg}\, x = x - \frac{x^3}{3} + \frac{x^5}{5} + \ldots + (-1)^n \frac{x^{2n+1}}{2n+1} + \circ(x^{2n+2})}$$

On obtient de même en remplaçant x par $-x^2$

$$\text{Arg th}\, x = x + \frac{x^3}{3} + \frac{x^5}{5} + \ldots + \frac{x^{2n+1}}{2n+1} + \circ(x^{2n+2})$$

Dans le développement de

$$\frac{1}{\sqrt{1+x}} = 1 - \frac{x}{2} + \frac{1}{2}\cdot\frac{3}{4}x^2 - \frac{1}{2}\cdot\frac{3}{4}\cdot\frac{5}{6}x^3 + \ldots (-1)^n \frac{1.3\cdots(2n-1)}{2.4.6.2n} x^n + \circ(x^n)$$

en remplaçant x par x^2 on obtient

$$\frac{1}{\sqrt{1+x^2}} = 1 - \frac{x^2}{2} + \frac{1}{2}\cdot\frac{3}{4}x^4 - \frac{1}{2}\cdot\frac{3}{4}\cdot\frac{5}{6}x^6 + \ldots$$
$$+ (-1)^n \frac{1.3\cdots(2n-1)}{2.4\cdots(2n)} x^{2n} + \circ(x^{2n+1})$$

et en intégrant

$$\text{Arg sh}\, x = x - \frac{x^3}{6} + \frac{3}{8}\frac{x^5}{5} + \ldots + (-1)^n \frac{1.3\ldots(2n-1)}{2.4\ldots(2n)}\cdot\frac{x^{2n+1}}{2n+1}$$
$$+ \circ(x^{2n+2})$$

en changeant x en $-x^2$ dans le développement de $\frac{1}{\sqrt{1+x}}$, et en intégrant, on trouve :

$$\text{Arc sin}\, x = x + \frac{x^3}{6} + \frac{3}{8}\frac{x^5}{5} + \ldots + \frac{1.3\ldots(2n-1)}{2.4\ldots(2n)}\,\frac{x^{2n+1}}{2n+1} + \sigma(x^{2n+2})$$

Des développements ci-dessus on déduit :

$$\left.\begin{array}{l}\sin x\\ \operatorname{tg} x\\ \operatorname{Arc}\sin x\\ \operatorname{Arc}\operatorname{tg} x\\ \operatorname{sh} x\\ \operatorname{th} x\\ \operatorname{Arg}\operatorname{sh} x\\ \operatorname{Arg}\operatorname{th} x\\ \ln(1+x)\\ e^x-1\end{array}\right\}\text{ sont équivalents à } x \text{ lorsque } x \to 0$$

alors que

$$(1+x)^\alpha - 1 \sim \alpha x$$

$$\cos x - 1 \sim -\frac{x^2}{2}$$

lorsque $x \to 0$.

7. APPLICATIONS A LA RECHERCHE DES LIMITES

Infiniment petit.

On dit que $f(x)$ est un infiniment petit au voisinage de x_0, si $f(x)$ tend vers 0 lorsque $x \to x_0$.

Exemples :

$$x^2, \quad \sin x, \quad 1 - \cos x, \quad 1 - \frac{1}{1+x}$$

sont des infiniment petits avec x.

Infiniment grand.

On dit que $f(x)$ est un infiniment grand au voisinage de $x = 0$, si $f(x)$ tend vers $\pm\infty$ lorsque $x \to 0$.

Exemples.

$$\frac{1}{x}, \frac{\cos x - 1}{x^3}$$

tendent vers l'infini lorsque $x \to 0$.

Fonctions équivalentes.

$f(x)$ et $g(x)$ sont deux fonctions équivalentes au voisinage de x_0 si le rapport $\frac{f(x)}{g(x)}$ tend vers 1 lorsque $x \to x_0$.

On note $f \sim g$ ainsi :

$$\sin x \sim x, \quad 1 - \cos x \sim \frac{x^2}{2}, (x \to 0)$$

Nous avons vu quelques cas d'indéterminations. Les développements limités permettent de remplacer une fonction par un infiniment petit équivalent plus simple et de « lever l'indétermination ».

D'une façon générale, une fonction $f(x)$, quand $x \to 0$, est équivalente au premier terme non nul de son éventuel développement limité au voisinage de 0 :

$$\text{Par exemple } x - \sin x \sim \frac{x^3}{6}, \; x - \ln(1 + x) \sim \frac{x^2}{2}$$

On démontrera aisément que si $u(x)$ et $v(x)$ sont tous deux infiniment grands ou infiniment petits positifs :

$$u \sim v \Rightarrow \ln u \sim \ln v \text{ ; réciproque fausse, par exemple}$$
$$x + 1 \sim x, (x \to +\infty) \; e^{x+1} \nsim e^x$$

Exemples.

1. Quelle est la limite lorsque $x \to 0$ de

$$\frac{\sin px}{\sin qx}$$

Lorsque $x \to 0$, $\sin px \sim px$, $\sin qx \sim qx$

$$\lim_{x \to 0} \frac{\sin px}{\sin qx} = \frac{p}{q}$$

---

2. Quelle est la limite lorsque $x \to \frac{\pi}{2}$ de :

$$\frac{x \sin x - \frac{\pi}{2}}{\cos x}$$

Lorsque $x \to \frac{\pi}{2}$, $\dfrac{x \sin x - \frac{\pi}{2}}{\cos x}$ se présente sous la forme $\frac{0}{0}$.

Posons $x = \frac{\pi}{2} + u$, $u \to 0$ lorsque $x \to \frac{\pi}{2}$

$$\frac{x \sin x - \frac{\pi}{2}}{\cos x} = \frac{\left(\frac{\pi}{2} + u\right)\cos u - \frac{\pi}{2}}{-\sin u} \sim \frac{\left(\frac{\pi}{2} + u\right)\left(1 - \frac{u^2}{2}\right) - \frac{\pi}{2}}{-u} \sim \frac{u - \frac{\pi}{4}u^2}{-u}$$

dont la limite est -1.

---

3. Quelle est la limite lorsque $x \to \frac{\pi}{2}$ de $\left(x - \frac{\pi}{2}\right) \operatorname{tg} x$.

Posons $x = \frac{\pi}{2} + u$; lorsque $x \to \frac{\pi}{2}$, $u \to 0$

$$\left(x - \frac{\pi}{2}\right) \operatorname{tg} x = u \,.\, \operatorname{tg}\left(\frac{\pi}{2} + u\right) = \frac{-u}{\operatorname{tg} u}.$$

Lorsque $u \to 0$, $\operatorname{tg} u \sim u$ et la limite cherchée est -1.

8. APPLICATIONS A L'ÉTUDE DES COURBES $y = f(x)$

Étude au voisinage d'un point

Soit M_0 le point d'abscisse x_0 sur le graphe de $y = f(x)$.

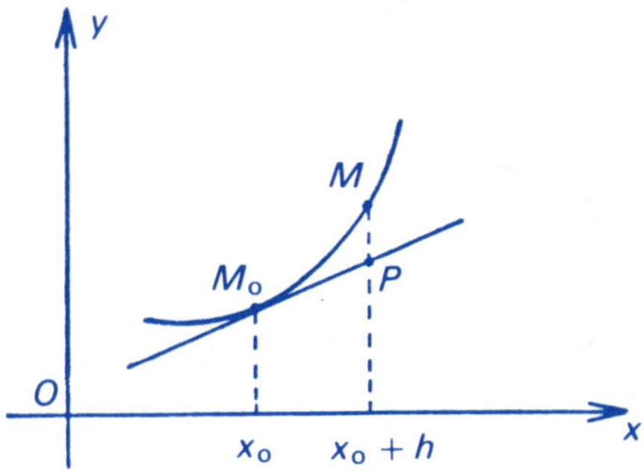

Figure 3.

Si pour $x = x_0$, $f'(x)$ et $f''(x)$ sont continues, $f(x)$ admet un développement limité à l'ordre 2 :

$$f(x_0 + h) = f(x_0) + hf'(x_0) + \frac{h^2}{2!}[f''(x_0) + \varepsilon(h)]$$

où $\varepsilon(h) \to 0$ avec h.

L'équation de la tangente en M_0 est :

$$y - f(x_0) = f'(x_0)(x - x_0).$$

Le point P d'abscisse $x_0 + h$ sur cette tangente a pour ordonnée

$$y_P = f(x_0) + hf'(x_0),$$

$\overline{PM}$ a pour valeur

$$f(x_0 + h) - y_P \sim \frac{h^2}{2!} f''(x_0) \qquad \text{si } f''(x_0) \neq 0$$

On en conclut que :

Si $f''(x_0) > 0$, $\overline{PM} > 0$ la courbe est située au-dessus de sa tangente et tourne sa concavité vers les y positifs.

Si $f''(x_0) < 0$, $\overline{PM} < 0$, la courbe est située au-dessous de sa tangente et tourne sa concavité vers les y négatifs.

Si $f''(x_0) = 0$ (et $f'''(x_0) \neq 0$) $\overline{PM}$ change de signe avec h et la courbe traverse sa tangente en M_0 qui est un point d'inflexion.

$$\left(\overline{PM} \sim \frac{h^3}{3!} f'''(x_0)\right)$$

Enfin si $f''(x_0) = f'''(x_0) = 0$ *et* $f^{(4)}(x_0) \neq 0$

$$\overline{PM} \sim \frac{h^4}{4!} f^{(4)}(x_0)$$

ne change pas de signe avec h : M_0 est un point **méplat***.

La courbe présente alors un aplatissement au voisinage de x_0, c'est le cas par exemple de $f(x) = x^4$ au voisinage de O.

Exemple.

Considérons la fonction

$$y = \operatorname{tg} x \qquad \text{pour} \qquad -\frac{\pi}{2} < x < \frac{\pi}{2}.$$

$$y' = \frac{1}{\cos^2 x}$$

$$y'' = \frac{2 \sin x}{\cos^3 x}$$

$$y''' = 2\left(\frac{1}{\cos^2 x} + \frac{3 \sin^2 x}{\cos^4 x}\right)$$

Pour $x > 0$, $y'' > 0$ la concavité est tournée vers les y positifs.
Pour $x < 0$, $y'' < 0$ la concavité est tournée vers les y négatifs.
Pour $x = 0$, $y''(0) = 0$ et $y'''(0) \neq 0$ la courbe traverse sa tangente en O qui est un point d'inflexion (fig. 4).

Étude des branches infinies

Si $y \to \infty$ lorsque $x \to x_0$ la courbe admet la droite $x = x_0$ pour asymptote.

Si y tend vers une limite l finie lorsque $x \to \infty$, la courbe admet la droite $y = l$ pour asymptote.

---

* Cette discussion s'étend aisément au cas où
$f''(x_0) = f'''(x_0) = \cdots = f^{(n-1)}(x_0) = 0, \quad f^{(n)}(x_0) \neq 0.$

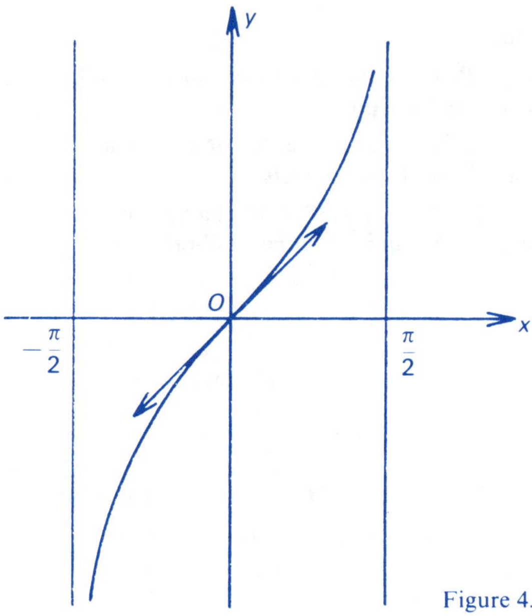

Figure 4.

Direction asymptotique (fig. 5).

La courbe C admet une direction asymptotique si la droite OM tend vers une position limite lorsque le point M s'éloigne à l'infini sur C.

Le coefficient angulaire de OM est $\frac{f(x)}{x}$.

S'il existe une direction asymptotique $\frac{f(x)}{x}$ tend vers une limite [1].

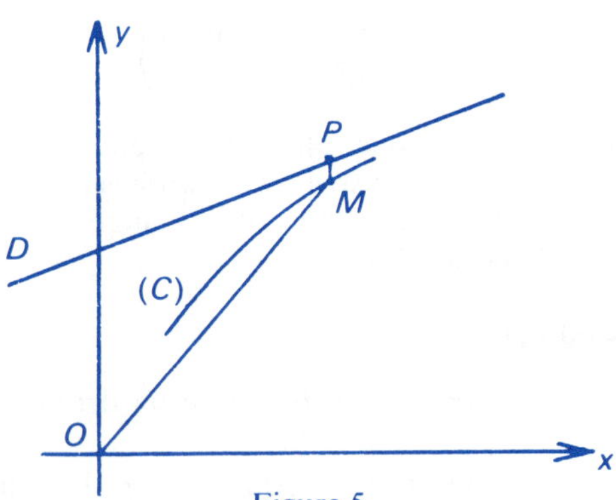

Figure 5.

[1] Si $\frac{f(x)}{x} \to \pm\infty$ lorsque $x \to \pm\infty$, on dit que (C) admet une branche parabolique dans la direction de Oy.

Asymptote

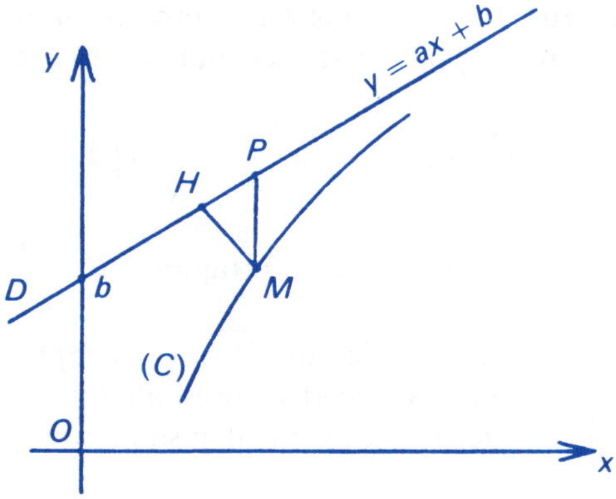

Figure 6.

C admet une asymptote oblique D d'équation $y = ax + b$, si la distance $\overline{MH}$ de M à D tend vers 0 lorsque M s'éloigne à l'infini sur C, il en est de *même de* $\overline{MP}$ et la pente de D est

$$a = \lim_{x \to \infty} \frac{f(x)}{x}.$$

Pour déterminer l'ordonnée à l'origine de D il suffit d'exprimer que

$$f(x) - ax - b$$

tend vers 0 lorsque $x \to \infty$*.

Exemple.

$$f(x) = \frac{3x^2 + x}{x + 1}$$

$$\frac{f(x)}{x} = \frac{3x^2 + x}{x^2 + x}$$

admet pour limite 3 lorsque $x \to \infty$.

$$f(x) - 3x - b = \frac{3x^2 + x}{x + 1} - 3x - b$$

$$= \frac{-2x}{x + 1} - b$$

$\frac{-2x}{x+1}$ tend vers -2 lorsque x tend vers l'infini donc $b = -2$.

Il est pratique de déterminer le développement limité $\frac{f(x)}{x}$ pour obtenir l'équation de l'asymptote oblique.

---

* Si $f(x) - ax \underset{x \to +\infty}{\to} \pm\infty$, C admet une branche parabolique de pente a.

Ce développement aura de plus l'avantage de nous renseigner sur la position de la courbe par rapport à son asymptote oblique éventuelle.

Dans un tel cas

$$\frac{f(x)}{x} = a + \frac{b}{x} + \frac{c}{x^2} + \frac{1}{x^2}\,\varepsilon\left(\frac{1}{x}\right)$$

donnera si $c \neq 0$, $\overline{PM} = f(x) - ax - b$ (fig. 6) $\overline{PM} \sim \frac{c}{x}$.

Si $c > 0$, la courbe est au-dessus de son asymptote pour $x \to +\infty$, et au-dessous pour $x \to -\infty$. Si $c < 0$ les résultats sont inverses.

Si $c = 0$, on pousse le développement jusqu'au premier terme non nul en $\frac{1}{x}$.

Une expression de la forme

$$f(x) = P(x) + \frac{a_1}{x} + \frac{a_2}{x^2} + \cdots + \frac{a_n}{x^n} + \mathrm{o}\left(\frac{1}{x^n}\right),$$

où $x \to \pm\infty$, et où P est un polynôme, est un « développement limité généralisé, au voisinage de l'infini ».

9. MARCHE A SUIVRE POUR L'ÉTUDE D'UNE FONCTION $x \to f(x)$ ET CONSTRUCTION DE SON GRAPHE

1° Chercher les valeurs de x pour lesquelles la fonction est définie.

2° Chercher les symétries éventuelles (fonction paire ou impaire ainsi que symétrie du graphe par rapport à la droite $y = x$). De telles symétries permettent de réduire de moitié l'intervalle d'étude de $f(x)$.

3° Déterminer le sens des variations de $f(x)$.

Pour cela le calcul de la dérivée est généralement le moyen utilisé :

si $f'(x) > 0$ pour $x \in [a, b] \Rightarrow f(x)$ est croissante sur $[a, b]$,

si $f'(x) = 0$ pour $x \in [a, b] \Rightarrow f(x)$ est constante sur $[a, b]$,

si $f'(x) < 0$ pour $x \in [a, b] \Rightarrow f(x)$ est décroissante sur $[a, b]$.

Il y a un extrémum de $f(x)$ si $f'(x)$ change de signe.

4° Tableau de variation.

Dresser un tableau résumant les différents résultats obtenus :

- on définit les intervalles où $f'(x)$ garde un signe constant,
- on indique le sens de variation de $f(x)$ par des flèches,

– on calcule les valeurs des maximums et des minimums (valeurs de $f(x)$ pour les valeurs de x qui annulent $f'(x)$).

On complète le tableau :

– en cherchant les limites de $f(x)$ aux bornes des intervalles et lorsque $x \to \pm \infty$

5° Construire les asymptotes parallèles aux axes ou obliques et les tangentes aux points remarquables. Préciser la position du graphe par rapport aux asymptotes.

6° Chercher, si ce n'est pas trop compliqué, les points d'inflexion.

7° Tracer le graphe en mettant à profit les éléments de symétrie ou la périodicité s'il y a lieu.

Résumé du chapitre 14

- **Théorème de Rolle.**

Si $f(x)$ définie et continue sur $[a, b]$, admet une dérivée $f'(x)$ sur $]a, b[$ et vérifie $f(a) = f(b) = 0$ il existe au moins une valeur $c \in]a, b[$ pour laquelle $f'(c) = 0$.

- **Théorème des accroissements finis.**

Si $f(x)$ définie et continue sur $[a, b]$ admet une dérivée $f'(x)$ sur $]a, b[$ il existe au moins une valeur $c \in]a, b[$ pour laquelle :

$$f(b) - f(a) = (b - a)\, f'(c).$$

- **Théorème des accroissements finis généralisé.**

Si $f(x)$ et $g(x)$ vérifient simultanément les conditions précédentes et si $g'(x)$ ne s'annule pas sur $]a, b[$, il existe une valeur $c \in]a, b[$ pour laquelle

$$\frac{f(b) - f(a)}{g(b) - g(a)} = \frac{f'(c)}{g'(c)}$$

• **Règle de L'Hospital.**

. Si $f(a) = g(a) = 0$ et si

$$\lim_{x \to a} \frac{f'(x)}{g'(x)} = l$$

alors

$$\lim_{x \to a} \frac{f(x)}{g(x)} = l$$

• **Formule de Taylor.**

Si $f(x)$ et ses n premières dérivées sont définies et continues $\forall x \in [a, b]$, et si $f^{(n+1)}(x)$ **est définie pour** $x \in]a, b[$, alors :

$$f(b) = f(a) + (b - a) f'(a) + \frac{(b-a)^2}{2!} f''(a) + \frac{(b-a)^3 f'''(a)}{3!} + \ldots$$

$$+ \frac{(b-a)^n}{n!} f^{(n)}(a) + \frac{(b-a)^{n+1}}{(n+1)!} f^{(n+1)}(c) \qquad (a < c < b)$$

• **Formule de Maclaurin.**

Les hypothèses étant les mêmes que ci-dessus et si $0 \in [a, b]$ on a :

$$f(x) = f(0) + \frac{x}{1!} f'(0) + \frac{x^2}{2!} f''(0) + \ldots$$

$$+ \frac{x^n}{n!} f^{(n)}(0) + \frac{x^{n+1}}{(n+1)!} f^{(n+1)}(\theta x) \qquad \text{avec} \qquad 0 < \theta < 1$$

Cette formule est utilisée pour établir le développement limité des fonctions usuelles :

• **Développements limités usuels.**

$$\frac{1}{1-x} = 1 + x + x^2 + \cdots + x^n + \circ(x^n)$$

$$\sin x = x - \frac{x^3}{3!} + \frac{x^5}{5!} + \cdots + (-1)^p \frac{x^{2p+1}}{(2p+1)!} + \circ(x^{2p+2})$$

$$\cos x = 1 - \frac{x^2}{2!} + \frac{x^4}{4!} + \ldots + (-1)^p \frac{x^{2p}}{(2p)!} + \circ(x^{2p+1})$$

$$e^x = 1 + \frac{x}{1!} + \frac{x^2}{2!} + \ldots + \frac{x^n}{n!} + \circ(x^n)$$

$$\ln(1+x) = x - \frac{x^2}{2} + \frac{x^3}{3} + \cdots + (-1)^{n-1}\frac{x^n}{n} + \circ(x^n)$$

$$(1+x)^m = 1 + mx + \frac{m(m-1)}{2\,!}x^2 + \ldots + \frac{m(m-1)\ldots(m-p+1)\,x^p}{p\,!} + \circ(x^p)$$

$$\operatorname{sh} x = x + \frac{x^3}{3\,!} + \frac{x^5}{5\,!} + \ldots + \frac{x^{2p+1}}{(2p+1)\,!} + \circ(x^{2p+2})$$

$$\operatorname{ch} x = 1 + \frac{x^2}{2\,!} + \frac{x^4}{4\,!} + \ldots + \frac{x^{2p}}{(2p)\,!} + \circ(x^{2p+1})$$

- **Développements limités qu'on calcule aisément à partir des précédents.**

$$\operatorname{tg} x = x + \frac{x^3}{3} + \frac{2}{15}x^5 + \circ(x^6)$$

$$\operatorname{th} x = x - \frac{x^3}{3} + \frac{2}{15}x^5 + \circ(x^6)$$

$$\operatorname{Arc\,sin} x = x + \frac{x^3}{6} + \frac{3}{8}\frac{x^5}{5} + \ldots + \frac{1.3.\cdots.(2n-1)}{2.4.\ldots.2n}\,\frac{x^{2n+1}}{2n+1} + \circ(x^{2n+2})$$

$$\operatorname{Arc\,tg} x = x - \frac{x^3}{3} + \frac{x^5}{5} - \ldots + (-1)^n\frac{x^{2n+1}}{2n+1} + \circ(x^{2n+2})$$

$$\operatorname{Arg\,sh} x = x - \frac{x^3}{6} + \frac{3}{8}\frac{x^5}{5} - \ldots + (-1)^n\,\frac{1.3.\cdots.(2n-1)}{2.4.\ldots.2n}\,\frac{x^{2n+1}}{2n+1} + \circ(x^{2n+2})$$

$$\operatorname{Arg\,th} x = x + \frac{x^3}{3} + \frac{x^5}{5} + \ldots + \frac{x^{2n+1}}{2n+1} + \circ(x^{2n+2})$$

- **Équivalence d'infiniments petits lorsque $x \to 0$.**

$$\left.\begin{array}{l}\sin x\\ \operatorname{tg} x\\ \operatorname{Arc}\sin x\\ \operatorname{Arc}\operatorname{tg} x\\ \operatorname{sh} x\\ \operatorname{th} x\\ \operatorname{Arg}\operatorname{sh} x\\ \operatorname{Arg}\operatorname{th} x\\ \ln(1+x)\end{array}\right\} \sim x$$

$$(1+x)^{\alpha} - 1 \sim \alpha x$$

$$\cos x - 1 \sim -\frac{x^2}{2}$$

$$e^x - 1 \sim x$$

- **Opérations sur les développements limités.**

Si $f(x) = A(x) + \circ(x^n)$

$g(x) = B(x) + \circ(x^n)$

La partie régulière de $f(x) + g(x)$ est $A(x) + B(x)$.

La partie régulière de $f(x).g(x)$ est le polynôme de degré n extrait du produit $A(x)\,B(x)$.

La partie régulière de $\dfrac{f(x)}{g(x)}$ est le quotient à l'ordre n de la division de $A(x)$ par $B(x)$, effectuée suivant les puissances croissantes.

Le développement limité de $f'(x)$ supposée indéfiniment dérivable, à l'ordre $n - 1$, s'obtient en dérivant celui de $f(x)$ à l'ordre n.

Le développement limité de la primitive F de $f(x)$ s'obtient en intégrant celui de $f(x)$ terme à terme, la constante d'intégration étant $F(0)$.

EXERCICES

ÉNONCÉS

■ **1.** Quel est le développement limité à l'ordre 3 de $y = (1+x)^{\frac{1}{x}}$ au voisinage de $x = 0$.

■ **2.** Quel est le développement limité à l'ordre 7 de :

$$y = (\cos x - 1)(\operatorname{sh} x - x) - (\operatorname{ch} x - 1)(\sin x - x)$$

au voisinage de $x = 0$?

■ **3.** Quel est le développement limité à l'ordre n de $y = \dfrac{x^2 + 1}{x^2 - 2x + 1}$ au voisinage de $x = 0$.

■ **4.** Développement limité à l'ordre 4 pour x tendant vers 1 de

$$y = \frac{\ln x}{x^2}$$

■ **5.** Limite de $y = \sqrt{x + \sqrt{x + \sqrt{x}}} - \sqrt{x}$ lorsque $x \to +\infty$.

■ **6.** Quelle est la limite lorsque x tend vers 0 de

$$\frac{a^x - b^x}{x}$$

■ **7.** Quelle est la limite de

$$y = \frac{e^{\frac{1}{x}} - \cos \frac{1}{x}}{1 - \sqrt{1 - \frac{1}{x^2}}}$$

lorsque x tend vers l'infini ?

■ **8.** Calculer la limite de $y = \dfrac{\ln \cos ax}{\ln \cos bx}$ lorsque $x \to 0$.

■ **9.** Limite de $y = (\cos x)^{\frac{1}{\sin^2 x}}$ lorsque x tend vers 0.

■ **10.** Limite pour $x = 0$ de $y = (1 + a \operatorname{tg}^2 x)^{\frac{1}{x \sin x}}$

■ **11.** Limite quand $x \to +\infty$ de

$$y = \left(\frac{a^{\frac{1}{x}} + b^{\frac{1}{x}} + c^{\frac{1}{x}}}{3}\right)^x \quad (a, b, c \text{ sont positifs}).$$

■ **12.** Limite de $y = (\text{th } x)^{\ln x}$ lorsque $x \to \infty$.

---

* ■ **13.** Limite pour $x \to +\infty$ de

$$y = \left[\frac{\ln (x+1)}{\ln x}\right]^{x \ln x}$$

■ **14.** Trouver la limite lorsque $x \to \frac{\pi}{4}$ de :

$$(\text{tg } x)^{\text{tg } 2x}$$

■ **15.** Limite de $y = \dfrac{\sin \frac{1}{x}}{e^{\frac{1}{x}} + 1}$ lorsque $x \to 0$.

■ **16.** Calculer la limite de $y = \dfrac{e^{\text{Arc sin } x} - e^{\sin x}}{e^{\text{Arc tg } x} - e^{\text{tg } x}}$ quand $x \to 0$.

■ **17.** Étudier les variations de la fonction

$$y = \sqrt{\frac{x^3}{x-2}}$$

---

* ■ **18.** Étudier la fonction

$$y = x^{\frac{x}{1-x}}. \quad \text{Graphe}$$

---

* ■ **19.** *a*) Démontrer, en utilisant une fonction auxiliaire, que si f est dérivable sur $[a, a + 2h]$ et admet une dérivée seconde sur $]a, a + 2h[$, on a :

$$f(a + 2h) - 2f(a + h) + f(a) = h^2 f''(a + 2\theta h),\ 0 < \theta < 1$$

b) Si on suppose en outre f'' et f''' continues en a et $f'''(a) \neq 0$, trouver $\lim\limits_{h \to 0} \theta(h)$.

■ **20.** Trouver $\lim\limits_{\infty} \left[x^2(e^{\frac{1}{x}} - e^{\frac{1}{x+1}}) \right]$.

---

* ■ **21.** Soit f la fonction définie par $f(x) = e^{-\frac{1}{x^2}}$ si $x \neq 0$, $f(0) = 0$.

Montrer qu'elle est dérivable sur $\mathbb{R}$ à tout ordre n, et déterminer $f'(0)$, $f''(0), \cdots f^{(n)}(0)$. Quel est son développement limité à l'ordre n ?

---

* ■ **22.** Etudier et représenter graphiquement la fonction $f_a(x) = (x + a)$ Arc tg x.

■ **23.** Trouver les limites quand $x \to -\infty$ et quand $x \to +\infty$ de la fonction

$$f(x) = x^3 \left(\text{Arc tg}\, x - \text{Arc cos}\, \frac{1}{x} \right)$$

■ **24.** Soit $f(x)$ une fonction définie, continue pourvue d'une dérivée $f'(x)$ décroissante et positive pour $x \geqslant 0$.

Etablir la double inégalité

$$f(x + 1) - f(x) < f'(x) < f(x) - f(x - 1) \qquad (1)$$

et en déduire que si $f(x)$ tend vers A lorsque x tend vers $+\infty$, $f'(x)$ tend vers 0.

---

* ■ **25.** f étant une fonction réelle dérivable sur $[a, b]$ et admettant une dérivée seconde sur $]a, b[$, montrer que $\forall\ x \in\ ]a, b[$ on peut trouver au moins un point $c \in\ ]a, b[$ vérifiant

$$f(x) - f(a) - \frac{f(b) - f(a)}{b - a}(x - a) = \frac{(x - a)(x - b)}{2} f''(c)$$

EXERCICES SUPPLÉMENTAIRES

■ 26. Déterminer a et b pour que la limite de

$$\frac{1}{\sin^3 x} - \frac{1}{x^3} - \frac{a}{x^2} - \frac{b}{x}$$

soit finie quand x tend vers 0.

■ 27. Quels sont les développements limités au voisinage de 0 de :

$$y_1 = \cos(\sin x) \text{ (à l'ordre 7)}$$

$$y_2 = \frac{\cos x}{1 + \sin^2 x} \text{ (à l'ordre 7)}$$

$$y_3 = \text{Arc tg}(\sin x) \text{ (à l'ordre 8)}$$

$$y_4 = \sin(\text{Arc tg } x) \text{ (à l'ordre 8)}$$

$$y_5 = (\cos x)^{\text{cotg} x} \text{ (à l'ordre 4)}$$

■ 28. ***Calculer***

$$\lim_{x \to \infty} \frac{\ln \dfrac{x+1}{x+2}}{\sin \dfrac{x+1}{x^2+2}}$$

$$\lim_{x \to 1} \frac{x^x - x}{1 - x + \ln x}$$

$$\lim_{x \to 0} \left(\frac{a^x + b^x}{2}\right)^{\frac{1}{x}}$$

$$\lim_{x \to 1} \left[(2 - x)^{\text{tg}\frac{\pi x}{2}}\right]$$

$$\lim_{x \to 0} \frac{(1 - \cos x)\,\text{Arc sin } x}{x \,\text{tg}^2 x}$$

$$\lim_{x \to 0} [\ln(1 + \sin x)]^{\sin x}$$

$$\lim_{x \to 0} \frac{\ln(1 + x^2)}{x \,\text{Arc tg } x}$$

Calculer

$$\lim_{x \to \infty} x^n e^{-x^2}$$

$$\lim_{x \to \infty} (x\sqrt{x}) \times \left(\sqrt{1 + \sqrt{1 + x^2}} - \sqrt{1 + x}\right)$$

$$\lim_{x \to \infty} x^2 \left[e^{\frac{1}{x}} - e^{\frac{1}{x+1}}\right]$$

$$\lim_{x \to 0} \frac{\ln(1 + x) - \sin x + 1 - \cos x}{\text{tg } x - x}$$

$$\lim_{x \to 0} (\cos x)^{\text{Log } x}$$

$$\lim_{x \to \frac{\pi}{6}} \frac{\text{Arc tg}(2 \sin x) - \dfrac{\pi}{4}}{\cos 3x}$$

$$\lim_{x \to 0} \frac{\sin^2 x - x \ln(1 + x)}{e^x + \cos x - \sin x - 2}$$

Calculer

$$\lim_{x\to 0} (\cos x + \sin x)^{\operatorname{cotg} x}$$

$$\lim_{x\to 0} \frac{1 - \operatorname{ch} x}{1 - \cos x}$$

$$\lim_{x\to 0} \frac{e^x - \cos x - x}{x - \ln(1 + x)}$$

$$\lim_{m\to 0} \frac{1}{m^2}\left(\frac{\sin mx}{\sin ml} - \frac{x}{l}\right)$$

Calculer

$$\lim_{x\to 0} \frac{x^2 - 1}{x} e^{\frac{1}{x}}$$

$$\lim_{x\to +\infty} e \, . \sqrt{x^2 - x + 1} - x\left(1 + \frac{1}{x}\right)^x$$

$$\lim_{x\to +\infty} x - \ln \operatorname{ch} x$$

$$\lim_{x\to 0} \frac{1}{x}\left[(1 + \operatorname{sh} x)^{\operatorname{cotg} x} - e\right]$$

SOLUTIONS

■ **1.**

$$y = e^{\frac{1}{x}\ln(1+x)}.$$

Au voisinage de l'origine

$$z = \frac{1}{x}\ln(1 + x) = \frac{1}{x}\left[x - \frac{x^2}{2} + \frac{x^3}{3} - \frac{x^4}{4} + \circ(x^4)\right]$$

$$= 1 - \frac{x}{2} + \frac{x^2}{3} - \frac{x^3}{4} + \circ(x^3)$$

$$= 1 + u$$

$$e^z = e \, . e^u$$

$$e^u = 1 + \left[-\frac{x}{2} + \frac{x^2}{3} - \frac{x^3}{4} + \circ(x^3)\right]$$

$$+ \frac{1}{2}\left[\frac{x^2}{4} - \frac{x^3}{3} + \circ(x^3)\right]$$

$$+ \frac{1}{6}\left[-\frac{x^3}{8} + \circ(x^3)\right]$$

$$e^u = 1 - \frac{x}{2} + \frac{11}{24}x^2 - \frac{7}{16}x^3 + \circ(x^3)$$

$$(1 + x)^{\frac{1}{x}} = e - \frac{ex}{2} + \frac{11}{24}ex^2 - \frac{7e}{16}x^3 + \circ(x^3)$$

■ **2.** A l'ordre 7 nous avons :

$$\text{sh}\, x - x = \frac{x^3}{3\,!} + \frac{x^5}{5\,!} + \frac{x^7}{7\,!} + \text{o}(x^7)$$

$$\sin x - x = -\frac{x^3}{3\,!} + \frac{x^5}{5\,!} - \frac{x^7}{7\,!} + \text{o}(x^7)$$

$$\cos x - 1 = -\frac{x^2}{2\,!} + \frac{x^4}{4\,!} - \frac{x^6}{6\,!} + \text{o}(x^7)$$

$$\text{ch}\, x - 1 = \frac{x^2}{2\,!} + \frac{x^4}{4\,!} + \frac{x^6}{6\,!} + \text{o}(x^7).$$

En effectuant les calculs, tous les termes de degré inférieur à 7 se réduisent. Seul reste le terme en x^7 : $\frac{x^7}{180}$.

Au voisinage de 0,

$$y = \frac{x^7}{180} + \text{o}(x^7)$$

■ **3.** Nous savons que, au voisinage de $x = 0$:

$$\frac{1}{1-x} = 1 + x + x^2 + x^3 + \dots + x^n + \text{o}(x^n).$$

$$\frac{1}{(1-x)^2} = \left(\frac{1}{1-x}\right)' = 1 + 2\,x + 3\,x^2 + \dots + (n+1)\,x^n, + \text{o}(x^n)$$

On en déduit le développement de y par multiplication par $1 + x^2$

$$y = (1 + x^2)\left[1 + 2\,x + 3\,x^2 + \dots + (n+1)\,x^n + \text{o}(x^n)\right]$$

$$= 1 + 2\,x + 4\,x^2 + 6\,x^3 + \dots + 2\,nx^n + \text{o}(x^n).$$

■ **4.** Posons $x - 1 = t$; t tend vers 0 lorsque $x \to 1$

$$y = \frac{\ln(1+t)}{(1+t)^2}$$

On peut donc développer $\ln(1+t)$:

$$\ln(1+t) = t - \frac{t^2}{2} + \frac{t^3}{3} - \frac{t^4}{4} + \text{o}(t^4).$$

Pour obtenir le développement limité de y, nous divisons suivant les puissances croissantes de t, le numérateur par le dénominateur (jusqu'à l'ordre 4).

$$
\begin{array}{r|l}
t - \dfrac{t^2}{2} + \dfrac{t^3}{3} - \dfrac{t^4}{4} & 1 + 2t + t^2 \\ \hline
- t - 2t^2 - t^3 & t - \dfrac{5}{2}t^2 + \dfrac{13}{3}t^3 - \dfrac{77}{12}t^4 \\ \hline
- \dfrac{5}{2}t^2 - \dfrac{2t^3}{3} - \dfrac{t^4}{4} & \\
+ \dfrac{5}{2}t^2 + 5t^3 + \dfrac{5}{2}t^4 & \\ \hline
\dfrac{13}{3}t^3 + \dfrac{9}{4}t^4 & \\
- \dfrac{13}{3}t^3 - \dfrac{26}{3}t^4 & \\ \hline
- \dfrac{77}{12}t^4 &
\end{array}
$$

et donc :

$$\frac{\ln x}{x^2} = (x-1) - \frac{5}{2}(x-1)^2 + \frac{13}{3}(x-1)^3 - \frac{77}{12}(x-1)^4 + 0\,[(x-1)^4].$$

■ **5.** Lorsque x tend vers l'infini y se présente sous la forme indéterminée $\infty - \infty$.

On peut écrire

$$y = \sqrt{x + \sqrt{x + \sqrt{x}}} - \sqrt{x} = \frac{\sqrt{x + \sqrt{x}}}{\sqrt{x + \sqrt{x + \sqrt{x}}} + \sqrt{x}}$$

Divisons par $\sqrt{x}$:

$$y = \frac{\sqrt{1 + \dfrac{1}{\sqrt{x}}}}{\sqrt{1 + \dfrac{\sqrt{x + \sqrt{x}}}{x}} + 1}$$

Lorsque $x \to \infty$

$$\frac{1}{\sqrt{x}} \to 0 \quad \text{et} \quad \frac{\sqrt{x + \sqrt{x}}}{x} = \frac{1}{\sqrt{x}}\sqrt{1 + \frac{1}{\sqrt{x}}} \to 0$$

la limite de y est donc $\dfrac{1}{2}$.

■ **6.** a^x peut s'écrire $e^{x\ln a}$

$$e^{x\ln a} = 1 + x\ln a + \circ(x)$$

$$\frac{a^x - b^x}{x} \sim \frac{1 + x\ln a - 1 - x\ln b}{x} = \ln a - \ln b$$

et la limite cherchée est $\ln \frac{a}{b}$.

■ **7.** Lorsque x tend vers l'infini, $\frac{1}{x}$ tend vers 0

$$e^{\frac{1}{x}} = 1 + \frac{1}{x} + \frac{1}{2\,x^2} + \circ\left(\frac{1}{x^2}\right)$$

$$\cos\frac{1}{x} = 1 - \frac{1}{2\,x^2} + \circ\left(\frac{1}{x^2}\right)$$

$$\sqrt{1 - \frac{1}{x^2}} = 1 - \frac{1}{2\,x^2} + \circ\left(\frac{1}{x^2}\right)$$

D'où

$$y \sim \frac{\frac{1}{x}}{\frac{1}{2\,x^2}} \quad \text{soit} \quad y \sim 2\,x$$

et tend vers l'infini.

■ **8.** Lorsque $x \to 0$, $\cos ax$ et $\cos bx$ tendent vers 1 et y se présente sous la forme indéterminée $\frac{0}{0}$.

Au voisinage de $u = 0$

$$\cos u = 1 - \frac{u^2}{2\,!} + \circ(u^2) = 1 + v$$

$$\ln\cos u = \ln(1 + v) \sim v \sim -\frac{u^2}{2\,!}.$$

On en conclut que $\ln\cos ax \sim -\frac{(ax)^2}{2\,!}$

et que $\ln\cos bx \sim -\frac{(bx)^2}{2\,!}$

et
$$y \sim \frac{-\dfrac{(ax)^2}{2\,!}}{-\dfrac{(bx)^2}{2\,!}} = \frac{a^2}{b^2}$$

Finalement
$$\lim_{x \to 0} \frac{\ln \cos ax}{\ln \cos bx} = \frac{a^2}{b^2}$$

■ **9.** Lorsque x tend vers 0, y se présente sous la forme indéterminée 1^∞.

$$\ln y = \frac{1}{\sin^2 x} \ln \cos x$$

Lorsque $x \to 0$, $\cos x \to 1$ et $\ln \cos x \sim \cos x - 1$

$$\ln y \sim \frac{1}{x^2} \cdot (\cos x - 1)$$

où
$$\ln y \sim \frac{1}{x^2} \cdot \left(-\frac{x^2}{2} \right)$$

et
$$\lim_{x \to 0} \ln y = -\frac{1}{2} \quad \text{ou} \quad \lim_{x \to 0} y = e^{-\frac{1}{2}} = \frac{1}{\sqrt{e}}$$

■ **10.** Pour $x = 0$, y se présente sous la forme 1^∞

$$\ln y = \frac{1}{x \sin x} \ln (1 + a \operatorname{tg}^2 x)$$

Au voisinage de 0, $\sin x \sim x$, $\operatorname{tg} x \sim x$ et $\ln (1 + a \operatorname{tg}^2 x) \sim ax^2$, d'où

$$\lim_{x \to 0} \ln y = a \quad \text{et} \quad \lim_{x \to 0} y = e^a$$

■ **11.** Lorsque $x \to +\infty$, y se présente sous la forme indéterminée 1^∞. Prenons les logarithmes :

$$\ln y = x \ln \left(\frac{a^{\frac{1}{x}} + b^{\frac{1}{x}} + c^{\frac{1}{x}}}{3} \right)$$

Or $a^{\frac{1}{x}} = e^{\frac{1}{x} \ln a}$ et l'on peut prendre un développement limité (à l'ordre 1) de cette quantité, puisque $\frac{1}{x}$ tend vers zéro

$$a^{\frac{1}{x}} = e^{\frac{1}{x} \ln a} = 1 + \frac{1}{x} \ln a + o\left(\frac{1}{x}\right)$$

on fait de même pour les deux autres termes et

$$\frac{a^{\frac{1}{x}} + b^{\frac{1}{x}} + c^{\frac{1}{x}}}{3} = \frac{3 + \frac{1}{x}(\ln a + \ln b + \ln c) + \circ\left(\frac{1}{x}\right)}{3} =$$

$$= 1 + \frac{1}{3\,x} \ln abc + \circ\left(\frac{1}{x}\right)$$

Donc

$$\ln y = x \ln\left[1 + \frac{1}{3\,x} \ln abc + \circ\left(\frac{1}{x}\right)\right]$$

$$= \frac{1}{3} \ln abc + \circ(1)$$

et

$$y \to \sqrt[3]{abc}.$$

■12. Lorsque x tend vers l'infini th $x \to 1$ et $\ln x \to \infty$, on est en présence d'une indétermination du type 1^∞.

$$\operatorname{th} x = \frac{e^x - e^{-x}}{e^x + e^{-x}} = \frac{1 - e^{-2x}}{1 + e^{-2x}} = 1 - \frac{2\,e^{-2x}}{1 + e^{-2x}}$$

$$\ln y = \ln x \,.\, \ln \operatorname{th} x$$

$$= \ln x \ln\left(1 - \frac{2\,e^{-2x}}{1 + e^{-2x}}\right) \sim \ln x \,.\left(\frac{-2\,e^{-2x}}{1 + e^{-2x}}\right)$$

$$\sim -\frac{2 \ln x}{e^{2x}}$$

Lorsque $x \to \infty$, cette quantité tend vers 0 : la limite de y est donc 1.

***■13.** Lorsque x tend vers l'infini y se présente sous la forme indéterminée $\left(\frac{\infty}{\infty}\right)^\infty$

$$\ln y = x \ln x \ln\left[\frac{\ln(x+1)}{\ln x}\right]$$

Le crochet tend manifestement vers 1. Mettons cela en évidence :

$$\frac{\ln(x+1)}{\ln x} = \frac{\ln\left[x\left(1 + \frac{1}{x}\right)\right]}{\ln x} = \frac{\ln x + \ln\left(1 + \frac{1}{x}\right)}{\ln x}$$

$$= 1 + \frac{\ln\left(1 + \frac{1}{x}\right)}{\ln x},$$

quantité qui tend effectivement vers 1, et donc

$$\ln y = x \ln x \,.\, \ln\left[1 + \frac{\ln\left(1 + \frac{1}{x}\right)}{\ln x}\right] \sim x \ln x \,.\, \frac{\ln\left(1 + \frac{1}{x}\right)}{\ln x}$$

et

$$\ln y \sim x \ln\left(1 + \frac{1}{x}\right) \sim x \times \frac{1}{x} = 1$$

et

$$y \to e$$

---

14. Faisons le changement de variable :

$$x = \frac{\pi}{4} - u.$$

On aura :

$$\operatorname{tg} x = \frac{1 - \operatorname{tg} u}{1 + \operatorname{tg} u}; \quad \operatorname{tg} 2x = \operatorname{cotg} 2u$$

On peut écrire d'autre part :

$$(\operatorname{tg} x)^{\operatorname{tg} 2x} = e^{\operatorname{tg} 2x \ln \operatorname{tg} x}$$

Et nous aurons donc à chercher la limite de l'expression

$$\operatorname{cotg} 2u \,.\, \ln\left(\frac{1 - \operatorname{tg} u}{1 + \operatorname{tg} u}\right)$$

lorsque $u \to 0$.

Or

$$\lim_{u \to 0} \frac{1 - \operatorname{tg} u}{1 + \operatorname{tg} u} = 1$$

On en déduit que, au voisinage de $u = 0$,

$$\ln\left(\frac{1 - \operatorname{tg} u}{1 + \operatorname{tg} u}\right) \sim \frac{1 - \operatorname{tg} u}{1 + \operatorname{tg} u} - 1 = -\frac{2 \operatorname{tg} u}{1 + \operatorname{tg} u}$$

et

$$\operatorname{cotg} 2u \,.\, \ln\left(\frac{1 - \operatorname{tg} u}{1 + \operatorname{tg} u}\right) \sim -\frac{2 \operatorname{tg} u}{\operatorname{tg} 2u} \cdot \frac{1}{1 + \operatorname{tg} u}$$

qui tend vers -1 lorsque $u \to 0$.

On en déduit aisément

$$\lim_{x \to \frac{\pi}{4}} (\operatorname{tg} x)^{\operatorname{tg} 2x} = \frac{1}{e}$$

■ **15.** Si $x \to 0$ par valeurs positives, $\frac{1}{x} \to +\infty$ et $e^{\frac{1}{x}} + 1 \to +\infty$ et puisque

$$\left|\sin \frac{1}{x}\right| \leqslant 1 \quad \lim_{x \to +0} y = 0$$

Si $x \to 0$ par valeurs négatives, $\frac{1}{x} \to -\infty$, $e^{\frac{1}{x}} \to 0$ et puisque $\sin \frac{1}{x}$ oscille entre -1 et $+1$, y n'a pas de limite.

■ **16.** Utilisons des développements limités à l'ordre 3 de e^u, Arc sin u, sin u, tg u et Arc tg u.

$$\text{Arc} \sin x = x + \frac{x^3}{6} + o(x^3)$$

$$e^u = 1 + \frac{u}{1!} + \frac{u^2}{2!} + \frac{u^3}{3!} + o(u^3)$$

et donc :

$$e^{\text{Arc}\sin x} = e^{x - \frac{x^3}{6} + o(x^3)} = 1 + \left(x + \frac{x^3}{6}\right) + \frac{1}{2!}\left(x + \frac{x^3}{6}\right)^2 + \frac{1}{3!}\left(x + \frac{x^3}{6}\right)^3 + o(x^3)$$

et

$$e^{\text{Arc}\sin x} = 1 + x + \frac{x^2}{2} + \frac{x^3}{3} + o(x^3)$$

De la même manière :

$$e^{\sin x} = e^{x - \frac{x^3}{6} + o(x^3)} = 1 + x + \frac{x^2}{2} + o(x^3)$$

$$e^{\text{Arc tg}\, x} = e^{x - \frac{x^3}{3} + o(x^3)} = 1 + x + \frac{x^2}{2} - \frac{x^3}{6} + o(x^3)$$

$$e^{\text{tg}\, x} = e^{x + \frac{x^3}{3} + o(x^3)} = 1 + x + \frac{x^2}{2} + \frac{x^3}{2} + o(x^3)$$

et donc

$$y = \frac{\frac{x^3}{3} + o(x^3)}{-\frac{x^3}{6} - \frac{x^3}{2} + o(x^3)} \sim \frac{\frac{x^3}{3}}{-\frac{2}{3}x^3} \to -\frac{1}{2}$$

■ **17.** Cette fonction est définie pour $\frac{x^3}{x-2} > 0$ soit pour $x(x-2) > 0$. L'intervalle de variation est donc $]-\infty, 0] \cup]2 + \infty[$.

La dérivée de $\sqrt{u}$ étant $\dfrac{u'}{2\sqrt{u}}$, nous aurons :

$$y' = \frac{(x-2)\,3\,x^2 - x^3}{2\,(x-2)^2\sqrt{\dfrac{x^3}{x-2}}} = \frac{x^2\,(x-3)}{(x-2)^2\sqrt{\dfrac{x^3}{x-2}}}$$

$y' > 0$ pour $x > 3$ et $y' < 0$ pour $x < 3$.

$y' = 0$ pour $x = 0$ et pour $x = 3$ $\left(\text{car } \lim_{x \to 0^-} \dfrac{x^2}{(-x)^{3/2}} = 0\right)$

Asymptotes.

Cherchons le développement limité au 2ᵉ ordre de $\dfrac{y}{x}$ quand $x \to \infty$.

$$\frac{y}{x} = \frac{|x|}{x}\sqrt{\frac{x}{x-2}} = \frac{|x|}{x}\left(1 - \frac{2}{x}\right)^{-1/2}$$

$$= \frac{|x|}{x}\left[1 + \frac{1}{x} + \frac{3}{2\,x^2} + o\left(\frac{1}{x^2}\right)\right]$$

Lorsque $x \to +\infty$, $y - (x+1) \sim \dfrac{3}{2\,x}$.

La courbe admet la droite $y = x + 1$ pour asymptote et $\dfrac{3}{2\,x} > 0$: la courbe est au-dessus de l'asymptote.

Lorsque $x \to -\infty$ $\quad y \sim -x - 1 - \dfrac{3}{2\,x}$.

La courbe admet la droite $y = -x - 1$ pour asymptote et $-\dfrac{3}{2\,x} > 0$: la courbe est au-dessus de son asymptote.

Enfin lorsque $x \to 2$ (par valeurs positives) $y \to +\infty$.

Tableau de variation.

x	$-\infty$		0	2		3		$+\infty$
y'		$-$		//////	$-$	0	$+$	
y	$+\infty$	$\searrow$	0	//////	$+\infty$ $\searrow$	$3\sqrt{3}$	$\nearrow$	$+\infty$

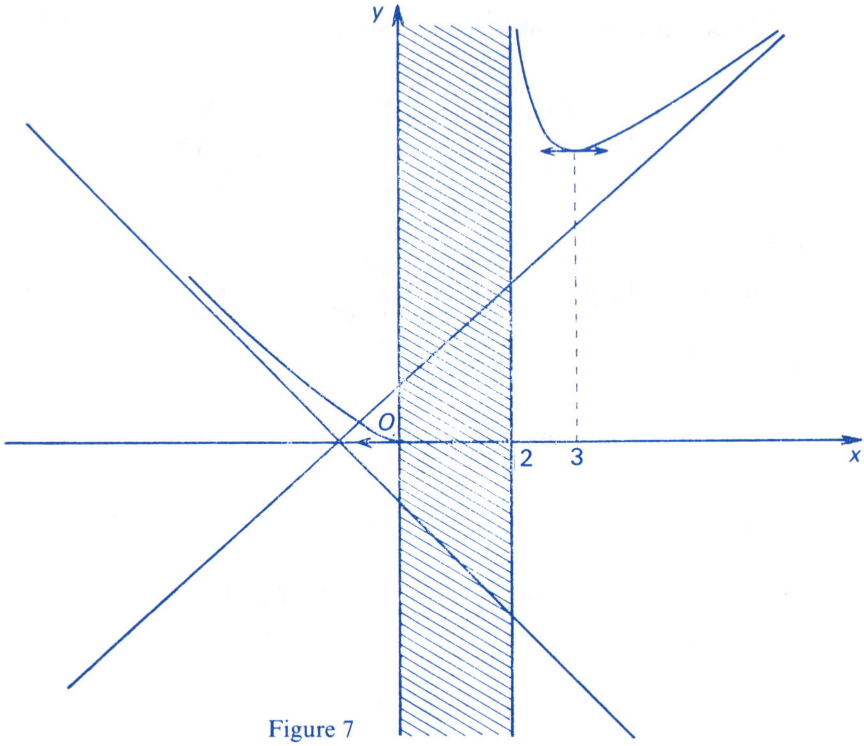

Figure 7

* **■ 18.** $y = e^{\frac{x}{1-x}\ln x}$ est définie pour $x > 0$ et $x \neq 1$.

On a

$$\frac{y'}{y} = \frac{1}{(1-x)^2}[\ln x + 1 - x]$$

y est positif. Le signe de y' n'apparaît pas clairement. C'est le signe de :

$$z(x) = \ln x + 1 - x$$

Étudions la fonction $z(x)$.

$$z'(x) = \frac{1}{x} - 1 = \frac{1-x}{x}$$

x	0		1		$+\infty$
z'	$+\infty$	+	0	−	
z	$-\infty$	↗	0	↘	$-\infty$

Le maximum de $z(x)$ étant nul, $z(x)$ est toujours négative (ou nulle), et donc y toujours décroissante.

Cherchons les *valeurs particulières* de y.

Lorsque $x \to 0$, $x \ln x \to 0$, et $y \to 1$.

Lorsque $x \to +\infty$

$$\frac{x}{1-x} \to -1 \qquad \text{et} \qquad \frac{x}{1-x} \cdot \ln x \to -\infty.$$

Donc $y \to 0$.

Lorsque $x \to 1_{+0}$ ou 1_{-0}, l'exposant de y se présente sous forme indéterminée $\frac{0}{0}$.

Posons $x = 1 + t$ (t tend vers zéro), et utilisons un développement limité au premier ordre

$$\frac{x}{1-x} \ln x = \frac{1+t}{-t} \ln(1+t) \sim \frac{1}{-t} \times t = -1$$

Donc

$$y \to e^{-1} = \frac{1}{e}.$$

Ce résultat est valable pour $x = 1_{+0}$ ou $x = 1_{-0}$. On ne peut à proprement parler dire que y est continue pour $x = 1$ (puisqu'elle n'est pas définie). Néanmoins la limite à droite et la limite à gauche sont égales. Nous pouvons prendre $y(1) = \frac{1}{e}$, et y sera une fonction continue pour $x > 0$.

D'où le tableau de variation :

x	0		1		$+\infty$
y'		$-$	‖	$-$	
y	1	↘	$\frac{1}{e}$ ‖ $\frac{1}{e}$	↘	0

Tangentes aux points remarquables.

Pour $x \to 0$ $\quad y' \to -\infty$.

Pour $x = 1$ y' se présente sous forme indéterminée $\frac{0}{0}$

$$y' = \frac{y}{(1-x)^2}[\ln x + 1 - x] \sim \frac{\frac{1}{e}}{(1-x)^2}[\ln x + 1 - x].$$

Posons $x = 1 + t$

$$y' \sim \frac{1}{et^2}[\ln(1+t) - t]$$

or

$$\ln(1+t) = t - \frac{t^2}{2} + 0(t^2)$$

$$y' \sim \frac{-\frac{t^2}{2}}{et^2} = -\frac{1}{2e}.$$

D'où le graphe

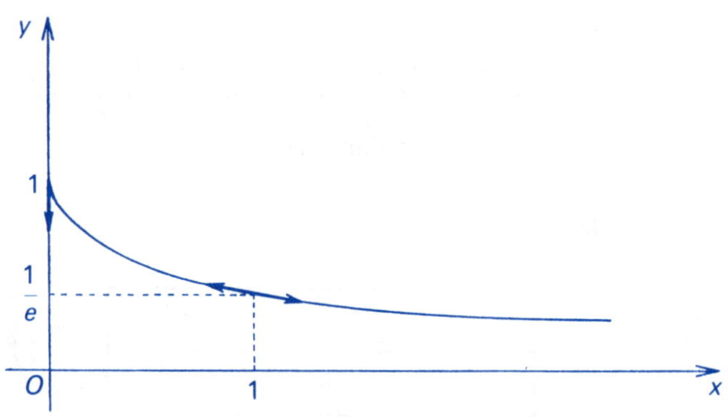

Figure 8

---

*■**19.** *a*) L'expression $A = f(a+2h) - 2f(a+h) + f(a) = f(a+2h) - f(a+h) - [f(a+h) - f(a)]$ peut encore s'écrire

$$A = \varphi(a+h) - \varphi(a), \quad \text{si l'on pose } \varphi(x) = f(x+h) - f(x)$$

φ satisfait aux hypothèses du théorème des accroissements finis, et on peut écrire

$$A = h\,\varphi'(a + \theta_1 h), \quad \theta_1 \in]0, 1[$$

Or $\varphi'(x) = f'(x + h) - f'(x)$, donc

$$A = h\,[f'(a + \theta_1 h + h) - f'(a + \theta_1 h)]$$

On peut encore appliquer à f' le théorème des accroissements finis :

$$A = h^2 f''(a + \theta_1 h + \theta_2 h), \quad \theta_2 \in]0, 1[$$

En posant $\theta_1 + \theta_2 = 2\,\theta \in]0, 2[$, donc $\theta \in]0, 1[$, on a bien

$$A = h^2 f''(a + 2\,\theta\, h)$$

b) Pour isoler θ, appliquons aux deux membres de la relation de l'énoncé la formule de Taylor, à l'ordre 3 pour le premier membre, à l'ordre 1 pour le second, on obtient :

$$f(a) + 2\,h f'(a) + \frac{(2\,h)^2}{2\,!} f''(a) + \frac{(2\,h)^3}{3\,!} f'''(a + 2\,\theta_3\, h)$$

$$- 2\left[f(a) + h f'(a) + \frac{h^2}{2\,!} f''(a) + \frac{h^3}{3\,!} f'''(a + \theta_4 h)\right] + f(a)$$

$$= h^2 f''(a) + h^2\, 2\,\theta\, h f'''(a + 2\,\theta\,\theta_5\, h),$$

où θ_3, θ_4, θ_5 sont donc des nombres de $]0, 1[$

Après simplification, il reste

$$\frac{4}{3} h^3 f'''(a + 2\,\theta_3\, h) - \frac{h^3}{3} f'''(a + \theta_4 h) = 2\,\theta\, h^3 f'''(a + 2\,\theta\,\theta_5\, h)$$

En supposant $h \neq 0$ et divisant par h^3, et isolant θ, on a

$$\theta = \frac{\frac{4}{3} f'''(a + 2\,\theta_3\, h) - \frac{1}{3} f'''(a + \theta_4 h)}{2 f'''(a + 2\,\theta\,\theta_5\, h)}$$

Quand $h \to 0$, f''' étant continue en a

$$\theta \underset{h \to 0}{\to} \frac{\frac{4}{3} f'''(a) - \frac{1}{3} f'''(a)}{2 f'''(a)} = \frac{1}{2}$$

(on a supposé $f'''(a) \neq 0$).

■20. Forme indéterminée $\infty \times 0$. Effectuons pour $f(x) = e \quad - e \quad$ un développement limité d'ordre 2 par rapport à $\frac{1}{x}$:

$$e^{\frac{1}{x}} = 1 + \frac{1}{x} + \frac{1}{2\,x^2} + \mathrm{o}\left(\frac{1}{x^2}\right)$$

En posant $x = \frac{1}{t}$, $t \to 0$, $e^{\frac{1}{x+1}} = e^{\frac{t}{1+t}} = e^{t(1-t+o(t))} = e^{t-t^2+o(t^2)}$

$$= 1 + t - t^2 + \frac{1}{2}t^2 + \circ(t^2) = 1 + \frac{1}{x} - \frac{1}{2x^2} + \circ\left(\frac{1}{x^2}\right)$$

d'où
$$f(x) \sim \frac{1}{2x^2}, \text{ et } \lim_{\infty} x^2 f(x) = \frac{1}{2}$$

---

*■**21.** Il est évident que f est indéfiniment dérivable sur $\mathbb{R}^*$. La question se pose donc pour $x = 0$. Quand $x \to 0$, $-\frac{1}{x^2} \to -\infty$ et $f(x) \to 0$, f est donc continue en 0.

Cherchons $\lim\limits_{0} \frac{f(x) - f(0)}{x} = \lim\limits_{0} \frac{1}{x} e^{-\frac{1}{x^2}} = \lim\limits_{+\infty} \frac{t}{e^{t^2}}$, ($f$ étant paire on peut raisonner pour $x > 0$).

Or $e^{t^2} > e^t$, et $\frac{e^{t^2}}{t} > \frac{e^t}{t}$ qui tend vers $+\infty$, donc $\frac{e^{t^2}}{t} \to +\infty$ et $\frac{t}{e^{t^2}} \to 0$.

Donc f est dérivable en 0, et $f'(0) = 0$.

Cherchons si f' est dérivable en 0.

$$f'(x) = \frac{2}{x^3} e^{-\frac{1}{x^2}}, \quad \text{pour} \quad x \neq 0,$$

et
$$\frac{f'(x) - f'(0)}{x} = \frac{2}{x^4} e^{-\frac{1}{x^2}} = \frac{2t^4}{e^{t^2}} \to 0$$

(comme ci-dessus), car $\frac{e^t}{t^4} \to +\infty$ donc $f''(0)$ existe et vaut 0.

On peut généraliser en démontrant tout d'abord par récurrence que, pour $x \neq 0$, $f^{(n)}(x) = P_n\left(\frac{1}{x}\right) e^{-\frac{1}{x^2}}$ P_n étant un polynôme. Supposons cette relation vraie à l'ordre n, alors

$$f^{(n+1)}(x) = -\frac{1}{x^2} P'_n\left(\frac{1}{x}\right) e^{-\frac{1}{x^2}} + P_n\left(\frac{1}{x}\right)\left(\frac{2}{x^3}\right) e^{-\frac{1}{x^2}} = P_{n+1}\left(\frac{1}{x}\right) e^{-\frac{1}{x^2}},$$

et P_{n+1} est bien un polynôme. On a bien $f^{(n)}(x) = P_n\left(\frac{1}{x}\right) e^{-\frac{1}{x^2}}$.

Si l'on fait alors une seconde hypothèse de récurrence $f^{(n)}(0) = 0$, on cherche

$$\lim_{0} \frac{f^{(n)}(x) - f^{(n)}(0)}{x} = \lim_{0} \frac{1}{x} P_n\left(\frac{1}{x}\right) e^{-\frac{1}{x^2}} = \lim_{+\infty} \frac{t\, P_n(t)}{e^{t^2}}$$

Cette limite est 0, car $\frac{e^{t^2}}{t^\alpha} > \frac{e^t}{t^\alpha}$ qui tend vers $+\infty$, $\forall\, \alpha$.

Il en résulte que, $\forall\, n \in \mathbb{N}$, $f^{(n)}(0) = 0$.

La formule de Maclaurin avec reste de Young donne alors

$$f(x) = x^n\, \varepsilon(x) = o\,(x^n), \quad \text{où } \varepsilon(x) \underset{x \to 0}{\to} 0$$

La partie régulière du développement obtenu est donc le polynôme nul, et $f(x)$ est, au voisinage de 0, en quelque sorte un « infiniment petit d'ordre infiniment grand ». Le lecteur pourra compléter cet exercice par l'étude de la fonction f et constater au voisinage de 0 un aplatissement très marqué. Par exemple $f(0, 1) = e^{-100}$, de l'ordre de 10^{-43}.

---

* ■**22.** Cette fonction est définie sur $\mathbb{R}$. On constate que $f_{-a}(-x) = f_a(x)$, les deux courbes C_a et C_{-a} représentatives de f_a et f_{-a} sont donc symétriques par rapport à Oy et on peut supposer que $a \geqslant 0$.

a) Etudions d'abord le cas $a = 0$, $f(x) = x$ Arc tg x.

Cette fonction est paire. $f'(x) = \text{Arc tg}\, x + \frac{x}{1 + x^2} > 0$ pour $x > 0$.

$$f'(0) = 0.$$

$$f(x) \underset{x \to +\infty}{\to} +\infty, \quad \frac{f(x)}{x} = \text{Arc tg}\, x \to \frac{\pi}{2}, \text{ et } f(x) - \frac{\pi}{2}x = x\left(\text{Arc tg}\, x - \frac{\pi}{2}\right)$$

En posant Arc tg $x = \frac{\pi}{2} - \alpha$, $\alpha \to 0^+$,

$$f(x) - \frac{\pi}{2}x = -\,\alpha \cot\!g\, \alpha = -\,\frac{\alpha}{\text{tg}\, \alpha} \to (-\,1)^+$$

et la courbe admet l'asymptote $y = \frac{\pi}{2}x - 1$, et se place au-dessus de l'asymptote.

Enfin

$$f''(x) = \frac{2}{1 + x^2} - \frac{2\,x^2}{(1 + x^2)^2} = \frac{2}{(1 + x^2)^2} > 0$$

La courbe C_0 s'en déduit.

b) Soit $a > 0$. $f'(x) = \text{Arc tg}\, x + \frac{x + a}{x^2 + 1}$, signe incertain....

Mais $f''(x) = \frac{1}{x^2 + 1} + \frac{x^2 + 1 - 2\,x\,(x + a)}{(x^2 + 1)^2} = \frac{2\,(1 - a\,x)}{(x^2 + 1)^2}$

$$f''(x) > 0 \text{ pour } x < \frac{1}{a},\; f''(x) < 0 \text{ pour } x > \frac{1}{a},\; f''\left(\frac{1}{a}\right) = 0.$$

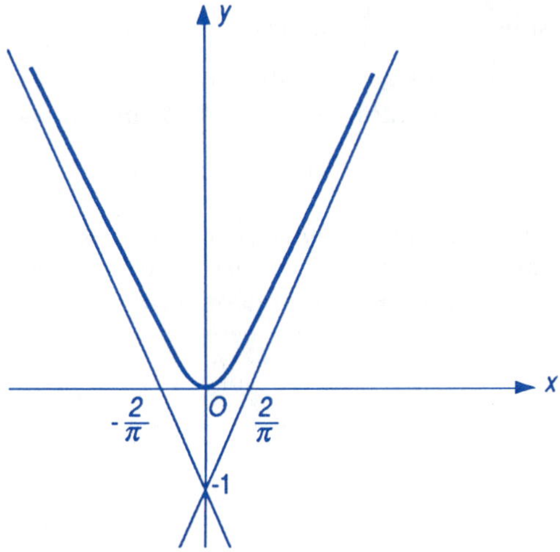

Figure 9

D'où un tableau de variation de f' :

x	$-\infty$		0		$\frac{1}{a}$		$+\infty$
$f'(x)$	$-\frac{\pi}{2}$	$\nearrow$	a	$\nearrow$	μ	$\searrow$	$\frac{\pi}{2}$

Il en résulte que f' s'annule pour une valeur $x = \alpha < 0$. Plus précisément comme $f(0) = f(-a) = 0$, le théorème de Rolle montre que $-a < \alpha < 0$. Pour a quelconque on ne peut en dire plus.

Pour $x \to +\infty$, écrivons

$$f(x) = (x + a)\left(\frac{\pi}{2} - \operatorname{Arc\,tg}\frac{1}{x}\right) = (x + a)\left(\frac{\pi}{2} - \frac{1}{x} + \circ\left(\frac{1}{x^2}\right)\right)$$

$$= \frac{\pi}{2}x + \frac{\pi}{2}a - 1 - \frac{a}{x} + \circ\left(\frac{1}{x}\right)$$

Ceci implique une asymptote $y = \frac{\pi}{2}x + \frac{\pi}{2}a - 1$, et le terme $-\frac{a}{x} < 0$ montre que la courbe est au-dessous de l'asymptote.

Pour $x \to -\infty$, posons $x = -t$, $t \to +\infty$,

$$f(x) = (-t+a)\left(-\frac{\pi}{2} + \operatorname{Arc\,tg}\frac{1}{t}\right) = (-t+a)\left(-\frac{\pi}{2} + \frac{1}{t} + o\left(\frac{1}{t^2}\right)\right)$$

$$= \frac{\pi}{2}t - \frac{\pi}{2}a - 1 + \frac{a}{t} + o\left(\frac{1}{t}\right)$$

$$= -\frac{\pi}{2}x - \frac{\pi}{2}a - 1 - \frac{a}{x} + o\left(\frac{1}{x}\right)$$

d'où une asymptote $y = -\frac{\pi}{2}x - \frac{\pi}{2}a - 1$, le terme $-\frac{a}{x} > 0$ montrant que la courbe est au-dessus de l'asymptote.

Compte tenu du point d'inflexion $x = \frac{1}{a}$, la courbe a l'allure suivante (on a pris $a \simeq 2$)

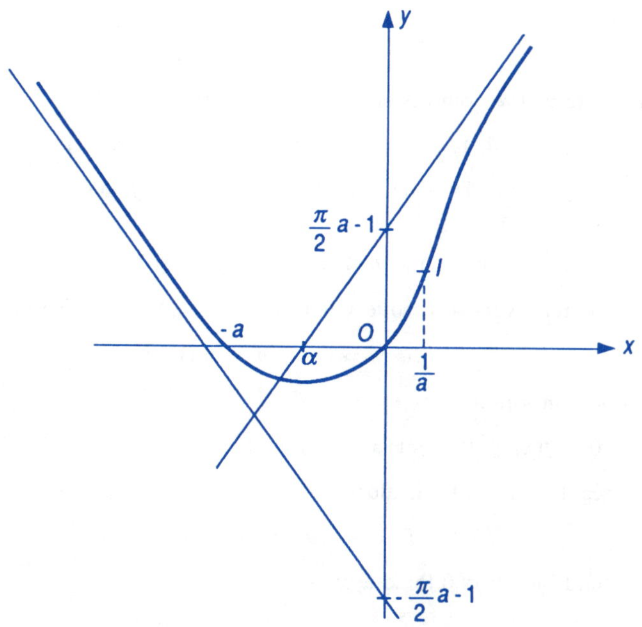

Figure 10

■23. Quand $x \to -\infty$, $x^3 \to -\infty$, Arc tg $x \to -\frac{\pi}{2}$, Arc cos $\frac{1}{x} \to \frac{\pi}{2}$ et $f(x) \to +\infty$.

Quand $x \to +\infty$, $x^3 \to +\infty$, Arc tg $x \to \frac{\pi}{2}$, Arc cos $\frac{1}{x} \to \frac{\pi}{2}$, indétermination.

Posons $x = \frac{1}{t}$, $t \to 0^+$, $f(x) = \frac{1}{t^3}\left(\text{Arc tg}\,\frac{1}{t} - \text{Arc cos}\,t\right)$. La limite sera connue si nous effectuons un développement limité d'ordre 3 de Arc tg $\frac{1}{t}$ − Arc cos t. Or, puisque $t > 0$,

$$\text{Arc tg}\,\frac{1}{t} = \frac{\pi}{2} - \text{Arc tg}\,t = \frac{\pi}{2} - t + \frac{t^3}{3} + \text{o}\,(t^3)$$

$$\text{Arc cos}\,t = \frac{\pi}{2} - \text{Arc sin}\,t = \frac{\pi}{2} - t - \frac{t^3}{6} + \text{o}\,(t^3)$$

$$\text{Arc tg}\,\frac{1}{t} - \text{Arc cos}\,t = \frac{t^3}{2} + \text{o}\,(t^3) \sim \frac{t^3}{2}, \quad \text{et } f(x) \underset{+\infty}{\to} \frac{1}{2}$$

■24. Il existe α et α' compris entre 0 et 1 tels que :

$$f(x) - f(x-1) = f'(x-1+\alpha) > f'(x)$$

$$f(x+1) - f(x) = f'(x+\alpha') < f'(x)$$

D'où :

$$f(x+1) - f(x) < f'(x) < f(x) - f(x-1)$$

Si $f(x)$ tend vers A lorsque x tend vers $+\infty$, $\forall\, \varepsilon > 0$, $\exists\, x_0$ tel que :

$$x > x_0 \Rightarrow 0 < |A - f(x)| < \varepsilon$$

Mais alors, on a pour $x > x_0 + 1$:

$$0 < f(x) - f(x-1) \leqslant |f(x) - A| + |A - f(x-1)| < 2\,\varepsilon$$

L'inégalité (1) entraîne alors :

$$0 < f'(x) < 2\,\varepsilon \quad \text{pour } x > x_0 + 1$$

et $f'(x)$ tend bien vers 0 lorsque $x \to +\infty$.

***■25.** Posons $\varphi(x) = f(x) - f(a) - \dfrac{f(b) - f(a)}{b - a}(x - a) - \dfrac{(x-a)(x-b)}{2}\lambda$, $\lambda \in \mathbb{R}$.

Soit $x_0 \in]a, b[$. Définissons λ par :

$$\varphi(x_0) = f(x_0) - f(a) - \frac{f(b) - f(a)}{b - a}(x_0 - a) - \frac{(x_0 - a)(x_0 - b)}{2}\lambda = 0$$

On a

$$\varphi(x_0) = \varphi(a) = \varphi(b) = 0$$

φ est continue sur $[a, x_0]$ et est dérivable sur $[a, x_0]$.

D'après le théorème de Rolle

$$\exists\, c_1 \in]a, x_0[\quad \text{tel que} \quad \varphi'(c_1) = 0$$

De même $\exists\, c_2 \in]x_0, b[$ tel que $\varphi'(c_2) = 0$.

Or

$$\varphi'(x) = f'(x) - \frac{f(b) - f(a)}{b - a} - \lambda\left(x - \frac{a + b}{2}\right)$$

f admettant une dérivée seconde, il en est de même de φ, et puisque $\varphi'(c_1) = \varphi'(c_2) = 0$ il existe donc $c \in]c_1, c_2[$ vérifiant $\varphi''(c) = 0$.

$$\varphi''(c) = f''(c) - \lambda = 0$$

qui conduit donc à

$$f(x) - f(a) - \frac{f(b) - f(a)}{b - a}(x - a) = \frac{(x - a)(x - b)}{2} f''(c), \; c \in]a, b[$$

EXERCICES SUPPLÉMENTAIRES

■ 26. Réponse : $a = 0 \quad b = \frac{1}{2}$

■ 27. Réponses :

$$\cos(\sin x) = 1 - \frac{x^2}{2} + \frac{5x^4}{24} - \frac{37}{720}x^6 + o(x^7)$$

$$\frac{\cos x}{1 + \sin^2 x} = 1 - \frac{3x^2}{2} + \frac{15}{8}x^4 - \frac{581}{240}x^6 + o(x^7)$$

$$\sin(\text{Arc tg}\, x) = x - \frac{x^3}{2} + \frac{3x^5}{8} - \frac{5}{16}x^7 + o(x^8)$$

$$\text{Arc tg}(\sin x) = x - \frac{x^3}{2} + \frac{3x^5}{8} - \frac{83}{240}x^7 + o(x^8)$$

$$(\cos x)^{\text{cotg}\, x} = 1 - \frac{x}{2} + \frac{x^2}{8} + \frac{x^3}{16} - \frac{5x^4}{128} + o(x^4)$$

■ **28.** ***Calculer*** — ***Réponses***

Calculer	type de l'indétermination	résultat
$\lim_{x\to\infty} \dfrac{\ln \frac{x+1}{x+2}}{\sin \frac{x+1}{x^2+2}}$	$\frac{0}{0}$	-1
$\lim_{x\to 1} \dfrac{x^x - x}{1 - x + \ln x}$	$\frac{0}{0}$	-2
$\lim_{x\to 0} \left(\dfrac{a^x + b^x}{2}\right)^{\frac{1}{x}}$	1^∞	$\sqrt{ab}$
$\lim_{x\to 1} \left[(2-x)^{\operatorname{tg}\frac{\pi x}{2}}\right]$	1^∞	$e^{\frac{2}{\pi}}$
$\lim_{x\to 0} \dfrac{(1-\cos x)\operatorname{Arc\,sin} x}{x \operatorname{tg}^2 x}$	$\frac{0}{0}$	$\frac{1}{2}$
$\lim_{x\to 0} [\ln(1+\sin x)]^{\sin x}$	0^0	1
$\lim_{x\to 0} \dfrac{\ln(1+x^2)}{x \operatorname{Arc\,tg} x}$	$\frac{0}{0}$	1
$\lim_{x\to 0} (\cos x + \sin x)^{\operatorname{cotg} x}$	1^∞	e
$\lim_{x\to 0} \dfrac{1-\operatorname{ch} x}{1-\cos x}$	$\frac{0}{0}$	-1
$\lim_{x\to 0} \dfrac{e^x - \cos x - x}{x - \ln(1+x)}$	$\frac{0}{0}$	2
$\lim_{m\to 0} \dfrac{1}{m^2}\left(\dfrac{\sin mx}{\sin ml} - \dfrac{x}{l}\right)$	$\infty \, . \, 0$	$\frac{x}{6l}(l^2 - x^2)$

Calculer	*Réponses* — *type de l'indétermination*	*Réponses* — *résultat*
$\lim\limits_{x \to \infty} x^n e^{-x^2}$	$\infty . 0$	0
$\lim\limits_{x \to \infty} (x\sqrt{x}) \times (\sqrt{1 + \sqrt{1 + x^2}} - \sqrt{1 + x})$	$\infty - \infty$	$\frac{1}{4}$
$\lim\limits_{x \to \infty} x^2 [e^{\frac{1}{x}} - e^{\frac{1}{x+1}}]$	$\infty . 0$	1
$\lim\limits_{x \to 0} \dfrac{\ln(1 + x) - \sin x + 1 - \cos x}{\operatorname{tg} x - x}$	$\frac{0}{0}$	$\frac{3}{2}$
$\lim\limits_{x \to 0} (\cos x)^{\ln x}$	1^{∞}	1
$\lim\limits_{x \to \frac{\pi}{6}} \dfrac{\operatorname{Arc\,tg}(2 \sin x) - \frac{\pi}{4}}{\cos 3x}$	$\frac{0}{0}$	$-\dfrac{1}{2\sqrt{3}}$
$\lim\limits_{x \to 0} \dfrac{\sin^2 x - x \ln(1 + x)}{e^x + \cos x - \sin x - 2}$	$\frac{0}{0}$	$\frac{3}{2}$
$\lim\limits_{x \to 0} \dfrac{x^2 - 1}{x} e^{\frac{1}{x}}$	$\frac{\infty}{\infty}$	$\begin{cases} 0 & \text{si } x \to -0 \\ -\infty & \text{si } x \to +0 \end{cases}$
$\lim\limits_{x \to +\infty} e . \sqrt{x^2 - x + 1} - x\left(1 + \dfrac{1}{x}\right)^x$	$\infty - \infty$	0
$\lim\limits_{x \to +\infty} x - \ln \operatorname{ch} x$	$\infty - \infty$	$\ln 2$
$\lim\limits_{x \to 0} \dfrac{1}{x}[(1 + \operatorname{sh} x)^{\operatorname{cotg} x} - e]$	$\frac{0}{0}$	$-\frac{e}{2}$

CHAPITRE 15

INTÉGRATION D'UNE FONCTION D'UNE VARIABLE

L'objet du calcul intégral est la détermination des fonctions dont on connaît la dérivée ou la différentielle. C'est également la détermination de la limite d'une somme de quantités infiniment petites dont le nombre augmente indéfiniment. En étudiant l'intégrale de Riemann, nous allons voir que ces deux problèmes, en apparence distincts, se ramènent bien l'un à l'autre.

1. INTÉGRALE DE RIEMANN

a) Supposons tout d'abord la fonction f continue et non décroissante sur $[a, b]$ (ce qui inclut le cas où f présente un « palier », c'est-à-dire reste constante sur une partie $[\alpha, \beta]$ de $[a, b]$), et telle que $f(a) \geqslant 0$, donc aussi $f(b) \geqslant 0$.

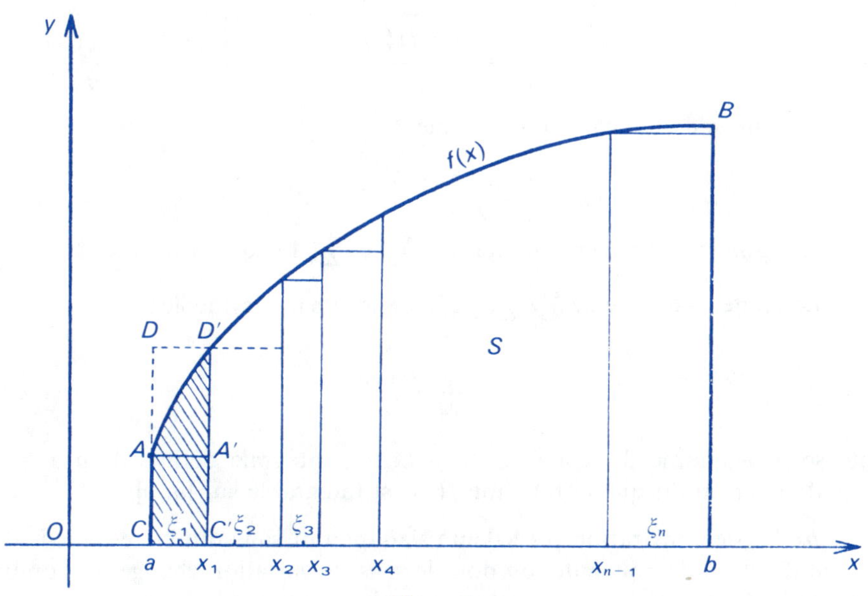

Figure 1.

Divisons l'intervalle $[a, b]$ en n intervalles par les points $x_1, x_2, \ldots, x_n = b$ et considérons les deux sommes :

$$\sum_n = (x_1 - a)\, f(a) + (x_2 - x_1)\, f(x_1) + \ldots + (x_n - x_{n-1})\, f(x_{n-1})$$

et $$\sum_n' = (x_1 - a)\, f(x_1) + (x_2 - x_1)\, f(x_2) + \ldots + (x_n - x_{n-1})\, f(x_n).$$

Le terme $(x_1 - a)\, f(a)$ représente l'aire σ_1 du rectangle $AA'C'C$.

Le terme $(x_1 - a)\, f(x_1)$ représente l'aire σ_1' du rectangle $DD'C'C$.

Si le nombre des intervalles élémentaires augmente indéfiniment, la mesure de chacun d'eux tendant vers 0, nous allons vérifier que $\sum_n' - \sum_n \to 0$.

$$\sum_n' - \sum_n = (x_1 - a)\,[f(x_1) - f(a)] + (x_2 - x_1)\,[f(x_2) - f(x_1)] + \ldots + (x_n - x_{n-1})\,[f(x_n) - f(x_{n-1})].$$

Désignons par U le plus grand des intervalles partiels

$$x_1 - a, x_2 - x_1, \ldots, x_n - x_{n-1}.$$

$$\sum_n' - \sum_n \leqslant U\,.\,[f(b) - f(a)].$$

Lorsque n tend vers l'infini $U \to 0$ et $\sum_n' - \sum_n \to 0$: or $\sum_n < S < \sum_n'$, si S est l'aire du domaine $a \leqslant x \leqslant b$, $0 \leqslant y \leqslant f(x)$. Donc $\sum_n$ et $\sum_n' \to S$.

Soit maintenant $\xi_1, \xi_2, \ldots, \xi_n$ n valeurs quelconques appartenant respectivement aux intervalles $x_1 - a$, $x_2 - x_1$, $\ldots$, $x_n - x_{n-1}$. La somme :

$$\boxed{S_n = (x_1 - a)\, f(\xi_1) + (x_2 - x_1)\, f(\xi_2) + \ldots + (x_n - x_{n-1})\, f(\xi_n)}$$

appelée somme de Riemann, est telle que :

$$\sum_n < S_n < \sum_n'.$$

Elle admet donc même limite que $\sum_n$ et $\sum_n'$ lorsque n tend vers l'infini.

La limite commune de $\sum_n'$, $\sum_n$, S_n se désigne par le symbole :

$$S = \int_a^b f(x)\, dx$$

qui se lit « somme de a à b de $f(x)$ dx, ou intégrale définie de a à b de $f(x)$ dx », et on dit que la fonction $f(x)$ est intégrable sur $[a, b]$.

b) La démonstration précédente s'adapterait sans difficulté dans le cas d'une fonction décroissante, ou dont le sens de variation change un nombre fini de fois ou encore qui ne reste pas positive sur $[a, b]$.

L'intégrale $\int_a^b f(x)\,dx$ se trouve ainsi définie pour toute fonction f continue sur $[a, b]$.

c) Envisageons maintenant le cas d'une fonction présentant sur $[a, b]$ un nombre fini de discontinuités de première espèce (limites finies distinctes à droite et à gauche d'un tel point) : une telle fonction est dite « continue par morceaux ». S'il y a un seul point de discontinuité, soit c, une somme de Riemann pourra s'écrire :

$$S_n = (x_1 - a) f(\xi_1) + (x_2 - a) f(\xi_2) + \cdots$$
$$+ (x_p - x_{p-1}) f(\xi_p) + \cdots + (x_n - x_{n-1}) f(\xi_n) \qquad (1)$$

où $x_{p-1} < c \leqslant x_p$, $\xi_p \in [x_{p-1}, x_p]$, $\xi_p \neq c$ (fig. 2).

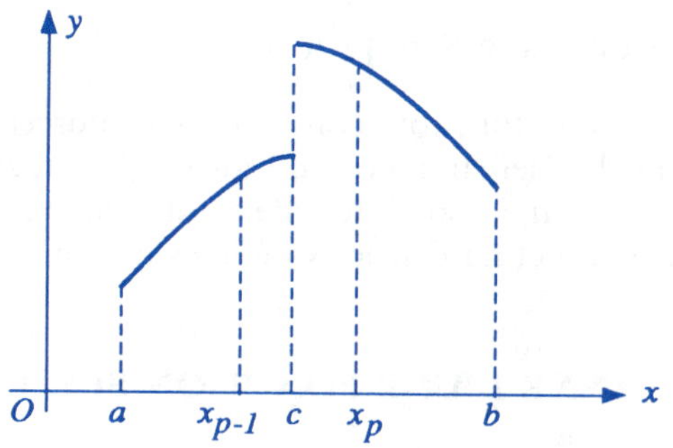

Figure 2.

Quand chacune des différences $x_k - x_{k-1}$, tend vers 0, le terme $(x_p - x_{p-1})\,f(\xi_p)$ tend vers 0 et sa suppression n'altère pas la limite de S_n, laquelle est égale à $\int_a^{c^-} f(x)\,dx + \int_{c+}^b f(x)\,dx$, si nous posons $f(c^-) = \lim_{x \to c^-} f(x), f(c^+) = \lim_{x \to c^+} f(x)$.

Nous écrirons par définition

$$\int_a^{c^-} f(x)\,dx + \int_{c^+}^b f(x)\,dx = \int_a^b f(x)\,dx$$

En répétant éventuellement l'opération en d'autres points de discontinuité, on voit que l'expression $\int_a^b f(x)\,dx$ est définie pour toute fonction f

continue par morceaux sur $[a, b]$. Un cas particulier d'une telle fonction est celui d'une fonction en escalier, c'est-à-dire constante sur chacun de q intervalles $]x_{k1}, x_k[$ constituant une subdivision de $[a, b]$.

Notons qu'il importe peu de savoir si f est définie ou non, et quelle est sa valeur, en un point de discontinuité, puisque la valeur de $f(\xi_p)$ n'influe pas sur la limite de S_n. Ainsi deux fonctions f et g, égales « presque partout » sur $[a, b]$, c'est-à-dire partout sauf en un nombre fini de points, ont même intégrale sur $[a, b]$.

On introduit aussi les « sommes de Darboux » $\sum_{k=1}^{n} (x_k - x_{k-1})\, m_k$ et $\sum_{k=1}^{n} (x_k - x_{k-1})\, M_k$, où m_k et M_k désignent le minimum et le maximum de f sur l'intervalle $[x_{k-1}, x_k]$. Pour une fonction continue par morceaux, ces deux sommes encadrent toute somme de Riemann S_n relative au même partage, et comme leur différence tend vers 0 pour $n \to \infty$, elles ont toutes deux pour limite celle de S_n, c'est-à-dire $S = \int_a^b f(x)\,\mathrm{d}x$.

En définitive toute fonction continue par morceaux sur $[a, b]$ est « intégrable au sens de Riemann » (on dit aussi « R-intégrable », ou simplement « intégrable ») sur $[a, b]$, son intégrale étant la limite commune de toutes les sommes de Riemann et de Darboux définies plus haut.

2. VALEUR MOYENNE D'UNE FONCTION SUR UN INTERVALLE $[a, b]$

On appelle valeur moyenne d'une fonction, sur un intervalle $[a, b]$ la quantité

$$\boxed{\mu = \frac{1}{b-a} \int_a^b f(x)\,\mathrm{d}x} \qquad (1)$$

Si m et M désignent la borne inférieure et la borne supérieure de $f(x)$ sur $[a, b]$, les valeurs $f(x_i)$ qui interviennent dans les deux sommes précédentes $\sum_n$ et $\sum_n'$ sont comprises entre m et M :

$$m \leqslant f(x_i) \leqslant M$$

$\sum_n$ et $\sum_n'$ sont donc comprises entre $m\,(b-a)$ et $M\,(b-a)$ et il en est de même de leur limite commune :

$$\int_a^b f(x)\,\mathrm{d}x$$

$$m\,(b-a) < \int_a^b f(x)\,\mathrm{d}x < M\,(b-a).$$

Divisons par $b - a$ les termes de cette double inégalité, nous obtenons :

$$m < \frac{1}{b-a} \int_a^b f(x)\,\mathrm{d}x < M$$

ou

$$\boxed{m < \mu < M} \tag{2}$$

D'autre part si $f(x)$ est continue sur $[a, b]$ il existe une valeur c de x comprise entre a et b et telle que :

$$\mu = f(c) \tag{3}$$

L'interprétation géométrique de la valeur moyenne d'une fonction sur un intervalle $[a, b]$ est immédiate.

Supposons pour fixer les idées $f(x) > 0$ sur $[a, b]$. L'aire du rectangle $ABCD$ de côtés $AB = b - a$ et $AD = \mu$ est égale à l'aire hachurée de la figure 3.

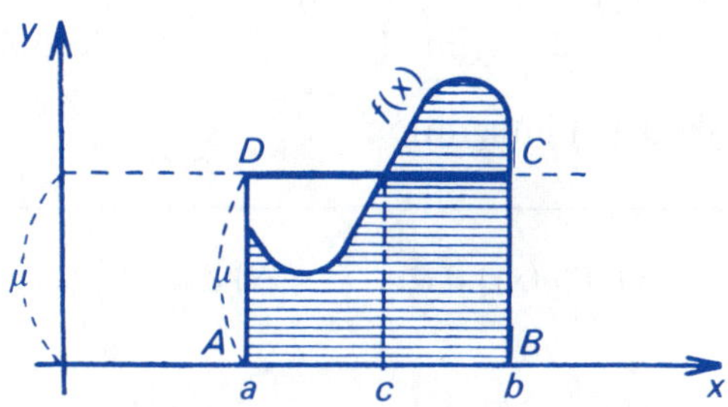

Figure 3.

Application au calcul des limites de certaines suites

Si on partage $[a, b]$ en n intervalles égaux par des points $x_0 = a$, $x_1, x_2, \cdots, x_n = b$, on a

$$x_k - x_{k-1} = \frac{b-a}{n}, x_k = a + k\frac{b-a}{n}$$

et si en outre on prend $\xi_k = x_k$, on obtient une somme de Riemann $S_n = \frac{b-a}{n} \sum_{k=1}^{n} f\left(a + k\frac{b-a}{n}\right)$ qui a pour limite $S = (b - a)\,\mu$, de sorte que

$$\mu = \lim_{n \to \infty} \frac{1}{n} \sum_{k=1}^{n} f\left(a + k\frac{b-a}{n}\right)$$

Le terme général de la suite concernée est

$$u_n = \frac{f(x_1) + f(x_2) + \cdots + f(x_n)}{n}$$

moyenne arithmétique des valeurs de f en n points échelonnés en progression arithmétique de a à b.

En fait on peut toujours, par un choix convenable de la fonction f, se ramener à l'intervalle [0, 1], et retenir la formule, d'usage fréquent :

$$\boxed{\lim_{n \to \infty} \frac{1}{n} \sum_{k=1}^{n} f\left(\frac{k}{n}\right) = \int_0^1 f(x)\, \mathrm{d}x}$$

La limite est évidemment la même pour $\frac{1}{n} \sum_{k=0}^{n-1} f\left(\frac{k}{n}\right)$ et $\frac{1}{n} \sum_{k=0}^{n} f\left(\frac{k}{n}\right)$.

3. PROPRIÉTÉS GÉNÉRALES DE L'INTÉGRALE DÉFINIE

a) De la définition du symbole $\int_a^b f(x)\, \mathrm{d}x$ découlent les propriétés traduisant la linéarité de l'intégration.

$$\int_a^b [f(x) + g(x)]\, \mathrm{d}x = \int_a^b f(x)\, \mathrm{d}x + \int_a^b g(x)\, \mathrm{d}x$$

$$\int_a^b \lambda f(x)\, \mathrm{d}x = \lambda \int_a^b f(x)\, \mathrm{d}x$$

où λ est une constante.

b) Si $f(x) > 0$ sur l'intervalle $[a, b]$ $(a < b)$

$$\int_a^b f(x)\, \mathrm{d}x$$

est positive.

En effet si $f(x) > 0$, tous les termes des sommes $\sum_n$ et $\sum'_n$ sont positifs.

c) Si pour toute valeur de l'intervalle $[a, b]$, $f(x) < g(x)$, alors :

$$\int_a^b f(x)\, \mathrm{d}x < \int_a^b g(x)\, \mathrm{d}x.$$

En effet :

$$\int_a^b g(x)\,\mathrm{d}x - \int_a^b f(x)\,\mathrm{d}x = \int_a^b [g(x) - f(x)]\,\mathrm{d}x$$

sera positive puisque $g(x) - f(x) > 0$.

d) Si on permute les bornes de l'intervalle $[a, b]$, les accroissements $\Delta x = x_{k+1} - x_k$ changent de signe dans $\sum_n$ et $\sum'_{n'}$, donc :

$$\boxed{\int_a^b f(x)\,\mathrm{d}x = -\int_b^a f(x)\,\mathrm{d}x}$$

e) Supposons que c soit un nombre fixe compris entre a et b. On peut partager l'intervalle $[a, b]$ en $[a, c]$ et $[c, b]$ et partager ceux-ci en intervalles $[x_k, x_{k+1}]$ tendant vers 0. En additionnant les sommes relatives à chaque intervalle on aura :

$$\boxed{\int_a^b f(x)\,\mathrm{d}x = \int_a^c f(x)\,\mathrm{d}x + \int_c^b f(x)\,\mathrm{d}x} \qquad \text{(relation de Chasles)}$$

f) Si $f(x)$ est intégrable sur $[a, b]$, il en est de même de $|f(x)|$ et de plus

$$\boxed{\left|\int_a^b f(x)\,\mathrm{d}x\right| \leqslant \int_a^b |f(x)|\,\mathrm{d}x}$$

Cette inégalité découle immédiatement des sommes de Riemann correspondantes :

$$\left|\sum_0^n (x_{p+1} - x_p)\, f(\xi_p)\right| \leqslant \sum_0^n (x_{p+1} - x_p)\,.\,|f(\xi_p)|$$

g) Nous avons vu que deux fonctions égales presque partout sur $[a, b]$ ont la même intégrale sur $[a, b]$. Réciproquement on pourra démontrer à titre d'exercice que

$$f(x) \geqslant g(x),\ \int_a^b f(x) = \int_a^b g(x)\,\mathrm{d}x \Rightarrow f(x) = g(x),$$

presque partout. Si en outre f et g sont continues,

$$\left.\begin{array}{l} f(x) \geqslant g(x),\ \forall\, x \in [a, b], \\ \displaystyle\int_a^b f(x)\,\mathrm{d}x = \int_a^b g(x)\,\mathrm{d}x \end{array}\right\} \quad f = g, \text{ sur } [\,a, b\,]$$

4. THÉORÈME DE LA MOYENNE

Si $f(x)$ et $g(x)$ sont continues sur $[a, b]$ et si $g(x)$ a un signe constant, il existe $c \in [a, b]$ tel que

$$\int_a^b f(x)\, g(x)\, \mathrm{d}x = f(c) \int_a^b g(x)\, \mathrm{d}x$$

Soient m et M les bornes de $f(x)$ sur $[a, b]$:

$$m \leqslant f(x) \leqslant M$$

et si pour fixer les idées $g(x) > 0$

$$mg(x) \leqslant f(x)g(x) \leqslant Mg(x)$$

le produit $f(x)\, g(x)$ est intégrable sur $[a, b]$ comme produit de fonctions continues, et si $a < b$ on a

$$m \int_a^b g(x)\, \mathrm{d}x \leqslant \int_a^b f(x)\, g(x)\, \mathrm{d}x \leqslant M \int_a^b g(x)\, \mathrm{d}x$$

Comme $f(x)$ est continue, elle prend au moins une fois toute valeur comprise entre m et M.

Il existe donc $c \in]a, b[$ tel que :

$$\boxed{\int_a^b f(x)\, g(x)\, \mathrm{d}x = f(c) \int_a^b g(x)\, \mathrm{d}x}$$

En particulier pour $g = 1$ on retrouve $\int_a^b f(x)\, \mathrm{d}x = (b - a)\, f(c)$.

5. INÉGALITÉ DE SCHWARZ

Si $f(x)$ et $g(x)$ sont continues sur $[a, b]$, λ un réel quelconque et en supposant $a < b$ on peut affirmer que $(f + \lambda g)^2$ est intégrable sur $[a, b]$ et que

$$\int_a^b [f(x) + \lambda g(x)]^2\, \mathrm{d}x \geqslant 0$$

En développant

$$\lambda^2 \int_a^b [g(x)]^2\, \mathrm{d}x + 2\, \lambda \int_a^b f(x)\, g(x)\, \mathrm{d}x + \int_a^b [f(x)]^2\, \mathrm{d}x \geqslant 0$$

condition vérifiée pour tout λ si, et seulement si le discriminant du trinôme en λ est négatif ou nul, ou ce qui revient à

$$\boxed{\left|\int_a^b f(x)\,g(x)\,\mathrm{d}x\right| \leqslant \sqrt{\int_a^b f^2(x)\,\mathrm{d}x \times \int_a^b g^2(x)\,\mathrm{d}x}}$$

inégalité dite de Schwarz. L'égalité est obtenue lorsque $f(x) + \lambda g(x) = 0$ $\forall\, x \in [a, b]$ donc si et seulement si $f(x)$ et $g(x)$ sont dans un rapport constant.

6. INTÉGRALE FONCTION DE SA BORNE SUPÉRIEURE. PRIMITIVE

Soit f continue sur $[a, b]$, $x \in [a, b]$, $J(x) = \int_a^x f(t)\,\mathrm{d}t$.

Nous allons établir que J est une fonction dérivable et calculer sa dérivée.

Si en effet x subit un accroissement Δx, l'accroissement correspondant de J sera :

$$\Delta J = J(x + \Delta x) - J(x)$$

$$= \int_a^{x+\Delta x} f(t)\,\mathrm{d}t - \int_a^x f(t)\,\mathrm{d}t = \int_x^{x+\Delta x} f(t)\,\mathrm{d}t$$

$$\frac{\Delta J}{\Delta x} = \frac{1}{\Delta x}\int_x^{x+\Delta x} f(t)\,\mathrm{d}t$$

Cette quantité est la valeur moyenne de la fonction $f(x)$ sur l'intervalle $[x, x + \Delta x]$.

Nous avons vu que si $f(x)$ est continue il existe une valeur c, comprise entre x et $x + \Delta x$ et telle que $\Delta J/\Delta x = f(c)$.

Lorsque $\Delta x \to 0$, $c \to x$ puisque $x < c < x + \Delta x$ et $J'(x) = f(x)$. $J(x)$ est une primitive de $f(x)$.

On désigne l'ensemble des primitives de $f(x)$ par le symbole $\int f(x)\,\mathrm{d}x$ qui se lit « somme de $f(x)\,\mathrm{d}x$ » et qui est appelée *intégrale indéfinie.*

Nous avons vu en particulier que l'aire S_a^x comprise entre la courbe représentative de $y = f(x)$ et les droites d'abscisses a et x, est

$$\int_a^x f(t)\,\mathrm{d}t.$$

Si F est une primitive quelconque de $f(x)$

$$S_a^x = F(x) - F(a).$$

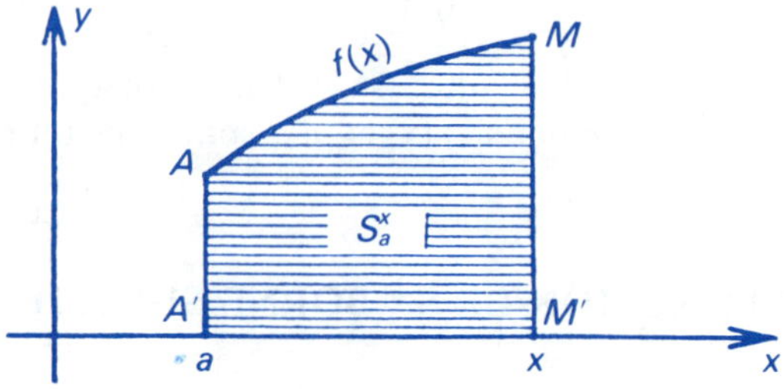

Figure 4.

En particulier

$$\boxed{S_a^b = F(b) - F(a) = [F(x)]_a^b = \int_a^b f(x)\,\mathrm{d}x.}$$

Résumé du chapitre 15

- **Intégrale de Riemann.**

On désigne par

$$\int_a^b f(x)\,\mathrm{d}x$$

la limite quand n tend vers l'infini de la somme

$$(x_1 - a)\,f(\xi_1) + (x_2 - x_1)\,f(\xi_2) + \dots + (b - x_{n-1})\,f(\xi_n)$$

l'intervalle $[a, b]$ étant divisé en n intervalles quelconques par les points d'abscisses $x_1, x_2, \dots, x_{n-1}$, $\xi_1, \xi_2, \dots, \xi_n$ étant les abscisses de n points quelconques pris dans ces n intervalles, chacun de ces intervalles tendant vers 0.

- **Valeur moyenne de $f(x)$ sur $[a, b]$.**

$$\boxed{\mu = \frac{1}{b-a}\int_a^b f(x)\,\mathrm{d}x = \lim_{n\to\infty} \frac{1}{n}\sum_{k=1}^{n} f\left(a + k\,\frac{b-a}{n}\right)}$$

- **Propriétés de l'intégrale définie.**

$$\int_a^b [\lambda f(x) + \mu g(x)]\,dx = \lambda \int_a^b f(x)\,dx + \mu \int_a^b g(x)\,dx$$

$$\int_a^b f(x)\,dx = -\int_b^a f(x)\,dx$$

$$\int_a^b f(x)\,dx = \int_a^c f(x)\,dx + \int_c^b f(x)\,dx$$

$$\left| \int_a^b f(x)\,dx \right| \leqslant \int_a^b |f(x)|\,dx$$

- **Inégalité de Schwarz.**

$$\left| \int_a^b f(x)\,g(x)\,dx \right| \leqslant \sqrt{\int_a^b f^2(x)\,dx \times \int_a^b g^2(x)\,dx}$$

- **Théorème de la moyenne.**

Si f et g sont continues sur $[a, b]$, et si g garde un signe constant, il existe $c \in]a, b[$ tel que

$$\int_a^b f(x)\,g(x)\,dx = f(c) \int_a^b g(x)\,dx$$

EXERCICES

ÉNONCÉS

■ **1.** Calculer la limite de la somme

$$S_n = \frac{1}{n\alpha} + \frac{1}{n\alpha + \beta} + \frac{1}{n\alpha + 2\beta} + \ldots + \frac{1}{n\alpha + (n-1)\beta}$$

lorsque l'entier n augmente indéfiniment ($\alpha > 0$; $\beta > 0$).

*■ **2.** Trouver la limite quand x tend vers 1 de la fonction

$$f(x) = \int_x^{x^2} \frac{\mathrm{d}t}{\ln t}$$

■ **3.** Soit $f(x)$ intégrable sur $[a, b]$, avec $a < b$. On appelle μ la valeur moyenne de f sur $[a, b]$, et on définit la « valeur efficace » de f sur $[a, b]$ par la formule

$$f_e = \sqrt{\frac{1}{b-a} \int_a^b [f(x)]^2 \, \mathrm{d}x} .$$

Comparer f_e et $|\mu|$.

■ **4.** α étant un réel positif, trouver un équivalent, de la forme an^{β}, de la somme

$$S_n(\alpha) = \sum_{k=1}^{n} k^{\alpha},$$

lorsque $n \to +\infty$ (On traitera tout d'abord $\alpha = 0, 1, 2$).

---

*■ **5.** La fonction f étant de classe c^2 sur $[0, 1]$, trouver :

$$\lim_{n\to\infty} \frac{1}{n} \sum_{k=0}^{n-1} f\left(\frac{k}{n}\right) f'\left(\frac{k+1}{n}\right)$$

■ **6.** Soit f intégrable sur $[a, b]$, et strictement positive. Trouver un minorant du produit

$$A = \int_a^b f(x) \, \mathrm{d}x \int_a^b \frac{\mathrm{d}x}{f(x)}$$

Ce minorant peut-il être atteint ?

---

*■ **7.** Soit f une fonction continue sur $[0, 1]$, dérivable en 0. Trouver la limite pour $n \to \infty$ de

$$u_n = \sum_{k=1}^{n} f\left(\frac{1}{n+k}\right)$$

---

*■ **8.** f étant continue et positive sur $[a, b]$, montrer que

$$\lim_{n\to\infty} \left(\int_a^b (f(x))^n \, \mathrm{d}x\right)^{\frac{1}{n}} = \sup f(x)$$

---

*■ **9.** f étant une fonction continue sur [0, 1], dérivable en 0, avec $f(0) = 0$, $f'(0) \neq 0$, trouver

$$\lim_{x \to 0^+} \int_x^{2x} \frac{dt}{f(t)}$$

■**10.** Trouver

$$\lim_{n \to \infty} \int_0^{\frac{\pi}{2}} \sin^n t \, dt \quad (n \in \mathbb{N})$$

SOLUTIONS

■ **1.** On peut écrire

$$S_n = \frac{1}{n}\left[\frac{1}{\alpha} + \frac{1}{\alpha + \frac{\beta}{n}} + \frac{1}{\alpha + \frac{2\beta}{n}} + \ldots + \frac{1}{\alpha + \frac{(n-1)\beta}{n}}\right]$$

Soit

$$f(x) = \frac{1}{\alpha + \beta x}$$

$$S_n = \frac{1}{n}\left[f(0) + f\left(\frac{1}{n}\right) + f\left(\frac{2}{n}\right) + \ldots + f\left(\frac{n-1}{n}\right)\right]$$

On reconnaît une somme de Riemann associée à la fonction f dans l'intervalle [0, 1] après division de cet intervalle en n parties égales.

Lorsque n tend vers l'infini, S_n a pour limite l'intégrale

$$I = \int_0^1 \frac{dx}{\alpha + \beta x} = \frac{1}{\beta} \ln \frac{\alpha + \beta}{\alpha}.$$

---

*■ **2.** Quand $x \to 1$, les deux bornes tendent vers 1, mais $\frac{1}{\ln t}$ devient infini puisque tout nombre $t \in [x, x^2]$ tend vers 1. Il y a donc indétermination.

Posons $\ln t = u$, $t = e^u$, on obtient

$$f(x) = \int_{\ln x}^{2 \ln x} \frac{e^u \, du}{u}$$

e^u garde un signe constant, e^u et $\frac{1}{u}$ sont continues sur l'intervalle d'intégration (car $\ln x$ et $2 \ln x$ sont de même signe), on peut donc écrire d'après le théorème de la moyenne :

$$f(x) = e^c \int_{\ln x}^{2 \ln x} \frac{du}{u} \quad \text{avec} \quad c \in]\ln x, 2 \ln x[$$

soit $\qquad f(x) = e^c [\ln (2 \ln x) - \ln (\ln x)] = e^c \ln 2$

Or quand $x \to 1$, $\ln x$ et $2 \ln x$, ainsi que c, tendent vers 0, et $e^c \to 1$.

Donc

$$\lim_{x \to 1} f(x) = \ln 2$$

■ **3.** Appliquons l'inégalité de Schwarz à $f(x)$ et à la fonction $g(x) = 1$. On obtient :

$$\left| \int_a^b f(x)\, dx \right| \leqslant \sqrt{\int_a^b [f(x)]^2\, dx \,.\, \int_a^b dx} = \sqrt{b-a} \,.\, f_e \,.\, \sqrt{b-a}$$

Or

$$\mu = \frac{1}{b-a} \int_a^b f(x)\, dx, \qquad \text{donc} \qquad \left| \int_a^b f(x)\, dx \right| = (b-a)\,|\,\mu\,|,$$

il en résulte $|\,\mu\,| \leqslant f_e$.

Par exemple, pour la fonction sinusoïdale $f(t) = \sin \omega t$, la valeur moyenne sur la demi-période $\left[0, \frac{\pi}{\omega}\right]$ est

$$\mu = \frac{\omega}{\pi} \int_0^{\frac{\pi}{\omega}} \sin \omega t\, dt = \frac{\omega}{\pi} \left[- \frac{\cos \omega t}{\omega} \right]_0^{\frac{\pi}{\omega}} = \frac{2}{\pi} \simeq 0{,}637$$

La valeur efficace est

$$f_e = \sqrt{\frac{\omega}{\pi} \int_0^{\frac{\pi}{\omega}} \sin^2 \omega t\, dt} = \sqrt{\frac{\omega}{\pi} \left[\frac{t}{2} - \frac{\sin 2\,\omega t}{2\,\omega} \right]_0^{\frac{\pi}{\omega}}} = \frac{1}{\sqrt{2}} \simeq 0{,}707$$

On a bien $\qquad |\,\mu\,| < f_e.$

■ **4.** Pour $\alpha = 0$, $S_n(0) = n \underset{\infty}{\sim} n$;

Pour $\alpha = 1$, $S_n(1) = 1 + 2 + 3 + \cdots + n = \dfrac{n(n+1)}{2} \underset{\infty}{\sim} \dfrac{n^2}{2}$;

Pour $\alpha = 2$, $S_n(2) = 1^2 + 2^2 + 3^2 + \cdots + n^2 = \dfrac{n(n+1)(2\,n+1)}{6} \underset{\infty}{\sim} \dfrac{n^3}{3}$.

On peut donc penser pour α quelconque à un équivalent $\dfrac{n^{\alpha+1}}{\alpha+1}$. Une récurrence est ici inutilisable car α n'est pas forcément entier. Cherchons donc la limite de $\dfrac{1^\alpha + 2^\alpha + 3^\alpha + \cdots + n^\alpha}{n^{\alpha+1}} = \mu_n$, pour $n \to \infty$.

En écrivant $\mu_n = \dfrac{1}{n} \displaystyle\sum_{k=1}^{n} \left(\frac{k}{n}\right)^\alpha$, on reconnaît une expression de la forme

$\frac{1}{n}\sum_{1}^{n} f\left(\frac{k}{n}\right)$ dont la limite est $\int_0^1 f(x)\,dx$. Ici $f(x) = x^\alpha$, et

$$\lim_{\infty} \mu_n = \int_0^1 x^\alpha\,dx = \left[\frac{x^{\alpha+1}}{\alpha+1}\right]_0^1 = \frac{1}{\alpha+1}$$

On a donc bien

$$S_n(\alpha) \underset{+\infty}{\sim} \frac{n^{\alpha+1}}{\alpha+1}$$

---

*■ **5.** Soit $u_n = \frac{1}{n}\sum_{k=0}^{n-1} f\left(\frac{k}{n}\right) f'\left(\frac{k+1}{n}\right)$.

Cette somme évoque une somme de Riemann de la forme $\frac{1}{n}\sum_{k=1}^{n} \varphi\left(\frac{k}{n}\right)$.

On est amené à la rapprocher de $v_n = \frac{1}{n}\sum_{k=0}^{n-1} f\left(\frac{k}{n}\right) f'\left(\frac{k}{n}\right)$ dont la limite est

$$\int_0^1 f(x)\,f'(x)\,dx = \frac{1}{2}[f^2(1) - f^2(0)]$$

Formons donc

$$u_n - v_n = \frac{1}{n}\sum_{k=0}^{n-1} f\left(\frac{k}{n}\right)\left[f'\left(\frac{k+1}{n}\right) - f'\left(\frac{k}{n}\right)\right]$$

Puisque f'' existe sur $]0, 1[$, $\exists\ \theta_k \in]0, 1[$ tel que

$$f'\left(\frac{k+1}{n}\right) - f'\left(\frac{k}{n}\right) = \frac{1}{n} f''\left(\frac{k+\theta_k}{n}\right),$$

ceci d'après le théorème des accroissements finis.

Donc $u_n - v_n = \frac{1}{n^2}\sum_{k=0}^{n-1} f''\left(\frac{k+\theta_k}{n}\right)$.

Sur le même partage de $[0, 1]$ en n sous-intervalles $[x_k, x_{k+1}]$, où $x_k = \frac{k}{n}$, $\frac{k+\theta_k}{n} \in]x_k, x_{k+1}[$ et $\frac{1}{n}\sum_{0}^{n-1} f''\left(\frac{k+\theta_k}{n}\right) = w_n$ est encore une somme de Riemann, relative à la fonction f'', donc

$$w_n \underset{n\to\infty}{\to} \int_0^1 f''(x)\,dx = f'(1) - f'(0)$$

Comme $u_n - v_n = \frac{1}{n} w_n$, $u_n - v_n \underset{n\to\infty}{\to} 0$, et

$$\lim u_n = \lim v_n = \frac{1}{2}[f^2(1) - f^2(0)]$$

■ **6.** En appliquant l'inégalité de Schwarz aux fonctions $\sqrt{f(x)}$ et $\dfrac{1}{\sqrt{f(x)}}$, on obtient

$$\left| \int_a^b \sqrt{f(x)} \frac{1}{\sqrt{f(x)}} \mathrm{d}x \right| \leqslant \sqrt{\int_a^b \left(\sqrt{f(x)}\right)^2 \mathrm{d}x \, . \int_a^b \frac{\mathrm{d}x}{\left(\sqrt{f(x)}\right)^2}}$$

soit $\sqrt{A} \geqslant \displaystyle\int_a^b \mathrm{d}x = b - a$,

donc $$A \geqslant (b - a)^2$$

D'après le cours, ce minorant ne peut être atteint que si $\sqrt{f(x)} = \dfrac{\lambda}{\sqrt{f(x)}}$, $\forall\, x \in [a, b]$, donc $f(x) = \lambda$, fonction constante.

---

*■ **7.** Comme $\dfrac{1}{n+k} \in \left[\dfrac{1}{2\,n}, \dfrac{1}{n}\right]$, $\dfrac{1}{n+k} \underset{n\to\infty}{\to} 0$ et $f\left(\dfrac{1}{n+k}\right) \underset{n\to\infty}{\to} f(0)$ (f étant continue en 0).

Donc si $f(0) \neq 0$, $u_n \underset{n\to\infty}{\to} \infty$, avec le signe de $f(0)$.

Envisageons $f(0) = 0$:

$$f\left(\frac{1}{n+k}\right) = f\left(\frac{1}{n+k}\right) - f(0) = \frac{1}{n+k}\,[f'(0) + \varepsilon_k], \text{ où } \lim_{n\to\infty} \varepsilon_k = 0,$$

et

$$u_n = \sum_{k=1}^{n} \frac{1}{n+k}\,[f'(0) + \varepsilon_k] = f'(0) \sum_{k=1}^{n} \frac{1}{n+k} + \sum_{k=1}^{n} \frac{\varepsilon_k}{n+k}$$

La limite de $\displaystyle\sum_{k=1}^{n} \frac{1}{n+k}$ est un cas particulier de l'exercice 1, et se retrouve directement comme valeur moyenne de $\dfrac{1}{x+1}$ sur $[0, 1]$, c'est $\ln 2$. Reste à trouver $\lim \displaystyle\sum_{k=1}^{n} \frac{\varepsilon_k}{n+k}$.

On a :

$$\left| \sum_{k=1}^{n} \frac{\varepsilon_k}{n+k} \right| \leqslant \sum_{k=1}^{n} \frac{|\varepsilon_k|}{n+k} < \frac{1}{n} \sum_{k=1}^{n} |\varepsilon_k| \qquad (1)$$

Comme $\varepsilon_k \underset{n\to\infty}{\to} 0$, $\forall\, \alpha > 0\ \exists\, n_0$ tel que $n \geqslant n_0 \Rightarrow \sup |\varepsilon_k| < \alpha$, alors (1) $\Rightarrow$

$$\left| \sum_{k=1}^{n} \frac{\varepsilon_k}{n+k} \right| < \frac{1}{n} \sum_{k=1}^{n} \alpha = \frac{1}{n} \, . \, n\,\alpha = \alpha$$

Or α peut être arbitrairement petit, donc

$$\sum_{k=1}^{n} \frac{\varepsilon_k}{n+k} \underset{n\to\infty}{\to} 0, \quad \text{et } \lim_{n\to\infty} u_n = f'(0) \ln 2$$

Ce résultat généralise celui d'un exercice sur les fonctions hyperboliques, où il a été établi que $\sum_{k=1}^{n} \operatorname{sh} \frac{1}{n+k} \to \ln 2$: pour $f(x) = \operatorname{sh} x$, on a $f'(0) = 1$.

Remarquons aussi qu'on aurait pu être tenté d'écrire

$$f\left(\frac{1}{n+k}\right) - f(0) = \frac{1}{n+k} f'\left(\frac{\theta_k}{n+k}\right)$$

d'après le théorème des accroissements finis ; cela n'aurait pas été légitime, l'énoncé supposant seulement f dérivable en 0.

---

* ■ **8.** Soit $M = \sup f(x)$, c'est-à-dire le maximum de f sur $[a, b]$. On a

$$(f(x))^n \leqslant M^n, \int_a^b (f(x))^n \, dx \leqslant \int_a^b M^n \, dx = (b - a) M^n,$$

donc

$$u_n = \left(\int_a^b (f(x))^n \, dx\right)^{\frac{1}{n}} \leqslant M(b - a)^{\frac{1}{n}}$$

Le second membre de cette inégalité tend vers M pour $n \to \infty$.

Il reste à trouver une inégalité de la forme $u_n \geqslant v_n$, où $v_n \underset{n \to \infty}{\to} M$. Pour cela, observons que, f étant continue, $\exists\ c \in [a, b]$ tel que $f(c) = M$, et $\forall\ \varepsilon > 0$, $\exists\ \alpha > 0$ tel que

$$a \leqslant c - \frac{\alpha}{2} \leqslant x \leqslant c + \frac{\alpha}{2} \leqslant b \Rightarrow f(x) \geqslant M - \varepsilon$$

alors

$$\int_a^b (f(x))^n \, dx \geqslant \int_{c-\frac{\alpha}{2}}^{c+\frac{\alpha}{2}} (M - \varepsilon)^n \, dx = \alpha (M - \varepsilon)^n$$

donc

$$u_n \geqslant \alpha^{\frac{1}{n}} (M - \varepsilon), \quad \text{avec } \alpha^{\frac{1}{n}} \underset{n \to \infty}{\to} 1$$

Or ε peut être pris aussi petit que l'on veut, donc $\forall\ \beta > 0$ on peut réaliser

$$M - \beta < u_n < M + \beta,$$

ce qui prouve bien $\lim\limits_{n \to \infty} u_n = M$.

---

* ■ **9.** La fonction $\frac{1}{f}$ étant infiniment grande sur $[x, 2x]$ quand $x \to 0^+$, et l'intervalle étant de longueur infiniment petite, il y a indétermination. Pour faire apparaître $f'(0)$ qui est la limite de $\frac{f(t)}{t}$ quand $t \to 0$, écrivons :

$$\varphi(x) = \int_x^{2x} \frac{dt}{f(t)} = \int_x^{2x} \frac{t}{f(t)} \frac{dt}{t}$$

La fonction $\frac{1}{t}$ étant de signe constant, $\frac{t}{f(t)}$ continue, le théorème de la moyenne permet d'écrire :

$$\varphi(x) = \frac{c}{f(c)} \int_x^{2x} \frac{\mathrm{d}t}{t}, \quad \text{avec } c \in]x, 2x[$$

Quand $x \to 0^+$, $2x \to 0^+$ et aussi $c \to 0^+$, $\frac{c}{f(c)} \to \frac{1}{f'(0)}$, et

$$\int_x^{2x} \frac{\mathrm{d}t}{t} = [\ \ln t\ ]_x^{2x} = \ln 2$$

La limite cherchée est donc $\frac{\ln 2}{f'(0)}$.

■10. Pour $0 \leqslant x < \frac{\pi}{2}$, on a $0 \leqslant \sin x < 1$, donc $\sin^n x \underset{n \to \infty}{\to} 0$. Pour $x = \frac{\pi}{2}$, $\sin^n x = 1$.

La fonction limite de $\sin^n x$ sur $\left[0, \frac{\pi}{2}\right]$ est donc $f(x)$ telle que $f\left(\frac{\pi}{2}\right) = 1$,

$$f(x) = 0 \text{ si } 0 \leqslant x < \frac{\pi}{2}, \text{ et on a } \int_0^{\frac{\pi}{2}} f(x)\,\mathrm{d}x = 0.$$

Il semble donc que la limite cherchée soit 0.

Cherchons à établir que $\forall\ \varepsilon > 0$, $\exists\ n_0 \in \mathbb{N}$ tel que $n \geqslant n_0 \Rightarrow I_n < \varepsilon$, en appelant I_n l'intégrale $\int_0^{\frac{\pi}{2}} \sin^n x\ \mathrm{d}x$. Pour cela, introduisons un nombre $\alpha \in \left]0, \frac{\pi}{2}\right[$ et écrivons

$$I_n = \int_0^{\alpha} \sin^n x\,\mathrm{d}x + \int_{\alpha}^{\frac{\pi}{2}} \sin^n x\ \mathrm{d}x = J_n(\alpha) + K_n(\alpha).$$

Comme $0 < \sin x \leqslant 1$, sur $\left[\alpha, \frac{\pi}{2}\right]$ on a

$$0 < K_n(\alpha) < \int_{\alpha}^{\frac{\pi}{2}} \mathrm{d}x = \frac{\pi}{2} - \alpha$$

On peut choisir α tel que $\frac{\pi}{2} - \alpha = \frac{\varepsilon}{2}$, $\alpha = \frac{\pi - \varepsilon}{2}$, alors $0 < K_n(\alpha) < \frac{\varepsilon}{2}$.

Sur $[0, \alpha]$, $0 \leqslant \sin x \leqslant \sin \alpha$, et $0 < J_n(\alpha) < \int_0^\alpha \sin^n \alpha \, dx = \alpha \sin^n \alpha$.

α étant fixe $< \frac{\pi}{2}$, $\alpha \sin^n \alpha \underset{n \to \infty}{\to} 0$, et $\exists \, n_0 \in \mathbb{N}$ tel que

$$n \geqslant n_0 \Rightarrow 0 < \alpha \sin^n \alpha < \frac{\varepsilon}{2},$$

et aussi $0 < J_n(\alpha) < \frac{\varepsilon}{2}$. On a donc bien alors

$$0 < I_n < \varepsilon, \text{ et } \lim_{n \to \infty} I_n = 0$$

Notons que l'intégrale I_n sera calculée ultérieurement, et que le problème général

$$f_n(x) \underset{n \to \infty}{\to} f(x),\ x \in [a, b] \overset{?}{\Rightarrow} \int_a^b f_n(x) \, dx \underset{n \to \infty}{\to} \int_a^b f(x) \, dx$$

sera étudié dans un autre volume.

Brèves notices sur les principaux mathématiciens cités dans ce volume

- Abel (Niels) — Mathématicien norvégien. 1802-1829. Travaux sur les équations algébriques, les intégrales, les séries.
- d'Alembert (Jean le Rond) — Mathématicien et philosophe français. Paris, 1717-1783. Equations algébriques, séries.
- Archimède — Savant grec (Syracuse, 287-212 avant J.C.).
- Bezout (Etienne) — Mathématicien français. Nemours, 1730-1783. Auteur d'une théorie générale des équations algébriques.
- Bolzano (Bernhard) — Philosophe et mathématicien tchèque d'origine italienne. 1781-1848.
- Cantor (Georg) — Mathématicien russe. 1845-1918. Créateur de la théorie des ensembles, incompris de ses contemporains, mort dans un hôpital psychiatrique.
- Cardan (en fait, Cardano Geronimo) — Médecin, astrologue, poète et mathématicien italien (1501-1576). Travaux sur les équations du troisième et du quatrième degré avec Ferrari.
- Cauchy (Augustin) — Mathématicien français. Paris, 1789-1857 (un bicentenaire méconnu....). Travaux sur les suites et les séries, et surtout sur les fonctions d'une variable complexe.
- Euclide — Mathématicien grec, 3e siècle avant J.C. Travaux en arithmétique et géométrie.
- Euler (Leonhard) — Mathématicien suisse. 1707-1783. Le plus célèbre parmi trois générations de mathématiciens et astronomes, originaire de Bâle. Travaux dans les domaines les plus variés, analyse, géométrie, mécanique. Un des noms qui revient le plus souvent dans les cours de mathématiques.
- Ferrari (Ludovico) — Mathématicien italien. 1522-1565. Travaux avec Cardan sur les équations des troisième et quatrième degré.
- Fibonacci (Leonardo, dit Léonard de Pise) — Mathématicien qui a diffusé dans le monde chrétien les connaissances mathématiques des Arabes, et notamment introduit l'usage courant des chiffres arabes.
- Gauss (Carl-Friedrich) — Astronome, mathématicien et physicien allemand. 1777-1855. Nombreux travaux et découvertes dans les domaines les plus variés, analyse, probabilités, théorie des nombres...
- Lagrange — Mathématicien français (Tunis, 1736-1813). Travaux sur équations différentielles et dérivées partielles, ainsi que sur formule et série de Taylor.
- L'Hospital (Guillaume de) — Mathématicien français. Paris, 1661-1704. Auteur d'un traité de calcul différentiel.
- Kronecker (Leopold) — Mathématicien allemand. 1823-1891. L'un des plus célèbres algébristes du 19e siècle.

- Leibniz (Gottfried-Wilhelm) — Philosophe et mathématicien allemand. 1646-1716. Esprit universel, il pose notamment les principes du calcul infinitésimal.
- Lipschitz (Rudolf) — Mathématicien allemand. 1832-1903. Travaux sur la théorie des nombres, les équations différentielles, la physique mathématique.
- Maclaurin (Colin) — Mathématicien écossais. 1698-1746. Géométrie pure, algèbre, calcul infinitésimal.
- Moivre (Abraham de) — Mathématicien anglais d'origine française. Vitry-le-François, 1667-1754. Travaux en calcul des probabilités et sur les nombres complexes.
- Morgan (Augustus De) — 1806-1871. Logique mathématique.
- Newton (Isaac) — Physicien, mathématicien et astronome anglais. 1642-1727. Découvrit notamment le calcul infinitésimal (parallèlement à Leibniz), la nature de la lumière blanche et la théorie de la gravitation universelle (loi de l'attraction « newtonienne »).
- Schwarz (Karl) — Mathématicien allemand. 1843-1921. Travaux sur les espaces vectoriels et les fonctions de plusieurs variables.
- Taylor (Brook) — Mathématicien anglais. 1685-1731. Travaux sur les séries, les équations différentielles, les cordes vibrantes.
- Weierstrass (Karl) — Mathématicien allemand. 1815-1897. Promoteur d'une révision systématique de l'analyse, s'intéressa surtout aux fonctions d'une variable complexe, et aux fonctions elliptiques.

INDEX

Abélien, groupe, 46
Accroissements finis
  généralisés, 333
  théorème des, 332
Accumulation, point d', 64
Adhérence, 64
Adjacentes, suites, 81
Anneau, 113
  structure d', 49
Antisymétrie, 26
Appartenance, 1
Arc cos, 271
Arc sin, 269
Arc tg, 272
Arg ch, 315
Arg sh, 316
Arg th, 318
Argument, d'un nombre complexe, 143
Arrangements, 29
Asymptote, 349

Base, de voisinages, 65
Bernstein, théorème de, 29
Bezout, théorème de
  nombres, 117
  polynômes, 191
Bijection, 21
Binaire
  relation, 23
  système, 122
Binôme, formule du, 31
Bolzano-Weirstrass, théorème de, 65
Bornée, suite, 77
Branches infinies, 347

Cantor, axiome de, 60
Cauchy, suite de, 80
Chaînette, 309
Chasles, relation de (intégrales), 387
Classe d'équivalence, 25
Combinaisons, 30
Complémentation d'ensemble, 5
Composition
  d'applications, 22
  loi de, 19
Congruence, 113
Conjugué, nombre complexe, 144
Continu, puissance du, 29
Continuité, 246
  par morceaux, 383
  uniforme, 248
Contractant, 248
Convexe, fonction, 263
Corps, structure de, 49
Cosinus hyperbolique, 308
Coupures, théorème des, 61
Croissance d'une suite, 77

D'Alembert, théorème de, 194
Darboux, sommes de, 384
Décroissance d'une suite, 77
Dénombrable, ensemble, 28
Dérivation d'un développement limité, 341
Développements limités, 337
Diamètre d'un espace, 69
Dichotomie, méthode de, 86
Différence symétrique d'ensembles, 7
Diophantiennes, équations, 130
Direction asymptotique, 348

Distance, 67
Divisibilité, caractère de, 115
Division euclidienne, 113
Droite achevée, 66

Ensemble ouvert, 62
Equivalence, relation d', 24
Equivalentes, fonctions, 250
Espace(s)
  métriques, 66
  normé, 68
  séparé, 65
  vectoriel, 66
Euclide, algorithme d', 118
Euler, formules d', 156
Exponentielle, fonction, 290

Facteurs premiers, décomposition en, 121
Factorisation d'un polynôme, 197
Fermat, théorème de, 126
Ferrari, méthode de, 196
Fonction composée, développement limité d'une, 341
Fractions rationnelles, 199

Gauss, théorème de, 119
Graphe
  d'une fonction, 244
  d'une relation, 9
Groupe
  ordonné, 47
  structure de, 45

Homographique, transformation, 155
Homomorphisme, 26
Hyperbolique, fonction, 307

Idéal, 117
  de polynômes, 191
Inclusion, 2
Inflexion, point d', 347
Injection, 21
Intégration, d'un développement limité, 341
Intérieur d'un ensemble, 64
Interpolation, méthode d', 86
Intersection d'ensembles, 4
Intervalles, 243
  emboîtés, théorème des, 60
Inverse, fonction, 250
Inversion, 155
Involution, 22
Itération, méthode d', 89

Kronëcker, symbole de, 67

Leibniz, formule de, 262
L'Hospital, règle de, 334
Lipschitzienne
  application, 85
  fonction, 248

MacLaurin, formule de
  fonctions, 336
  polynômes, 184
Majorant, 27
Majorée, suite, 77
Méplat, point, 347
Minorant, 27
Minorée, suite, 77
Module d'un nombre complexe, 143
Modulo, congruence, 114
Moivre, formule de, 150
Morgan, lois de, 6
Moyenne, théorème de, 388
Multinomiale, distribution, 34

Népériens, logarithmes, 292
Neutre, élément, 45
Newton
  binôme de, 31
  méthode de, 88
Nombres
  premiers, 115
  réels, axiome des, 59
Normalisé, polynôme, 190

Norme, 67
Numération, systèmes de, 122

Ordre
  induit, 27
  relation d', 26
  total, 27

Partition d'un ensemble, 7
Pascal, triangle de, 33
Permutation, 31
PGCD, 117
  de polynômes, 190
Plus grande limite d'une suite, 79
Plus petite limite d'une suite, 79
Point
  d'accumulation, 64
    d'une suite, 78
  fixe, théorème du, 248
  isolé, 64
Pôles, 200
PPCM, 120
Premiers, nombres, 115
Première espèce, éléments de, 200
Primitive, 289
Produit
  cartésien, 9
  scalaire, 67
Puissance d'un ensemble, 28

Quotient, ensemble, 25

Réciproque, fonction, 250
Recouvrement d'ensemble, 7
Récurrence
  principe de, 28
  suites définies par, 81
Réflexivité, 26
Réunion d'ensembles, 4
Riemann
  intégrale de, 381
  sommes de, 382
Rolle, théorème de, 331

Schwarz, inégalité de, 388
Seconde espèce, éléments de, 202
Séparation des racines, 85
Similitude, 155
Sinus hyperbolique, 309
Sous-groupe, 47
Structures, algébriques, 45
Surjection, 20

Tangente hyperbolique, 311
Taylor, formule de
  polynômes, 184
    fonctions, 355
Topologie, 59
  naturelle, 63
Transformée, d'une équation, 197
Transitivité, 26
Translation, 153

Valeur(s)
  d'adhérence, d'une suite, 79
  intermédiaires, théorème des, 247
  moyenne d'une fonction, 384
Voisinage, 62, 243

3499 - La Bayeusaine graphique
6-12, rue Royale, 14401 Bayeux
Dépôt légal 1re édition : 2e trimestre 1983
Dépôt légal N° 8312 - Novembre 1991

Imprimé en France